U0930900

上海 大型公共建筑设计

第3辑

教育、科研和展演建筑

上海市城乡建设和交通委员会科学技术委员会·主编

上海科学技术出版社

图书在版编目(CIP)数据

上海大型公共建筑设计．第3辑，教育、科研和展演建筑／上海市城乡建设和交通委员会科学技术委员会主编．—上海：上海科学技术出版社，2010.1
ISBN 978-7-5323-9998-7

Ⅰ．上… Ⅱ．上… Ⅲ．①教育建筑—建筑设计—上海市②科学研究建筑—建筑设计—上海市③展览馆—建筑设计—上海市④文娱活动—文化建筑—建筑设计—上海市 Ⅳ．TU24

中国版本图书馆 CIP 数据核字（2009）第190307号

上海世纪出版股份有限公司
上海科学技术出版社 出版、发行
(上海钦州南路71号 邮政编码200235)
上海江杨印刷厂印刷
新华书店上海发行所经销
开本 889×1194 1/16 印张 20.75 字数 572千字
2010年1月第1版 2010年1月第1次印刷
ISBN 978-7-5323-9998-7/TU·343
印数：1—1 250
定价：150.00元

内容提要

近十多年来，上海陆续建成一批大型公共建筑，其设计领域之广前所未见，在文娱体育、医疗卫生、科研教学、商业金融、行政管理等各行各业均有代表性力作。

《上海大型公共建筑设计》丛书即是上海几家实力雄厚的设计院——华东建筑设计研究院、上海建筑设计研究院、同济大学建筑设计研究院、中船第九设计研究院等多年上海公共建筑设计案例的合辑，共分3辑，包括：办公和商业建筑；体育、医疗和交通建筑；教育、科研和展演建筑。本册为第3辑，主要侧重教育、科研和展演建筑。

全书以工程设计为主线，涉及勘察设计行业的各工种，用单项工程的形式阐明设计思想、技术措施、创新和难点等业内较为关心的问题，试图帮助读者学习、借鉴、思考、创新。每个建筑案例主要从建筑设计、结构设计、给排水设计、电气设计和暖通设计等五个方面进行详细的介绍，资料翔实，图表、数据丰富，叙述流畅，是从事建筑设计的相关人员不可多得的资料手册和参考书。

本书可供建筑设计、施工和管理人员参考阅读，亦是大专院校相关专业师生的极佳工程实例参考书。

《上海大型公共建筑设计》丛书编委会

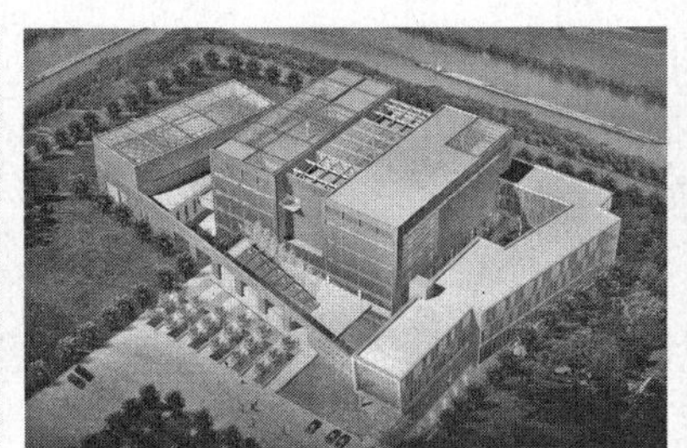

序 言

近十多年来，上海陆续建成一批大型公共建筑，其设计领域之广前所未见。在文娱体育、医疗卫生、科研教学、商业金融、行政管理等各行各业均有代表性力作。这些工程的建设，贯穿了党和国家以人为本、建设和谐社会的理念，进一步丰富和提高了上海市民的生活品质，进一步改变了上海的城市形象，也为上海改革开放，建设四个中心的现代化大都市提供了基础性的物质保证。

“设计是工程建设的灵魂”。为了体现党和政府建设上海特大城市的指导思想，为了用好上海人民为城市发展所创造的财富而聚集的建设资金，上海设计人员用自已的聪敏才智和集体智慧，依靠科技进步，创造性地完成了上述各项设计任务。在工作过程中，设计工程师们贯彻了节能、节地、节水、节资的循环经济思想，在建设项目中充分体现资源节约型和环境友好型社会的建设，让实践来检验设计作品的社会责任心。

上海市城乡建设和交通委员会科学技术委员会自20世纪90年代就开始注意到上海城市建设和发展的历程，关注着为上海城市发展而投入的大笔资金，跟踪并记录了上海工程设计界为完成上述目标而作出的贡献和努力，不失时机地组织编撰了一系列技术丛书。读者可以从已经出版的系列丛书中看到改革开放后上海市高层建筑、超高层建筑、大型市政工程建设方面的技术进步和发展，以及上海工程设计界为此所作出的努力。

在继承上述指导思想的前提下，在本书编委和作者的努力下，花了三年多时

序言

间，我们又向上海工程技术界提供了这套新的丛书。本丛书以工程设计为主线，涉及勘察设计行业的各工种，用单项工程的形式阐明设计思想、技术措施、创新和难点等业内较为关心的问题，试图引起读者的思考和指正。交流、借鉴、学习、创新是本书编委的愿望，但望读者能对我们的工作提出批评和建议，使我们在今后工作中能更为细致踏实。

沈　恭

目录 Contents

上海淞沪抗战纪念馆

上海市
儿童福利院

建设单位：上海市民政局

设计单位：中船第九设计研究院

施工单位：上海市第七建筑有限公司

撰 稿 人：邵国华　杨　晴　王　涛
朱伟民　徐永春　高小平
吴庭惠

一、建筑设计

(一) 项目概述

该工程是上海市儿童福利院迁建项目，要求高标准、高起点、与国际接轨，成为亚洲一流、中国第一的儿童福利设施。工程的总体建筑主要由门房、康复培训楼、办公楼、生活中心、后勤楼等主要部分构成(见图1)。

图1　上海市儿童福利院

门房为一层建筑，备有接待和值班室。康复培训楼为4层建筑，含有康复用房、学术交流室、培训室和客房。办公楼主要是行政办公用房。

生活中心部分，包括公共空间，交通和功能转换空间；生活用房部分共有28个单元，可安置约1 000张床位，其中每3～4人单元设置部门主任和医生办公室，备餐室、更衣室等。学生教育用房部分占两层，围绕内院相对独立布置。另外还配置有医疗用房(含诊断、观察、病房等医疗用房)、大礼堂、职工活动中心等用房，另有职工宿舍和餐厅。

后勤楼部分，主要含有洗衣房、锅炉房、维修工场、职工浴室、车库等用房。

整个工程包含多种功能，有残障儿童生活住宿、活动、医疗康复，基础及基本技能教育，社会及专业工作人员培训等等，设计使各部分不同功能的建筑有机结合成为统一的综合建筑群体。另外对群体建筑的外部空间，园林绿化、钟楼、游戏广场、喷水池、戏水池、下沉广场、雕塑、运动场地和游戏场地等儿童娱乐设施，设计也都作了综合地考虑，工程于1999年12月设计完成，同时开始施工，2001年6月1日竣工，10月正式投入使用。

(二) 项目组成

该工程的主要项目见表1。

表1　上海市儿童福利院的项目组成

项　目　名　称	占地面积(m^2)	建筑面积(m^2)
生活中心	7 243	17 893
康复培训楼	1 231	3 029

续 表

项 目 名 称	占地面积(m^2)	建筑面积(m^2)
办公楼	640	2 094
后勤楼	874	1 570
自行车棚	180	180
河水处理站	106	106
门卫室	40	40
垃圾房	18	18
地下通道	263	263
地下泵房及水池	180	180
地下污水处理站	218	218

(三) 设计指导思想

上海市儿童福利院是上海惟一一所由市政府举办的儿童社会福利慈善机构，专门为社会弃儿及由父母自费寄托的残障儿童，提供生活、教育和康复治疗。工程要求从上海国际大都市的建设发展定位，以及上海与国际接轨，展示对外开放形象和中国社会福利事业成果的要求出发，为促进、带动中国的福利事业做出示范作用以及发挥其向国内辐射的功能。

根据要求，此工程建成后应成为亚洲一流、中国第一的儿童慈善福利设施。因此，它不仅要满足收养、医疗、康复等基本功能要求，更应从特殊群体的特点出发，开发和提升收养、康复、居住、教育、文娱等功能的潜质和环境生活空间的质量，体现以人为本特别是以儿童为本的特点，为强化管理、服务和运作机能提供空间环境和硬件条件，创造一个与之相适应的建筑和群体环境空间，并提供一个范例，起到示范作用，成为具有特色的、现代化的全国儿童福利事业培训和科研基地。

考虑到国际上儿童福利事业的发展非常迅速，特别是在特殊功能训练、医疗、康复等设施方面，设计不仅要尽可能把目前先进的水平考虑进去，更要留有充分的发展空间，以便今后有扩充改造的余地。

从儿童心理学出发，在房屋建筑的平面与空间设计、建筑立面及造型、室内外装修、设施构造、设备选型、外部环境等方面都要特别体现出对儿童的关怀与童趣。

(四) 总体布局

针对基地东侧入口处狭小、细长，西侧较大且完整及河浜的位置，根据福利院几个部分建筑的流线，总体布局采取以三个不同形态和功能的虚空间来统领整个基地内的建筑群体，所有建筑靠北侧布置，留出南侧向阳的绿地。使大片绿地和河浜结合，为构筑健康的、高品质的环境空间创造条件。

东侧入口处布置成三角形平面的 4 层行政办公楼，以让开和扩大入口空间，能合理进行车流、人流的组织，它和入口门房结合构成第一层次空间，发挥了窗口作用，还加强了导向性。

中段是供康复和培训的综合楼，建筑靠北侧边布置，共 3 层，前面南向的弧形广场是整个群体的灵魂，形成朝南的开放空间，也是入口空间和生活中心部分及儿童游戏广场的过渡和结合部，一圈圆弧柱廊界定了广场，形成建筑实体和广场虚实空间的过渡，增加了空间层次，并降低体量，使空间尺度更加亲切、别致。

西侧大面积开阔的场地，布置该工程的主体建筑——生活中心，这部分建筑为一综合体，有几大部分：生活单元、教学用房、医疗用房、部分后勤(职工宿舍、餐厅)及公共活动用房。这里引进了一个“各功能转换空间”来划分各个区域，并将各部分建筑用房联系起来。这部分建筑的入口部分设在群体建筑东侧。通过弧形墙和长廊，界定了一个儿童游戏广场，此广场以绿化为主，设置儿童游戏设施，成为一个

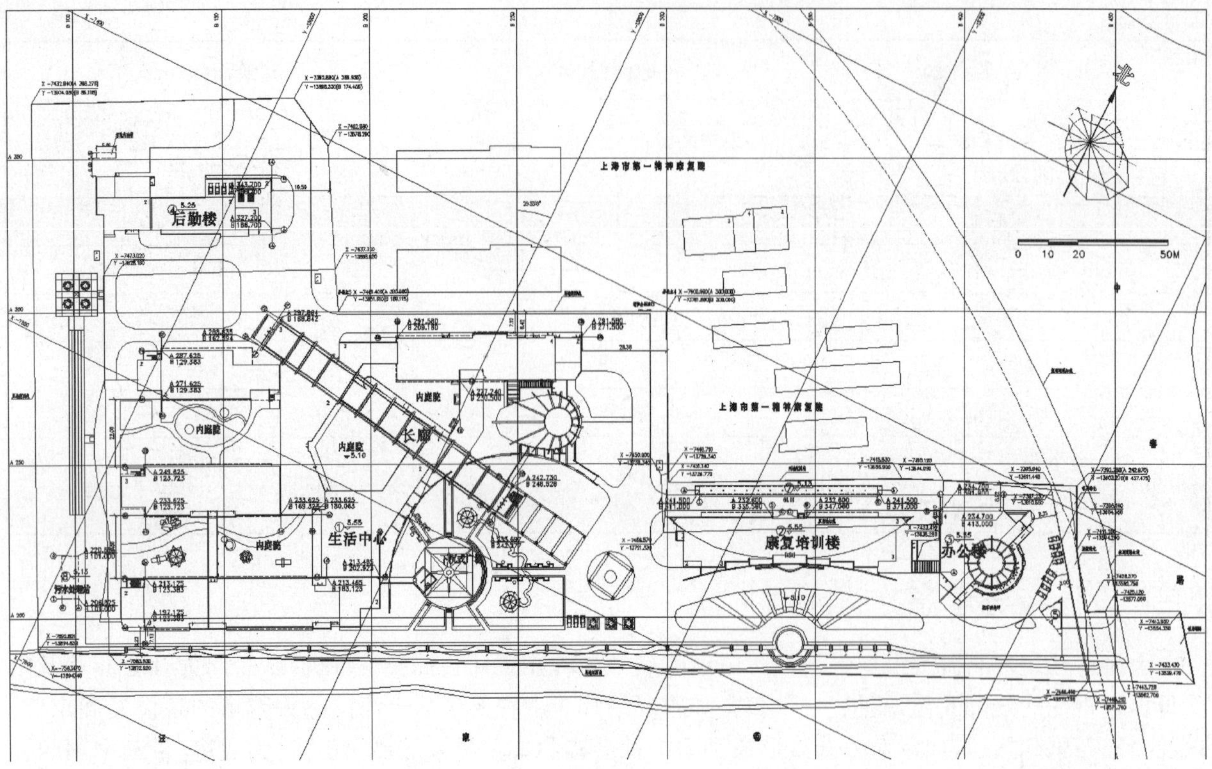

图2 总平面图

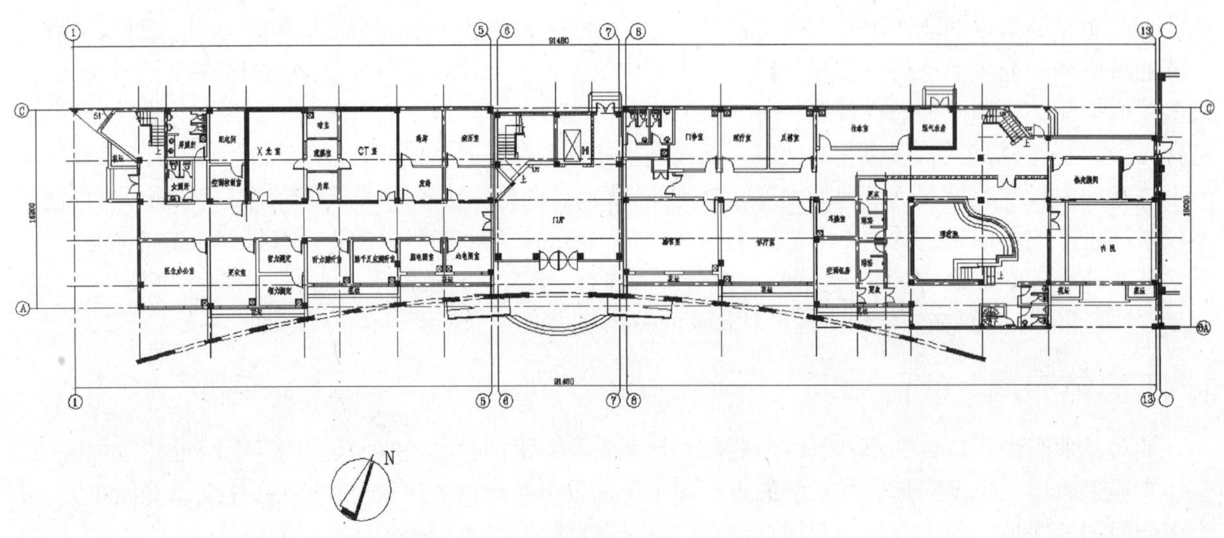

图3 康复培训楼一层平面图

“软”广场，整个建筑造型设计成亲切、活泼、富有童趣，又与绿化环境和谐配合，成为景观建筑。“多功能转换空间”的长廊，划分和过渡了中段广场和儿童活动广场，圆弧形墙和入口广场的斜墙、中段广场的弧墙，使三个广场成为一个整体，以加强建筑的连续性。儿童广场设置卡通钟塔，既加强童趣，又突出空间的制高点，成为整个群体的标志。各个生活单元呈行列式排列，与其他部分建筑组成几个半开敞的花园，花园内配置戏水池的游园活动设置，形成“家园”的气氛，造成特殊群体之“家”的空间特质，同时长廊跨跃中间围合的内庭院，将绿化引入室内。这样几个不同绿化院落，使建筑与绿化环境互相渗透、互相映衬，共同构筑美好的室内外空间环境。

地块的西北角，布置为后勤楼，为减少对生活中心的干扰，其锅炉房及车库出入口均设置在北侧。在它与生活中心的连接部分，设置一个下沉式广场，通过地下通道连接生活中心，以增加地面上的绿化

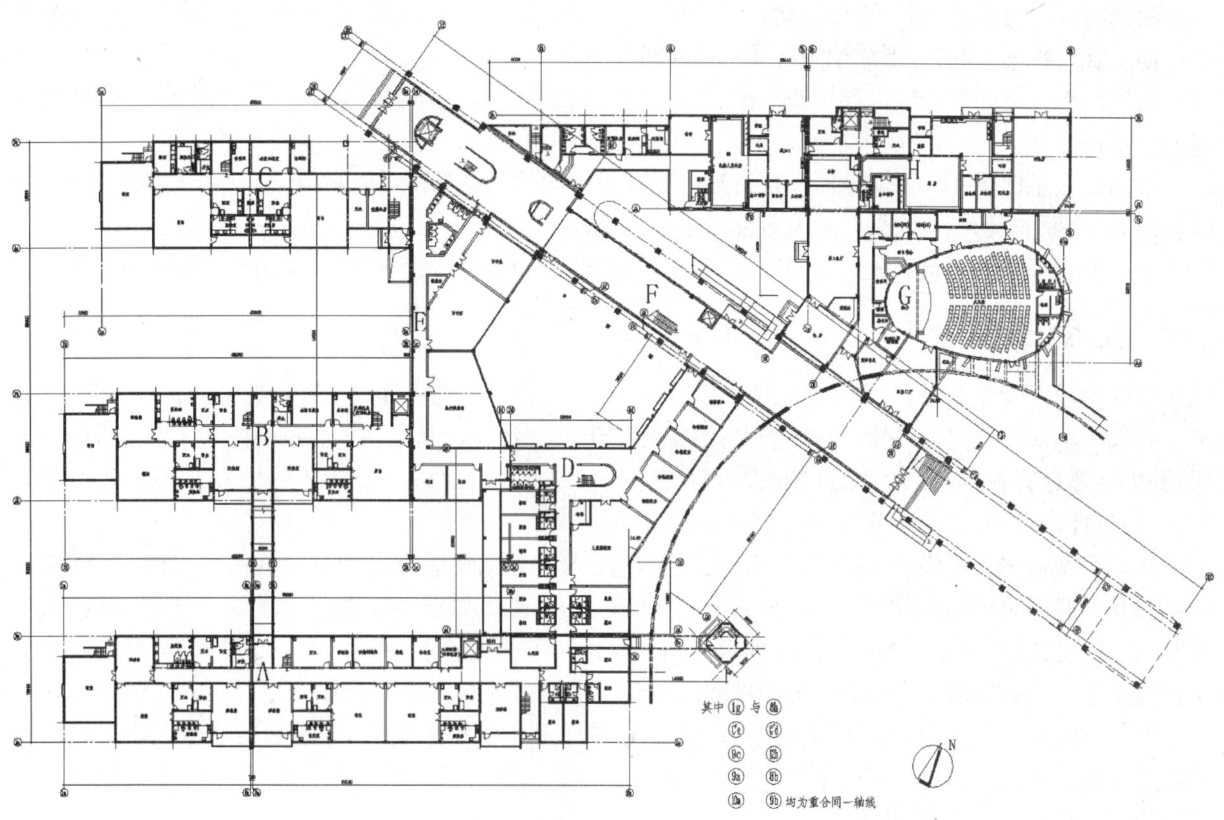

图4　生活中心一层平面图

用地，也避免交通上的交叉和干扰。

地块的最西段，设置一条塑胶跑道作为儿童运动场地，同时，这种布置为将来向西扩建留出了余地和联系。

(五) 绿化设计

整个建筑群体的设计力求与环境融为一体。每一部分与绿化环境结合处，都从环境景观的角度来构成建筑造型和立面，并使建筑与绿化互相穿插，你中有我，我中有你。生活中心的部分屋顶，全部做成屋顶花园，加上各种平台和高低跌落，取得立体绿化的环境效果，增加户外活动空间。

入口部分广场与门房的有机结合，通过与地形相符的花架与建筑顶部花架取得协调。进入儿童福利院，由入口的叠落式花台层层引入，一片中心大草地映入眼帘，河边的护栏及花坛高低错落，色彩明快而活泼。干道绿化铺地设计成条状带方向性的形状，中段广场，靠河浜的轴线上设圆形喷泉，绿地成发散形，以突出完整性。而经整治后的河浜将是儿童们观赏自然生物的又一景点。

儿童活动广场，以绿化为主，配置由各类儿童游戏设施与建筑的构景造型——长廊和圆弧墙结合，设计成丰富多彩的空间环境，卡通钟成为整个空间的亮点。广场内还设有雕塑(在长廊的入口处)绿化灯、硬地小广场等。儿童乐园为残障儿童设置了既充满童趣又开发智力的游戏项目，东南面的星星广场，主要以儿童攀爬项目为主——秋千、攀登架、跷跷板等，以锻炼儿童的肢体为主，在草地上玩乐的儿童除了充分感受绿色的生命气息外，更强烈地体味着生活的多姿多彩。

生活中心西面的几块儿童游戏场，有浅浅的戏水池和植以品种多样的花卉树木，充分开发儿童的识别能力和记忆能力，在戏水池中游玩的儿童更是与大自然融为一体。位于儿童乐园旁的塑胶跑道，使这些残障儿童能与正常儿童一样奔跑、跳跃，充分感受"放飞"的心情。

生活中心北面的下沉式广场，是残障儿童室外的集合场所，广场的四壁上，有儿童福利院的历史及捐助单位的事迹介绍等，让儿童们体味着社会的温暖，教育他们要报答社会，从而激发他们的更多潜能。

南侧河浜进行改造，结合沿岸绿化，设置硬地步行道，设置花坛、照明灯、水榭、喷泉等，将各块绿化和广场景观要素串联起来，形成景观各异的散步游乐系统。

在生活单元之间的花园内配置戏水池、儿童活动场、连廊等，结合功能美化生活单元环境，达到与环境的可亲近性。

不论是星星广场、下沉式广场，还是道路广场在设计时均考虑残障儿童的特点，进行无障碍设计，同时在广场、路面的设计时，均做防滑地砖或凿毛花岗岩面层，以确保儿童室外活动的安全性。

设计在合理布置建筑群关系的同时，尽量扩大绿化面积，力图营造一个"儿童憩息的绿色港湾"。

(六) 交通设计

院区内设两处停车场，其一设在主要出入口处，利用硬地绿化作停车场，专为外来车辆临时停车用，减少外来车辆对院区内部环境，特别是对生活中心的干扰和污染。其二，是在后勤楼北面及底层作停车用，此处停车位置偏僻，减少对院区的内部环境的干扰，是解决院区内自身车辆的停放及长久性车辆的停放，两处停车场一前一后，分工明确。

在整个交通体系组织中，除消防环通的要求外，还考虑到交通流线合理分流，各部分建筑自成循环体系又互相联系，行政办公部分自成小广场可环通车流，车流可以在办公楼前广场回车停留，沿着北侧紧临围墙的道路，可直达后勤部分。后勤楼周围也设置回车场地。生活中心部分，消防车道可以环通整个建筑以达到消防要求。沿河和跑道的硬地也可与其他道路沟通成消防车道。

由于基地呈刀把形，东西向长约 290 m 左右，而整个基地仅有东侧 50 m 左右的用地红线与规划的中春路红线相接，因此，在中春路上设主要出入口的同时，又在与第一精神康复院毗邻的转角处设一消防备用出入口。

(七) 竖向设计

该原始地形较为平整，现状场地标高为 3.70～3.90 m，仅入口处局部标高为 4.30 m(吴淞高程)，中春路现路中标高为 4.70 m，考虑中春路改造为华星路后，路中标高可能调整为 4.90 m，而整个基地东西长度较长，考虑整个院区的排水管和排污管的覆土高度及排放坡度(规划考虑院区的排水和排污方向均接入市政道路管网)，其要求覆土高度较高，因此综合考虑将外场整平标高定为 5.10 m(吴淞高程)。

(八) 建筑设计

1. 设计理念

作为公共建筑，儿童福利院具有特殊性，其服务对象是一群具有生理缺陷和智力障碍的残障儿童。因此，该机构必须对儿童在生理、心理及社会性上有全面的照顾。在设计理念上主要体现在下面几点：

(1) 重视无障碍设计：应用工程的技术和艺术，利用现代科学条件和多学科的协作，考虑幼儿和儿童的人体尺度，从实用、方便、安全的角度，创造适宜的无障碍空间环境，这是该项目设计最基本的原则。建立全方位的无障碍环境不仅是满足残障儿童的要求和受益全社会的举措，也是一个城市及社会文明进步的展示。

(2) 重视环境对康复的作用：医疗的效果往往不仅取决于医疗手段，还与病人对医疗环境的情感反应有着直接的关系。因此，环境的审美价值对残障儿童的康复起着不容忽视的作用。儿童福利院除了具备良好的医疗服务和完善的康复设施，还要求其内外环境和空间组合，应符合孤残儿童心理和习惯要求，使他们感到气氛融洽，亲切而不拘束。如同健康人一样自如地参与各种活动及治疗，为他们从入院初步治疗、社交实习至职业培训等发挥最佳的效应，创造出与传统医疗机构不同的环境。

(3) 重视正中求变：在布局上，做到既有"法度"，又巧于"变法"。在形式创造上，规整与自由相结合，即所谓的"正中求变"；在空间布局上，疏与密相结合，即所谓的"心密相间"。巧妙地利用虚拟轴线和轴线变幻(如所谓的"对景"、"借景"、"障景"等)。

根据上述理念，考虑将整个福利院明确分为四个分区、一个中心、四个集聚点、一条主线、一个交通环，以期达到明确分区、合理布局、人车分流、系统清晰的目的，并具有一种作为公共建筑群体的福利机构应具有的逻辑秩序。

(1) 四个分区：根据福利院在使用性质、功能上的差异，将其划分为行政管理办公区、康复培训区、生活中心区及后勤服务区。其中康复培训区及生活中心区作为残障儿童主要活动的场所，把无障碍设计放在重要环节。生活中心及康复培训楼的主要入口处设有供残疾人使用的坡道，室内的过道及楼梯均设有分别供成人及儿童使用的扶手栏杆。所有电梯均可供乘坐轮椅的残疾人进出。在生活中心的长廊北侧设有可直达三楼的狭长坡道。总之，有许多精心设计的无障碍通道横贯各处，涵盖了各个不同标高的平面空间。此外，每个洗手间内均设可供乘坐轮椅者使用的专用厕位及洗手盆。后勤服务区位于基地的下风向，与生活、康复医疗、行政办公保持一定的距离和路线，互不交叉干扰，同时又满足其服务的需求，方便联系。

(2) 一个中心：作为一个公共文化建筑，提供一些公共活动的空间和场所是设计中的重要内容。由生活中心主轴线长廊及弧形廊墙围合而成的中心下沉式广场及钟楼，形成福利院的中心，并且良好地控制了整个广场与钟楼的标志性形体之间的尺度关系。下沉式广场由草皮和硬地组成，既是一个完全开放的空间，又具有相应的场所分布，成为各类公共活动的场所和核心。

(3) 四个集聚点：由分区、布局、空间的组合，自然地形成了四个人群相对集聚比较多的中介空间——内庭院。这些围合空间元素是儿童课前、课间、课后停留、集聚和进行文娱活动的地方，也是他们交流、休息的重要场所。在设计上充分考虑了其多样性和灵活性，并与主体空间有机渗透，达到适度联系，保持舒适、宁静的环境氛围。

(4) 一条主线：整个福利院由入口广场和东面主入口为前导，形成一条有转折的轴线，导入院中心区，经由长廊转折贯穿于整个院区。这条主线有效地反映了福利院空间组合上的一种逻辑、一种关系、一种秩序、一种连续的景观体验。对于此类的公共建筑群，这种秩序和逻辑是必然的。在具体形式上可有各种表现，但都必须统辖于秩序和逻辑关系中。

(5) 一个交通环：为了保证院区的安静，院区内严格进行了人车分流。车行将主要沿院区内外延形成的环线行驶，而院区内形成完全步行的道路系统，避免了车辆驶入院区造成的干扰和环境污染，形成明确的道路系统。此外，合理组织给排水、暖通、电气、设备供应路线，尽量使线路短捷，减少不必要的能量损耗。

四区、一中心、四点、一线、一环可以概括地表达本设计的规划结构和空间组合的逻辑关系。

2. 主体建筑设计

(1) 平面设计：

对于生活中心、康复培训楼、办公楼、后勤楼 4 幢主体建筑来讲，其功能分区是比较明确的。现分述如下：

① 生活中心：生活中心共由(A、B、C、D 楼)病房楼、长廊和礼堂组成，其中 A、B 楼为 4～7 岁儿童使用，共由 20 个生活单元组成。C 楼为 0～4 岁儿童使用，共由 8 个生活单元组成，每个单元可供 25～28 人使用。D 楼为 7 岁以上儿童使用，其中包括了 26 套 4 人卧室以及相应的教室、特殊教室等，病房楼底层主要是为生活楼服务的厨房及职工内部食堂，2～3 楼为医院及病房。针对不同年龄层次的儿童，设置了具有不同风格和性能的生活区域，并在其中配备了完善的生活、娱乐设施，融休息、娱乐为一体的自由空间，充满了浓厚的儿童生活气息，是孩子们最为适宜的生活作息场所。

极具规模的生活中心长廊位于儿童生活区和康复培训楼之间，作为串联所有生活用房及医院的交通转换枢纽，起着很主要的作用。整个长廊由 21 个高为 15.5 m 的门形构架组成，具有空间感和艺术感，融实用价值和审美价值于一体。

② 康复培训楼：作为儿童福利院特色功能服务之一的康复项目，以构建上海市儿童福利院残障儿童康复体系，形成残障儿童康复服务系列为目标。整个康复大楼占地面积 3 029 m^2，内设水疗池，引进先进水疗技术，恒温控制，具有康复、娱乐的双重功能，全年均可使用。此外，还配备有理疗室、语训室、

感官室、体疗室等多种康复训练室，作为强大的硬件支持，具有系统的、功能完备的现代化设施。

③ 办公楼：该建筑除作为儿童福利院行政管理部门使用外，还在不同的教室配备相应的现代化教学设备，配套设施齐全的多功能会议厅，尤其适合开展各种综合性及专业性讲座和会议，并以此将该办公楼建设成为全国及地区的儿童福利事业培训基地。

④ 后勤楼：此楼作为全院的后勤支持部门，配有汽车库、锅炉房、洗衣房、维修用房等。位于一层的洗衣房按工艺分别设有收衣间、分栋消毒间(对需要单独消毒的衣物被服进行药物消毒，其他衣物等则在洗衣机内加蒸汽进行高温消毒)、洗衣间、烘干间、整理间、库房及发衣间，旨在为孩子们的生活提供安全及卫生的保障。

对于建筑物内部的水平交通既考虑到交通方便，减少迂回、便于疏散等因素，又要考虑到方便管理，对于每个层面的过道都能在夜间关闭后仍能保持交通通畅，对于各建筑物的垂直交通，主要是靠分布比较均匀的疏散楼梯及电梯组成，设计中共考虑了 8 台电梯(其中两台为医梯)和数量众多的楼梯。

生活单元的设计，对于 7 岁以下的儿童，其生活单元采用封闭单元管理，即儿童卧室、活动室、厕所浴室组成一个单元，每幢楼的每一层由 3～4 个生活单元组成，每层设一套公共管理服务设施，如治疗、备餐、医护人员生活室等，对于 7 岁以上儿童则采用半开放的管理方式，即集体宿舍住宿、就近设置的教室(包括特殊教育教室)、餐厅、电视活动室等，整个层面进行夜间封闭。

教室的平面布置：一般教室作为 7 岁以上儿童文化学习之用，教室的平面比较规则整齐，而对于一些特殊功能训练教室，则结合建筑物的体型需要采用不规则平面，通过室内装修及家具、训练教具等的设计，可使儿童更感生动活泼，以利于儿童心理训练。

医院平面布置基本上按一般的小型儿童医院要求进行布置。

康复用房根据康复设施的特殊要求布置，并留有余地，以便今后增添设施或调整设备之用。

大礼堂的功能主要作为会议之用，兼可进行小型文娱表演及放映电影，共 400 座，单层，与其配套的房间有门厅、贵宾室、化妆室、音响控制室、放映间以及厕所等。礼堂平面结合生活中心的整体布局设计呈鸭蛋形，更显自然、舒适。

(2) 剖面设计：

所有主体建筑的层高(除大小礼堂外)综合考虑了各种不同功能房间的需要，结构梁的高度，空调、水、电等管道、设备的最小尺寸以及吊顶的构造尺寸，统一确定层高为 3.6 m。这样可使不同建筑内的每个层面都保持平整，方便残疾人及儿童使用。

建筑形体变化丰富、精巧细腻、轻盈通透、舒展大方，在阳光的照耀下具有独特的魅力。光线的变化使得建筑具有时空的变化，富有流动感，色彩绚丽，清新明快。材料的质感清晰，富有韵味。光线与阴影使得建筑具有丰富生动的体积感、层次感，表现了各个细部构件、形态的个性语言。

作为儿童文化建筑，抓住儿童的天性，创造各种有趣的、立体的、丰富多彩的室内外活动空间，做到小中见大，小题大做。由于儿童福利院的特点，建筑物的层数不超过 3～4 层，所以平面铺得比较开，建筑物立面造型处理采用形体的变化以及选用不同的材质材料，以达到统一中求变化，变化中求统一的目的。从建筑几何形体、材料、色彩，通过理性的分解、感性的集结、童趣的联想，用儿童的语言、性格、色彩来精心构思创作，做到有情有理，有声有色。

新材料的选用及色彩的选用更使建筑物显得活泼、明快，给人以欣欣向上的振奋感。

3. 建筑物防火设计

(1) 防火分区的划分：

办公楼、康复培训楼及后勤楼由于每幢楼的建筑面积不大，因此每幢楼均单独为一个防火分区。

而生活中心由于其内部功能较多，且层数变化是随其功能的不同而变化，因此防火分区的划分基本上按房屋的功能来划分，共分为六分区，即 A、B、C、D 楼，长廊，病房楼(包括礼堂)，每个分区面积包括该楼的所有层面，最大面积均不超过 5 000 m^2。

每个防火分区内均有两部可直接对外疏散的楼梯。或至少有一个可直接对外疏散的楼梯及另一个通向其他防火分区的防火门作为第二疏散口。

对于单个房间面积超过 60 m^2 的房间，如儿童卧室、教室、小礼堂、儿童餐室、医院病房等均设有两个通向公共走道的门，或一个通向走道的门，另一个通向室外疏散梯的门，处于袋型走道处的门离楼梯口的距离不超过 20 m。

室内所有管道均采用管道井封闭，较大的管井门采用丙级防火门，井道内楼板待管道安装完后用矿棉封闭。

(2) 耐火材料的选择：

所有建筑物的耐火等级均为一级。

建筑物的室内装修材料燃烧性能等级按规范要求，除吊顶采用金属吊顶、埃特板及防火石膏板为 A1 级外，其他墙面、地面、楼面均采用 B1 级材料。

燃油锅炉房由于紧贴后勤楼布置，其与后勤楼相隔的墙体采用钢筋混凝土防火墙。

疏散通道内及楼梯、电梯、大门疏散口均设有明显的指示标志(灯)。

4. 卫生设计

根据儿童福利院管理模式，对于 0～7 岁儿童，每个生活单元内均配备有各种独立的儿童盥洗厕所及浴室，且浴室内的布置按脱衣、洗浴、穿衣程序布置，脏衣与清洁衣服分开，7 岁以上儿童宿舍每 4 人一间，每间配有独自的卫生间。

儿童生活楼(A、B、C 楼)每层作为一个管理单元，配有教师专用厕所、更衣室和一个配餐室，配餐室内对餐具进行清洗消毒存放，提供开水供应以及进行分餐。

儿童厨房与职工食堂分别单独设置，厨房工艺流程按生熟分开、洁污分开原则布置，无交叉路线，熟食间设二次更衣过渡间，炊事人员有专用更衣室。

医院设有专用出入口及电梯、楼梯，与其他部门分开。

全院洗衣房设在后勤楼一层，按洗衣工艺分别设有收衣间、分栋消毒间(对需要单独消毒的衣物被服进行药物消毒，其他衣物等则在洗衣机内加蒸汽进行高温消毒)、洗衣间、烘干间、整理间、库房及发衣间。洗衣设备选用不锈钢设备，后勤楼屋顶可供晒衣使用。

生活中心的生活楼(A、B、C 楼)冬至日满窗日照满足 3 小时日照时间。

生活楼、医院、厨房、餐室、用房、卫浴等房间的室内装修均考虑便于清洗、不易积灰、不会被污染的釉面墙地砖、不锈钢材料及防霉涂料等材料。

福利院全院职工约 400 人，三班制最大班约 250 人左右。因此职工浴室共设 40 个淋浴龙头，能满足职工每天沐浴要求。

垃圾处理采用袋装分层分单元集中后由专人送至室外各垃圾房后运走。

5. 儿童安全与无障碍设计

在儿童生活中心及康复培训楼的主要入口处设有供残疾人使用的坡道，在生活中心的长廊北侧设有可直达三楼的长坡道。

在上述两幢楼的公共使用厕所内适当布置供残疾人使用的厕所。

院内的所有建筑物的层高除大小礼堂外全部为 3.6 m，保持每个层面平坦无阻。

所有电梯均为无障碍电梯。

在生活中心、康复培训楼的过道及楼梯均设有供成人及儿童使用的扶手栏杆。

生活中心的外窗采用下部为固定玻璃上部可开启的铝合金窗。

阳台栏杆高 1.1 m，栏杆间距及花饰考虑儿童不可伸出及攀爬的要求。

6. 环保设计

两个厨房的油烟排气道采用不锈钢管道外包砖墙通出屋顶并经过滤处理后高空排放。

X 光室防护墙体及屋顶楼板，采用硫酸钡重晶石混凝土浇制，X 光照射室门为铅板防护门，控制室观察窗为铅玻璃固定窗。

全院所有的电梯设备均采用运行平稳、噪声较低的液压电梯，确保建筑物内部清静。

对于产生噪声较大的空调机房、水泵房、热交换器间等房间墙面在离地高 1.5 m 以上及吊顶做穿孔石膏板后衬玻璃棉吸声处理，这些房间的围护墙均为 240 mm 厚的多孔砖，门为隔音门。

7. 节能设计

由于儿童福利院的特殊要求，房屋的层楼不宜过高，因此相对来讲，房屋的外墙面及屋面面积较大，对于全室集中空调而言，建筑物的节能设计具有很大的意义，对于建筑节能措施主要有：

(1) 外墙采用热工性能良好的多孔黏土砖加上 20 mm 厚的复合墙体保温材料代替普通的内墙粉刷。

(2) 在屋顶钢筋混凝土楼板上黏贴厚度不小于 50 mm 厚的防水珍珠岩板作为屋面保温及隔热层。

(3) 所有外窗玻璃均采用中空夹气玻璃。

(4) 对于所有的外门及各个层面的一部分过道门，根据不同的要求采用自动门或自动闭门器装置。

(5) 对于使用功能不同的房间，在确保房间使用功能的条件下采用不同高度的吊顶。

8. 建筑及装修材料说明(见表 2 和表 3)

表 2　各建筑部位所用材料

部　位	材　　料
墙　体	多孔砖
门	铝合金门、高级木门、木质防火门
窗	彩色铝合金窗、中空夹气玻璃
轻质隔墙	三孔砖、轻钢龙骨石膏板面
地　面	混凝土基层、木地板面、PVC 塑料卷材面、花岗石、地砖、防滑地砖
楼　面	混凝土楼板、面层同地面
屋　面	混凝土楼板上做防水珍珠岩板隔热保温层、卷材防水层上做细石混凝土面贴地砖

表 3　装 修 材 料

外装修	粉刷面上做弹性高级乳胶漆、玻璃幕墙、铝板幕墙、面砖等
内装修	粉刷面上做乳胶漆、墙面砖、花岗石等

(九) 技术经济指标

工程的技术经济指标见表 4。

表 4　技术经济指标

总用地面积	38 840 m^2
总建筑面积	10 332 m^2
道路及硬地面积	11 800 m^2
建筑物总建筑面积(地上)	24 676 m^2
建筑密度系数	26.6%
容 积 率	0.635
建筑占地面积	3 143 m^2
建筑覆盖率	16.9 %

续　表

绿化率	42.3%
绿地面积	16 440 m^2
停车位	18 辆
建筑高度	最高 16.7 m
层　数	4 层
电梯台数	液压电梯共 8 台
混凝土总用量	8 410 m^3
钢材总用量	1 809 t
总造价	11 381 万元
单位建筑面积造价	4 492 元/m^2

二、结构设计

(一) 项目概述

自然条件为地震基本烈度：7 度；建筑场地类别：Ⅳ类；地基液化判别为：轻微液化。由于轻微液化，基础和上部结构均将进行加强，提高抗震能力。

建筑物安全等级为二级；建筑物抗震等级为三级；建筑物类别为丙类。

结构电算采用中国建筑科学研究院的 PKPM 系列软件。

(二) 结构设计

1. 生活中心

生活中心是整个工程的核心部分，由于航空限高的原因，建筑高度为有限值，最高 4 层，均无地下室。根据建筑功能划分，生活中心的建筑分成为八个区，各区层数从 1 层到 4 层各不相同，通过设伸缩缝和沉降缝，将不规则的平面划分为较为独立的一块。基础采用控制沉降复合桩基，钢筋混凝土条形基础和独立基础，以减少各区之间的沉降差，桩长 14 m，桩尖持力层为⑤$_{2\text{-}2}$层，桩为截面 200×200 的预制方桩。实践证明，此方案取得良好的效果。虽然生活中心的平面布置复杂，但最终各区之间的沉降差很小。

根据各区的不同使用功能，上部结构采用了钢筋混凝土框架结构和砌体结构两种形式。采用砌体结构是为了保证幼儿活动的房间里没有柱子突出，避免发生意外。砌体结构部分每层设兜通圈梁，为满足建筑要求，采用加大构造柱等措施来加强砌体结构的抗震性。楼屋面板均为钢筋混凝土现浇板。而其他办公及配套用房则采用框架结构，以取得建筑平面灵活的分割。现浇框架结构部分，跨度为 6～9 m 不等，开间为 6～9 m。柱截面采用 900×900、500×500、400×400 及异形柱等。框架梁 250×750、240×900、350×750、350×900 等，次梁 240×(400～750)等。部分隔墙采用轻质材料，为满足功能要求，部分大房间采用密肋楼盖，梁截面 200×450，间距约 880；大礼堂屋盖采用网架；小礼堂部分梁采用预应力结构。

2. 办公楼、康复中心

办公楼、康复中心的上部结构采用钢筋混凝土框架结构；基础采用控制沉降复合桩基、钢筋混凝土条形基础和独立基础，以减少沉降值，桩长 14 m，桩尖持力层⑤$_{2\text{-}2}$层，桩为截面 200×200 预制方桩。康复

中心的总长度较长，上部结构分缝处理，基础连在一起，打了控制沉降复合桩，通过减少绝对沉降以减少差异沉降，也取得了良好的效果。

3. 后勤楼

后勤楼上部结构采用钢筋混凝土框架结构；基础采用天然地基、钢筋混凝土条形基础。

三、给排水设计

(一) 给水

1. 水源

为市政给水管道。市政给水管网的供水压力为 0.2 MPa。

2. 用水量表(见表 5)

表5 用水量表

序号	用水名称	用水量标准	用水量			备注
			日(m^3)	平均(m^3/h)	最大(m^3/h)	
1	婴幼儿生活区	100 L/(人·d)	78.40	3.27	8.18	784 人，$K=2.5$，$t=24$
2	儿童教育区	200 L/(人·d)	20.80	0.87	1.74	104 人，$K=2.0$，$t=24$
3	康复医疗区	100 L/(人·d)	15	0.63	1.58	150 人，$K=2.5$，$t=24$
4	职工宿舍	100 L/(人·d)	2	0.08	0.20	20 人，$K=2.0$，$t=24$
5	培训中心	300 L/d	15	0.63	1.26	50 人，$K=2.0$，$t=24$
6	办公人员	50 L/(人·班)	22.5	0.94	2.35	150 人/班，$K=2.5$，一天三班
7	厨房、餐厅	15 L/(人·次)	36	3.0	7.5	1 200 人/班，一天两班
8	淋浴	60 L/(人·班)	27	9	9	150 人/班，一天三班
9	洗衣房	60 L/(kg·干衣)	18	1.8	2.7	$K=1.5$，$t=10$
10	锅炉房		24	1.5	5.0	$t=16$
11	真空泵冷却水量		36	1.5	1.5	$t=24$
12	水景补充水量		60	7.5	7.5	$t=8$
13	绿化	21 m^2/次	67	33.5	33.5	一天两次
14	小计		421.7	64.22	82.01	
15	未预见水量(10%计)		42.17	6.42	8.20	
16	合计		463.87	70.64	90.21	
17	室内消火栓	15 L/s	108	54	54	延续 2 h
18	自动喷淋灭火	30 L/s	108	108	108	延续 1 h
19	室外消火栓	30 L/s	216	108	108	延续 2 h

3. 给水系统

基地的给水从市政管网接入，接入管管径 DN150，设总水表计量，基地内的洗衣房用水、锅炉房用水、浇洒绿化用水、水景循环补充用水、真空泵循环冷却用水等均由市政管网直接供给，其余各建筑物每层均由变频供水设备加压供水。在基地的地下水泵房内设置恒压变频供水设备1套，地下蓄水池1座，蓄水池有效容积200 m³。考虑用水的安全性，蓄水池贮存了福利院生活日用水量的90%。变频供水设备从蓄水池吸水，加压后以DN150的给水管在基地内成环状布置，各建筑物直接从该环网上接管供水。变频供水设备型号：ZBG90/Ⅲ-40-23.6型。由3台主泵、1台稳压泵、1个气压罐、电控柜及一些附件组成。各部分型号性能如下：3台主泵，型号：MEC-AT2/40B，$Q=32$ m³/h，$H=42$ m，$N=7.5$ kW/台，1台变频，2台工频。1台稳压泵型号：VCRZ-60型，$Q=2$ m³/h，$H=42$ m，$N=0.75$ kW/台及气压罐$V=24$ L1个，供夜间小流量及渗漏使用整个变频供水设备，由压力开关控制水泵启闭，并对发生的故障自动报警及传送信号至控制中心。变频加压供水设备设减振台座，其各水泵的进出水管均设橡胶软接头等减振措施。生活蓄水池进水管设有电动阀门，当进水浮球阀损坏时，蓄水池水位达到溢流水位时，自动关闭进水阀门。

考虑供水的安全性及充分利用市政给水管的压力，变频供水设备的出水管除在基地内以环状布置外，另与市政给水管道连通，以备断电时或市政管网压力足够时由市政管网直接供水。

基地内各单体建筑物内的给水管均采用给水塑料管，丝扣连接，基地外场的给水管管径>DN100的均采用给水铸铁管，承插连接，其余均采用给水塑料管，丝扣连接。

(二) 热水

1. 热源及加热方式

由锅炉房提供蒸汽至各热交换站，采用汽-水换热的方式。

2. 热水用水量表(见表6)

表6　热水用水量表

序　号	用水名称	用水量标准	水　温(℃)	最大时用水量(m³/h)	耗热量(kJ/h)
1	婴幼儿生活区	40 L/(人·d)	45	17.0	285×104
2	医疗康复区	40 L/(人·d)	45	3.80	64×104
3	儿童教育区	100 L/(人·d)	45	4.10	69×104
4	培训中心	150 L/(人·d)	60	1.40	32×104
5	食　　堂	5 L/(人·次)	60	4.0	92×104
6	浴　　室	35 L/(人·班)	60	14.0	36.9×104

3. 热水系统

整个基地的热水供应采用分区域集中供应的系统。在整个基地内按使用对象及功能的不同，分成四个区域集中供应热水。

第一个区域为生活中心的热水供应，考虑该区域使用对象主要为婴幼儿及儿童，故热水供应温度采用45℃，区域的热交换站房设置于生活中心D楼底层，在热交换站房内设置卧式容积式热交换器3台，型号规格如下：卧式国标8号，$V=8$ m³，3台热交换器按热水供应量大小不同，交替或同时使用，冷水经容积式热交换器加热后，由热水管道将热水供应至生活中心的A楼、B楼、C楼、D楼及病房楼每层。整个热水系统采用闭式全循环系统。在热交换站房内设置热水循环水泵2台，一用一备，型号如下：IRG40-125型，$Q=6.3$ m³/h，$H=20$ m，$N=1.1$ kW/台，热水循环泵维持该系统运行时的整个热水管网的循环流量，系统设置闭式隔膜式膨胀水箱3个，以吸收水加热时的膨胀水量。其型号如下：PN10006-10型，$V=1.169$ m³。

第二个区域为康复培训楼的热水供应。热水供应温度采用60℃，区域的热交换站房设置于康复培

训楼底层。在热交换站房内设置卧式容积式热交换器 1 台，型号规格如下：卧式国标 5 号，V=2 m^3，热交换器供应的热水经热水管道供应至 2 层的每个客房。采用闭式全循环系统。在底层的热交换站房内设置热水循环水泵 2 台，型号：IRG15－80 型，Q=1.5 m^3/h，H=8 m，N=0.18 kW/台，一用一备。闭式隔膜式膨胀水箱 1 个，型号：PN6006－10 型，V=0.321 16 m^3。

第三个区域为厨房、餐厅的热水供应，热水供应温度 60℃，采用闭式定时循环的热水供应系统。系统设置容积式热交换器 1 台，型号：卧式国标 5 号，V=5.0 m^3，热水循环水泵 2 台，一用一备，型号：IRG20－160 型，Q=2.5 m^3/h，H=15 m，N=0.55 kW/台。闭式隔膜式膨胀水箱 1 个，型号：PN800－610 型，V=0.854 1 m^3。热水循环泵定时工作，热交换器供应的热水经热水管道供应至厨房、餐厅的各热水供应点。整个系统的热交换器、热水循环水泵及闭式隔膜式膨胀水箱均设置于生活中心热水供应区域的热交换站房内。

第四个区域为后勤楼浴室的热水供应。热水供应温度 60℃，采用闭式定时循环的热水供应系统。该系统的热交换站房设置于后勤楼 2 层。在热交换站房内设置容积式热交换器 1 台，型号：卧式国标8 号，V=8.0 m^3，热水循环水泵 2 台，一用一备，型号：IRG40－100 型，Q=6.6 m^3/h，H=12.5 m，N=0.75 kW/台。闭式隔膜式膨胀水箱一个，型号：PN10001—610 型，V=1.169 m^3。热水循环泵定时工作，在每天的热水供应以前，将管网中冷却的水强制循环一定时间。浴室内的冷热水管网均采用 DN100 的环状管网。

基地内所有热水供应系统的热水管道均采用铜管焊接，保温。

4. 开水供应

饮用水定额：q=2 L/(人·d)(班)。

在生活中心 A 楼、B 楼、C 楼、D 楼及病房楼每层的备餐间以及餐厅设置矿化净水器 1 台及电开水器 1 台。矿化净水器型号：GZ0.1 型，Q=100 L/h，N=15 W。水经矿化净水器处理后可供孩童直接饮用。电开水器型号：KSC－6 型，V=27 L，N=6 kW，以提供开水供应。

在办公楼及康复培训楼每层的开水间内设置电开水器 1 台，型号：KSC－6 型，V=27 L，N=9 kW，以供应开水。

(三) 消防

1. 消防用水量标准(见表 7)

表 7　消防用水量标准　(L/s)

室外消火栓	室内消火栓	自动喷淋灭火系统
30	15	30

2. 室外消火栓系统

基地的室外消防管道分别从沪青平公路及中春路(规划中)市政给水管引入，接入管管径均为 DN200，分别设置水表计量，并在基地室外以 DN200 管道环通，与市政给水管道形成环状管网。在室外消防管网上设置室外地上式消火栓 8 套，以满足室外消防需要。

3. 室内消火栓系统

室内消防采用稳高压消防供水系统。在地下室水泵房内设置稳高压消防供水设备 1 套，设备型号：ZBFL45/I1－60－93 型。由 2 台消防主泵，2 台稳压泵，1 台气压罐、电控柜压力开关及一些附件组成，各组成部分的性能如下：消防主泵 2 台，一用一备，型号：HVT80/1B 型，Q=45 L/s，H=60 m，N=45 kW/台；稳压泵 2 台，一用一备，型号：VLR4－80 型，Q=4 m^3/h，H=62 m，N=1.5 kW/台；隔膜型气压罐 1 台，V=24 L，消防供水设备的各台水泵均直接从室外消防环管吸水，各台水泵之间的启闭及切换均由压力开关控制。该稳高压供水设备具有自动恒压供水，自动启闭主泵、备用泵、稳压泵以及自动巡回检查，发生故障自动报警的功能。平时由稳压泵补水维持消防管网的工作压力达 0.60 MPa 左右，一旦发生故障则发出声光报警信号，消防状态时，当消火栓或喷淋系统喷头打开后，管道压力下降，稳压泵自动启动，若压力持续下降则由压力开关立即启动主泵，以供消防用水，若主泵发生故障，会自动切换至备用水泵。消防供水设备的出水管在基地内以 DN150 管道成环状布置，基地内各建筑物的室内消火栓管网及自动喷淋灭火管网均直接从该环网接入。

基地内各幢建筑物每层均设置若干数量的室内消火栓箱，以保证任何一处均有两股水柱同时到达。每股水柱 $q=5$ L/s，室内消火栓系统动压控制在 0.50 MPa 以内，超过部分采用减压孔板减压。

4. 自动喷淋灭火系统

生活中心设置自动喷淋灭火系统。自动喷淋灭火系统从基地的室内稳高压环网上直接接入，系统设湿式报警阀 3 套，一旦消防时，喷头打开，系统压力下降后由压力开关启动稳高压消防供水设置加压供水，并发出声光报警。每个防火分区分别设置水流指示器，在生活中心的 A、B、C、D 楼及病房楼、长廊、礼堂每层均设置监控阀及水流指示器。除厨房、餐厅、礼堂的每个房间及长廊内均设置喷头外，其余各幢建筑物均在每层的走道内设置喷头。

5. 手提式灭火器

各幢建筑物每层的每个室内消火栓箱内均配置了 $G=2$ kg 手提式干粉灭火器 2 具。另外每幢建筑物的一些设备用房如变配电间、厨房、餐厅等均需设置手提式干粉灭火器若干具。锅炉房配备了 $G=20$ kg 的推车式干粉灭火器 1 具。

（四）排水

排水体制：室内污、废水合流，室外雨、污水分流。

基地内每幢建筑物室内采用污、废水合流，设伸顶通气管的排水系统。室外采用雨、污水分流的排水体制。

基地内每幢建筑物的室内污、废水经室外污水管道汇总后排入室外生活污水调节池，餐厅、厨房的含油污水经隔油池去除油脂后排至生活污水调节池。生活污水调节池内污水经污水处理装置处理后，排至中春路市政污水管道。基地内生活污、废水最大小时流量为 30.76 m^3/h，排出管管径为 $d=225$，$i=0.005$。

基地内雨水量按上海地区降雨量公式计算，防雨重现期 $P=1$，径流系数 $\phi=0.7$，雨水量 $Q=634$ L/s。雨水经管道汇集后排至基地南侧的 $d=800$ 雨水管道，该管道采用平坡设计，排入中春路市政雨水管道。

基地南侧有一小河浜流径，该河浜在基地范围内一段属本项目用地范围，经整治后将作为基地的水景景观。因此沿现河浜南侧河堤处设 $d=800$ 排水管，平坡设计排入中春路市政雨水管。

基地的地下水泵房内的排水由设于水泵房集水坑内的潜水排水泵排至室外雨水管道。潜水泵型号为：50QW－20－7 型，性能：$Q=20$ m^3/h，$H=7$ m，$N=0.75$ kW/台。

基地内的沉降式广场的排水由设于集水坑内的潜水排水泵排至室外雨水管道，共设潜水排水泵 4 台，同时使用。型号：WQK42－12－3 型，$Q=42$ m^3/h，$H=12$ m，$N=3$ kW/台，水泵启闭由集水坑高低水位控制。

各建筑物室内排水管道均采用排水塑料管，室外排水管道管径 $d\leqslant 400$，采用塑料排水管（加筋管），$d>400$ 采用钢筋混凝土管。

（五）生活污水处理

1. 污水来源及处理量

生活污水处理设备的处理量为 240 m^3/d，其组成详见生活日用水量表。生活污水来自基地内各幢建筑物的卫生间、浴室、厨房、餐厅的生活污、废水。

2. 污水水质及排放标准(见表8)

表8 污水水质及排放标准

项　目	进水水质	排放标准
BOD_5(mg/L)	150～200	≤30
COD_{cr}(mg/L)	250～400	≤100
NH_3-N(mg/L)	～35	≤15
SS(mg/L)	～300	≤150
pH	6～9	6～9
动植物油(mg/L)	≤40	≤15

3. 生活污水处理工艺

采用二级生化处理工艺，生活污水经集水池收集至调节池匀质调节后进入A/O生化系统进行处理，A/O生化出水溢流入二次沉淀池进行固液分离，上层清液排入消毒排放水池，下层污泥排入污泥浓缩池。经消毒后处理出水，各项水质达到排放标准排入市政管网。

(六) 水景

在基地南侧的中心绿地处设置喷水池1座，喷水池内设置水量供水设备1套，包括水泵、管道、各组喷头等，以组成组合水景造型。

(七) 河浜改造

基地南侧有一河浜，该河浜在基地范围内一段属福利院用地范围，经整治后将作为基地的水景景观。该段河浜经改造后将成为长约300 m、宽约10 m、水深1 m左右的池塘。为保持该池塘内水的清洁，设置了河流水净化循环处理设备，定期由过滤水泵将池内水输至过滤器进行过滤处理，以去除水体内浮、悬污杂质，然后将清洁水循环至池内，以保证水体水质清洁。过滤器定期由反冲洗水泵供水进行反冲，反冲出水排入生活污水处理系统。该套净化循环水处理设备设置于水处理站房内，由2台过滤器，3台过滤水泵，1台反冲洗水泵及管道等组成。过滤器型号：SL-2000型，处理水量$Q=30\ m^3/h\cdot$台，2台同时使用。过滤泵型号：IS80-65-125型，$Q=30\ m^3/h$，$H=22.5\ m$，$N=5.5$ kW/台，3台，二用一备，反冲流泵型号：IS150-125-250型，$Q=144\ m^3/h$，$H=22\ m$，$N=18.5$ kW/台，整套设备的设计处理能力：60 m^3/h，不设消毒装置，由人工定期向池内投加消毒剂。

为保证循环效果，过滤泵从池塘西侧吸水至过滤器，滤后水由管道引至池塘东侧，以形成良好的循环。

该池塘的补充水量由蒸发水量及过滤器反冲洗排水量组成，综合考虑上海地区的年平均蒸发量为年平均降雨量的补差，确定该池塘的平均日补充水量为50 m^3/d左右，由市政管网供给。

另在池塘的末端设置泄水闸门，暴雨季节，闸门打开，池水泄入下游河体，以保证该池塘的正常水位。

四、电 气 设 计

(一) 强电

1. 供电设计

(1) 负荷等级：

该工程中，主要用电负荷为消防水泵、病房楼电力、生活中心照明及空调等，考虑上海儿童福利院内有部分特殊儿童需要救助，同时还经常有重要的外事接待任务，因此，消防水泵、病房楼电力等用电设备确定属于一级负荷，其余用电设备均为而二、三级负荷。

(2) 供电电源及电压：

鉴于该工程的特殊性质，经与当地供电部门协调，取得所需的两路 10 kV 供电电源，从东侧用电缆直埋引入。

(3) 供电系统：

供电系统采用两路 10 kV 电源同时供电，10 kV 母线采用单母线接线，两段 10 kV 母线之间不设联络开关；变压器低压侧母线间设联络开关的供电形式，当一路电源故障时，另一路电源可供应全院负荷的 70%，能够保证全部一、二级负荷的供电。低压供电系统还对重要负荷采用两路电源同时供电。

(4) 变电所：

① 本工程总用电负荷主要分生活中心、后勤楼、康复培训楼及办公楼空调照明负荷。

② 本工程中，消防水泵、生活中心照明及病房楼电力等一级负荷为重要负荷。

③ 总电力供应主要指标(见表 9)：

表 9 总电力供应主要指标 (kW)

空调设备	电力设备	照明设备	电气设备总安装容量
840	1 301	315	2 456

经负荷计算，变电所内变压器安装容量为 2×1 250 kVA。

④ 变电所设在生活中心东北角，接近负荷中心及重要负荷。为了减少变电所所需的面积，变电所采用户内成套布置方案。

⑤ 继电保护与计量：继电保护采用微机综合保护装置，变压器设置速断及过电流保护、接地保护和温度保护。电能计量采用高供高量，设专用计量柜。

⑥ 控制：高压开关柜运行信号、继电保护及操作电源采用 AC220 V，真空断路器采用弹簧操作机构。

⑦ 功率因数补偿方式：功率因数采用低压电容器集中自动补偿与分散补偿相结合的方案，补偿后平均功率因数为 0.9 以上，达到供电规则的要求。

2. 配电、照明

(1) 配电系统：

① 院内配电系统电压为 AC380/220 V。

② 配电系统主要采用放射式配电，至各建筑物电源均从变电所采用电缆引出。

③ 对消防设备等重要负荷采用两路电源同时供电，末端自动切换，对电子计算机等设备还设有 UPS 后备电源。

(2) 环境特征和配电设备的选择：

该工程中环境属正常范围，配电设备选择一般通用设备。

(3) 导线、电缆选择及敷设方式：

① 户外电缆采用交联护套聚氯乙烯绝缘铜芯电力电缆，考虑到万一发生火灾时，大量残障儿童疏散的速度要比普通人群慢得多，为了减少火灾时电缆燃烧产生的有毒烟气对人体的伤害(这是火灾时人身伤亡的主要原因)，该工程户内干线均采用低烟无卤交联护套聚氯乙烯绝缘铜芯电力电缆。

② 户内干线采用电缆桥架在吊顶内及电气竖井内敷设，支线采用铜芯塑料绝缘线穿管敷设。

③ 实验室、语言教室及计算机房等采用地面插座或地面走线槽配电。

(4) 电气保护及安全：

① 根据该工程的特点，从安全的角度出发，各区域的电力、照明配电箱和电动机控制箱等除安装在机房内外，其余均安装在专用的配电小室或教师值班室内，无关人员无法触及。

② 低压配电系统接地采用 TN－C－S 系统，各栋建筑内均设有独立的保护接地线(PE)，所有用电设备的导电外壳均接地。

③ 插座及移动设备供电采用漏电开关保护。

④ 生活中心插座均采用安全型，安装高度大于 1.8 m。

⑤ 对于容易由漏电引起触电事故的场所，还设置了等电位或局部等电位联结措施(如浴室、康复水池等)。

⑥ 户外照明金属灯杆设单独接地装置，采用局部 TT 接地系统。

(5) 照明设计标准：

根据《中小学建筑设计规范 GBJ99－86》及《民用建筑电气设计规范 JGJ/T16－92》确定主要场所照度见表 10。

表 10　主要场所照度　(lx)

教室、活动室及办公室等	黑板垂直照明平均值	美术教室及阅览室、计算机房等	儿童生活单元内照明采用调光开关控制	礼堂观众厅
150～200	≥200	300	0～50	150

(6) 光源及灯具的选择：

① 教室、活动室、阅览室及办公室采用荧光灯作照明光源，荧光灯具均配高效节能型电子镇流器，以消除荧光灯的频闪及延长荧光灯使用寿命。

② 教室照明采用蝠翼型配光的专用荧光灯具及专用黑板灯具。

③ 儿童生活单元内采用带调光控制的白炽灯照明灯具，以营造出安宁的氛围。

④ 生活中心还设置醒目的彩色分区引导标志灯，便于引导儿童迅速到达目的地。

(7) 全院供电线路户外照明：

① 10 kV 供电线路及低压配电线路主要采用电缆直埋敷设方式。

② 户外照明主要采用庭园灯及草坪灯，喷水池设有水下照明，光源主要采用紧凑型电子荧光灯及白炽灯。

③ 户外照明采用光控及定时控制；并设有夜间节能照明方式。户外照明在变电所集中控制。

3. 防雷与接地

根据计算，该工程属三级防雷建筑。

该工程在各主要建筑物屋面设有避雷网以防止直接雷击，并利用建筑物内的金属构件作接闪器及引下线，利用基础内的主钢筋作接地极。利用作防雷设施的金属构件或钢筋断面面积＞16 mm²，连接处要求双面焊接。

该工程采用共用接地方式，防雷接地装置冲击接地电阻小于 1 Ω。

高压开关柜及低压电容器柜设有避雷器作防雷保护及过电压保护。

(二) 弱电

1. 电话通信系统

(1) 电话用户设置：

经计算，近期电话用户数量为：直线 18 门，内线 231 门。

(2) 电话交换机选定：

电话总机采用数字程控用户交换机，设计初装容量为 300 门，预留发展容量为 100 门。

考虑到该工程主要以内部通信为主，电话交换机中继线按 1∶10 配置，通局电缆选用 50 对初装容量。

(3) 电话站：

① 电话站房设在康复培训楼2层，面积约40 m^2，总配线设备选用600回线保安配线柜1台。

② 电话站房供电除交流电源外，配用1组48 V、150 A·h时维护蓄电池浮充供电系统、交直流配电设施/整流器及蓄电池。

③ 通信网络室外采用电缆穿PVC套管埋地敷设，建筑物内的用户线采用预埋管暗敷方式。

2. 电缆电视系统

本工程电缆电视系统初期用户终端为138只。

设置3套自办电视节目，其中2套用于播放教学培训录像节目，1套用于实时转播教学节目。生活中心教育用房的演播室，设有1套音视频节目制作系统，用于电化教学的音视频教材制作，也可作为学校的电视实况转播设备。

生活中心的屋面预留卫星接收天线基础，控制室设在生活中心的2层，并与有线广播站合用，面积约30 m^2。

电缆电视系统留有与上海有线电视联网接口，系统技术指标满足上海有线电视标准，用户电平65～71 dB，载噪比>43 dB，交扰调制比>60 dB。

室外干线电缆采用双护套电缆穿PVC套管埋地敷设，建筑物内的分支电缆及用户电缆均穿管暗敷。

3. 有线广播和扩声系统

全院建有线广播站，控制室在生活中心的2层。

办公楼内的各处室、大厅、走廊、生活中心的生活用房以及康复培训楼的培训室均设置吸顶扬声器，标准客房设置了专用床头柜音响控制器，而教育用房，后勤楼内的设备用户专门设置了挂墙扬声器。

室外操场等处布置号角式扬声器；下沉式广场设可播放背景音乐的全天候高音质音箱。

全院可同时广播的扬声器电功率为1 250 W，广播站功放功率为1 800 W，同时在院长室设置遥控话筒1套，可对全院广播。

广播网络以办公楼、康复培训楼、后勤楼、生活中心为四大区域，除后勤楼按区域分路控制外，其余均按楼层及功能分隔控制。

线路敷设：室外网络采用kVVR－C－5～1.5电缆直埋式，室内线路穿管暗敷。

大礼堂电影、音响系统按一般影剧院的标准，配有全套电影放映设备、会堂扩声设备及专业音响，满足对外放映电影和文艺演出之需要。

办公楼的职工交流厅配有一套专业音视系统，既可作舞台音响又可播放投影电视还可作为“卡拉OK”音视系统。

4. 安保系统

(1) 防盗报警系统：

① 周边采用外向型主动红外线报警探测器警戒。

② 对全院的财务室、贵重物品房间及重要机房等场所进行防范警戒，设防盗双鉴探测器，在门卫室设1台八路防盗报警控制器，与社区安保中心联网，组成防盗报警系统。

(2) 电视监控：

① 为加强对儿童的生活学习全方位管理，确保儿童的身心安全，设置了1套专用监护闭路电视系统，整个电视监控点为88个，主要分布于生活中心的生活用房的儿童寝室的走道上，以及相关活动室、各大门出入口、通道、全院的围墙等处。

② 系统采用矩阵主机，值班监控人员除了可在监控室随意调用任何监视图像进行定点和扫描监视以外，并可对各建筑物的出入口、通道、围墙选用矩阵切换器和时滞系统进行24小时监视录像，并以高速切换方式合并多路视频输入信号以供一路录像重放。该系统的场冻结功能可以显示任何一个分画面或全屏幕画面的清晰静止图像，整个系统智能化程度较高，操作简便，安全可靠。

③ 室内采用半球形彩色一体化广角摄像机：可进行动态监视，室外针对光照因素和周界环境，选用

高清晰度的黑白CCD摄像机，在光照较差的环境下也能得到较好的监视质量。

5. 计算机网络系统

为了使全院的各种不同的信息收集、处理、存储、传输、检索和全面优化管理，建立计算机管理网络。

网络服务器采用双机热备，同时工作。

建筑物内的各信息终端点根据使用功能不同进行布置，主要在办公楼的办公室、培训楼教室、生活中心、康复楼的每层的管理室等处。

计算机网络以综合布线方式组成总线型的网络拓扑结构，各建筑物的连接网络线缆采用单模光纤，室内线缆选用五类八芯双绞线。

6. 火灾自动报警及消防控制系统

各建筑物按二级保护对象采用区域保护方式。

在康复培训楼的消防安保中心设置1台集中警控制器，以办公楼、康复培训楼、后勤楼及生活中心四大分区组成信号总线回路。

在各建筑物内的重要场所、接待室、会议室、资料室、计算机机房、活动室、配电室、弱电站房、电气竖井等，设光电感烟探测器；在厨房、茶水间及相关机房内，以及防火卷帘门两侧设感温探测器；在各走廊、大厅、公共场所、礼堂等部位，设手动报警按钮。

设置输入信号模块，接收水流指示器及消防的消火栓箱按钮的动作信号。

7. 消防联动控制

(1) 全院各建筑物内的消火栓启泵按钮联成网络，直接启动消防泵，并在消防安保中心的集中报警器上同时显示启泵防火栓的位置。

(2) 喷淋系统的压力开关直接启动喷淋泵。

(3) 消防安保中心的联动控制器，与分布在各现场的控制模块、双切换模块等联网组成联动控制系统，火灾确认后，联动控制器能自动停止空调系统，关闭电控防火卷帘门并两次关闭到位，电梯迫降至底层并接收其反馈信号，监视应急照明及应急电源自动切换投入，备用电源启用。

(4) 消防联动控制还能手动开、停消防泵及喷淋泵，同时通过紧急广播系统能及时组织人员疏散，防灾救护(通过消防联动输出控制、遥控广播站的紧急广播)。

(5) 消防安保中心设火灾专线电话与市区消防部门联系。

五、暖通设计

(一) 空调系统

该项目主要由生活中心、康复楼、办公楼、礼堂等多栋多层建筑组成，从使用功能及管理的方面考虑，生活中心为一个中央空调系统，康复楼为另一个空调系统。

1. 冷、热源安装容量的确定

由于生活中心的教室、活动室及卧室的使用者为同一人群，但不同时使用。若按常规根据建筑物最大负荷决定空调机组制冷容量的话，势必造成浪费。为此，设计中充分考虑了各房间的使用情况及所占比例，决定取计算冷负荷的75%确定热泵机组的安装容量，这样既节省了初投资，又降低了机组以后的运行费用。生活中心及康复楼的冷热源为低噪声型风冷热泵螺杆式冷、热水机组。同时，生活中心的热泵机组安放位置位于建筑物的中心位置，机组的噪声若处理不当的话，会对环境(卧室、教室)造成较大影响。考虑到单台机组的制冷量较大(达250 RT，IRT=3.517 kW)，故采用低噪声型高效、多机头螺杆式热泵机组。该机组具有制冷、热能效比高(特别是部分负荷运行状态时)，维护保养简单，调节卸载方便。经过适当处理以后，其运行噪声完全满足该工程使用要求。

2. 水系统的平衡问题

生活中心主要由五个区域(楼)组成,平面上较分散,呈星状布置。热泵机组位置在近中间部位,水系统中最不利环路与最有利环路差距很大,再加上各区域使用情况变化较大,如有时有可能某一区域在很长时期不使用等,故空调水系统的水力平衡有一定难度。设计中首先在回廊中采用同程式系统,然后在进入各区域(楼)的每层水平干管处设动态平衡阀。其优点在于:在某区域流量发生较大变化时(如停用等),其余各层所需的流量不会因为压力的变化而发生较大的改变。也就是说,当原始的水力平衡被破坏时,不会因为某些区域的过流而引起另一些区域的欠流,从而就能维持系统正常运行的水力平衡。当然,为了保证所选的动态平衡阀能正常按设定值作用,各层的冷负荷计算需尽量准确。

3. 空调方式

从房间布局及使用情况来看,风机盘管加独立新风机组(各区域每层 1 台)仍是最佳的选择。通过群控系统,可关闭整一层或整个区域的空调末端系统,以达到节能的目的。

4. 特殊场合的空调与通风

康复楼有一间理疗池室,在使用时会有大量余热及余湿散出,故设计时为其单独配置了 1 台风冷热泵柜式机组。其中送、回风管也根据情况巧妙布置,做到了实用与美观相结合。此外,康复楼中有一些房间,如 X 光室等,有特殊屏蔽及通风要求,与此相配的空调系统在风管布置上均有一定难度。

5. 生活中心区域内礼堂

礼堂的空调设计着重考虑了降噪处理,选择了具有良好消声作用的超级风管,达到了预期的效果。经过多年的运行,儿童福利院生活中心、康复楼等的中央空调系统工作正常,完全达到了设计和使用要求。

(二) 动力系统

1. 系统概况

该动力供应主要是供热(蒸汽)、供气(煤气)以及供医疗用的氧气和真空系统。

2. 设计内容

工程的动力设计内容为蒸汽锅炉房、真空泵房、氧气汇流排间以及整个工程的动力(蒸汽、氧气、真空)供应系统和煤气供应系统。

3. 蒸汽锅炉房

(1) 供汽范围:

蒸汽主要供生活中心热交换站、康复培训楼热交换站、后勤楼热交换站以及洗衣房和厨房之用,以满足生活用热水、洗衣机、烘干机及各类蒸具、消毒柜之用。

(2) 蒸汽消耗量(见表 11):

表 11 蒸汽消耗量

用汽部门	供热对象	用汽压力(MPa)	班制	最大小时耗量(kg/h)	备注
生活中心热交换站	生活用热水食堂、餐厅	0.4~0.6	三班	2 455	间断用汽
康复培训楼热交换站	生活用热水	0.4~0.6	三班	182	间断用汽
后勤楼热交换站	浴室	0.4~0.6	三班	910	间断用汽
洗衣房	洗衣机、烘干机、烫平机等	0.4~0.6	三班	660	间断用汽
厨房及病房楼	蒸具、消毒柜	0.2	三班	150	间断用汽

(3) 锅炉房容量的确定:

① 热负荷分析:本工程有 3 个独立的热交换站,其中最大一个热交换站的额定耗热量为 565×

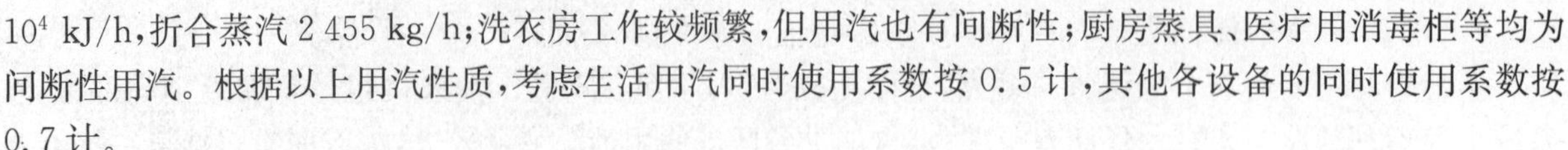

10^4 kJ/h，折合蒸汽 2 455 kg/h；洗衣房工作较频繁，但用汽也有间断性；厨房蒸具、医疗用消毒柜等均为间断性用汽。根据以上用汽性质，考虑生活用汽同时使用系数按 0.5 计，其他各设备的同时使用系数按 0.7 计。

② 锅炉房容量根据公式计算：

$$Q_j = K(\sum q_1 \cdot k_1 + \sum q_2 \cdot k_2) = 2\ 658\ \text{kg/h}$$

式中 K——损耗系数，取 1.15；

$\sum q_1$——各生活用汽最大耗汽量之和(kg/h)；

$\sum q_2$——洗衣房最大耗汽量之和(kg/h)；

k_1——生活用汽同时使用系数取 0.5；

k_2——洗衣房各设备同时使用系数取 0.7。

根据以上计算，考虑到该工程供汽的重要性和可靠性，设计选用 3 台容量为 1.5 t/h 的立式蒸汽锅炉，两用一备，以确保正常可靠的供汽。

(4) 锅炉设备的确定：

① 锅炉燃料的确定：据上海市环保部门的规定，轻质柴油和各种气体燃料均属清洁燃料。因此从经济性和安全可靠性出发，选用轻柴油为锅炉燃料。

② 主要设备的选用：从设备的可靠性、安全性、价格的经济性及锅炉房的占地面积，决定采用立式燃油蒸汽锅炉。该设备具有设计新颖、热效率高、体积小、全自动操作、使用方便、安全可靠、维护方便等优点。锅炉房主要配备见表 12。

表 12 锅炉房设备表

设备名称	型号	数量	备注
立式燃油锅炉	LSS1.5-1.0-YC 型；Q=1.5 t/h，P=1.0 MPa	3 台	两用一备
全自动软水器	NST6-4/14 型	1 套	
软水箱	$V_g = 7\ m^3$	1 只	
分汽缸	ϕ325 mm，L=2 200 mm	1 只	
日用油箱	$V_g = 0.8\ m^3$	1 只	
轻油泵	40CYZ-20 型	2 台	一用一备
埋地卧式储油罐	$V_g = 15\ m^3$	1 只	

(5) 锅炉房的布置：

锅炉房设置在毗邻后勤楼北侧的建筑物内，中间用防爆墙与后勤楼隔开，面积约为 116.4 m^2，单层布置，净高为 5 m。锅炉房内设有锅炉间、水处理间、油泵油箱间及值班室等。该锅炉房的火灾危险性除油泵油箱间为丙类外，其余均为丁类。室外的地下储油罐埋于距锅炉房 3 m 外的绿地下面。

(6) 主要系统简解：

① 蒸汽系统：锅炉产生的蒸汽汇集到分汽缸，再由分汽缸输出通过蒸汽管道分别送到生活中心、培训楼、后勤楼内的各热交换站、洗衣房和厨房等用汽场所，并在各自的用热部门进口处加装减压阀组，以满足用汽设备的压力要求。同时在生活中心、后勤楼、洗衣房等用汽量较大的热交换站设置凝结水回收装置，以节约能源。

② 燃油系统：由油槽车直接卸入室外的埋地油罐，再由输油泵抽吸泵入室内的日用油箱内。然后自流到锅炉燃烧器前的供油泵的进口处，增压后通过燃烧器喷向炉膛燃烧。供油量与送风量是自动控制并相互匹配的，回油仍回到供油泵的进口处。日用油箱设有紧急排油至室外地下储油罐的装置。整

个燃油管系均采取防静电接地措施。

③ 水处理系统：全自动软水装置工作过程由软化、反洗、再生及置换、正洗和盐液箱自动充水等五个过程组成。整个装置由2个交换器、1个盐液箱、1套控制器组成，以确保软水的连续供应。该装置一次调整后，操作人员无须开、关任何阀门，五个过程全自动执行软水汇集到软水箱储存，并自流到各锅炉给水泵的进口处，加压进入锅炉。

④ 排烟系统：各锅炉排出的烟气通过锅炉出口的垂直烟管进入横向的水平烟道，然后穿出屋面沿后勤楼北侧外墙向上伸出后勤楼屋面1.5 m后排入大气。水平烟道及烟囱直径约为ϕ500 mm，水平烟道侧面装有防爆门。锅炉出口烟管上装有防爆门和烟道闸门，烟囱上装有防雨、防雷装置。

4. 真空供应

真空主要用于医疗用房内的临床医疗中的真空抽吸之用。设计内容为真空泵房及真空抽吸系统。

(1) 真空泵房的设置：

真空泵房设置于病房楼内，与氧气汇流排间相邻的专用房间内，泵房面积为3.6 m×3 m，层高3.6 m。真空泵房内设置往复式真空泵2台(一备一用，真空罐一只)。

(2) 真空泵等主要设备的选用：

根据医用真空系统的有关资料，该设计选用2台上海真空泵厂生产的W2型真空泵，其抽气速率为115 m^3/h，极限真空度为1 333.2 Pa，2台泵一用一备，真空罐选用$V_g=1.0\ m^3$1只。为防止细菌污染，在吸液管和真空泵之间加装细菌消毒过滤器，真空泵的开、停，由真空罐的真空度来自动控制。

(3) 管道的敷设：

真空管道采用无缝钢管，与氧气铜管平排沿墙架空敷设，在各真空管道使用终端设置真空吸附器1个。真空主管道为ϕ57×3，接至各使用点的支管为ϕ20×3。

5. 氧气供应

氧气供应由氧气汇流排及氧气供应系统组成。供应对象为医疗用房内的各病床和急疗室、手术间等处。

(1) 氧气汇流排容积及氧气瓶数量的计算：

① 汇流排容积根据公式计算：

$$V_g=\frac{Q\cdot T}{10(P_1-P_2)}=0.163\ m^3$$

式中 V_g——汇流排容积；

Q——氧气平均消耗量；

T——供氧气时间；

P_1-P_2——氧气瓶压力和输送压力之差。

② 氧气瓶数量根据公式计算：

$$n=\frac{V}{V_0}=4.08\ 瓶$$

式中 V——汇流排容积；

V_0——氧气瓶容积。

根据以上计算，设计选用5瓶为一组的HCP/O2-5-A/B型的氧气汇流排两组，通过自动切换装置交替使用。

(2) 氧气汇流排间的设置：

氧气汇流排间的火灾危险性类别为"乙类"。考虑设在医疗大楼的底层，与真空泵房相邻的专用房间内，房间面积为3.6 m×2.5 m，层高3.6 m，相邻的门为丙级防火门，外开。它与其他房间的隔墙和楼板的耐火极限不应低于1.5 h。

氧气汇流排间由值班人员定期更换氧气空瓶。

(3) 管道的敷设:

氧气管道采用铜基合金管,与真空管道平排沿墙架空敷设,在各氧气使用点均设置墙式氧气吸入器1个。氧气管道严格采取脱脂技术以及防静电接地措施。氧气主管为ϕ22×2,接至各使用点的支管为ϕ8×1。

6. 煤气供应

煤气供应范围主要是职工食堂和收养人员餐厅内的厨房燃气灶具以及各幢楼内备餐间加热用燃气灶。

(1) 煤气供应计算流量:

本项目共有儿童床位(包括生活用房、医疗用房和教育用房)约1 000个,职工人数约400个。儿童生活用气指标为每人每年2 500 MJ,成人生活用气指标为每人每年5 000 MJ。为此,该工程生活用煤气总的平均计算流量约为223 m^3/h。

根据以上计算,设计选用2台100 m^3/h皮膜式煤气计量表,额定流量为200 m^3/h,最大允许流量为300 m^3/h。

(2) 煤气表房的设置:

要求煤气表房设置在康复培训楼底层靠外墙的专用房间内,面积为5 m×3.5 m,层高3.6 m。表房外墙面上、下部位开有固定的通风百叶窗,以利表房内的空气流通,表房内设防爆照明灯,开关设在门外。

(3) 煤气管道的敷设:

室内煤气管道均采用镀锌钢管,架空贴墙明敷,螺纹连接。各幢楼内的备餐间均设有双眼煤气灶1～2个,并在备餐间内的适当位置设置煤气泄漏报警器。

7. 外场动力管道

外场动力管道包括煤气管道和热力管道。

(1) 煤气管道:

外场煤气管道均采用铸铁管道、埋地敷设、覆土层约为800 mm。表房接出总管为DN150,接至生活中心两个厨房的管径均为DN100,接至各幢楼的管径均为DN32。外场煤气管道由煤气公司负责。

(2) 热力管道:

外场热力管道包括蒸汽管道和凝结水回收管道,均采用无缝钢管,架空沿建筑物外墙或围墙敷设,焊接连接,补偿采用U形补偿器,保温采用超细玻璃棉管壳,保护层采用铝皮。接到生活中心热交换站的管径为ϕ108×4,保温层厚度为δ=70;接到后勤楼热交换站的蒸汽管管径为ϕ73×3,δ=60;接到洗衣房的蒸汽管径为ϕ57×3,δ=50;接到康复培训楼热交换站的蒸汽管径为ϕ40×3,δ=50。蒸汽管道的输送蒸汽压力为1.0 MPa,到各用汽部门经减压后供设备之用。蒸汽管道在输送途中考虑设置若干个疏水点,凝结水管道则考虑在管网的最高点设放气点,在最低点设放水点。

上海市
新中高级中学

建设单位：闸北区教育局

设计单位：中船第九设计研究院

施工单位：南通第二建筑公司

浙江绍兴第二建筑公司

撰 稿 人：麻天云　何惟增　吴　宏

周　宏　张汝波　朱伟民

一、建筑设计

(一) 工程概况

新中高级中学是上海市现代标准寄宿中学之一，36 班规模，可供 42 班级学生使用。位于上海市区永和住宅区南块。

该校由教学实验楼、图书行政办公楼、艺术楼、体育馆、游泳池、400 m 跑道体育运动场和师生宿舍、食堂等组成，建筑面积 5.6 万 m^2(见图 1)。1996 年中标、设计，1998 年基本建成，刚投入使用，就以其优美的校园风貌迎接了 98 世界中学生运动会闭幕式。

图1 图书馆行政楼

学校不仅是传授知识的场所，更是全面培养有爱心、有创新精神、创新能力和善于合作的人才的地方，特别是创新精神和爱心的培养。校园要美，美才能使人产生爱；校园要有内涵：孕育创新的场所意境；优美景观与建筑、规划一体，与功能、材料一致，这是规划设计该校的宗旨。因此，校园规划设计重在追求：自然、活泼、有序的总体布局，开敞、通透的空间组合，高低错落的建筑造型，步移景异的景观组织。

新中高级中学以她优美而富有创新教学氛围的校园环境，获得广泛的好评。2000 年该项目获上海市 50 周年经典建筑银奖、市优秀设计二等奖、中国船舶工业总公司优秀设计一等奖。

(二) 总体布局

新中高级中学位于闸北区永和住宅区南块，原平路东、永和路南，建筑用地约 7.6 万 m^2。基地东侧是高压电网，南侧是规划中的初级中学，西、北紧邻住宅小区。用地较小。

总体设计不求机械的轴对称关系，而是顺应功能和周边环境，依据师生活动的轨迹和心理需求，按功能整合成团，分区布局：将教学行政区、生活区及体育运动区，分别布置在基地的西、东、南三方，由一"人"字弧形的步行干道自然分开，交通简捷，互不干扰，内外空间主次有序。其结点为校园的空间中心，一座"奔向新世纪"的抽象雕塑为校园的视觉中心，与南校门处的大型壁雕形成一组，时时激励学生们奋发向上。有音响的"艺术楼"布置在礼仪广场的西北角，既不干扰教学实验楼，又便于向社区开放，在南侧的体育场、馆很方便初级中学和社区使用，以充分发挥资源的价值；食堂在教学楼、师生宿舍之间，相互距离很近；学校主要出入口在原平路上，一南一北，北入口正对图书行政楼，以对外为主，学生主要由南大门进出，货车和垃圾车则沿东侧围墙出入，保证校园的宁静与安全。自行车存放在由枯河滨挖土而成的男生宿舍地下室。建筑有圆有方、有折有弧，形态活泼的雕塑、郁郁葱葱的花卉草木有组织地散落于广场、院落、廊道、平台，与建筑相映生辉，构成一幅幅优美的校园景观(见图 2)。

空间组合开敞通透：整个校园，通过不同的建筑实体及各种敞廊构成大小不同形态相异的院落、广场和(开敞式)中庭。教学实验楼底层局部架空，和不同柱廊的"牵线搭桥"，使广场和各院落及宿舍楼前休闲场所，以至体育场都融为一体，前后、左右视觉通道四通八达，空间层次丰富，墙体、廊道、室外楼梯与草木相拥相吻，与曲道小径相牵相连，几块山石、几多光影点缀其间，一派自然风景，人行其中，心旷神怡，给人以无限的遐想和自由的快感。尽管建筑布局紧凑密集，仍使有限的用地感受到无限的风光。

建筑造型高低错落：建筑最高有 8 层；教学实验楼由北向南从 6 层逐幢降低至 2 层，面向 400 m 跑道的体育场和市区，每幢又折向东南跌落，使院落自然活泼，变化有致。最南面的院子，幽雅、小巧、静谧，似江南民居中的天井，十分亲切；其西侧的 7 层学生宿舍则向西北跌落，与教学实验楼互相呼应，构成了大小不同、高低不一的平台，上置色彩鲜艳的花卉盆景和坐凳，连同各种廊道，成为学生交往、学习、做体操和进行其他各种集体活动的场所。在平台上近瞰院落美景、远眺城市景象，似在高山之巅、大海之滨，大阔胸怀；楼梯凸出院落冲出屋面，与高低错落的建筑构成你追我赶、欣欣向荣的意境，把景观、功能有机结合起来。

景观步移景异：校园景观以建筑为主体，绿化、灯柱、光影、道路小径、雕塑小品相辅相成，相映成辉，形成一个和谐的具有现代风貌的校园环境。整体美比单体具有更强的震撼力，因此校园所有建筑都是带有横向浅色带的砖红色面砖墙体，各幢建筑外廊均为乳白色球形灯与乳白色球形罩的庭院灯和绿化丛中的草皮灯，上下、内外呼应，似点点星斗散落在校园的各处。

景观随着师生的主要活动路线，前后、左右、上下、远近展开。进入南校门，沿路分别是白玉兰、"奔向新世纪"雕塑、振翅欲飞的体育馆、开阔绿茵茵的体育场、昂首挺胸的宿舍楼、整齐的行道树。过廊道、入庭院、进广场又是各不相同的景象：草坪上的"光阴"雕塑和寓意学生脚踏实地走向社会的"路在脚下"雕塑等细部，有趣又含意深刻。广场虽受用地较小限制，但通过廊柱分隔和艺术楼敞开式中庭等空间处理，加上广场中的水池和雕塑，由于空间的多层次仍感十分宽敞。整体环境充分体现了自然活泼、和谐有序、蓬勃向上的氛围。

(三) 单体设计

1. 教学实验楼

由不同的教室、实验室及教师办公室组成，建筑面积为 18 500 m^2。教室、实验室南北向布置，南向外廊，廊外垂挂花草，廊内悬吊点点乳白球灯，衬在砖红色面砖廊墙上，分外醒目。教师办公室位于楼的东南向，与教室、实验楼相接，方便师生互动，有利于增强师生感情，并与校行政办公楼有同层廊子相连。教师办公室设分体空调，教室有吊扇。靠城市道路一侧为敞向院落的通廊，以隔离道路噪声取得宁静的教学环境。廊宽 6 m，除布置卫生间和饮水台外，主要用作交通、陈列、交往和课间活动。廊内的连续直跑楼梯，使这一空间顿时成为充满激情、积极向上的交往场所(见图 3)。

教学实验楼由北向南逐幢降低，实验楼最高 6 层，最南端阶梯教室 2 层，使院落充满阳光，视域十分

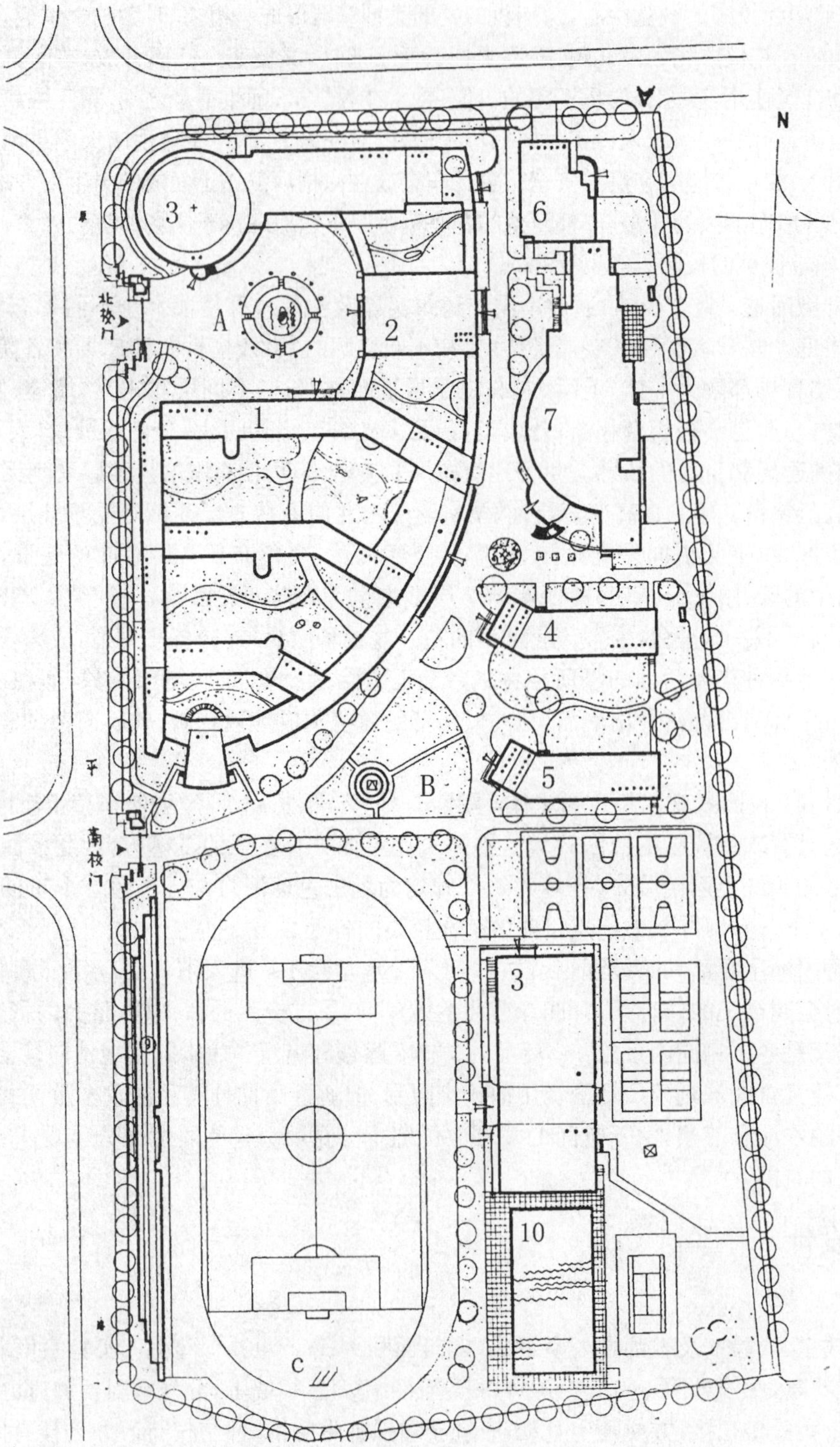

图2　总平面图

1. 教学实验楼　2. 图书行政楼　3. 艺术楼　4、5. 学生宿舍　6. 教工宿舍　7. 食堂　8. 体育馆

图 3　教学实验楼

开阔。楼层高度：底层 3.9 m，余为 3.6 m。教室两侧开窗，自然通风良好，光照较均匀。

2. 艺术楼

建筑面积 5 664 m^2，有 600 座的多功能厅，是开会和学生自娱自乐小型演出的场所，有音乐、美术、书法、舞蹈及学习动手的劳技、科技用房。位于校园北端，以减少对教学楼的干扰。这是培养学生个性和提高艺术修养的场所。

楼下有 2 层高敞向广场的中庭，使艺术楼与广场融为一体，从而扩大广场和艺术楼的空间感。中庭上空有随风作响的金属片吊顶，下有曲折的小河，旁边有几块山石，还有一座剪纸式的拉大提琴铜雕和盆景。而直立其中的楼梯，在学生上下时，更是一派自然、活泼的景象。多功能厅为圆形，阶梯座位，斜置钢管网架彩钢板屋面，厅内和舞蹈房设空调。

3. 图书馆行政楼

学校最高的建筑，8 层，1～3 层为行政办公用房，4～7 层为图书阅览室，8 层为天象馆。底层门厅两侧布置接待厅，为外来有关人员参观、交流用房。厅内设 2 台电梯，供外来人员和老年教职工使用。图书阅览层有 2 个 100 人左右的学术报告间及演播厅，4 层有 1 个三四百座位的自修室，内设空调，环境素雅，学生由东侧门厅进出。

建筑造型近似正立方体，两侧前后的廊柱、联廊似伸出的双手紧挽教学实验楼和艺术楼，象征个性培养与基础知识学习同步。面向城市道路正立面似一本展开的书，银白色的金属板与砖红色面砖，形成强烈的反差，简洁大方。

4. 学生宿舍

男女生各 1 幢，7 层，内廊式，后设分体式空调。建筑面积 11 156 m^2，可供 1 400 左右学生使用(在市区部分学生走读)，3.6 m 开间，每间 6 人，每 4 间为 1 个单元，2 个单元 1 个班，有利于管理。每单元中间南北分别布置盥洗室和卫生间，南向盥洗室设“外凹廊”，晾晒衣被，其中不设楼板，衣被隐在栏板后，紧依教学楼和体育场的宿舍楼，对校园景观毫无妨碍。宿舍楼门厅处设有投币电话、开水间、洗衣房和小

卖店。

宿舍楼向西北跌落两个层面，与南向中部两层高的敞开式“中庭”相呼应，既活泼了建筑形象，又为学生提供了休息和交往的场所。

5. 食堂

位于校园主干道东侧，师生宿舍之间，主入口迎向教学实验楼大门，弧形梯直上2层餐厅，是室外的主要装饰件，弧形的平面和柱廊与弧形的教学楼相对应，呈现出自然活泼的空间景观。厨房布置在东侧，货物、垃圾便于就近进出。餐厅西弧形中庭，上下融为一体，使进深较大的餐厅开敞明亮，庭中的弧形梯方便学生点餐。餐厅装饰简洁：淡橘黄色面砖圆形柱、藻井式结构梁板下悬挂乳白球形灯，浅米色地砖，配上色彩鲜艳的餐桌座椅，显得活泼开朗、洁净素雅。教工餐厅在北侧与教工宿舍相接，建筑面积为4 200 m^2。

6. 体育馆

建筑面积3 912 m^2。设有两层高的门厅，门厅左侧是球场（兼作会场和大型活动用房），右侧：底层是室外游泳池的辅助用房，2层为乒乓室，3层为形体房。球场净高12 m，按国际排球赛标准设计。球场一侧设400余座看台（台下为广播室和运动器材存放处），看台与室外平台相接，便于疏散，并与室外2 000余座体育场看台遥遥相对。透过乒乓、形体房的镜面玻璃幕墙，是波光粼粼、蓝天白云映入水底的室外游泳池，而泳池内的景象又全部映在稍稍倾斜的幕墙上，从而使功能性的构配件成为艺术装饰的主要元素。室外泳池50 m×25 m。

该馆为钢筋混凝土柱，钢管网架屋面结构，屋面呈波浪形，似一只欲飞的大鸟，具有强烈的动感。面层为银白色隔热彩钢板。

7. 体育场看台

在运动场西侧，2 000余座位，不设座椅，仅在钢筋混凝土台阶上贴上浅色地砖，在正中上方有单曲彩钢板大雨篷，与体育馆屋面相呼应。看台下设有器材库、广播室、体育超市和卫生间等用房。

二、结构设计

（一）结构特点

上海市新中中学建筑形式多种多样，平面或圆或方，或弧或折，立面层次变化复杂，高低错落有致。工程于1997年初开始施工图设计，1998年基本建成，设计和施工周期均较短，结构根据不同要求，充分考虑不同的地质情况和结构特点，较准确地采取了不同的技术措施。同时通过对建设场区内所有建筑的基础及上部结构型式、建筑和各公用专业设计要求以及施工条件等的通盘考虑，将一些在施工或使用过程中可能会发生的问题力求通过合理的设计予以解决，达到了预期的效果。

该工程通过对各种地基基础型式合理的采用，既满足了建筑功能布局对结构地基变形的要求，也节省了基础造价，尤其是沉降控制复合桩基在该工程中的大面积采用，为以后该类型桩基型式在各类建筑中的使用积累了经验。

（二）单体设计

1. 教学实验楼

由教学楼、实验楼、教师办公楼及连接实验楼和各幢教学楼的多层通廊组成，为校园内面积最大的建筑单体。其平面体型复杂，层次变化丰富。结构型式采用钢筋混凝土框架结构体系，结构设计时将整个建筑划分为A、B、C、D、E、F等六个结构单元分区，F区与A、B、C、D区之间用沉降缝隔开，其他相联系的各区之间设置伸缩缝，沉降缝与伸缩缝同时满足抗震缝要求（见图4和图5）。

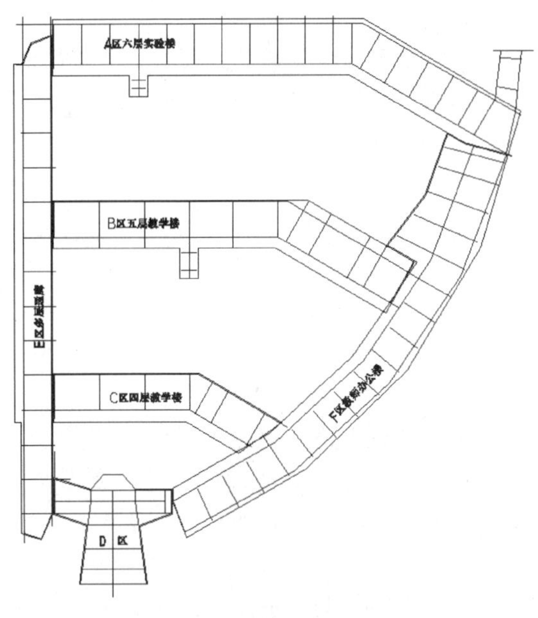

图 4　教学实验楼分区索引

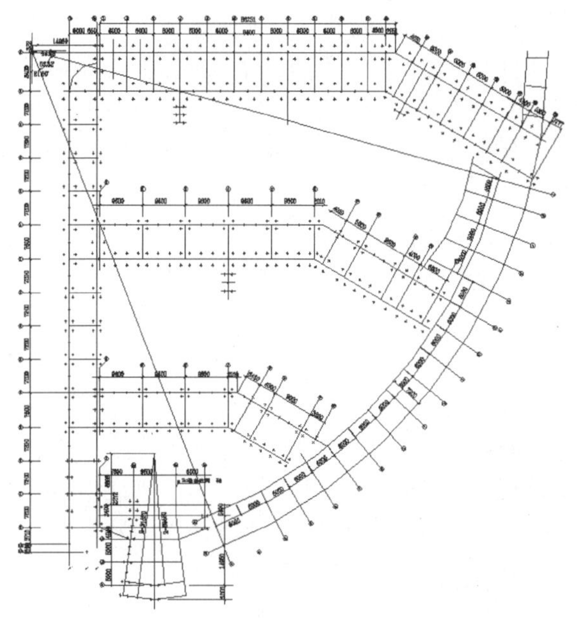

图 5　教学实验楼桩基平面布置图

控制各结构单元之间的沉降差，为该工程基础设计的关键。该工程位于上海市闸北区永和南块小区附近，由地质勘察部门提供的浅层持力层(②$_1$ 土层)相对较好，天然地基承载力为 95 kPa，压缩模量为 5 100 kPa。采用纯天然基础，对 5、6 层的多层结构来说，地基强度基本上可以满足设计要求，但地基变形难以控制；如果采用常规支承桩基，显然不够经济。为了满足经济合理的设计要求，基础设计选用了沉降控制复合桩基方案(见图 6)。在施工图设计中，F 区 2 层办公楼设计为天然基础，计算出沉降量后，把求得的沉降值作为其他各单元地基沉降的控制目标，从而达到定量控制各部分沉降的目的，计算控制各单元基础中心点差异沉降不超过 3 cm。

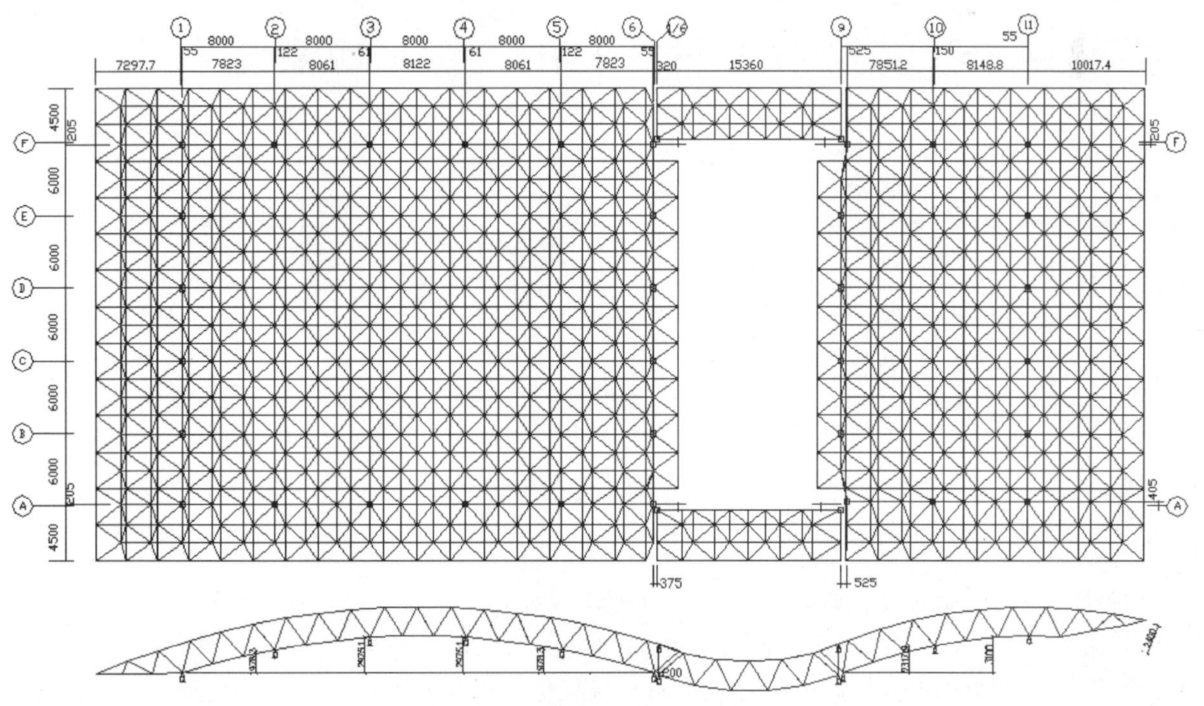

图 6　体育馆网架平面布置图

该工程沉降控制复合桩基的应用，在以下几方面有了新的突破及尝试：

(1) 该工程之前较常见的该类型桩基，主要应用于多层住宅的砖混结构的房屋中，其基础为墙下条

形基础；该工程为钢筋混凝土框架结构的柱下条基。

(2) 较常见的该类型桩基，主要应用于平面形状较为简单、各部分建筑高度基本接近的单体建筑中，且基本采用同一种地基形式；该工程为平面形状较为复杂，楼层层数变化频繁的多单体的组合工程，且其地基兼有纯天然地基及复合桩基两种地基形式，充分体现了沉降控制复合桩基在主动控制结构物地基变形方面的优势。

(3) 该工程采用了 200 m×200 m×16 m 和 250 m×250 m×18 m 两种桩型，单桩允许承载力分别为 125 kN 和 160 kN，为沉降控制复合桩基应用方面的一种新的尝试。

2. 体育馆

体育馆屋面结构依照建筑形体特征，采用曲面四角锥螺栓球网架结构。由于屋面体型复杂，结构一方面在施工图设计上采取分缝的方法将网架屋面分成几块，并在施工图上力求表达详尽，另一方面加强与网架安装单位的施工配合，保证了工程质量。靠近游泳池一侧的大面积整片侧墙为隐框玻璃幕墙结构，由于墙体向外倾斜角度超过 10°，且该立面处为出入室外游泳池主要通道，因而结构安全性成为设计中的重中之重。施工中，土建设计单位与幕墙加工、安装单位全力配合，保证了结构的安全。

3. 艺术楼和音乐厅

从结构上看，音乐厅为单层大跨轻型结构，屋面为斜放的平板网架，结构侧向刚度较小，而艺术楼则为 4 层普通的钢筋混凝土结构，两者结构动力特性及结构荷重相差悬殊，为了满足将两者完美组织在一起的需要，同时为了保证结构自身的安全，一方面将两者用抗震缝分开，另一方面采用了沉降控制复合桩基的基础形式，以有效地控制两者的差异沉降(见图 7)。此外，多功能音乐厅的室内装修标准较高，且其屋面坡向与常规影剧院室内舞台坡向相反，在土建施工图设计时充分考虑了装修设计的要求，避免了在装修阶段出现结构拖住装修后腿的情况。

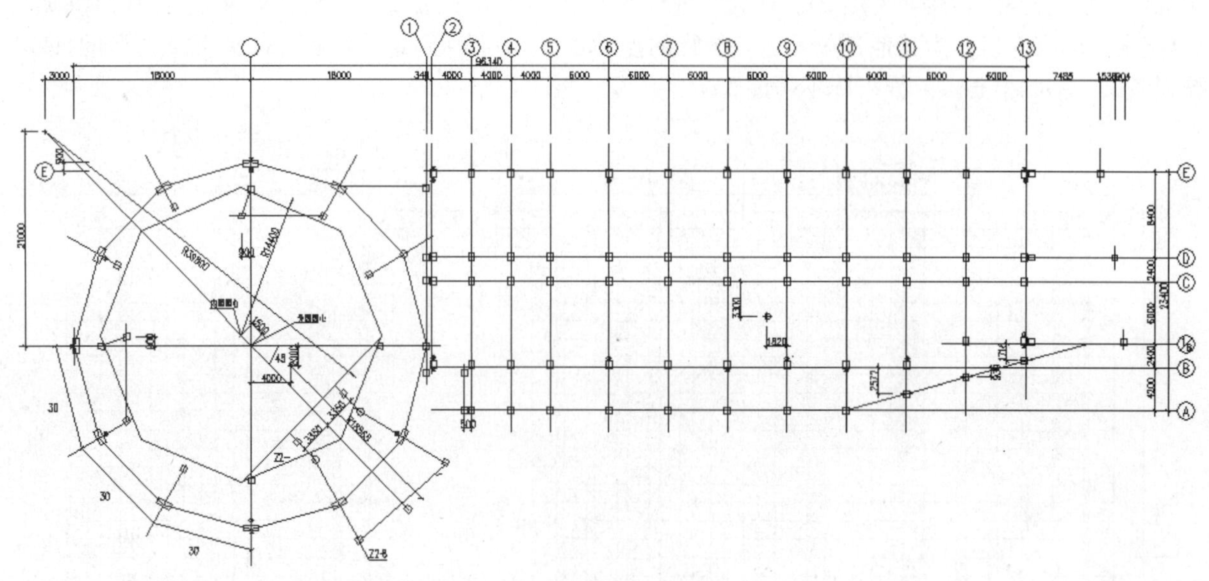

图 7　艺术楼和音乐厅柱网平面图

4. 室外体育场看台

室外体育场看台结构的主席台上方采用了曲面悬挑网架结构，由于建筑布置限制了网架横向支座的间距，而曲面开敞式网架结构受风荷不利，因而在网架自身结构及其支承结构设计中均形成了一定难度。为了减小网架杆件内力及其支座反力，结构通过优化支座约束的方法，减少了纵向温度应力的影响。既满足建筑要求，又保证了结构自身的安全。

5. 图书行政楼

图书行政楼为学校行政办公及学生进行图书阅览的场所，其顶层直径约 10 m 的天象馆对结构平面布置及受力均提出了特殊要求（见图 8）。该工程平面布置总体上较为规整，主楼 8 层（局部 9 层），建筑高度约 35 m，为校园内最高建筑。采用框架剪力墙结构。开架书库楼面活荷载较大，按 5.0 kN/m^2 考虑，屋顶设一个容量为 60 m^3 的水箱，基础为预制钢筋混凝土方桩基础，桩截面 450×450，桩长 22 m，桩尖位于⑦$_1$ 土层，采用锤击法施工。为了避免本工程的基础施工对邻近在建和已建的教学实验楼和食堂建筑的不利影响，结构对桩基的施工提出了严格的要求和必要的隔振措施，避免了施工不当可能导致其他建筑开裂带来的损失。

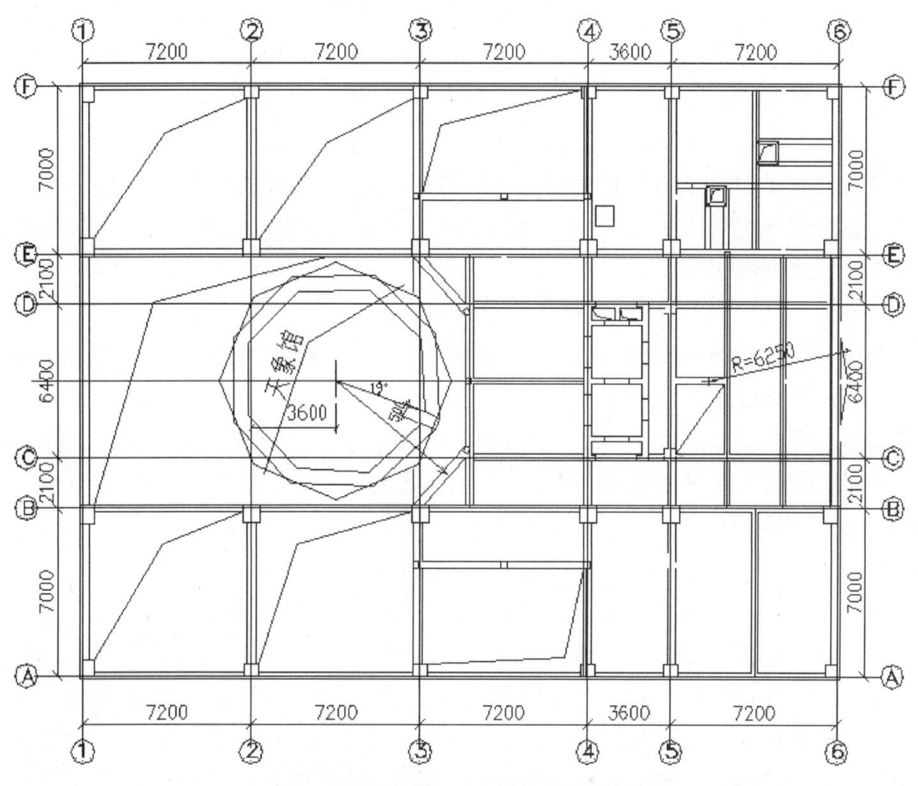

图 8　图书行政楼天象馆楼层结构布置图

6. 食堂

食堂和教工宿舍楼相连，为了满足建设单位对工程总体的建设进度要求，达到按时开学的目的，结构设计不得不采取了反常规作法，即先设计和施工 2 层的食堂，后设计和施工高达 6 层的教工宿舍，两幢建筑仅以沉降缝隔开。两次开挖为结构设计、特别是对基础设计及施工带来了较大的困难。为了尽量减小这种逆序操作带来的风险，在设计食堂时尽可能为教工宿舍设计及施工提供了余地，同时对教工宿舍的设计与施工事先进行了通盘考虑，取得了较为满意的结果。

7. 男女生宿舍楼

修建在原有的深 3～4 m 的明暗浜中，先对其进行地基处理，再采用沉降控制复合桩基，并结合建筑功能需要，设计了地下室，既完善了建筑功能，又相对降低了基础造价。

三、电 气 设 计

（一）强电

1. 供配电设计

该工程为寄宿制实验性示范高级中学，除音乐厅、行政楼、教工宿舍设有中央空调，教学实验楼设有

实验用电力插座、分体式空调外，主要用电负荷为照明负荷。供电系统中，通信机房、消防设备及应急照明为二级负荷外，其余均为三级负荷。

整个工程设一个 10 kV 变电所，由上级 35 kV 站引入两路 10 kV 独立电源，同时供电，高压侧采用单母线分段运行方式，高压开关采用真空断路器，设过流及速断保护，采用数字综合继保装置，低压侧采用单母线分段，中间设母联运行方式，母联开关采用手动方式，三主开关之间采用电气加机械连锁，平时分列运行，当用户端高压电缆故障或 1 台变压器检修或故障时，通过倒闸操作，另 1 台变压器可供全部消防设备及重要负荷。变压器出线主开关采用空气断路器，设过载长延时、短路短延时、短路瞬时动作及接地故障四段保护，其余出线回路设过载长延时及短路瞬时动作二段保护，低压母线侧无功补偿至高压侧 0.9。

2. 主要电气设备选择

采用 2 台 1 000 kVA 低噪声、低损耗的干式变压器，变压器联接组别采用 D/Yn11 接线方式。

高压配电柜采用具有“五防”功能的交流金属铠装式开关柜，外壳防护等级为 Ip4x。

低压配电柜采用组合式开关柜，采用板后接线，保证了电气小室柜门打开后，无带电部分外露，ACB 和 MCCB 选用抽出式和插拔式。

3. 配电系统

配电系统干线中重要的、容量大的负荷采用放射式配电，一般用途、容量小的负荷则采用放射式结合树干式配电，动力、照明线路严格分设。

二级负荷由变电所不同低压母线引出两路电源至负荷末端配电装置，内设 ATS 自投自复设备。

优化设计了其低压电气系统及配置，根据学校的用电特点，在实验室，学生实验的插座用电均由教师在讲台上总控制，以提高学生实验用电的安全性。

4. 照明系统

教室照明灯具采用了亚光镜面铝蝠翼式灯具，配以高效节能型光源，高度控制适当，从而避免了眩光的产生，提高了光效，使教室实测平均照度都在 350 lx 以上。

在音乐厅内，观众厅的照明采用了荧光灯间接照明与调光的点光源相结合方式，使得光线更柔和。

体育馆为了满足国际排球比赛用场馆，在照明照度计算上，采用了平面点照度计算法，使平均照度和点照度均满足要求，在灯具选择上，考虑到网架高度较高，且要考虑比赛时防止眩光的产生，采用了防眩光格栅深照型灯具。

为便于教学和生活管理，还将学生的学习、生活用照明设施予以集中控制。

园景观照明结合建筑总体布局，高低错落有致。

(二) 弱电设计

1. 弱电系统

该校园弱电系统主要包括以下几个子系统：

(1) 通信及信息网络系统；

(2) 火灾自动报警及联动控制系统；

(3) 校园广播及紧急广播系统；

(4) 安全防范报警系统；

(5) 多媒体视听教学和闭路电视系统；

(6) 体育馆、多功能音乐厅扩音系统。

2. 信息网络系统

富有时代感的新中高级中学，如何运用新技术来营造一个现代化的教学和管理模式，一直是弱电设计过程中要达到的目标。为此，首先在校园中建立了一个校园网，网络交换设备设在行政楼，建筑物之间的网络干线采用了多模光纤，设计规划学校建有两个资源局域网，其中一个用于学校的行政管理，该网络工作站连接各行政办公室，以及教学楼的教研室、食堂，通过网络进行教学行政管理，如各年级教学计划的安排、学校各类报表、食堂收支报表等均可通过网络通信，学生和教工食堂就餐、洗澡均通过 IC 智能卡消费、结算，在售饭窗口及洗澡入口处设有 IC 卡读卡器，通过网络将数据送往食堂专用的数据库进行统计。通过行政管理网络以实现办公管理自动化。另一个是学校教学网络，各类教室及计算机教室都设有信息端口，除共享学校教学资源外，还能通过路由器连接城域网、广域网，共享中国教育网的资源，通过 Internet 在网上介绍新中高级中学。

除以上两个局域网信息在校园网中通信外，还在图书馆设计了图书档案网络系统，设计要求通过建立数据库管理及信息制作，将图书采购、图书编目、资料档案、图书流通及国内外教育情报检索等都纳入计算机管理，其具体做法是：

(1) 在图书馆按层设一间计算机图书目录检索室，内设 20 个左右信息插座，用于计算机图书目录检索。

(2) 设一间电子阅览室，内设网络设备及 40 台电脑终端的信息插座，师生可通过计算机终端来阅读。

(3) 在图书馆入口处及各分类图书借阅入口处，各设有信息插座，可用于计算机借阅登入。所有图书馆的信息插座均从图书馆网络系统的设备区配线，从设备区至信息端口的水平布线均采用 5 类非屏蔽双绞线。

3. 多媒体视听和闭路电视系统

多媒体视听教学和闭路电视系统是目前学校电化教学的主要手段，也是衡量一个学校教学装备和教学手段先进与否的一个指标，新中高级中学在阶梯教室和各演示实验室均设置了多媒体视听教学系统，配备了悬吊式大屏幕投影机、计算机、录放像音频设备，可观看教学影片、实验演示及计算机远程教学，并在这些教室的前端设置了电视摄影机端口，信号送回导播室，经电缆电视系统可向全校进行现场实况转播及远程教学。普通教室、体育馆、音乐厅舞台前也设有电视摄影机端口，经电缆电视系统进行现场实况转播。

4. 音乐厅电声系统

多功能音乐厅扩声音质的高保真度在很大程度上受室内空间结构的影响，设计中首先根据音乐厅的建筑造型，确定扬声器设备的配置方式，选择了全分散式立体声扬声器系统，以保证全场各点有足够的声压级，并容易做到声场分布均匀，且将主扬声器设备放在耳光室的侧墙上，以避开面光槽和耳光室的开口位置，使主扬声器和侧向扬声器在垂直指向覆盖区里的一部分声能不致损失在耳光或面光部位里；其次，由建筑设计考虑直达声、近次反射声、混响时间、反射板、吸声体在场内的布置及噪声干扰的抑制措施等，由于建筑对声波的反射、吸收处理得较好，使得混响时间控制在理想的范围内。

此外，学校还设有消防报警、校园广播、红外线防盗及电视监控系统，以保障校园的安全。

四、给排水设计

(一) 水源

该校园生活给水水源从基地西侧的原平路市政给水管接驳两路 DN200 供校区生活消防用水，市政最低水压 0.16 MPa。

(二) 用水量

校园用水量见表 1。

表 1　校园用水量

学　生	教职工宿舍	实验室龙头	室外绿化用水	游泳池日补充水量	最高日用水量	最高日最大时用水量
200 L/(人·d)(参照高等学校)	400 L/(人·d)(按宾馆考虑)	150 L/(人 h·个)	2 L/(m^2·d)	取池容积的10%计算	670 m^3/d	60 m^3/h

1、2层用水由市政压力直接供给，3层及以上层用水由设在图书行政楼上的高位屋顶水箱供水。屋顶水箱进水由设在地下水泵房内的加压水泵打入，水泵启闭由屋顶水箱高低水位自动控制。

(三) 热水供给

集中浴室、食堂、学生宿舍、教职工宿舍均提供热水。用水量标准：按 60℃热水，集中浴室 40 L/(人·d)，食堂 3 L/(人·次)，学生宿舍 30 L/(人·d)，教职工宿舍 170 L/(人·d)计。

热水热源采用蒸汽，因各用水点距离较远，为减少水阻，保持冷热水压力平衡，各建筑单独设置热水系统，设置容积式热交换器。集中浴室、学生宿舍定时供应热水，食堂白天供应，教职工宿舍 24 小时供应，教职工宿舍设有热水循环系统。

(四) 排水设计

按雨、污水分流考虑，室内生活污、废水合流，最高日污水量约 600 m^3。食堂污水经隔油池隔油后再接入校区污水管；实验室内有害实验废水经环保专业处理达标后再排入校区污水管。校区污水管最终接入原平路市政污水检查井，在排出口处设置污水监测井。

(五) 消防水量

室内消防水量为 20 L/s，室外消防水量为 30 L/s，自动喷水灭火系统为 26 L/s，校区同一时间火灾次数按一次考虑。

消防水源：由原平路上接两路市政进水管进入基地供整个基地室内、外消防用水及自动喷水用水，管径 DN200，在校区内成环状布置。室外地上式消火栓间距不大于 120 m，保护半径不大于 150 m，距消防水泵接合器距离 15～40 m。

建筑物内按规范设置室内消防给水系统，满足两股水柱可到达任何部位。消火箱内布置单出水室内消火栓，口径 DN65，配 25 m 长龙带及 D19 水枪，启动按钮 1 个。在校区最高建筑物屋顶设有 18 m^3 消防水箱。室内消防管道管径 DN100，环状布置，两路接自室外高压消火栓管。

图书行政楼和教职工宿舍内设置自动喷淋灭火系统。按中危Ⅰ级设计，每幢建筑中各自设置湿式报警阀，湿式报警阀控制喷头数不大于 800 个。各层各防火分区分设水流指示器。喷头动作温度 68℃。喷淋管接自室外喷淋管。

室内消火栓系统、自动喷淋灭火系统水泵房集中设置在地下水泵房内，采用临时高压系统。消火栓和喷淋泵各设 2 台，一用一备，消火栓泵由消火栓箱内按钮启动，喷淋泵由湿式报警阀压力开关启动。室外消火栓管及喷淋管均成环状布置。

所用管材见表 2。

表 2　所用管材列表

室　内	生活给水管	热镀锌合钢管
	生活热水管	薄壁紫铜管，钎焊连接
	消防管道	热镀锌钢管，丝扣及法兰连接
	排水管	U-PVC 硬聚氯乙烯塑料排水管
室　外	埋地给水管道	球墨铸铁给水管
	埋地雨、污水管	小于 DN600 采用室外埋地 UPVC 加筋塑料排水管，其他采用钢筋混凝土排水管

五、暖通设计

(一) 设计标准

1. 室内设计参数

图书行政楼、教工宿舍和艺术中心楼等为舒适性空调,教学楼主要为实验室通风,个别房间如计算机房、语音教学室等为分体式空调。夏季:温度24～26℃,相对湿度≤70%;冬季:温度20～22℃,相对湿度≥70%。

2. 新风量

办公室:30 m^3/(h·人);图书馆:25 m^3/(h·人)。

(二) 空调冷热源

学校的图书行政楼、教工宿舍和艺术中心楼等为舒适性空调,图书行政楼、教工宿舍的空调冷热源采用自带水泵的风冷热泵型冷热水机组,位于本建筑物的屋面。空调水系统为二管制。艺术中心楼的多功能大厅则采用风冷热泵型屋顶式空调机组,机组位于相邻屋面。

教学楼内个别有特殊要求的房间如计算机房、语音室等则采用分体式空调机组。

(三) 空气处理系统

由于图书行政楼、教工宿舍为6、7层的小高层,底层为大堂或门厅,采用低速风管全空气系统,空调器为卧式吊装型,气流组织为散流器均布顶送,空调器底部集中回风。其余楼层房间多为办公、阅览室和客房等小空间,故采用风机盘管加独立新风空调器的空调形式,每层楼设有1台新风空调器。气流组织为侧送侧回,或采用卡式风机盘管。

艺术中心楼主要有一个大空间的演出厅,故采用低速风管全空气系统,气流组织为观众厅上方条缝型风口均布送风和舞台低处侧向送风,舞台前方两侧建筑夹道回风,送风和回风均经过消声处理。

(四) 通风系统

教学实验楼中的化学实验室为全室排风和通风柜局部排风。教室的排风主管位于窗台下方,均匀开排风口,每间教室为1个系统。同时,教室的排风系统也兼顾准备室药品柜的通风。实验室内的通风柜单独配1台排风机,所有的排风机均位于屋面。

食堂的厨房、浴室等均设有机械排风系统。

上海市委党校

建设单位：中共上海市委党校

设计单位：华东建筑设计研究院有限公司

施工单位：上海市第四建筑有限公司

撰稿人：黄　良

一、建筑设计

(一) 场地概述

中共上海市委党校教学综合楼是由中共上海市委党校投资兴建，它位于虹漕南路市委党校总体校园内，由1幢18层主楼、4层教学楼和连廊组成，是集教学、宿舍、餐厅、文体和辅助用房为一体的教学综合楼，总建筑面积40 542 m²，主楼和教学楼均为地下1层(见图1)。

图1 中共上海市委党校教学综合楼

该工程位于上海市委党校总体校园内，根据南北长、东西窄的地形特征及校园原有建筑的规划格局，4层教学楼布置在基地南侧，18层学员楼置于北侧，以保证学员楼有充足的阳光和开阔的视线，教学楼和学员楼之间用相通的两条弧形廊连接，形成东、西两个广场和中间两个内庭院。连廊一层敞开，形成开放的过渡空间。东、西广场作为人流主要集散场所，开敞、明朗，中间两个内庭院幽静别致，富有情趣，可供学员晨读小憩。总体设计动静分区明确，学员楼后勤出入口位于基地西北面，与主要人流没有交叉。步行道与大小广场铺地、绿化、喷水池、雕塑、灯具及艺术小品相结合，并在其中设置可供人休息、散步、驻足交谈的场地和座椅，强调以人为本的高品质环境设计，使该建筑物具有浓郁的校园气氛和文化氛围(见图2)。

(二) 单体设计

单体设计时，教学楼根据其不同一般学校的功能特点，以中庭为中心组织教室、讨论室，各房间向心式布置，平面紧凑，交通便捷。平面外轮廓为八角形，打破一般教学楼长条形平面，教学楼平面布置时，把人员最多的250人会议室和150人研讨室分别设于1、2层，便于人流集散和交通组织，小讨论室相对

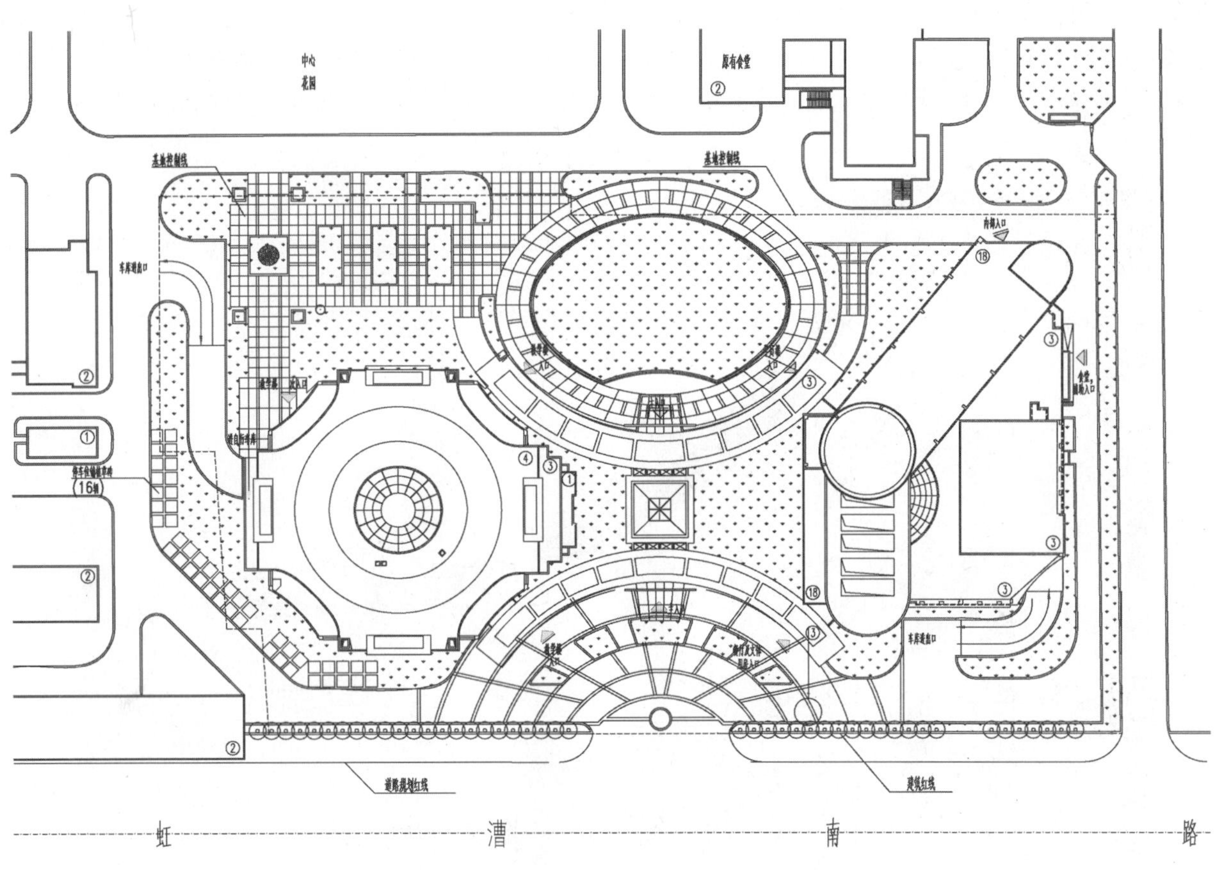

图2　总平面图

独立设在4层。学员楼1～3层裙房主要为大堂、餐饮、娱乐等公共设施，3、4层之间设设备管道转换层，4～16层分别为学员宿舍，17、18层为招待所和贵宾会议室（见图3）。

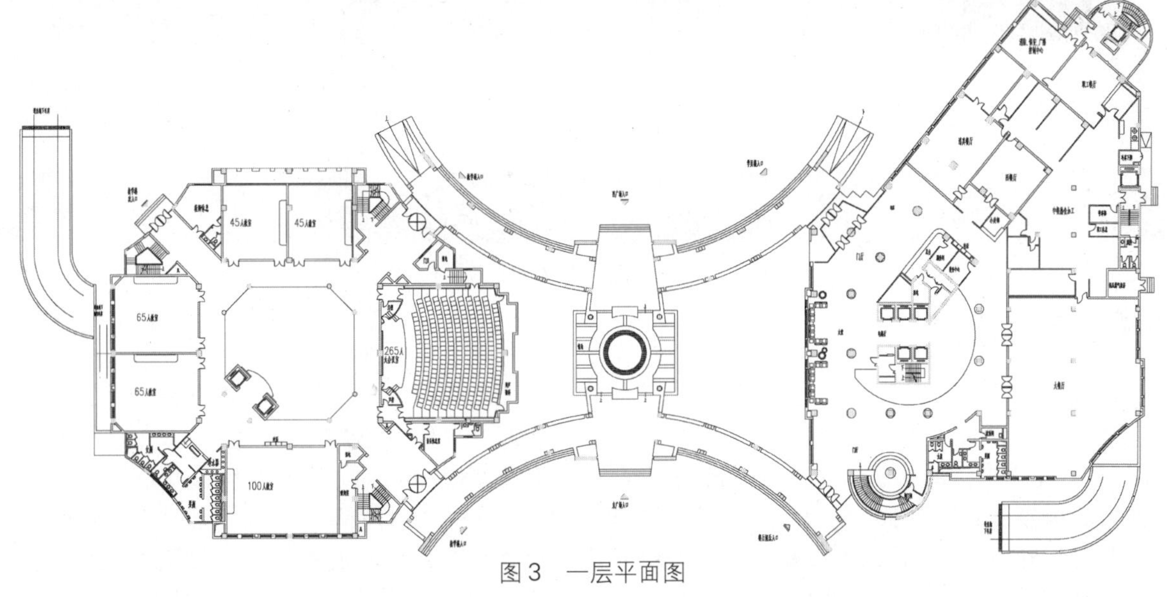

图3　一层平面图

（三）造型设计

造型设计上综合兼顾虹漕南路及城市其他方向以及校园内对建筑外观各方面的要求，突出教学楼和学员楼，并通过弧形连廊形成一有机整体，建筑形式与广场空间环境、校园环境紧密结合（见图4）。建筑立面设计综合兼顾了邻近地块及校园内现有建筑的外观特点，突出教学楼、学员楼及连廊形成的有机整体，并紧密结合党校建筑性格特征，造型设计新颖、高雅、端庄、大方，建筑重点部位饰以浅浮雕式线条，在基部及顶部加强处理，并与广场环境雕塑相结合，形成了具有鲜明个性和文化内涵的新时期党校建筑。

图4　弧形连廊

二、结构设计

（一）工程概况

该工程由塔楼（包括裙房）、教学楼和连廊三部分组成，由于楼高差异很大及结构形式不同，三部分结构之间均用沉降缝分开，塔楼（包括裙房）采用现浇钢筋混凝土框架-剪力墙结构体系，考虑到塔楼建筑体型是一个呈弯曲的长条形，结构利用长条形两端楼梯和弯曲部分的电梯井及楼梯间设置钢筋混凝土剪力墙，塔楼和裙房间不设缝，在塔楼和裙房之间地下室底板区域采用基础梁局部加高来加强两块底板之间连接，并用多种工况计算基础梁、板的反力，选用较合理的布桩形式和基础梁、板配筋，另外塔楼和裙房间设置施工后浇带来减少施工过程中的不均匀沉降对结构的影响。教学楼和连廊采用现浇钢筋混凝土框架结构体系，超长的弧形连廊设置施工后浇带来减少混凝土收缩引起的变形，连廊中庭顶部采用网架式钢结构棱台以体现建筑的轻巧性，教学楼电梯井四角采用异型柱，以削弱结构局部刚度，减少地震力，使结构构件设计更为合理，基础塔楼（包括裙房）采用 ϕ600 PH 桩及梁、板式基础，教学楼和连廊采用 400×400 预制方桩及梁、板式基础（见图 5 和图 6）。

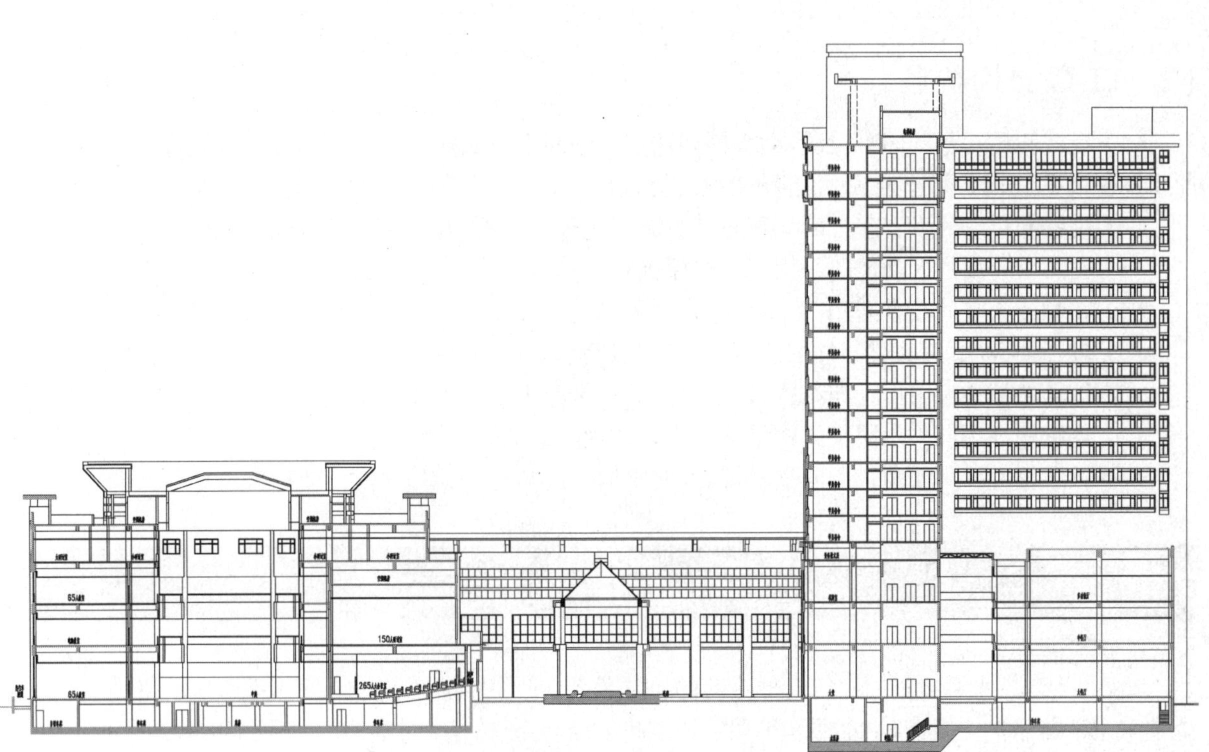

图5　剖面示意图

图6　塔楼标准层平面图

(二) 工程结构特点

(1) 塔楼和裙房基础间不设缝，在塔楼和裙房之间地下室底板标高改变的区域采用基础梁放斜坡加厚来加强高低底板之间连接，并用多种工况计算板反力和底板配筋，选用最合理布桩形式和底板配筋。

(2) 塔楼和裙房间设置施工后浇带来减少施工过程中的不均匀沉降对结构的影响。

(3) 裙房大跨度的多功能厅采用钢结构屋顶。

(4) 教学楼大空间教室采用 16 m×18 m 井格梁。

(5) 教学楼 18 m 跨大梁与柱的连接采用柱端加腋，梁钢筋分批切断来保证节点处的强柱弱梁特性。

(6) 弧形超长连廊采用框架结构，留设施工后浇带减少温度应力引起变形。

(7) 连廊中庭顶部采用网架式钢结构棱台以体现建筑的轻巧性。

(8) 教学楼电梯井四角采用异型柱，以削弱结构刚度，减少地震力，使结构构件设计更为合理。

三、给排水设计

给水、热水供水系统利用建筑高低错落的楼群关系，使给水、热水供水更平稳更安全；在热水供水系统中采用节能型热交换器，热水回水采用管道泵机械循环系统，使热水供水达到较好的效果。

四、电气设计

(一) 强电

光源、变压器等采用新材料，节省能源，减少污染。

(二) 弱电

以建筑为平台，综合通信、办公及建筑设备自动化技术，实现对楼内各种设备的综合管理。

五、暖通设计

内区餐厅设置了分体式风冷空调器，以控制冬季室内过热现象，弥补了二管制空调水系统的不足；整个空调系统采用 BAS 自动控制。

六、动力设计

充分利用原燃煤锅炉房辅助用房的有效空间，使改造后的燃气锅炉房平面布置和汽水流程经济、节能。

同济大学
建筑与城市规划学院 C 楼

建设单位：同济大学基建处

设计单位：同济大学建筑设计研究院

施工单位：上海润马建筑工程有限公司

撰 稿 人：肖小凌　高凤莲　陆　燕
陆培俊　张　斌　周　蔚
钱大勋　刘　瑾　沈雪峰

一、建筑设计

(一) 场地概述

作为学院的扩建工程，同济大学建筑与城市规划学院C楼用地面积为4 140 m²，位于同济大学校园北部，西侧紧邻学院B楼(明成楼)，北面紧靠学校围墙，南侧是5层高能源楼，东侧是待建地；基地内无道路进入，一直是校园中被“隐匿”的封闭角落之一，与校园环境相隔离(见图1)。这次设计尝试对基地的特殊性和潜力进行“揭示”，重新建立它与校园整体的联系。

设计室内标高±0.00，相当于绝对标高5.10。

图1　同济大学建筑与城市规划学院C楼

(二)设计要求及目标

1. 设计内容及规模

同济大学建筑与城市规划学院C楼占地面积1 482 m^2,总建筑面积9 672 m^2,建筑地下1层,地上7层,由各种大小的研究工作室、导师工作室、机动工作室、会议室、地下展厅、门厅中庭等公共空间及配套的管理服务用房、设备用房组成。

2. 建筑耐久年限

根据《民用建筑设计通则》和设计任务的要求,该工程为一般性建筑,建筑耐久年限为二级,50～100年。

3. 建筑防火分类和耐火等级

根据《高层民用建筑设计防火规范》的规定,该工程的建筑防火分类为二类建筑,建筑耐火等级为二级,其地下室的耐火等级为一级。

4. 抗震设防要求

按照国家《抗震设计规范》的规定,该工程抗震基本设防烈度为7度,按7度采取抗震构造措施,抗震设计详见结构设计说明。

5. 设计目标

由大楼本身的使用要求出发,确定以下设计目标:

(1) 不同使用空间的相对独立。

(2) 交通空间与交往空间的复合。

(3) 休闲空间中的景观与生态环境创造。

(4) 与学院原大楼(B楼)的功能及认知联系。

(5) 基地与校园整体联系的重建。

(三)设计理念

这应该是一个充分鼓励使用者交往的建筑,一个在理性秩序中激发"隐匿"的率性激情与创作直觉的身心活动场所,使用它的过程也是使用者对自身"隐匿"潜力的揭示。

建筑空间被理解成一种流动的连续体,不同的功能使用空间表现为不同类型的相对稳定的空间结构;而交通、休闲、景观等非功能空间是活性的流动空间,它们包裹住功能空间,是交往活动的容器。

这里试图突破服务空间与被服务空间的静态关系,交往空间成为空间构成的主干,而功能空间与它之间呈现为一种动态的"即插式"关系——IT时代的非物质化图景。

(四)总体布局

依据C楼自身的功能需要及与学院原大楼(B楼)的联系,C楼居中南北向布置,用一个两层的连廊将C楼的核心空间与B楼的办公区中庭联系起来,其下被一条消防车道穿过。C楼南侧与能源楼之间是整体铺装的主入口广场,北侧布置停车场(见图2)。

(五)交通流线组织

C楼的主要出入口布置在底层南侧,机动车可穿越的门前整体铺装广场与B楼主要出入口联成一体,并将基地东侧的校园道路与B楼门前道路连通。C楼与B楼间连廊下南北各开一个出入口,南侧是无障碍入口,北侧入口与停车场相联系。另外,大楼西北与东南两角的疏散楼梯间在底层各设一处疏散出口。主入口广场南侧邻能源楼侧布置了自行车停车带,而大楼北侧的停车场可停放机动车12辆,并设有一处回车场。新老楼连接体下部的消防车道更便于车辆的流通。

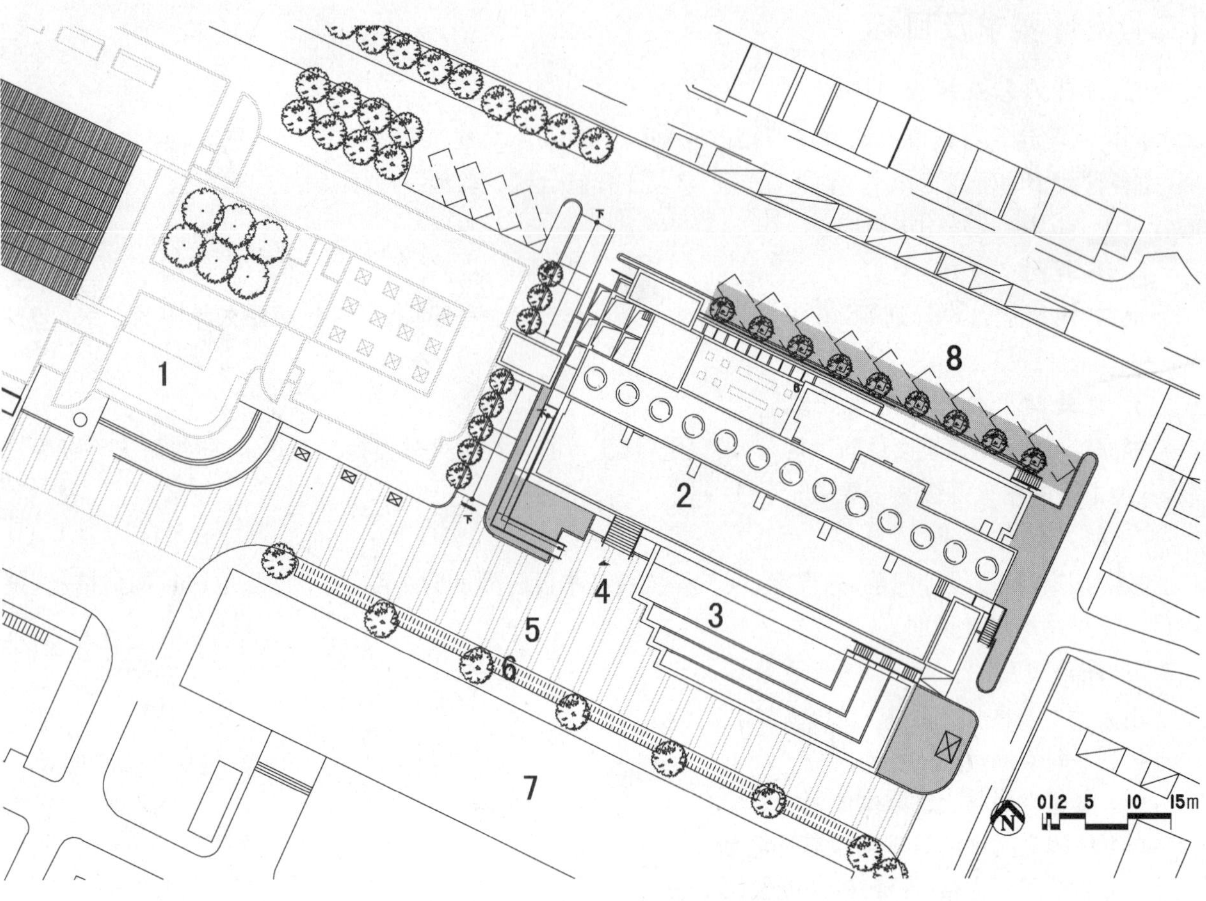

图2　总平面图

1. 建筑城规学院B楼　2. C楼　3. 下沉庭院　4. 主入口　5. 入口广场　6. 自行车停车场　7. 能源楼　8. 停车场

(六) 景观设计

该设计十分注重室内外的绿化景观设计，致力于微观生态环境的优化。

1. 室外绿化及景观设计

入口空间的景观设计引入了一个下沉式的绿化水景庭院空间，台阶跌落的花坛及叠水瀑布将入口空间在竖向扩大，并为地下层的展览空间带来了阳光与景观，庭院内的大片室外木质铺装亲水平台在水平向延展了地下空间；1座钢结构木质铺装的拱桥跨过下沉庭院，将人们引入主入口平台。大楼7层北侧设有屋顶花园，通过植栽池种植榉树，并为师生提供木质铺装的室外休闲空间。

2. 室内绿化及景观设计

大楼内部在北侧地下层和3层布置了两个跨层室内生态绿化中庭，大型的室内植栽池种植竹和榕树，并与木质铺装地坪相结合，创造了宜人的内部休闲空间。

(七) 建筑设计

1. 功能设置

大楼高7层，南侧主檐口高度31.9 m，屋顶板面高度30.9 m；局部机房及中廊采光井屋面高度34.8 m，其檐口高35.4 m；北侧楼梯间光塔高度42.6 m。底层布置两层高入口门厅、开敞休闲空间、会议室、门卫、消防监控室及变配电间(见图3)；地下层南侧为展厅，北侧是景观中庭、会议室及泵房、风机房等设备用房(见图4)；2层布置带夹层的1 000 m^2大工作室及会议室；3～7层的南侧全部布置30个90 m^2研究工作室，而北侧3～5层布置导师工作室，6～7层布置机动工作室，还有一系列的室内外花

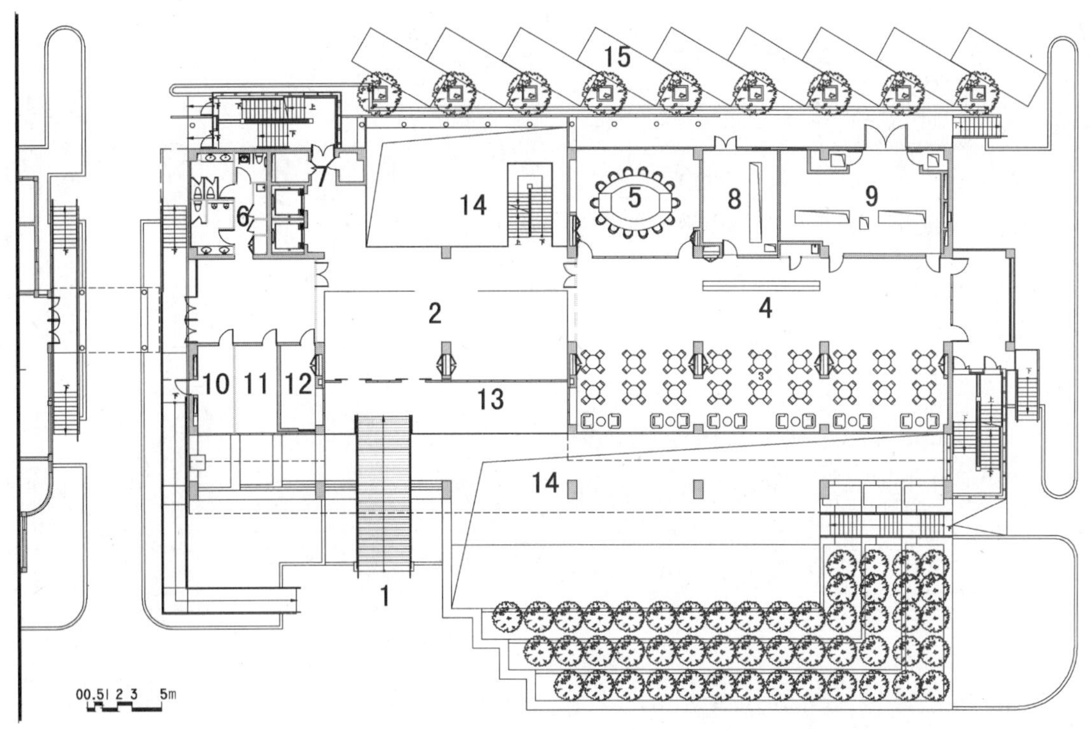

图3 底层平面

1. 主入口 2. 门厅 3. 休闲空间 4. 开放展厅 5. 会议室 6. 男/女厕/残障厕 7. 强/弱电 8. 大楼总配电间 9. 变电所 10. 消防监控 11. 网络控制 12. 门卫 13. 平台 14. 上空 15. 车位

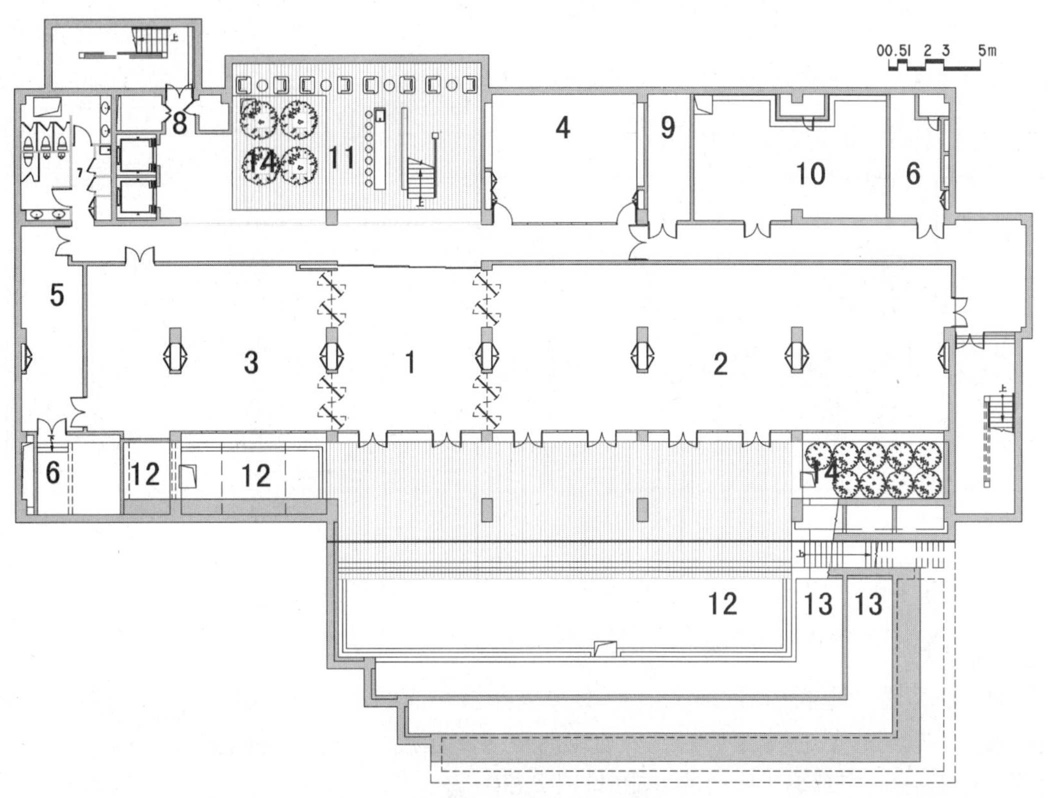

图4 地下层平面

1. 前厅 2. 展厅 3. 院史展览 4. 会议室 5. 库房 6. 风机房 7. 男/女厕 8. 强/弱电 9. 储藏室 10. 泵房 11. 中庭 12. 水池 13. 花坛 14. 种植池

园(见图 5 和图 6)。

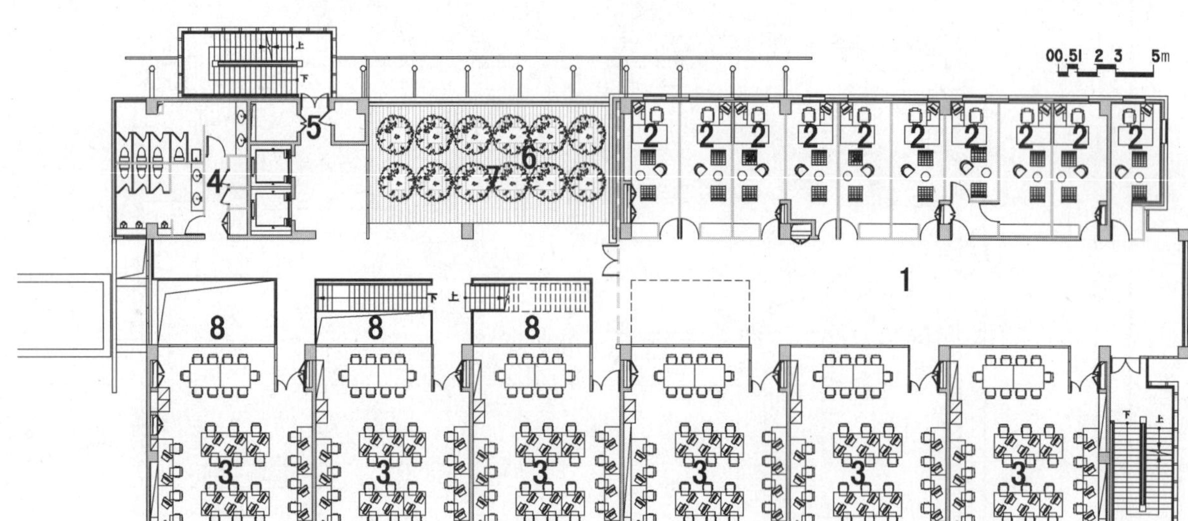

图5　3层平面

1. 开放展厅　2. 导师工作室　3. 研究工作室　4. 男/女厕　5. 强/弱电　6. 室内花园　7. 种植池　8. 上空

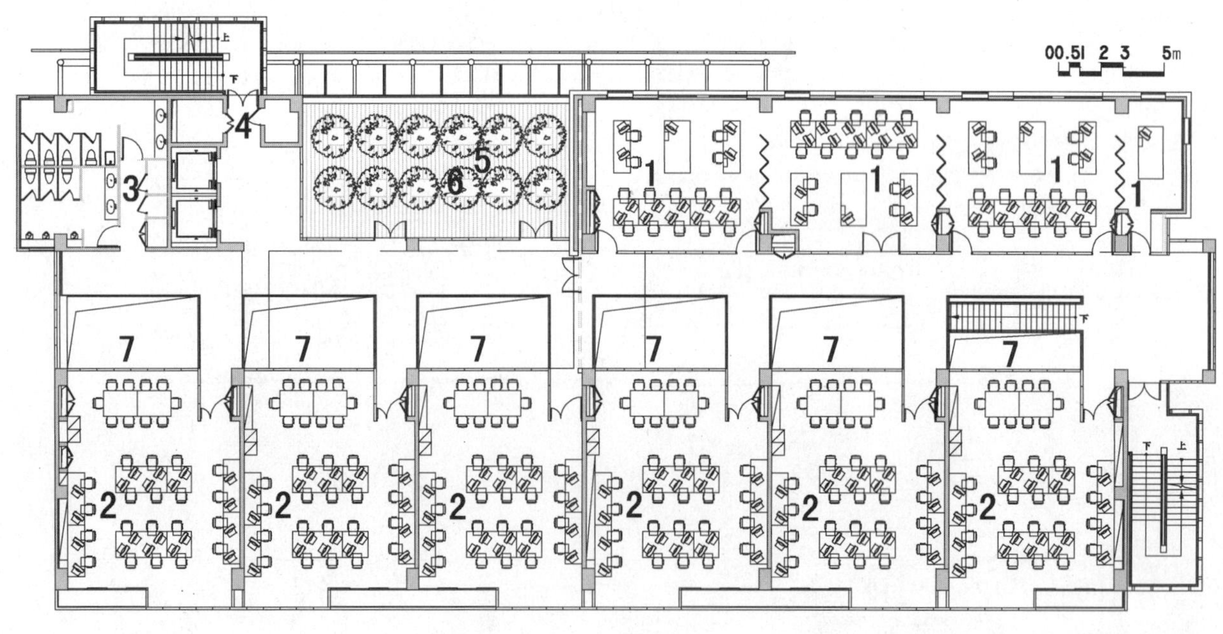

图6　7层平面

1. 机动研究室　2. 研究工作室　3. 男/女厕　4. 强/弱电　5. 屋顶花园　6. 种植池　7. 上空

2. 空间组织

C 楼的核心是居中贯穿东西的连廊系统,其中包含了一部贯穿了 2～7 层所有工作楼面的直跑楼梯,以及一系列上下贯通的光井,充足的天光和连续的空间使它成为所有师生的交往场所——一个充满不连续情节的随机空间,它容纳了所有的可能(见图 7 和图 8)。

作为主体使用部分的 30 间研究工作单元布满连廊北侧 3～7 层的所有楼面,它是一个静态均质系统,只有阳台和凸窗的组合变化才使它产生些许随意的表象。连廊上的光井可以透过每个工作室入口处的半透明 U 型玻璃墙面为其提供一定的光线。

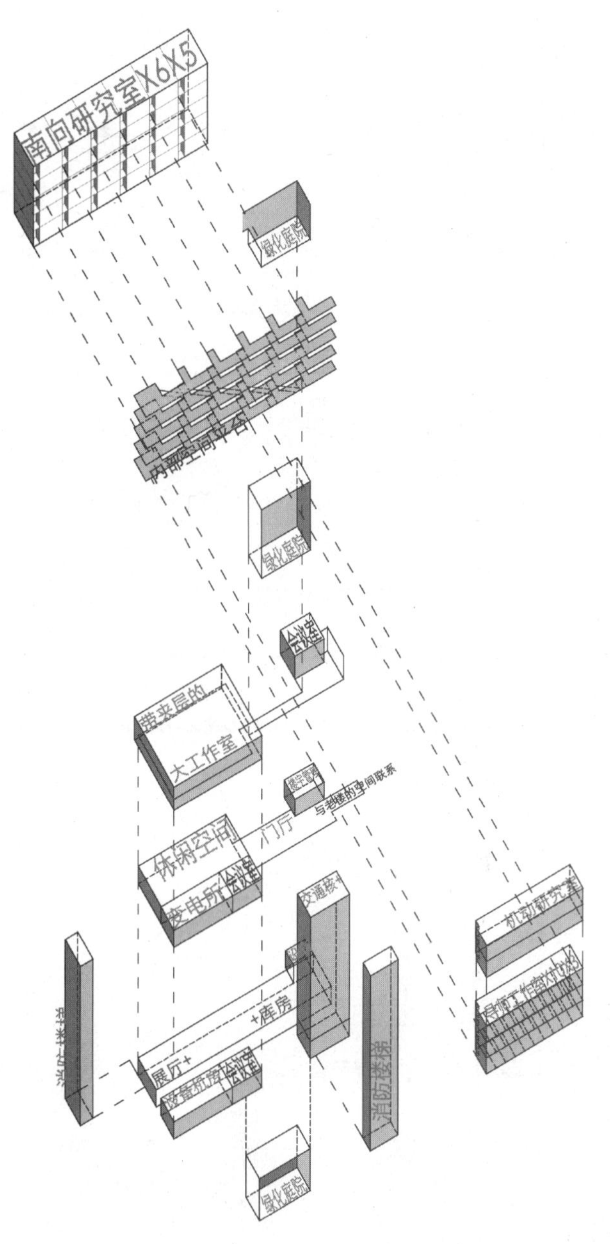

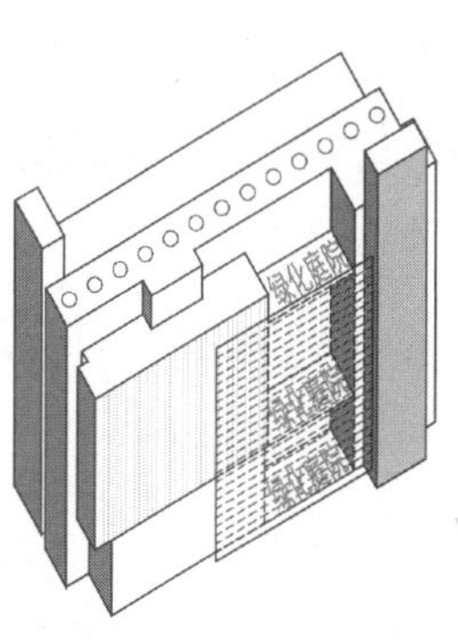

图 7　空间构成示意图

连廊北侧是一组动态穿插的复杂系统：导师工作单元，机动工作单元及电梯、服务单元被作为三个大小、质感、构成各不相同的异质单元“接插”在不同的高度上；之间被三个流动的虚空所包裹，两个是通高的室内休闲中庭，一个是室外的屋顶景观花园，它们在北侧拥有一面共同的透明玻璃外皮，而这层外皮与两个实体单元的不同穿插关系更增加了整个系统的流动性（见图 8 和图 9）。

地下室提供了一个固定展厅、一个开放展厅、一个景观中庭（两层高）和一些设备用房。南侧架空部分引入叠水及阶梯式花圃，为地下层提供了一个生机盎然的休闲场所。

3. 立面设计

为了与环境互动并清晰地表达其内部的组织机制，避免了外在立面形式的统一性，转而寻求内在空间的可视性及表皮材质的表现力。空间分化的组织逻辑在立面设计上继续体现，不同的空间类型在立面的形式、质感上得到清晰的区分，并使建筑的各个表面回应基地环境的不同影响。

材料的选择同样体现整体的理念，为了达到从不透明到透明的不同变化，支撑结构部分主要为清水素混凝土墙面，而各单元的外皮分别使用了透明平板玻璃、半透明 U 型玻璃板。

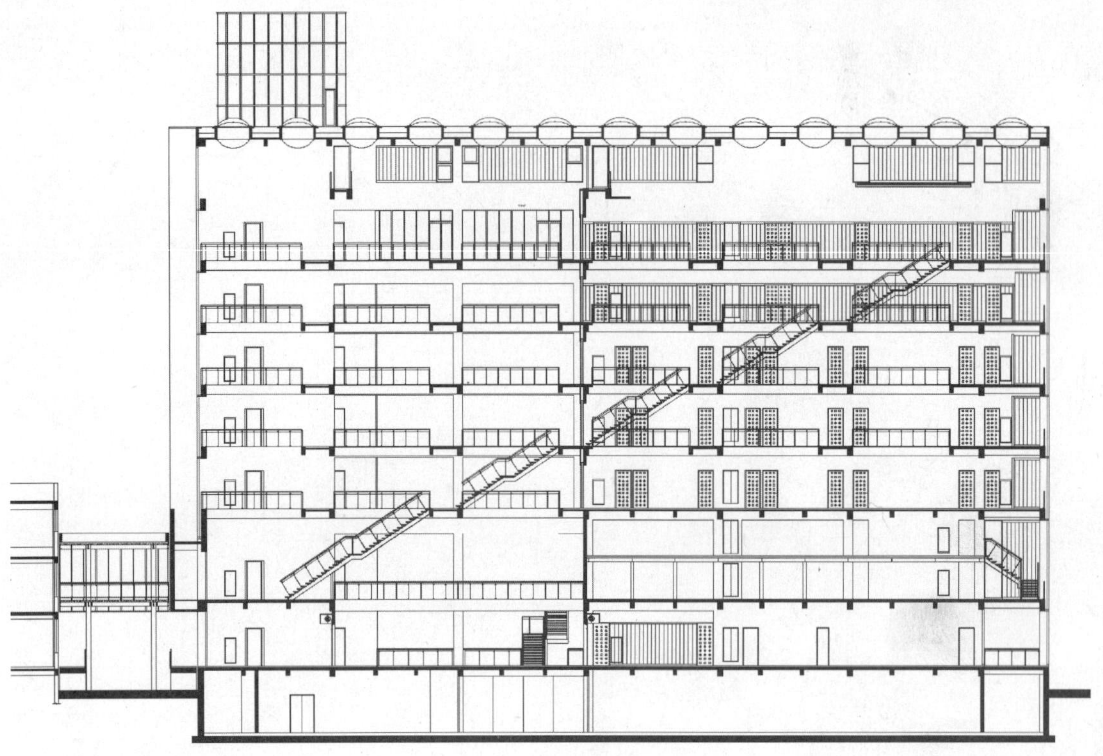

图8　纵剖面

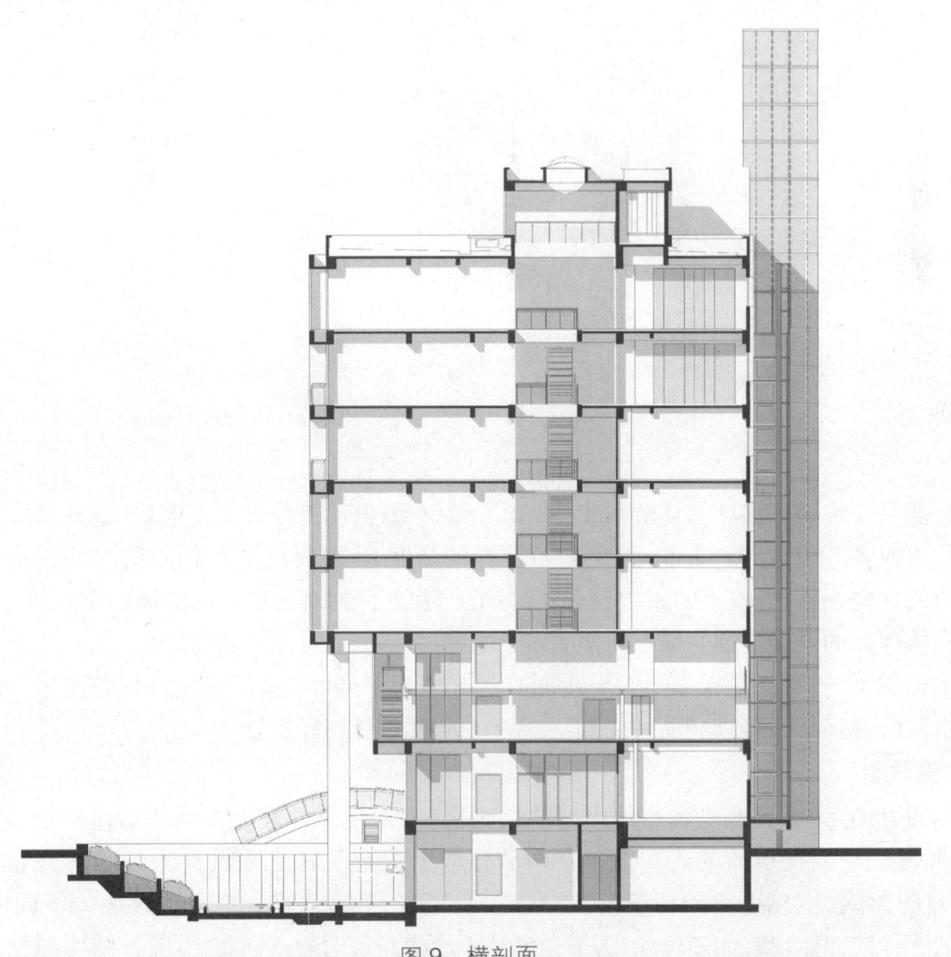

图9　横剖面

南侧的研究工作单元是水平向组织的带有清水素混凝土梁带的南北向透明/半透明(全部的落地玻璃窗和U型玻璃墙)的叠和盒子,南侧的玻璃外皮进深900(包含层层错叠的U型玻璃阳光室和落地玻璃浅阳台),形成丰富的光影效果。

中庭、入口门厅等公共空间的外皮是全透明的清玻璃幕墙,特别是北侧中庭的北立面,它被一片延展的钢架独立支撑的玻璃外墙所强化(见图10)。

图10 钢架独立支撑的玻璃外墙

北侧2～6层的导师研究单元/机动研究单元是一个被竖向瓦楞状抛光不锈钢板面所包裹的悬挑体。水平与竖向间隔排列的窗户与南立面的处理有某种内在的一致性。反射的表面为阴影中的北立面带来了微妙的环境反射光与幻动的表象,并且消解了在基地中略显巨大的体量(见图11)。而电梯、服务单元是一个素混凝土的垂直向的柱形体。两个独立的室外疏散楼梯表现为两个悬挂于主体结构之外的覆盖印刷玻璃的钢结构透明体,其中一个升高成为一个标志物(见图12)。

中央的连廊空间表现为素混凝土框架裸露,并被玻璃填充内表面的虚空,顶层通高2层,顶部有一系列圆形天窗,为连廊带来充足的光线(见图13)。

图11　北立面

图12　不锈钢板幕墙局部

图13　7层中廊的圆形天窗

构造方式以各种材料的最本质的使用和最直接的连接为原则，以简洁理性的构造方法达到物质形式的差异化和轻盈化。

4. 围护与建筑节能设计

(1) 围护及细部设计：

① 南立面上段U型玻璃＋落地窗墙身，采用双层中空U型玻璃外墙及中空玻璃推拉窗。层间梁带为外露小模板清水混凝土表面，外罩透明水性氟碳专用涂料(见图14)。

② 南立面下段落地玻璃窗带墙身，采用双层中空玻璃，层间也为清水混凝土梁带。

③ 北立面中庭玻璃幕墙采用横向钢构龙骨，玻璃基本尺寸为2 800×1 300，水平向外扣板宽60，垂直向无框连接，以达到轻盈、通透的效果。

④ 北立面抛光不锈钢幕墙为避免反光不平的现象，采用竖向大折边成型板开缝设计，围护墙外侧做一道涂膜防水(见图15)。

⑤ 钢构楼梯间外围幕墙采用竖向钢构龙骨及双色彩釉印刷玻璃，光影效果丰富。

⑥ 门厅内用于空间分隔的半透明帘幕为悬垂不锈钢编织网。室内公共走廊的吊顶采用半透明钢板网(见图16)。

⑦ 室内地坪大面积采用环氧砂浆自流平外罩透明环氧自流平的做法，达到光洁无缝、易于清洁的效果。

⑧ 大楼内所有楼梯都采用预制钢结构形式，以达到外露混凝土主体结构与其他结构及围护元素分离的效果(见图17至图20)。

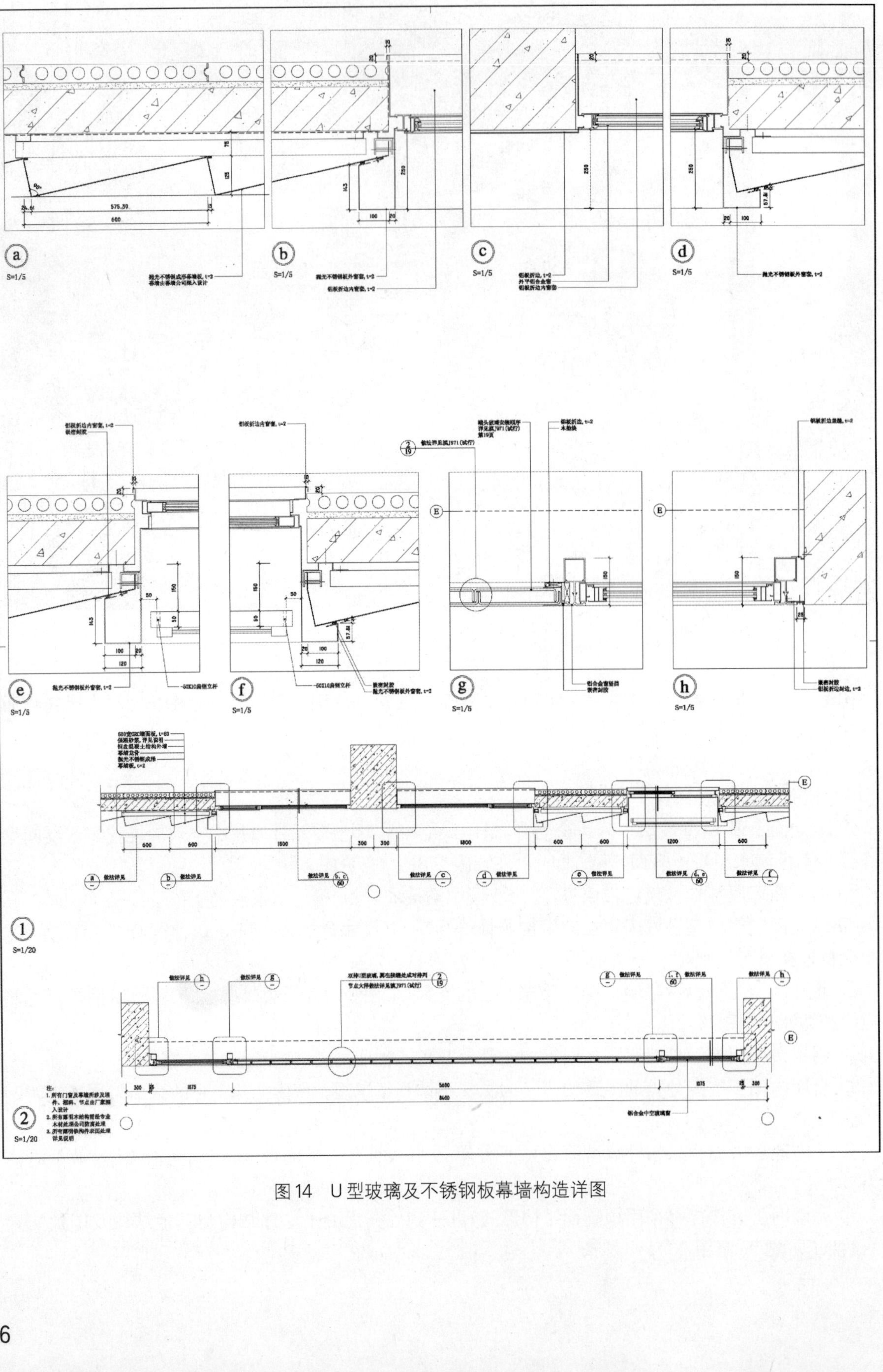

图14　U型玻璃及不锈钢板幕墙构造详图

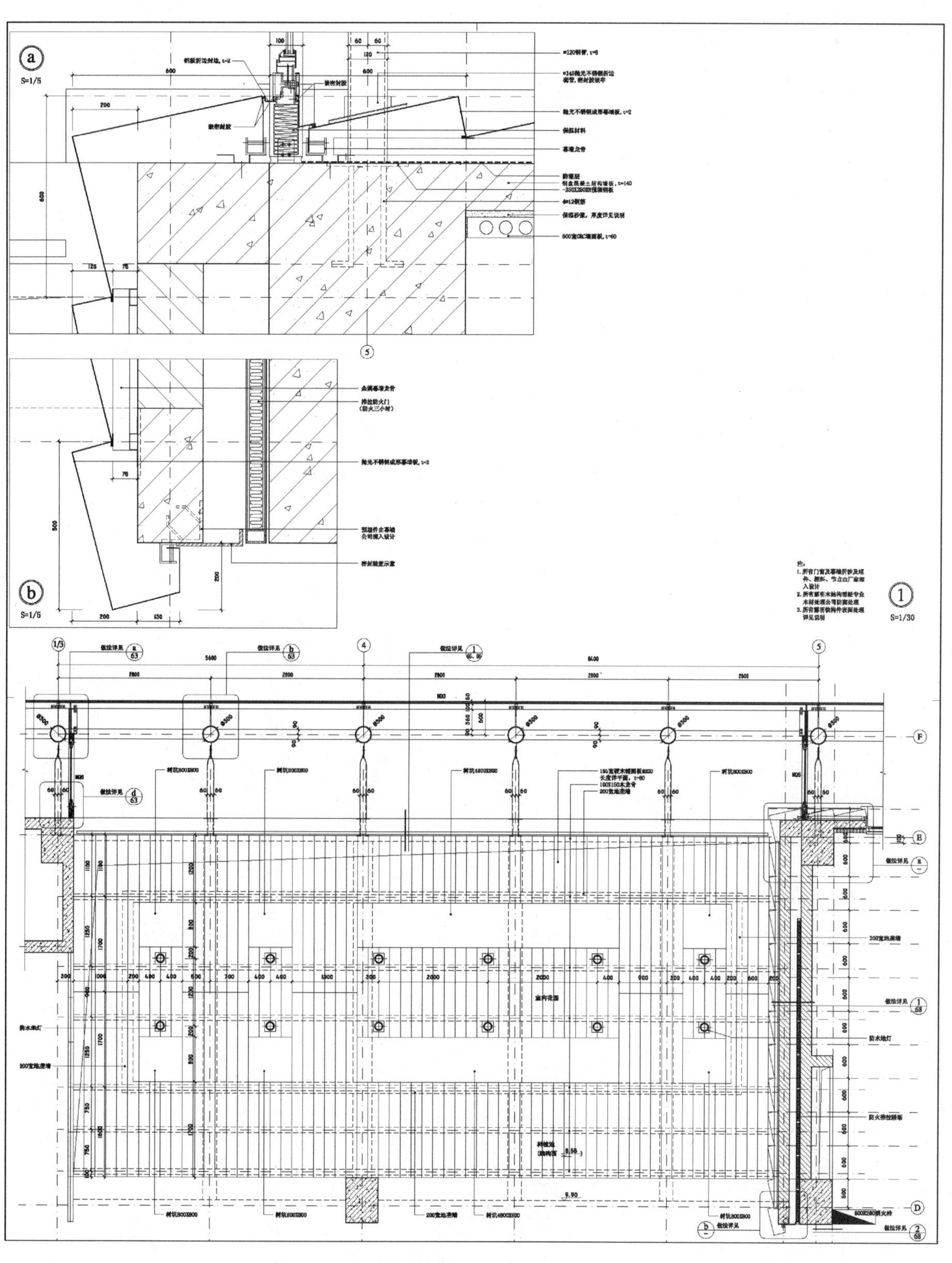

图15　北侧玻璃幕墙及不锈钢板幕墙构造详图

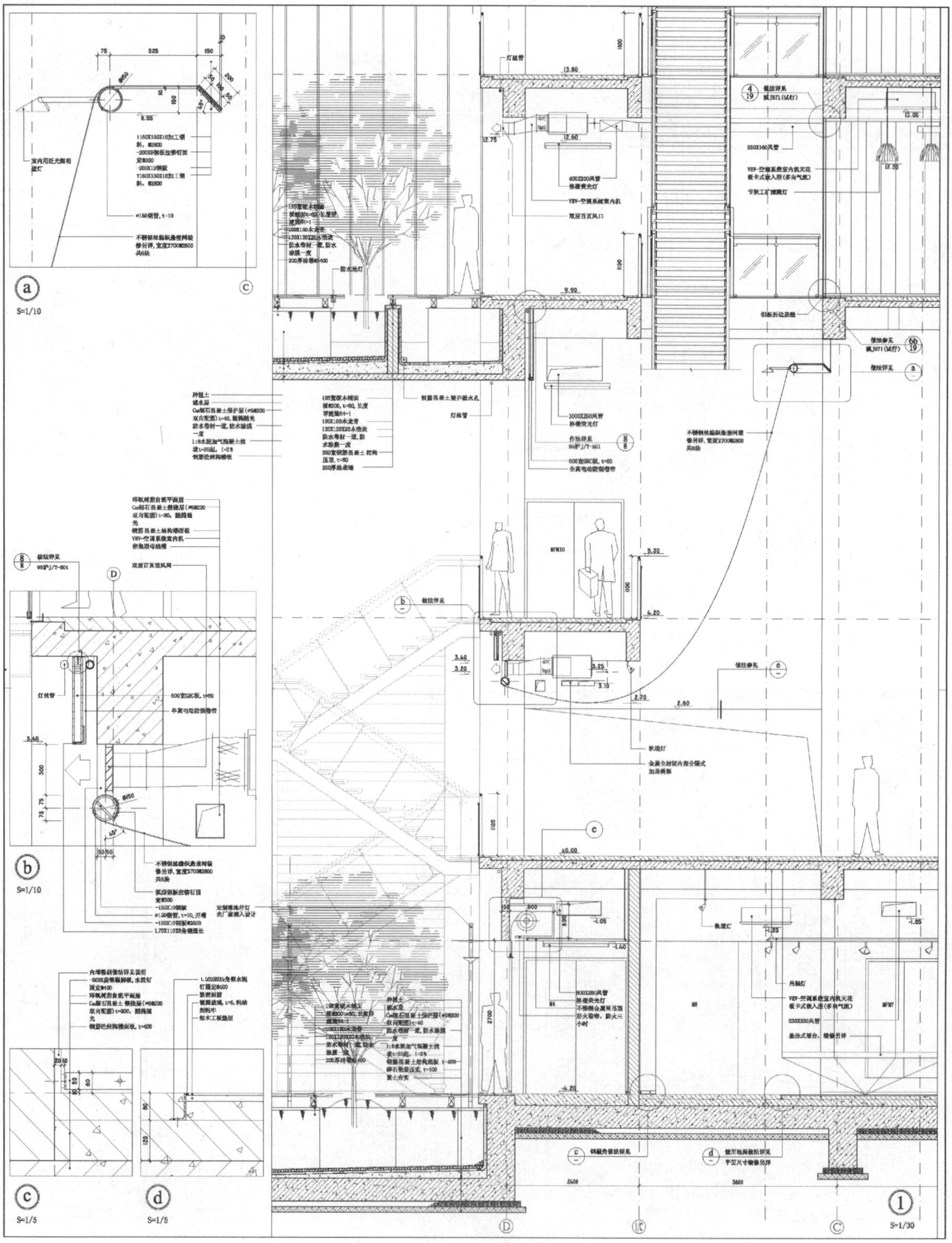

图16　门厅及中庭构造详图

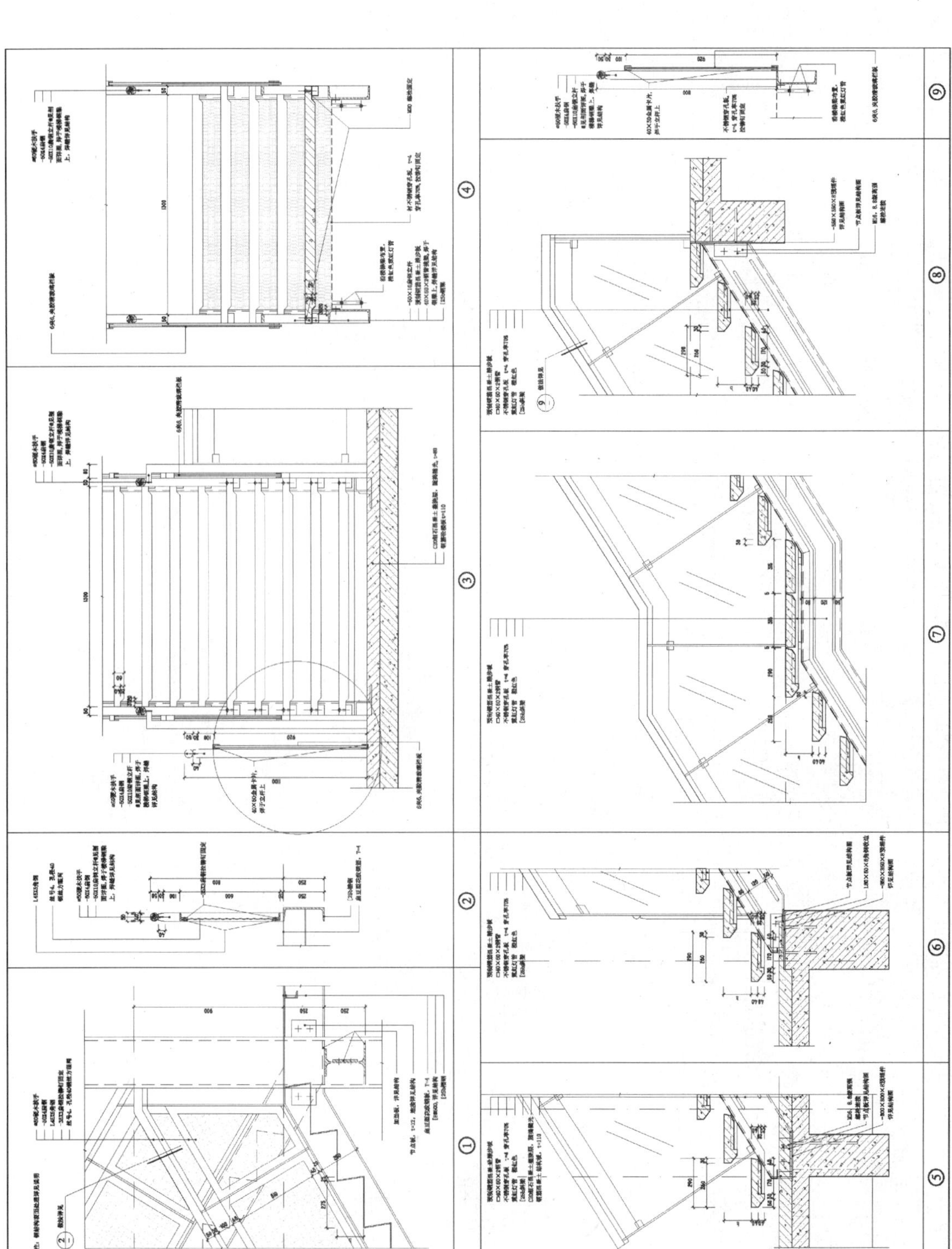

图17　楼梯细部构造详图

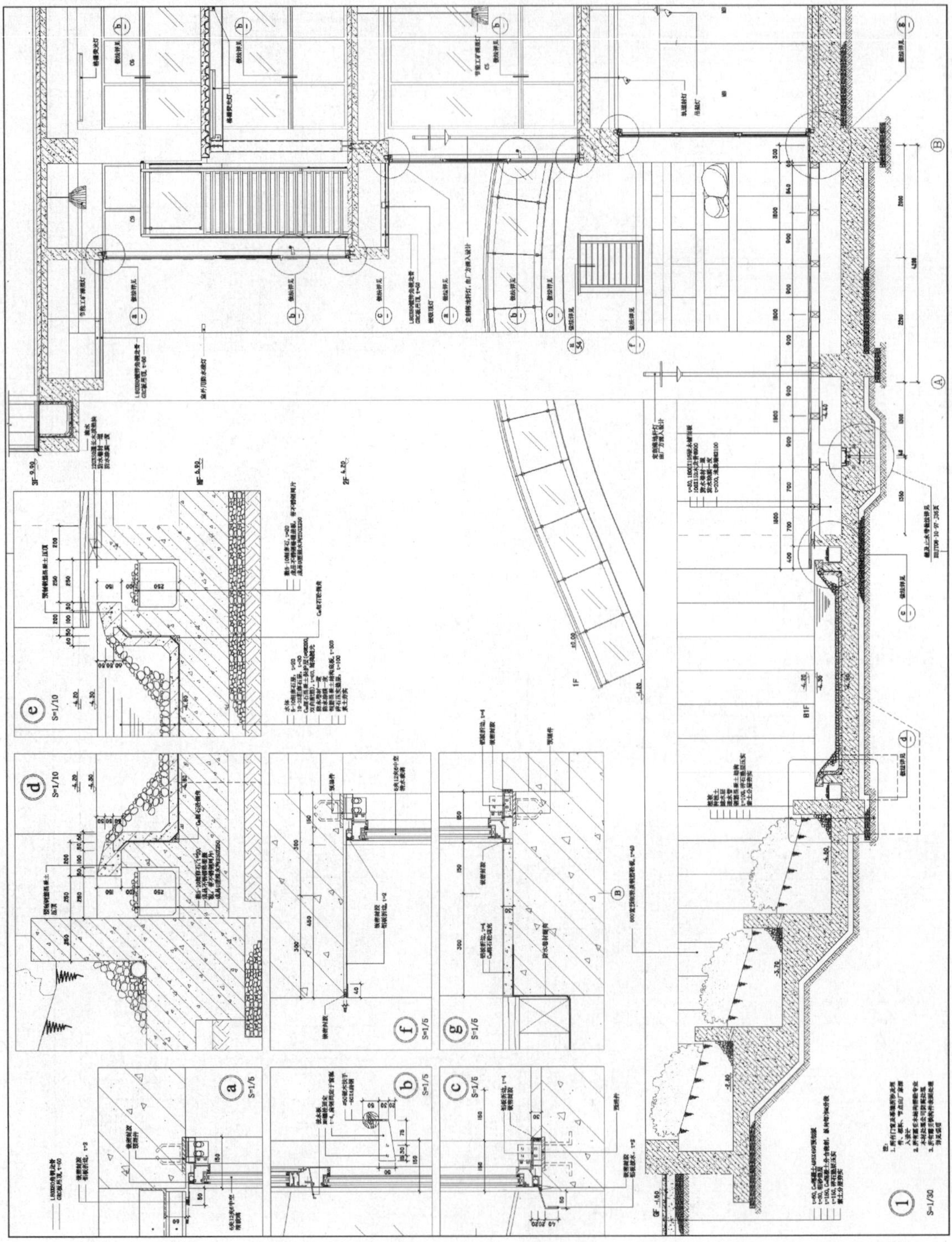

图18　下沉庭院剖面详图

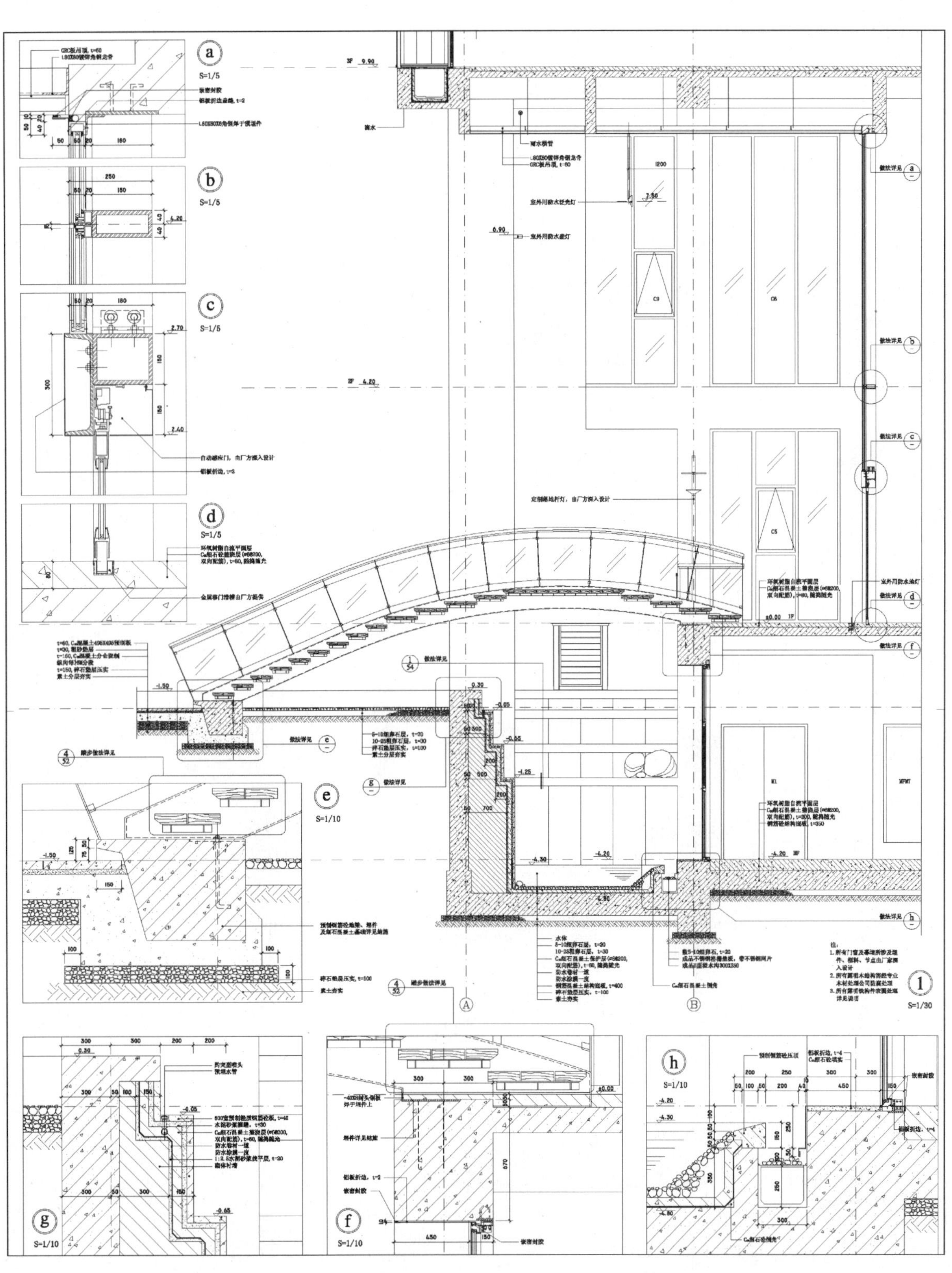

图19　主入口构造详图

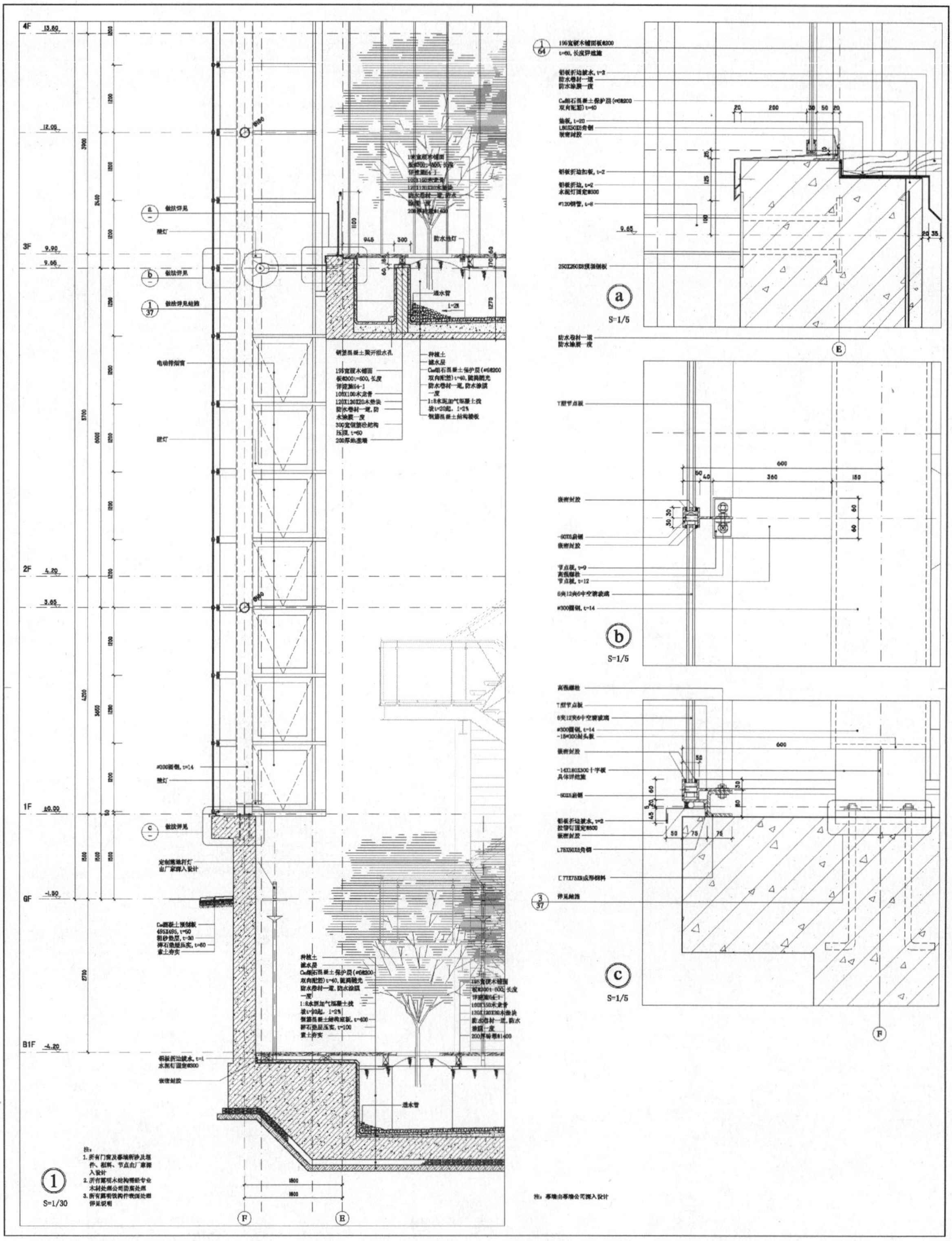

图 20　中庭剖面详图

(2) 节能设计：

① 建筑布置与体形：该项目为办公和校园建筑，主要房间南北朝向，有利于节能。

② 外墙：外墙材料及设计满足最小传热阻要求。外墙玻璃幕墙采用低反射中空玻璃及双层中空 U 型玻璃，用热惰性好的材料阻断热桥；配合玻璃幕墙，大量采用遮阳帘，起到遮阳隔热效果，以降低空调负荷。

③ 屋面：屋面采用憎水性珍珠岩板保温层，厚度满足最小热阻要求。

5. 消防设计

(1) 总体设计与建筑平面布局：

① 周围环境状况及防火间距：该工程基地呈东西向矩形状，西侧通过连接体与原学院 B 楼相连，北侧与学校围墙有 13 m 以上的间距，南侧与能源楼相距 22.5 m，东侧与将来建设项目可保证 13 m 以上的间距。

② 消防车道：该工程南侧的硬地广场，北侧的停车场、车道，东侧的车行道以及 B、C 楼之间的车道可作为消防车道使用，且能环通，均能满足消防车道宽度大于 4 m 的要求。

③ 登高面长度及登高场地：该工程为二类高层建筑，建筑 3/4 以上外墙面直落地面，大于 1/4 周长及一条长边的长度。建筑物北面通长设有宽度大于 8 m 的登高场地，登高场地为硬质道路和停车场，登高场地与建筑外墙的距离不小于 5 m。

④ 消防控制室位置及功能：该工程底层设消防控制室，可直通室外。

(2) 防火分区和安全疏散：

① 设计原则：该工程每个防火分区面积不大于 3 000 m^2，每个防火分区之间以防火墙、防火门或防火卷帘隔离，每个消防分区内有两个疏散出口，一个出口直接通疏散楼梯，另一个出口直通疏散楼梯或通相邻的防火分区。

② 防火分区设置表(见表 1)：

表 1 防火分区设置

防 火 分 区	面 积 (m^2)
地下层展厅及设备用房	827.4
地下层，底层中部中庭、门厅空间，2～7 层西侧的一半	2 997.3
底层西侧的小部分	172.6
底层东侧的一半	479.9
2 层东侧的一半	551.5
3～7 层东侧的一半	2 826.2

③ 疏散楼梯：大楼东西两端各设一部封闭楼梯间作为防烟疏散楼梯，可直接采光通风。楼梯间采用乙级防火门，并向疏散方向开启。

④ 防火分隔：地下层展厅与中庭间设有 1 道耐火极限为 3 小时的复合防火卷帘。底层在门厅东西两侧各设有 1 道耐火极限为 3 小时的复合防火卷帘。3～7 层东西两部分间在连廊中部设有一道耐火极限为 3 小时的复合防火卷帘，其上设有 1 道供人员疏散的防火门。

⑤ 其他：管道井每层楼板处均用不低于楼板耐火极限的不燃材料封堵，门采用丙级防火门。配电间、强电管道间均采用乙级防火门，并向外开启。

6. 环保设计

(1) 噪声处理：

① 选用振动小、噪声低的水泵设备。

② 水泵吸水管与出水管上加装软接头。

③ 水泵基础加减振垫。

④ 通风设备采用消声、隔声、减振、隔振的设施，如通风机组设置弹性减振基座，风机进、出口设置非燃性的软接头，在通风管道上配备消声装置，以满足环保部门和设计规范有关噪声控制的要求。风管上均设有按国标 97T710《ZP 型片式消声器、ZW 型消声弯管》图集制作的消声器、消声弯管或消声静压箱。

(2) 污水处理：

① 室内污、废水分流，排水系统设置专用通气管。

② 生活污、废水排入市政污水管。

7. 技术经济指标(见表 2)

表 2　技术经济指标

项目		指标
基地面积		4 140 m^2
建筑占地面积		1 440 m^2
总建筑面积		9 672 m^2
其 中	地上建筑面积	8 392 m^2
	地下建筑面积	1 280 m^2
容积率		2.34
覆盖率		34.8%
道路广场面积		1 670 m^2
绿化面积		1 030 m^2
绿化率		25%
地面机动车停车数		12 辆
非机动车停车数		120 辆
建筑高度		31.9 m
建筑层数		地下 1 层，地上 7 层，机房 1 层
结构形式		钢筋混凝土框架，部分钢结构
主要用途		科研、教学
主要用材		清水混凝土，透明氟碳水性涂料；抛光不锈钢板，钢板网，型钢，铝材；平板玻璃，U 型玻璃；木材
工程造价		4 000 万元

8. 建成日期及使用反馈

该工程于 2004 年 5 月竣工落成并投入使用。自使用之日起便因其独特的建筑形象、灵动高效的空间组织及周到的细部设计而广受同济师生好评，并获 2004 年度 WA 中国建筑奖佳作奖。

二、结构设计

(一) 工程概况

同济大学建筑与城市规划学院 C 楼用地面积为 4 140 m^2，西侧紧邻建筑学院大楼，北面紧靠学校围墙，南侧是 5 层高能源楼，东侧是花圃待建地。总建筑面积 9 672 m^2，建筑地下 1 层，地上 7 层，由各种大小的研究工作室、导师工作室、机动工作室、会议室、地下展厅、门厅中庭等公共空间及配套的管理服务用房、设备用房组成。地下室底板面相对标高为－4.40 m，地下室北面顶板部分缺失，与 1 层形成共享空间；南面通过浅水池与室外相连，形成下沉式小庭院，庭院花坛逐层上升，直至与室外地坪相连。基础采用桩承台基础，桩型为 300×300 预制钢筋混凝土方桩，桩长 26 m。上部结构平面呈矩形，约 54.6 m×24 m，高度 29.3 m，室内空间较为丰富，北面局部楼板缺失，形成两个小中庭，中部 1 层至顶层有单跑楼梯贯穿，形成部分楼板缺失，造就有趣的贯穿空间。上部结构采用钢筋混凝土框架-剪力墙结构。两个疏散楼梯位于主体结构外部，采用钢结构，其外罩玻璃幕墙高出主体结构，最大高度为 41.1 m。

(二) 基础设计

1. 地基土层剖面图及地基土层物理力学综合指标

根据地质报告反映，工程场地地貌属滨海平原，地形起伏不大，地面标高约为 3.33～3.60 m。在所揭露深度 45.75 m 范围内各土层均为第四纪松散沉积物，属河口-滨海-浅海相沉积层。根据地基土的成因、结构及物理力学性质可划分为 4 个大层，第①、② 层各分 2 个亚层，第⑤层分 3 个亚层，第③层缺失(见表 3)。土层柱状图及静力触探曲线见图 21。

表 3　土层物理力学性质参数表

土层编号	土层名称	含水量 W_0(%)	重度 γ (kN/m³)	孔隙比 e_0	黏聚力 C(kPa)	内摩擦角 φ(°)	压缩系数 $a_{0.1-0.2}$ (MPa⁻¹)	压缩模量 $E_{s0.1-0.2}$ (MPa)	标准贯入 $N_{63.5}$ (击)	比贯入阻力 P_s(MPa)
①	填　土									
$①_2$	浜填土									
$②_1$	粉质黏土	31.3	18.5	0.90	15	14.0	0.25	7.71		2.07
$②_3$	砂质粉土	33.8	18.3	0.94	3	21.5	0.27	9.11	9.2	3.28
④	淤泥质黏土	51.4	16.8	1.43	7	7.5	1.15	2.17		0.69
$⑤_1$	粉质黏土夹砂	35.3	18.1	1.00	12	13.5	0.47	4.45		1.97
$⑤_2$	黏质粉土	34.5	18.1	0.97	4	19.0	0.44	4.63	23.3	4.25
$⑤_3$	粉砂黏土夹层	31.9	18.4	0.92	14	14.5	0.41	5.00	28.0	

工程场地浅部地下水属潜水类型，补给来源主要为大气降水与地表径流，勘察期间水位埋深在 0.7～1.0 m 之间。地基土经判别可以不考虑地震液化影响。

2. 桩基选型及设计

该工程地下室基础所在标高位于第$②_3$层土，该土层的地基承载力设计值仅为 70 kPa，不能满足地基承载的需要，另外地下室既存在抗压部分，又存在抗浮的下沉庭院部分，因此不能采用天然地基，决定采用桩承台基础。从地基土构成与特征可以看出，第④层以上土层埋深小、承载力低、压缩系数大，不能作为桩基持力层。采用$⑤_1$层作为持力层的情况下桩长较小，对桩基经济性不利，且不利于沉降控制。第$⑤_2$层灰色黏质粉土厚度为 7.25～7.30 m，且顶标高较为稳定，压缩系数较小，工程性质稳定，可以作为桩基持力层。未钻穿的$⑤_3$层作为良好的下卧层。

高度 7 层的房屋上部荷载并不很大，采用钻孔灌注桩很不经济。由于桩长较小且上部土层的标贯阻力不大，沉桩不存在困难，可以采用预制桩方案，且桩的直径可以尽量小。下沉庭院部分采用抗拔桩抵抗水浮力，主体结构内采用抗压桩。为避免出现多种桩型，经分析抗压桩及抗拔桩均采用 300×300 预制钢筋混凝土方桩，仅桩身配筋不同。桩长 26 m，两节桩，桩端进入第$⑤_2$层土 1.5 m，单桩抗压承载力特征值为 680 kN，单桩抗拔承载力特征值为 336 kN。按以上承载力布桩，考虑地下水浮力抵消部分竖向荷载后，柱下最大桩数为 9 根，一般为 7～8 根，最少桩数为 3 根，按独立承台设置是合理的(见图

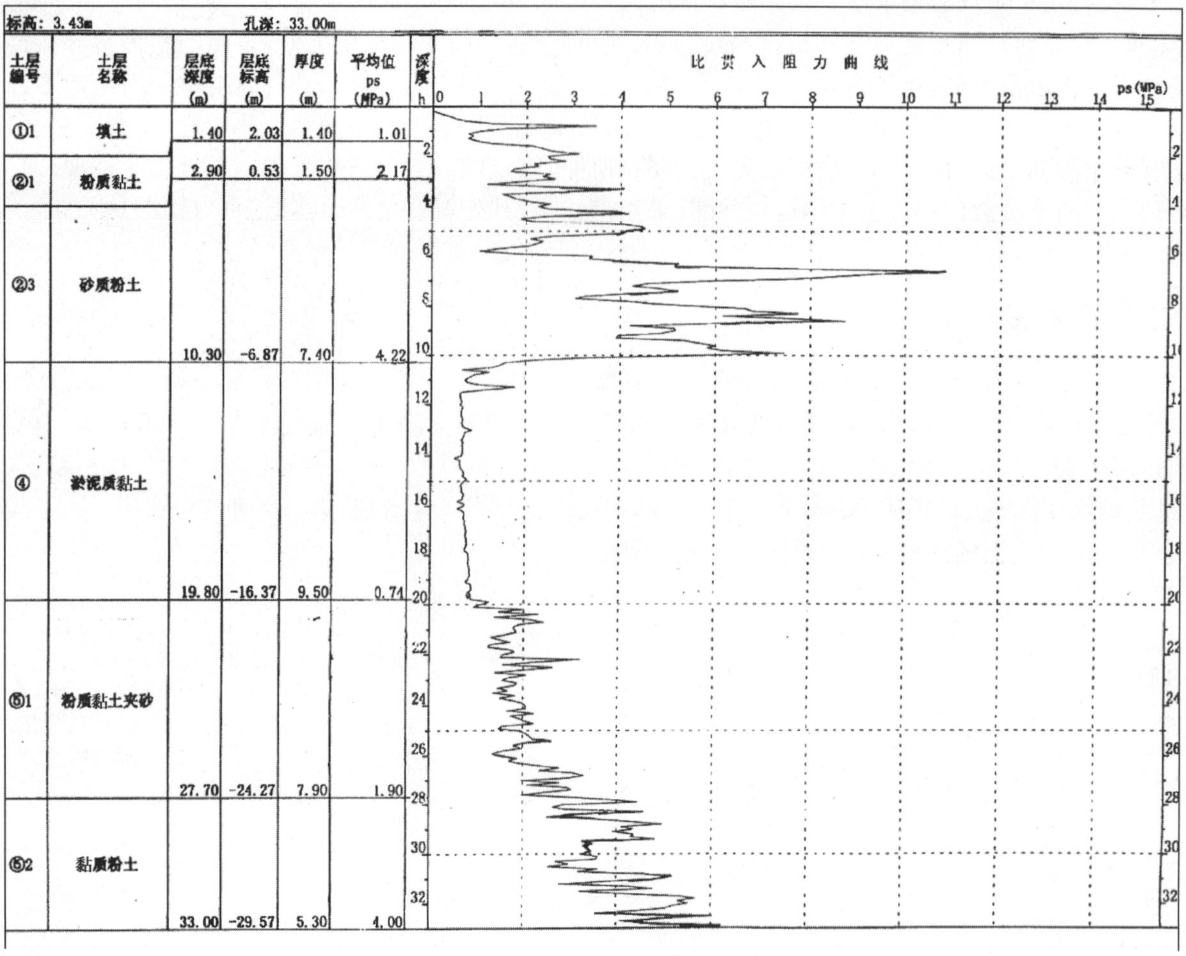

标高：3.43m　　孔深：33.00m

土层编号	土层名称	层底深度(m)	层底标高(m)	厚度(m)	平均值 ps (MPa)
①1	填土	1.40	2.03	1.40	1.01
②1	粉质黏土	2.90	0.53	1.50	2.17
②3	砂质粉土	10.30	-6.87	7.40	4.22
④	淤泥质黏土	19.80	-16.37	9.50	0.74
⑤1	粉质黏土夹砂	27.70	-24.27	7.90	1.90
⑤2	黏质粉土	33.00	-29.57	5.30	4.00

图 21　土层柱状图及静力触探曲线

22)。沉桩采用 ZYZ-400 型静力压桩机，最大压桩力为 1 362 kN，较为顺利。为避免预制桩沉桩对周围建筑及地下管线的影响，主要采取了以下措施：

(1) 在整个沉桩过程中注意对现有建筑和管线的监测；

(2) 沿基地四周挖设防挤沟，沟底宽 1.0 m，上口宽 1.5 m，沟深 1.5 m；

(3) 防挤沟开挖前先施工两排砂井，横向间距 0.8 m，纵向间距 1.0 m，两排砂井错孔布置，孔径 ϕ300，孔深 10 m，灌入粗砂形成地下水排泄通道以释放孔隙水压力，砂井上的防挤沟底也铺设 30 cm 厚粗砂，沟端部设集水井，沉桩过程中渗入井内的地下水通过泵排出；

(4) 合理安排沉桩施工流程，采用由中间到外围，以及隔孔压桩等方式，减小桩挤土影响。

静载试桩采用慢速维持荷载法，进行了三组抗压桩的试验，最大加载量均为 1 360 kN，最大沉降量为 8.74 mm，最大残余沉降量为 2.83 mm，均满足设计要求。抗拔桩也进行了三组抗拔试验，采用慢速维持荷载法，最大加载量均为 672 kN，最大向上变形量为 9.36 mm，最大残余变形量为 3.77 mm，均满足设计要求。

基础抗压部分和下沉庭院抗浮部分的地基沉降较难协调，设 1 道变形缝分开，同时控制抗压部分，避免出现较大的沉降。沉降计算采用同济启明星桩基沉降计算软件 SCPF，根据上海规范，验算得到的桩基最大沉降量为 72.7 mm，抗压部分最大局部倾斜率为 0.001 1，是合适的。另外根据周边建筑的资料，其实际沉降量一般为计算沉降量的一半，所以对以上基础沉降是可行的。在主体结构施工期间，每完成 1 层进行一次沉降观测，结构封顶后每 2 个月一次，竣工后每个季度一次。该大楼于 2002 年 12 月开工，2003 年 8 月结构封顶，2004 年 5 月竣工。结构封顶时观测的最大沉降量为 21 mm，最近一次观测

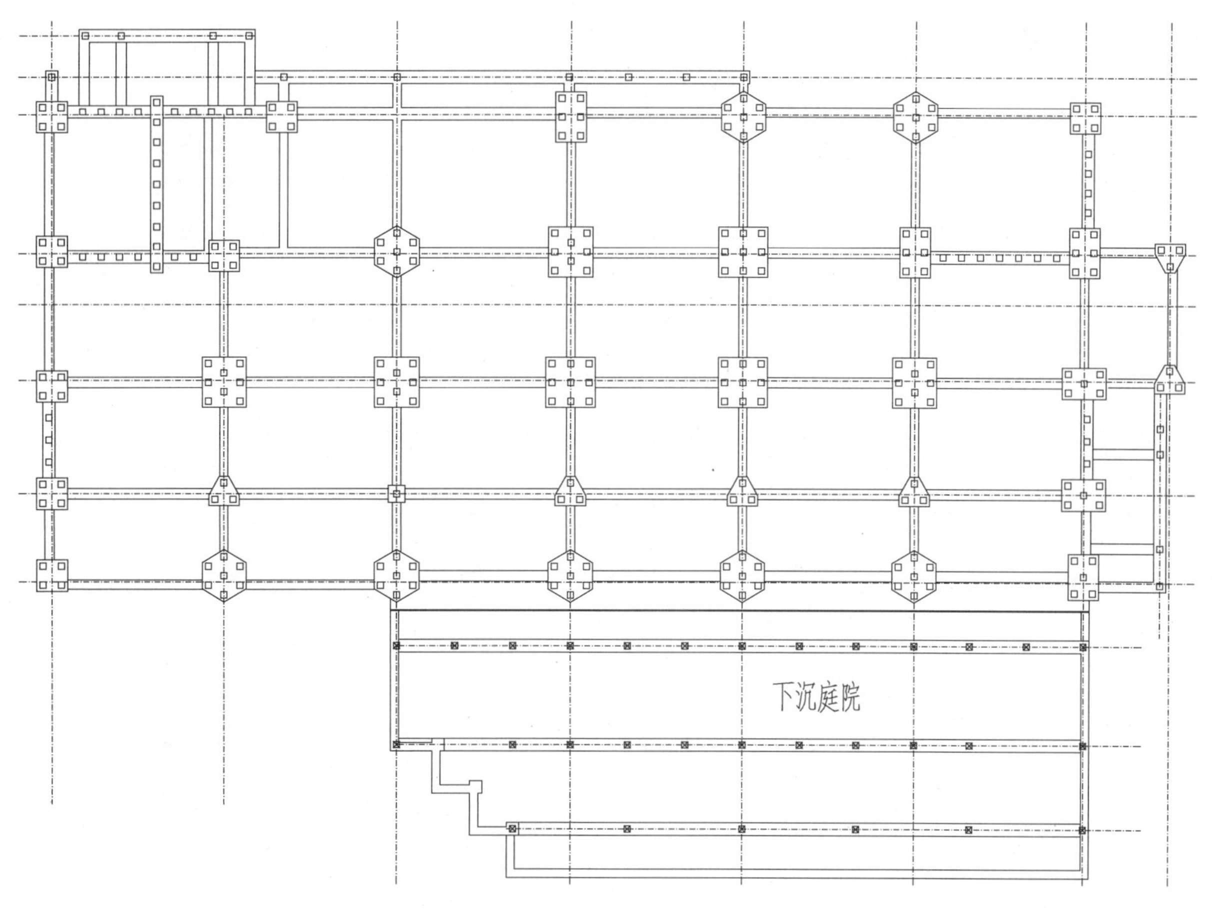

图 22　桩位布置图

为 2005 年 5 月 8 日，最大沉降量为 39 mm，与经验情况比较相符。地下室底板采用下翻梁式筏板，板厚 400 mm，底板主要承受向上的水浮力。

该工程基坑开挖深度约 3.8 m，基坑周长约 190 m，采用土钉锚杆挡土墙围护结构，单排深层搅拌桩止水，轻型井点降水。土钉共设三排，中间一排土钉长度 9.0 m，上下各一排长度为 6.0 m，竖向间距 1.1 m，水平间距为 1.0 m，土钉与水平面夹角为 10°，墙面喷射混凝土厚度为 100 mm。基坑施工效果良好。

3. 建筑地下室埋深的考虑及特殊处理

该建筑高度 29.3 m，当按高层建筑考虑时，其基础埋深应不小于 1.63 m。由于地下室南面约 70% 敞开成为下沉式庭院，因此地下室不能完全考虑为基础埋深。主楼自身基础承台厚度为 1.10 m，且局部作为花台和水池落深处深度可以达到 1.75 m，基本可以满足埋深要求。另外地下室东西向可以作为完全埋深嵌固，南北向至少有 30% 嵌固，对于整个大楼的稳定没有问题。

主楼与下沉庭院间设缝断开后，为传递两边的水平土压力，以及上部结构在地震作用下可能传来的水平荷载，应在缝间考虑水平传力构造。缝间采用粗砂灌实，内表面采用可卸式止水带。底板变形缝的做法见图 23，外墙变形缝参照底板构造。

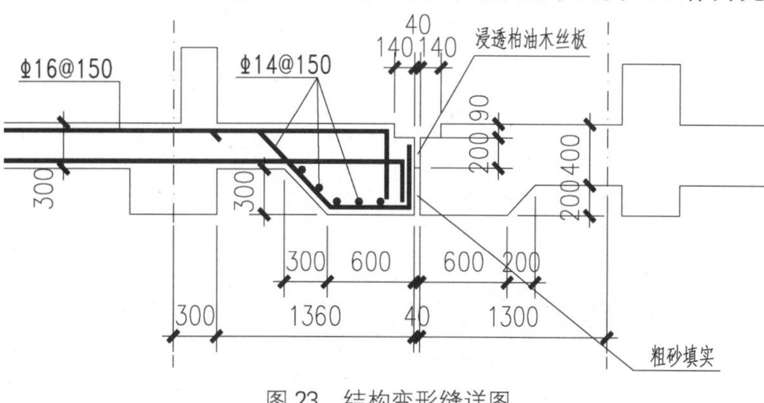

图 23　结构变形缝详图

（三）上部结构设计

1. 结构布置

上部结构平面呈矩形，外形较为规则，但由于北面局部楼板缺失形成中庭，且中部楼梯处有较多楼板开洞，使结构存在不规则成分。由于建筑总高度不大，初步分析采用框架结构，无法满足地震作用下的位移限制要求，且梁柱内力很大，改为采用钢筋混凝土框架剪力墙结构。利用楼梯、电梯间处的实墙面适当布置剪力墙，办公空间部分全部采用框架结构。剪力墙及连梁抗震等级为二级，框架为三级。标准层结构布置见图 24。

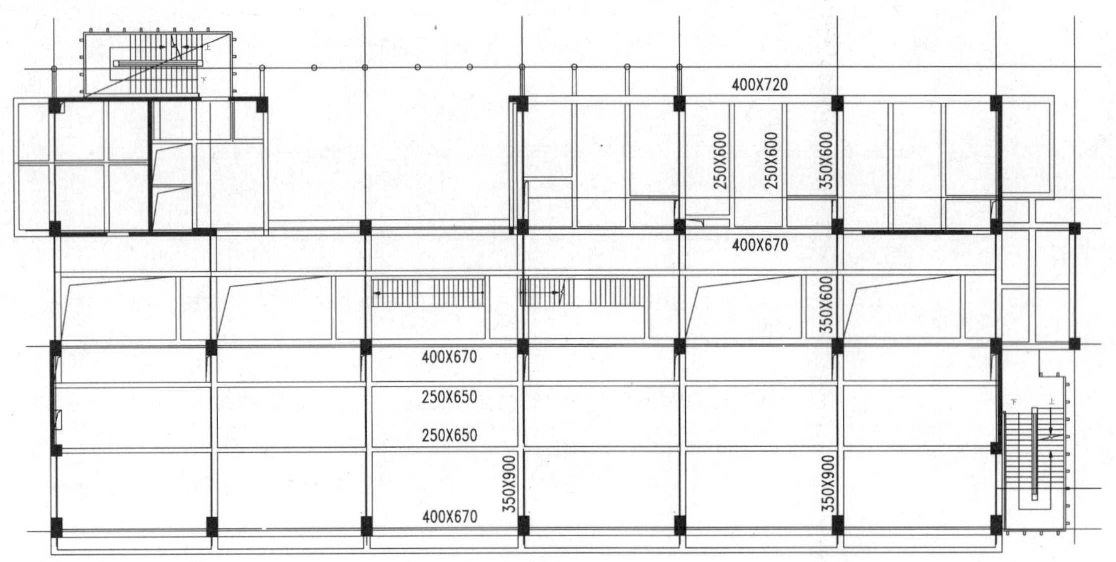

图 24 标准层结构布置图

混凝土墙体的布置及厚度根据抗震计算确定，使结构的刚度中心与质量中心尽量重合，减少在地震作用下的结构扭转效应。2 层及以下墙厚一般为 300 mm，3 层以上墙厚一般减为 200 mm。框架柱截面各层尺寸基本不变，框架梁高度根据建筑净高要求确定。对于楼层外围框架梁和大开洞周边框架梁均采用加大梁宽的方式进行加强，以提高整体抗扭刚度。地下室顶板厚度为 150 mm，标准层楼板厚度一般为 110 mm，楼面中央开洞的两边长条形范围内厚度加厚为 150 mm 并加强配筋，以增加楼面刚度，确保地震作用在楼板平面内的荷载传递。

2. 结构整体计算

结构分析采用 PKPM 系列软件 SATWE，该程序以空间杆单元模拟梁、柱及支撑构件，用在壳元基础上凝聚而成的墙元模拟剪力墙，用振型分解反应谱法进行地震分析。计算中对地下室及上部结构整体进行抗震分析。楼板按弹性楼板，以模拟实际的结构情况，考虑平扭耦联，考虑双向地震作用和偶然偏心地震作用。主要计算结果见表 4～表 6。

表 4 自振周期与扭转系数的关系

自振周期	0.859 9	0.822 0	0.624 7	0.287 2	0.256 3	0.206 0	0.184 5	0.166 5	0.159 8
扭转系数	0.02	0.18	0.79	0.26	0.10	0.61	0.56	0.89	0.49

表 5 双向地震作用下的抗震分析

有效质量系数		剪 重 比		扭转为主的第一周期与平动为主第一周期的比值
X	*Y*	*Gox*/*GE*	*Goy*/*GE*	
96.62%	96.20%	5.36%	5.54%	0.726

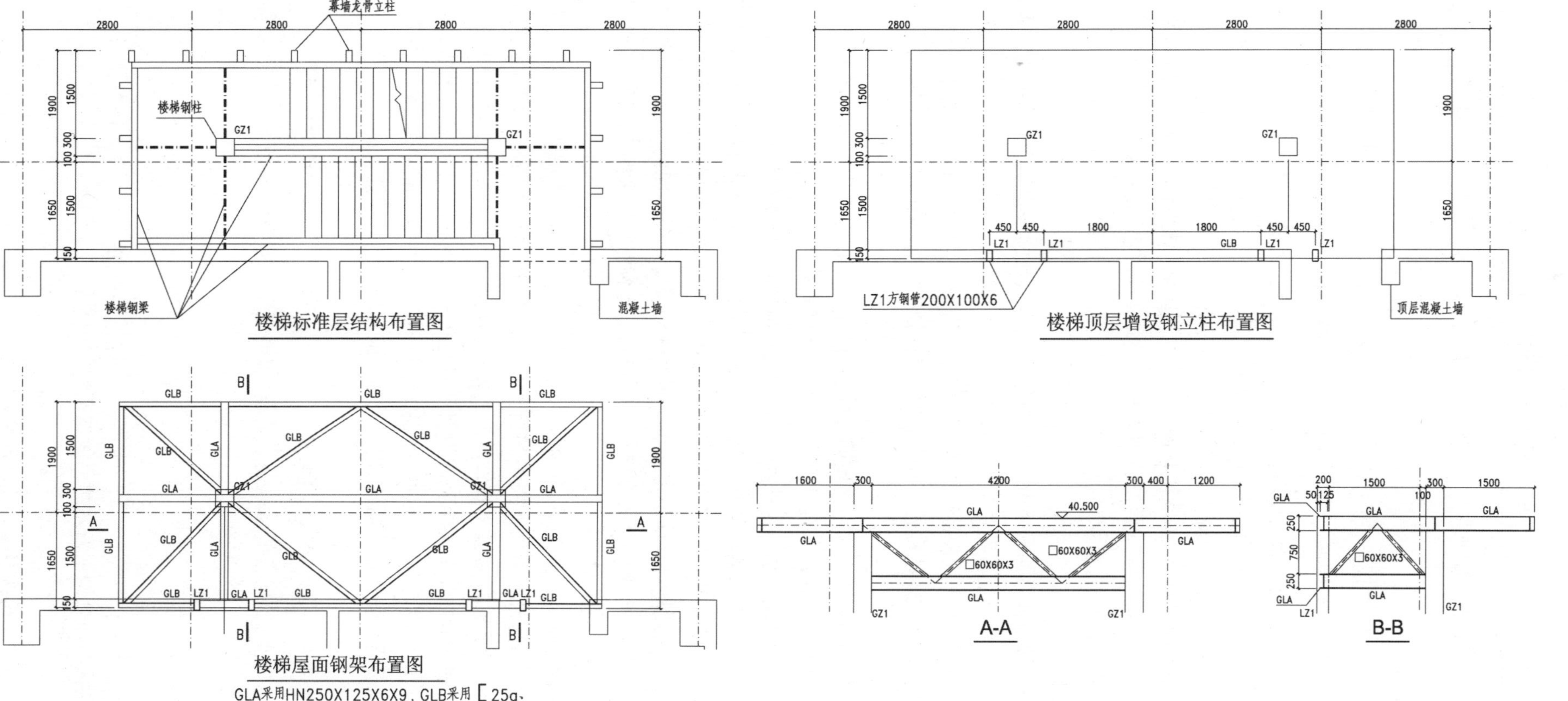

图 25　钢楼梯标准层及顶部加强结构布置图

表 6　地震作用下的位移分析

荷载 \ 位移	最大层间位移		最大顶点位移		层最大位移与层平均位移的比值最大值	
	X_{max}/h	Y_{max}/h	X	Y	X	Y
地震作用	1/1 376	1/1 479	1/1 690	1/1 254	1.29	1.37

从计算结果可以看出，各项指标比较理想。为了使地震作用下楼层最大扭转位移比满足规范要求，同时使框架部分承担的地震剪力不大于总地震剪力的50%，两个方向均布置了足够的剪力墙，使得结构刚度较大。该建筑采用素混凝土作为表面效果，建筑上要求某处一旦设置混凝土墙就应全长设置，而且墙上不允许开设结构洞，所以无法通过墙体开洞办法来适当降低结构刚度，而整片墙取消又会产生 X、Y 双向刚度不均匀而带来的扭转效应或者使剪力墙承担的地震剪力比例不足。在这样的情况下，结构的地震力较大，地震作用下的层间位移较小。

3. *局部特殊处理*

该建筑两个外挂疏散楼梯均外罩玻璃幕墙，为创造较为美观的效果，楼梯采用钢结构，而且柱子尽量少。在梯井两端与平台相交处各设置1根300×300方钢管柱，整个楼梯用梯段斜梁及平台外挑梁构成，整体的稳定通过平台钢梁与主体结构混凝土墙的连接来提供，从外围看不到结构柱，仅有幕墙龙骨。楼梯作为一个附属结构挂在主体结构外，不参与整体抗震分析，而幕墙的龙骨立柱又附设在楼梯边梁上（见图25）。

楼梯幕墙构架的顶部均高出主体结构屋面，北面的楼梯幕墙顶部高出混凝土屋面11.8 m。这部分结构的抗风依靠单薄的幕墙骨架是不足以承担的，而且这部分刚度太小，在地震作用下也会因为鞭梢效应产生较大的震害。考虑利用支承楼梯的两根钢柱和主体结构为幕墙构架提供一个侧向支撑，形成具有足够刚度的稳定体系。将楼梯钢柱伸至构架顶面，另外于混凝土屋面上与楼梯相邻的边缘设置钢立柱，为了与幕墙分割相协调，设置了4根小立柱，柱脚铰接。在2根楼梯钢柱顶之间布置钢桁架以提高纵向刚度；在楼梯钢柱顶与新增小立柱顶之间布置两榀钢桁架以提高横向刚度；顶面设置水平交叉支撑以提高结构的整体性。采用SAP2000程序进行分析，风荷载体型系数取1.4，在最不利风荷载作用下，钢架水平位移为28 mm，相当于钢架外伸高度的1/400，是可行的。

该建筑采用素混凝土作为表面效果，对设计、材料及施工均提出了较高的要求。为保证外观平整，设计上必须完整充分地考虑外露表面所需的预留和预埋设置，因为任何的后期增补改造均会影响到表面效果；施工上必须采用强度、刚度及平整性较好的模板，减少模板周转使用次数，同时模板内表面涂刷隔离剂以保证混凝土面光滑以及脱模顺利。为保证颜色的一致性，材料上要求每批商品混凝土采用相同牌号、相同生产批次的水泥，相同的粗细骨料来源，相同的配比，相同的搅拌时间，相同的运输时间。素混凝土的表面涂刷透明高强度保护剂，以防止人为的破坏和自然的侵蚀。

三、给排水设计

(一) 给水系统

1. *水源*

从同济大学校园内市政管网引双水源供应本基地的用水。

2. *水压*

夏季高峰时市政最低水压按0.15 MPa选用。

3. 生活用水量

办公人数：500 人，用水定额 60 L/(人·d)，工作 8 h，时变化系数 2.5，最高日用水量为 30 t/d，平均时用水量为 3.75 t/h，最高时用水量为 9.38 t/h。

4. 供水方式

(1) 市政水压直接供应地下一层，一层生活用水。

(2) 水池-水泵-屋顶水箱供应 2～7 层。

5. 生活水泵

生活水泵选择：流量 10 m³/h，扬程 45 m，3.0 kW 一用一备。给水系统见图 26。

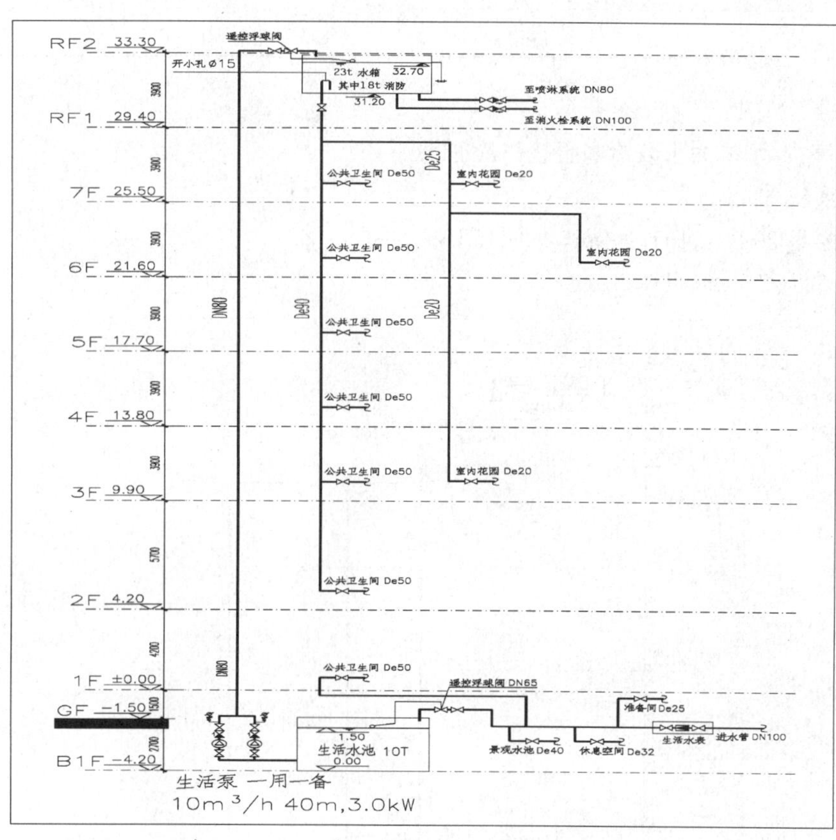

图 26　给水系统图

(二) 排水

1. 雨水排放系统

屋面雨水计算：按 5 年重现期设计，q_5=5.29 L/s，屋顶面积约为 1 400 m²，Q=74 L/s。

选用 65 型雨水斗，雨水斗预埋于汇水坑中，汇水坑尺寸为 600 mm×600 mm×400 mm。

室外雨水管道的设计重现期 P=2 年，降雨历时 5 min。雨水流量 140 L/s。DN400 管道接入学校雨水管网。

2. 污水排放系统

室内生活污水为合流制排水方式排出户外，De200 管排入校园内预留的接口。

生活污水量为：27 m³/d。

(三) 消防给水

1. 消防水源

从学校校园内市政环管引两路供水，在基地内形成环管，供室外消防用水，室外消防管

网 DN200。

2. 消防给水流量(见表 7)

表 7　消防给水流量

编　号	设　施	流量(L/s)	数量(个)
1	室外消火栓	20	2
2	室内消火栓	20	2
3	室内自动喷淋	21	1
	合　计	61	

3. 消防泵房

设置在地下室内,水源为市政给水直接供应。

4. 消火栓系统

消防水泵：流量 20 L/s,扬程 46 m,功率 15 kW ,一用一备。

室内消火栓箱为组合型(见图 27)。

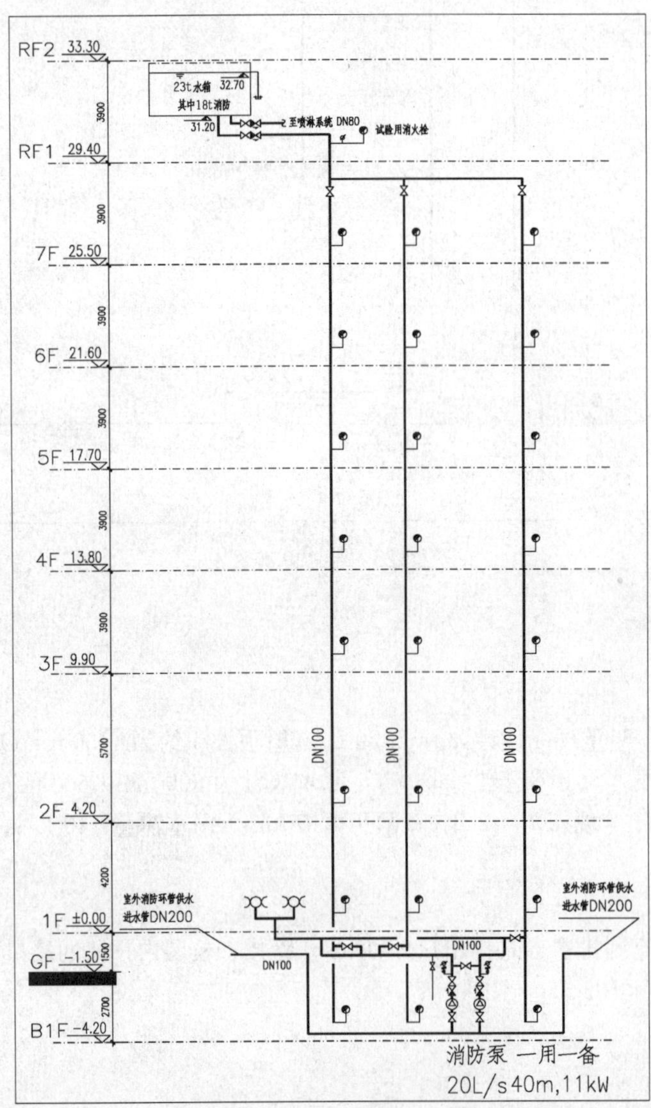

图 27　室内消火栓系统图

5. 湿式自动喷水系统

系统设计流量：按中危Ⅰ级考虑。由于本楼均不做密封吊顶，只做金属网格吊顶，因此系统的喷水强度为 $Q = 1.3 \times 6/60 \times 160 = 20.8$ L/s，取 21 L/s。布置喷头时处理好与梁的距离。

喷淋水泵：流量 21 L/s，扬程 57 m，功率 18.5 kW，一用一备。

6. 喷淋增压泵

为满足最不利点的水压，在水泵房设置喷淋增压系统(见表 8)。

表 8 喷淋增压系统

流　量	扬　程	功　率	启泵压力	停泵压力
1 L/s	25 m	1.6 kW	0.35 MPa	0.40 MPa/0.25 MPa

减压孔板计算：根据规范，各配水干管入口处压力不宜大于 0.40 MPa，故在必要层次的水流指示器后设减压孔板(见图 28)。

7. 屋顶水箱

屋顶水箱消防蓄水为 18 m^3。

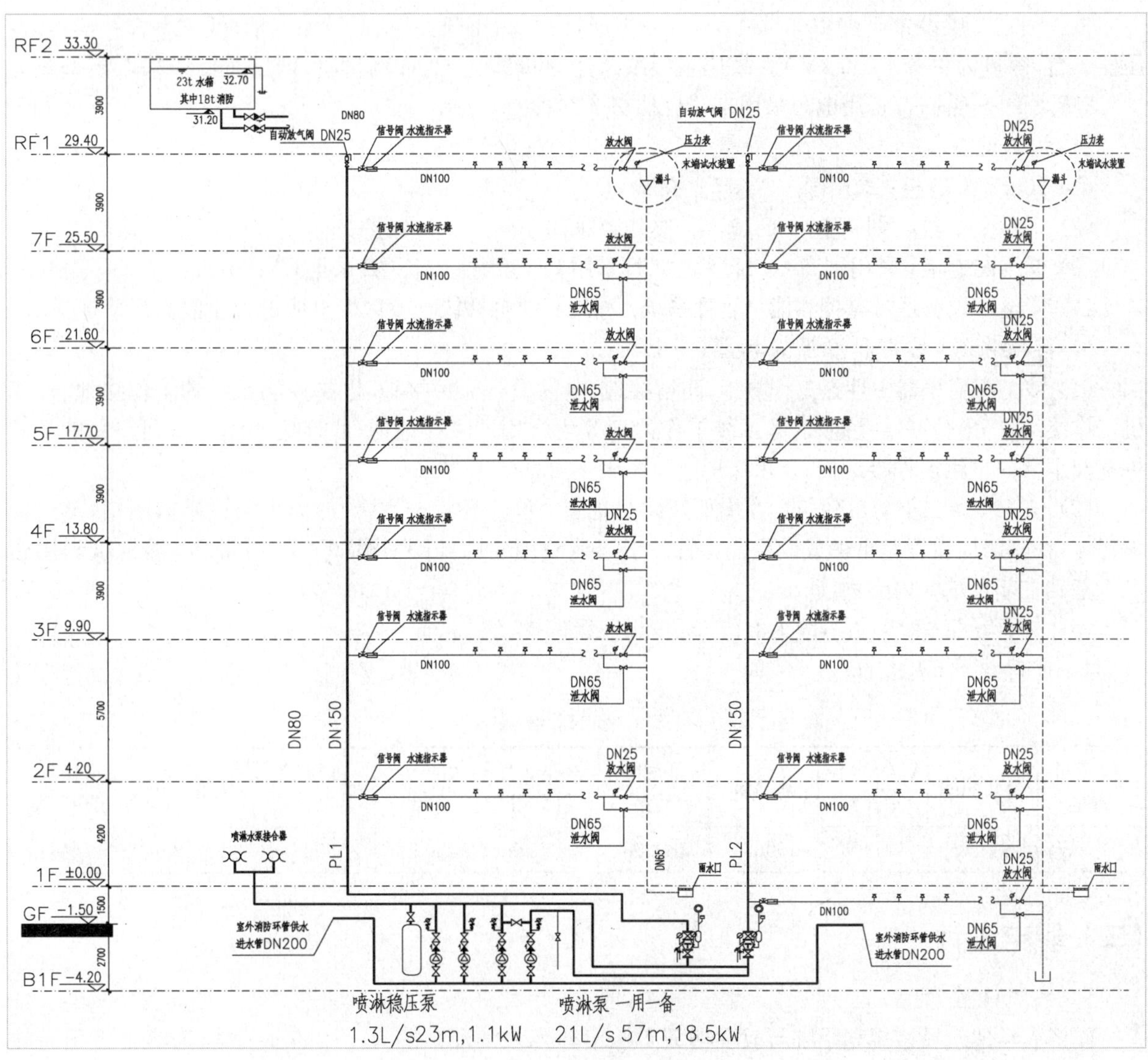

图 28 喷淋系统图

8. 灭火器设计

火灾类型为A类,危险等级为中。

灭火器类型:磷酸铵盐干粉灭火器。

四、电气设计

(一) 强电

1. 供配电

该工程属教学科研楼,总建筑面积8 564.8 m²,建筑地下1层,地上7层,建筑高度32 m。

该工程属二类高层建筑,大楼内消防及重要用电设备按二级负荷要求供电,其余用电设备按三级负荷供电。为满足本工程供电要求,从校区变电所引来一路10 kV(常用)及一路220 V/380 V(备用)电源至本工程用户变电所。当一路电源故障时,另一路电源不致同时受到损坏,备用电源能负担大楼内所有的消防及重要负荷。

该工程在1层设置1座10 kV/0.4 kV变电所,设有高压开关柜、低压配电柜、低压电容补偿柜、变压器1台,容量为1台1 250 kVA。高压主接线采用单母线方式,环网供电;低压主接线采取单母线方式,消防及重要负荷常/备用电源采用末端自动切换方式。

2. 电气设备

(1) 10 kV配电柜:采用国产XGN-10型。

(2) 干式变压器:采用国产SCR9型。变压器采用10 kV熔丝保护。

(3) 低压配电柜:采用国产GCK型。ACB采用CW1开关,MCCB采用CM1开关。

(4) 变电所设备运行监控和能量管理系统:利用双绞电话线与校区变电所电力参数监视系统联网。

3. 接地系统、防雷和浪涌保护器(SPD)

(1) 该工程变压器中性点工作接地、防雷接地、电气设备保护接地、电梯控制系统的工作接地、计算机工作接地、等电位联结接地、弱电系统工作接地等均合用同一接地体(联合接地体),即利用大楼基础桩基及承台内主钢筋作接地极,要求接地电阻不大于1 Ω。

(2) 该工程属二类防雷建筑。在屋面四周女儿墙上设置环状避雷带,屋面上装设避雷网格,突出屋面物体,在其四周设置避雷带或设置避雷针。引下线利用柱内外侧两根($\phi \geqslant 16$)主钢筋,接地极利用建筑物基础桩基及承台内主钢筋。

(3) 电子信息系统防雷等级为B级,SPD设三级保护。

4. 负荷统计(见表9)

表9 负荷容量

一般照明、插座	公共照明	VRV空调室外机	热泵	电梯、生活泵等	学校动力科预留	总装机容量	变压器装机容量	建筑面积	变压器装机密度
455 kW	80 kW	415 kW	100 kW	100 kW	300 kW	1 450 kW	1 250 kVA	8 564.8 m²	46 VA/m²

(二) 弱电设计

1. 系统设置

同济大学建筑城市规划学院新教学楼为1栋集办公教学及科研为一体的办公楼,为满足使用者教学科研的功能要求,同时适应未来一段时间内的办公及物业管理自动化、信息化的要求和校方的特殊要求,此项目设计有如下弱电系统:

(1) 数据网络布线系统。

(2) 电话通讯系统。

(3) 有线电视接收系统。

(4) 安保技防系统。

(5) 火灾自动报警及消防联动控制系统。

2. 系统组成和功能描述

(1) 数据网络布线系统：

该工程网络布线系统由以下五个子系统组成：设备间子系统、管理间子系统、干线子系统、水平子系统与工作区子系统，系统总布线点数约为600点。

① 设备间子系统：网络主配线间设在一楼网络机房，与校园电信科及原系馆老楼网络机房联网。配线机柜采用标准483 mm(19 in)机柜，落地安装式。水平线缆采用不低于超5类标准的非屏蔽双绞线缆。

② 管理间子系统：管理间的设计按照楼层划分，每层设置一个管理间。配线机柜采用标准483 mm (19 in)机柜，落地安装式。连接用户UTP水平线缆的配线架采用RJ45端口式配线架。连接主干电缆采用插接式配线架。

③ 干线子系统：用于数据通信的主干线缆采用大对数通信电缆SCAT5 25UTP，支持万兆以太网应用。主干线缆的路由，从主配线间至竖井，采用金属线槽在吊顶内水平敷设，进入竖井后，在金属线槽中垂直敷设。

④ 水平子系统：语音点及数据铜缆点的水平线缆均选用5类4对8芯非屏蔽双绞线，根据国际标准，线缆护套应符合UL验证的CMR要求。

⑤ 工作区子系统：

A. 铜缆信息口根据办公区的布置每办公人员处设一网络信息点，信息口全部采用符合国际标准的六类模块化信息插座，根据信息出口的不同用途，选用不同色标的信息插座。

B. 面板选用标准的86型面板，根据需要采用单孔或双孔形式，面板带有图形、文字标识。

(2) 电话通讯系统：

系馆内通讯容量的考虑是按其工作人员编制为基本要素，结合一些部门需求设置多部电话，还有传真业务的要求。电话用户终端约为100门，各话机可按使用者要求设定国际国内长途专线、可视电话专线、消防电话专线，图文传真及数据通信等。

电话进线交接箱设在主楼1层网络机房，由校园电信科引来一对HYA－2×100×2×0.5电话铜缆。楼内电话通信网络竖向采用HYA－100×2×0.5电缆铜缆，水平区域采用HTVV－2×0.5电话铜缆。除一些重要的办公室设直线电话外，一般办公室设分机电话。

(3) 有线电视接收系统：

系馆内的电视信号由校园有线电视网引来，有线电视前端设备设在一层计算机机房，馆内信号传输网络由同轴视频电缆(SYWV－75－5、－7)、分支器、分配器和放大组成。

电视终端电平控制在68 db±3 db范围，图像质量主观评价不低于四级。电视终端主要设在会议室及教学研究室、实验室等内，系统用户终端为45个。

(4) 安保技防系统：

安保系统根据系统的实际使用功能及要求仅在每层的出入口(梯间及电梯厅)设置了防盗入侵报警系统，报警点共有20处。

防盗入侵报警系统主要功能是为了防止外人非法入侵，当有人非法入侵时，产生报警并将该信号传输到消防控制中心，控制器即可发出报警信号，并且显示报警点区域范围，使安保人员能及时准确赶赴现场处理，为系馆提供安全保障。该防盗报警系统设为二级报警方式。防盗报警系统的主要设备设置在一楼的消防控制中心。

(5) 火灾自动报警及消防联动控制系统:

该工程火灾自动报警系统按二级保护对象设防,并采用集中报警系统的形式,系统报警点、联动点共有450个。系统由火灾报警探测系统、消防联动控制系统组成。火灾探测系统由各类探测器、水流指示计、报警阀等组成,及时探测火灾情况并报知火灾发生的位置区域;火灾确认后联动相关设备同时通过警铃进行疏散及告警。

五、暖 通 设 计

(一) 设计标准

1. 室内设计参数(见表10)

表10　室内设计参数

场所 指标	工作室、会议室		院 史 展 厅		前厅、走道	
	夏 季	冬 季	夏 季	冬 季	夏 季	冬 季
干球温度(℃)	24～26	18～20	24～26	18～20	25～27	18～20
相对湿度(%)	<65		<65		<65	
新鲜空气量[m^3/(h·人)]	30(工作室) 20(会议室)		15		15	

2. 通风类型和换气次数

(1) 水泵房设置机械送排风系统,送排风量按4次/h换气次数计算。

(2) 变电所设置机械排风系统,进风采用门百叶(带防虫网)自然进风,排风量按电气专业所要求的发热量计算。

(3) 库房设置机械排风系统,进风采用侧墙百叶(带防虫网)自然进风,排风量按4次/h换气次数计。

(4) 公共卫生间设置机械排风系统,排风量按10次/h换气次数计算。

(二) 空调冷热源

采用VRV变频变冷媒多联机空调系统室外机作为各工作室、会议室及公共部位空调系统的冷热源。

新风空调机组冷热源采用两台带内置水泵的风冷热泵机组。

(三) 空调供回水系统

新风空调机组的冷热水供回水系统采用两管制异程式水系统。冷热水经风冷热泵机组处理后分别送至各层的新风空调机组,满足各层房间的需要,内置水泵流量为25.3 m^3/h,扬程为33 m。空调水系统定压采用开式膨胀水箱进行高位定压。空调供回水流程图见图29。

(四) 空气处理系统

1. 空调风系统

(1) 学院内所有工作室、会议室、研究室以及院史展览等房间均采用VRV天花板卡式嵌入多向气流型室内机。1层门厅和3层室内花园采用VRV天花板卡式嵌入风管连接型室内机。

(2) 各房间及公共部位的新风经设置在走道两端的新风处理机组处理后送入各房间。

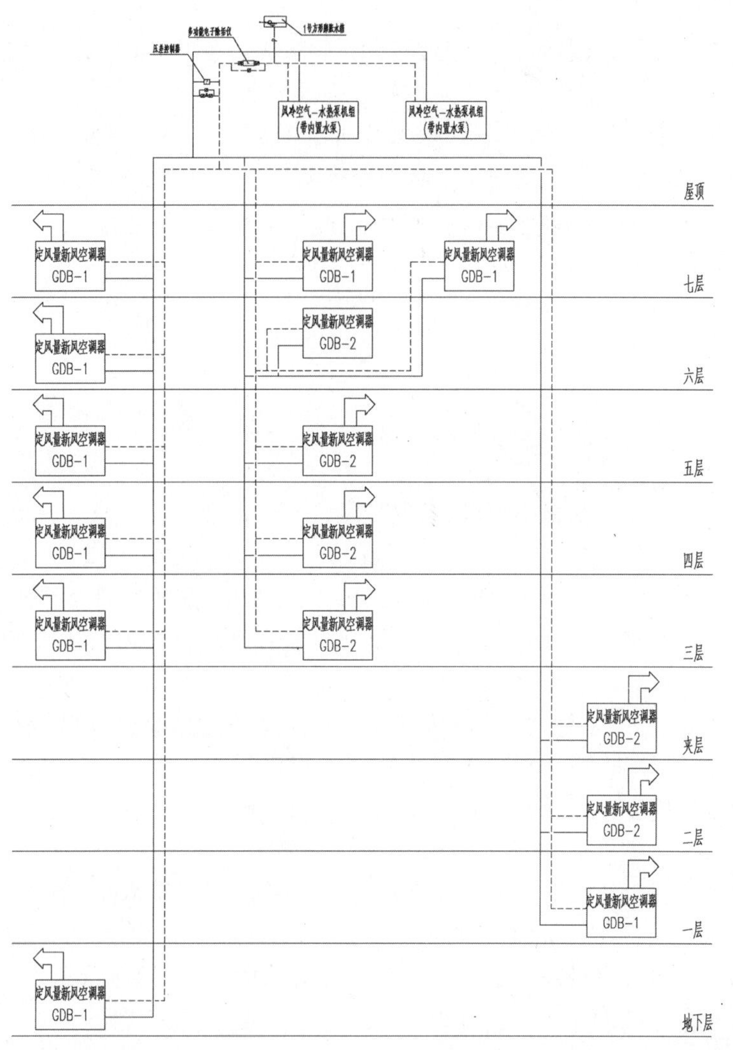

图 29　空调水系统流程图

(3) 二夹层大会议室新风采用全热交换式换气机，满足会议室对新风和排风的要求，并达到回收能源的目的。

2. 机械通风系统

(1) 水泵房设置机械送排风系统。

(2) 变电所设置机械排风系统，进风采用门百叶(带防虫网)自然进风。

(3) 库房设置机械排风系统，进风采用侧墙百叶(带防虫网)自然进风。

(4) 公共卫生间设置机械排风系统。

3. 排烟系统

(1) 中庭设置自然排烟系统，在中庭的顶部两侧墙上设置电动排烟窗，火灾时电动排烟窗由消防控制中心或现场打开，电动排烟窗带失电保护措施，可在失电状态下自动打开。在中庭内侧设置电动挡烟卷帘，火灾时由消防控制中心控制放下。

(2) 地下室走道设置机械排烟系统，排烟量按 60 m^3/h 计算。地面以上每层走道两侧设可开启外窗，进行自然排烟，可开启外窗按走道面积的 2%设置。

(3) 院史展览馆及前厅采用可开启外窗自然排烟。

(五) 消声隔振

由于该建筑为学校教学楼，空调系统空调处理机组安装于各层吊顶内，对噪声和振动控制要求较

高，故本设计在以下几方面进行了处理：

(1) 通风和空调系统，所有设备管道连接处均设置软接头，其中防排烟系统设非燃性软接头，通风和空调系统设帆布软接头。

(2) 空调机房在建筑上采用隔声密闭门、密闭窗、墙面内贴吸声材料等隔声措施。

(3) 安装于屋顶的风冷热泵机组底座下均设置减振基础，连接的进出水管道均设置减振支吊架。

(4) 所有吊装的新风机组、风机、风机盘管等均设减振支吊架。

(5) 柜式新风空调机组送风主管上均设管道式消声器。

(六) 管道与保温

1. 风管

(1) 空调风管及一般送、排风管均采用镀锌钢板制作。其壁厚按《通风与空调工程施工质量验收规范》选用。

(2) 空调新风管保温采用橡塑发泡保温材料(带复合不燃铝箔)，厚度取 30 mm。

2. 水管

(1) 空调供回水管管径>DN100 采用无缝钢管，≤DN100 采用镀锌钢管。补给水管、排水管、溢流管等采用镀锌钢管。冷凝水管采用聚氯乙烯芯层发泡管及其管配件连接。无缝钢管采用沟槽式连接，镀锌钢管采用丝扣连接。

(2) 冷热水供回水管、冷凝水管、集管、阀门等，均采用橡塑发泡保温材料(带复合不燃铝箔)保温。冷热水管：<DN50，保温厚度 25 mm；DN50～DN80，保温厚度 30 mm；DN100～DN200，保温厚度 35 mm；>DN200，保温厚度 40 mm。冷凝水管保温厚度 15 mm。

(3) 水管路系统中的最低点处，配置 DN25 泄水管，并配置相同管径的闸阀或蝶阀，在最高点处配置 DN15 ZP-Ⅱ型自动排气阀。新风空调机排水口处设置水封，并将凝结水排至机房内地漏。

(4) 管道穿越墙壁和楼板，设置钢制套管，套管内径应大于保温层管道外径 30 mm，安装套管，其顶部应高出地面 80 mm，底部应与楼板底面相平，安装在墙壁内的套管与管道之间用非燃性保温材料填实。

3. 冷媒管

(1) 空调冷媒管采用磷脱氧铜管安装并加以难燃发泡橡塑隔热保温管保温。用 PVC 扎带包扎成束，固定方式采用 25×3 扁钢作吊筋固定。将冷媒管用相应尺寸的骑马卡经螺栓固定在扁钢上。冷媒管穿越楼板或穿越墙体时用钢套管护套，套管高出地面 50 mm，套管中间设止水环。冷媒管采用焊接，大于 DN25 的铜管用相应规格的束接连接，每个焊点焊接完立即用清水在热态状态下及时清洗，洗尽氧化层。冷媒管的分支处用分支器进行分支，焊接采用充氮保护纤焊焊接，最后进行氮气检测。冷时清洗，洗尽氧化层。

(2) 焊接完的系统用氮气进行吹洗，以保证管道内无杂物。

(3) 已安装好的冷媒管按各冷媒系统对气管及液管进行充氮气加压试验。

同济大学

教学科研综合楼

建设单位：同济大学

设计单位：同济大学建筑设计研究院

JEAN PAUL VIGUIER S.A.D ARCHITECTURE（法国）

施工单位：上海市第四建筑有限公司

撰 稿 人：张鸿武　刘佳宇　丁洁民

巢　斯　范舍金　夏　林

严志峰　沈雪峰　潘　涛

一、建筑设计

(一) 场地概述

同济大学教学科研综合楼选址于同济大学本部校区东北四平路、国康路转角处,用地面积为15 615 m²(见图1)。基地东隔校园围墙临城市主干道四平路,南临校行政北楼,西临校园东大道及同济大学建筑设计研究院,北临城市道路国康路。

图1 同济大学教学科研综合楼

(二) 设计要求与目标

1. 设计内容与规模

同济大学教学科研综合楼占地面积15 615 m²,总建筑面积46 240 m²,由21层主楼(H=98 m)、1层地下室(H=6 m)及3层附楼(H=12 m)组成,是1幢集教学、科研、办公等多项功能于一体的综合性建筑。

2. 建筑耐久年限

根据《民用建筑设计通则》和设计任务书要求，该建筑为高层建筑，设计为一级耐久年限，100 年以上。

3. 建筑防火分类与耐火等级

建筑防火分类为一类建筑，建筑物耐火等级为一级。

4. 抗震设防等级

根据《抗震设计规范》GBJ 11－89 相关规定，建筑抗震基本设防烈度为 7 度。

5. 设计目标

(1) 体现同济大学在建筑、结构、设备工程等方面的综合创新与技术优势。

(2) 充实完善同济大学校本部的教学、研发资源。

(3) 优化校园空间环境，协调校区和城市区位关系，丰富区域建筑形态。

(三) 设计理念

同济大学教学科研综合楼建筑设计基于对校园环境和城市界面的总体分析，将灵活多样的使用功能整合为逻辑化的模数单元，单元动态组合与丰富的空间，突破了高校建筑惯有的定式理念，对应当代高等教育开放融合的特点，寻求简约与富涵、理性与自然的对立统一。

(四) 总体布局

同济大学本部校区历经近百年的发展、建设，形成了空间形态丰富、建筑风格各异、独具特色的校园风貌。其东侧临城市主干道四平路，是校区与城市的主要界面，校园建设史上几个主要阶段的规划均以此作为起始点或依据。伴随着院校合并，内合外联的新一轮建设规划，立足于延续以旭日楼、逸夫楼、主校门广场、行政楼(自南向北)等构成的建筑空间序列，向北向南分头延展临城市界面，并向东跨越四平路，与规划中的同济广场形成整体，以期融入城市环境，综合楼基地是这一界面北延伸段终端。综合楼主入口朝南，留出宽阔的入口绿化景观广场，辅助入口面向四平路设置，西面设置办公出入口。地下机动车出入口均临近基地南北两侧、沿基地环路设置，流线通畅，避免对基地内行人的干扰。基地环路与建筑物之间均有景观绿化分隔。附楼位于综合楼南侧入口广场，作为校园北大道的对景，与综合楼、行政北楼构成完整而丰富的空间形态(见图 2)。

(五) 交通组织

综合楼的主要入口面向南侧广场。机动车可由同济大学四平路主入口沿校园东大道行驶进入。基地内部围绕综合楼和景观绿化广场设置环路，车辆沿综合楼周围环路顺时针行驶或沿景观绿化广场逆时针行驶到达各建筑出入口。两个地下机动车出入口分别临近基地南北两侧并沿基地环路设置，做到人车分流。基地内部分别设置机动车和非机动车停车场地。非机动车停车场位于基地东北侧；地面机动车停车场位于基地西北侧，并于基地东侧设置两个残疾人机动车位(见图 3)。

(六) 绿化景观设计

景观绿化设计形成三大系统，对应于三个区域：南面正对建筑主入口设置景观绿化广场作为北大道的延伸对景，也是主体建筑的主要人流疏散广场；沿主体建筑四周为带形绿篱，分隔道路与建筑内部空间；北面是以自然形态为主的大面积绿化园地。

(七) 建筑设计

1. 功能设置

各功能区包括：

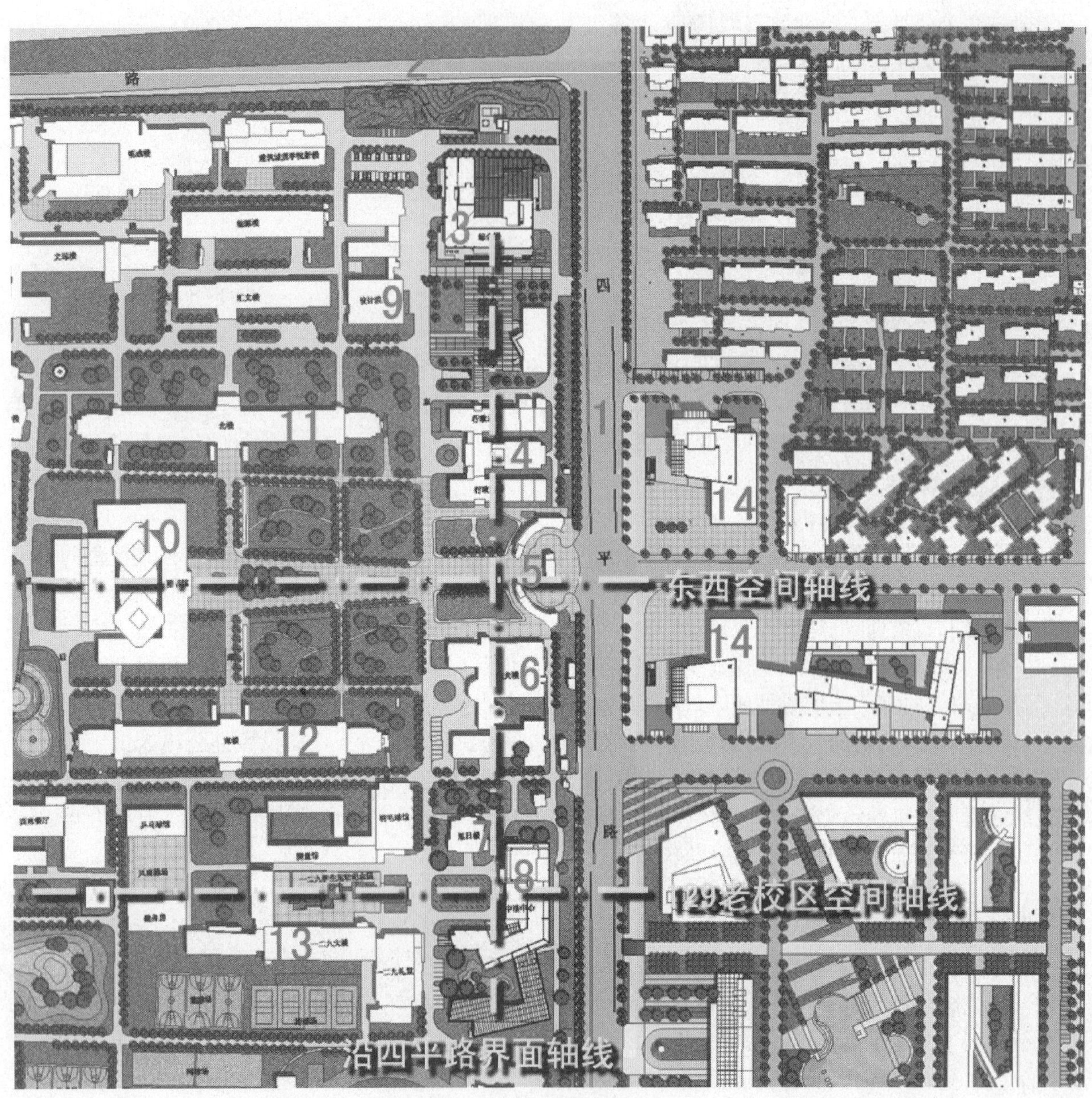

图2　总平面图

1. 四平路　2. 国康路　3. 综合楼　4. 行政楼　5. 校园主入口　6. 逸夫楼　7. 旭日楼　8. 中法中心　9. 设计院　10. 图书馆　11. 教学北楼　12. 教学南楼　13. 一二·九大楼　14. 同济广场

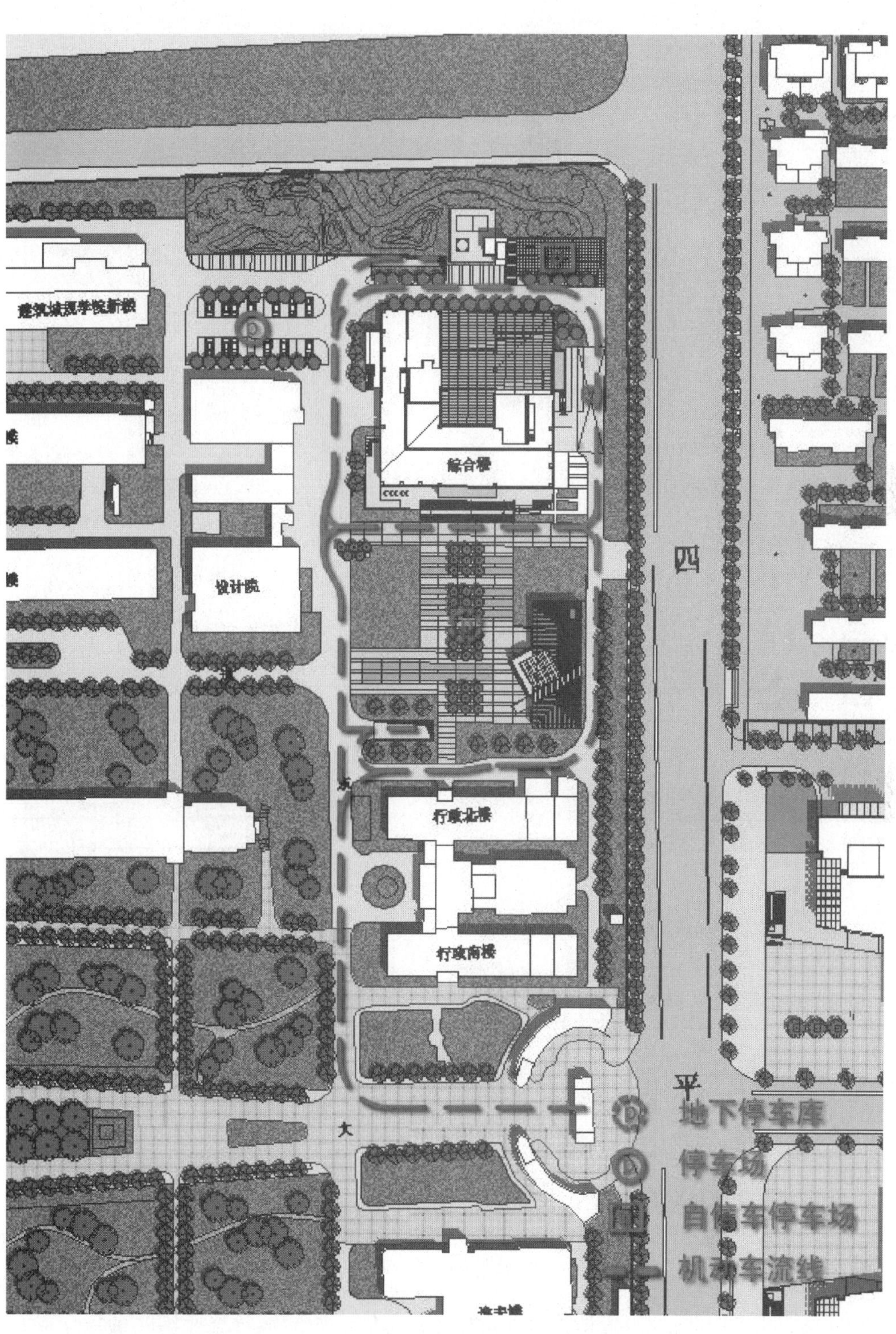

图 3　交通流线图

(1) 教学区(主楼1～3层),包括门厅、展厅、咖啡厅、茶室、各类教室、教师休息室等(见图4和图5)。

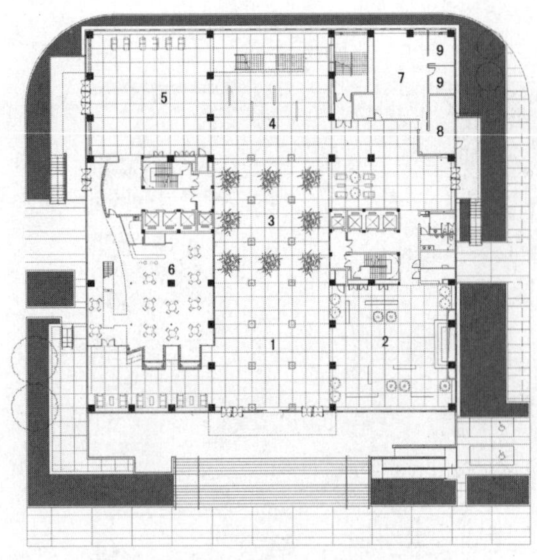

图4　1层平面图

1. 主入口门厅　2. 接待大厅　3. 中庭　4. 展厅
5. 办公入口门厅　6. 咖啡厅　7. 商务中心
8. 消防控制中心　9. 办公室

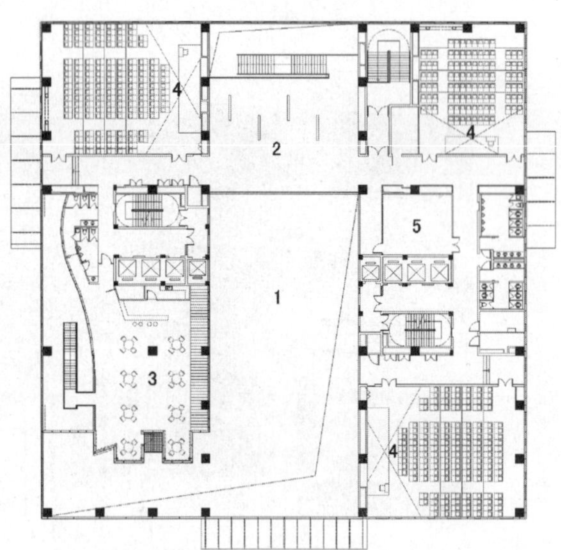

图5　2层平面图

1. 中庭上空　2. 展厅　3. 茶室　4. 教室　5. 教室休息室

(2) 科研区(主楼4～9层),包括研究室、多媒体中心、会议厅等及其辅助设施(见图6)。

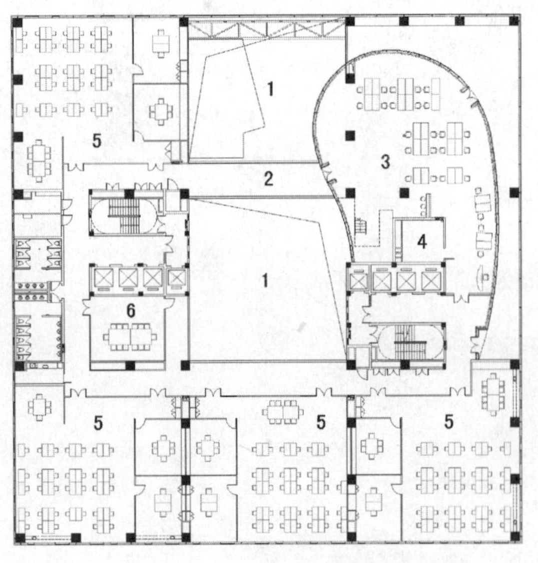

图6　7层平面图

1. 中庭上空　2. 天桥　3. 多媒体中心
4. 空调机房　5. 研究室　6. 会议室

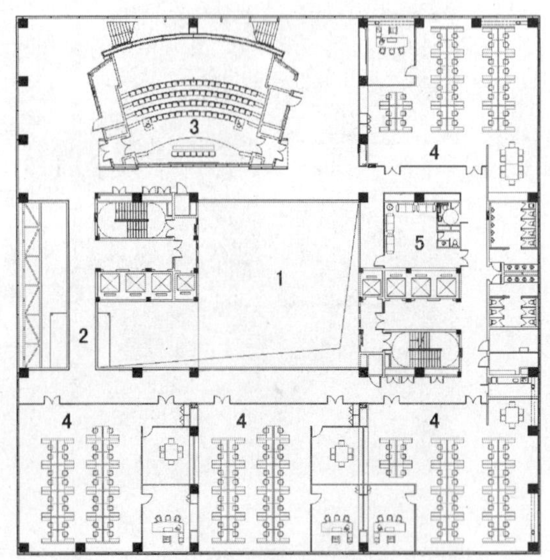

图7　16层平面图

1. 中庭上空　2. 天桥　3. 国际会议中心
4. 办公室　5. 贵宾休息兼会议室

(3) 办公区(主楼10～21层),包括各类办公室、会议室、贵宾接待室、国际会议厅等及其辅助设施(见图7、图8和图9)。

(4) 展示区(附楼1～3层),包括展厅、展品储藏、办公室等。

(5) 配套设施区(地下1层),包括变配电间、空调机房、锅炉房、冷冻机房、水泵房等各类设备用房和值班室、储藏等配套用房(见图10)。

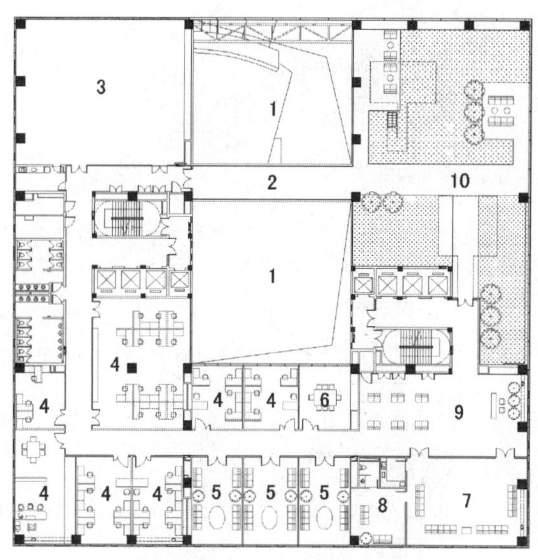

图 8　19 层平面图

1. 中庭上空　2. 天桥　3. 多功能厅　4. 办公室　5. 接待　6. 会议室　7. 贵宾接待　8. 休息室　9. 接待大厅　10. 公共平台

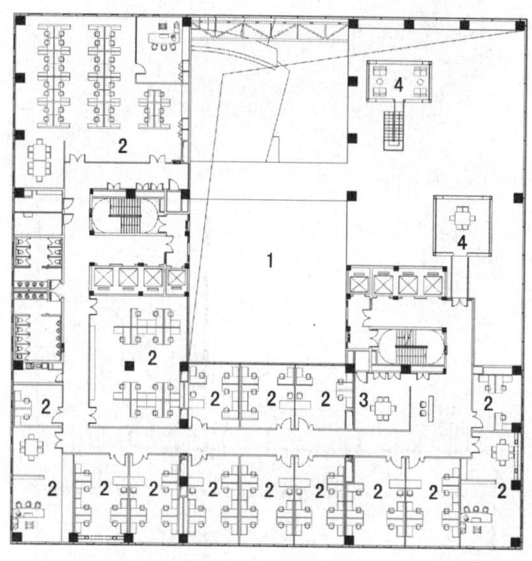

图 9　20 层平面图

1. 中庭上空　2. 办公室　3. 会议室　4. 会客平台

(6) 停车场库，机动车设地面停车位及地下停车库，合计约 208 个车位。非机动车设置地面停车场，共 336 m^2。

2. 空间组织

主体建筑平面呈正方形，以 5.4 m 轴网均匀分隔；楼层功能平面呈 L 形，长边等同 9 倍于 5.4 m 模数正方形的边长，短边由 3 个 5.4 m 模数复合(见图 11)。L 形平面每 3 层对应形成竖向基本功能单元，21 层共 7 个单元实体在相邻处呈 90°旋转叠加，构成中央 16.2 m×16.2 m 统高中庭及与之贯通螺旋上升的组合中庭。垂直交通核心筒依附于中央中庭和组合中庭间，便捷各单元间的竖向功能联系(见图 12)。模数化的单元平面可根据要求设置教室、研究室、办公室、会议室等教学研究用房和设备间、卫生间等辅助用房，并可实现多种功能组合方式的转换。

对于组合中庭空间的利用，在其对应的各个基本单元上部楼面嵌入异形功能体或休憩平台等各类趣化空间元素，异形体内设置会议厅、多媒体中心等。复杂而有序的建筑空间组合的实质是营造可变量的实体单元和虚中有实、实中有虚的多维空间之间交互式的对话关系，构筑满足高校多元化动态教学研发功能要求的有效载体(见图 13)。

3. 立面设计

建筑表面肌理的设计回复到对复杂组合空间的理性梳理。实体功能单元是数字化窗墙表皮，中庭等公共空间外部包裹通透玻璃幕墙，两种性格肌理间“无缝”平滑对接，组合中庭内异形体以极富动感的造型和鲜明的色彩穿插游离其间，勾勒外型简约、内涵丰富、动静均衡的建筑体，创新理念在这里和“形式反映功能、功能决定形式”的设计原理巧妙融合(见图 14)。

4. 围护与节能设计

建筑围护结构主要有四个部分：

(1) 横明竖隐玻璃幕墙，采用 8+12A+6 LOW－E 中空钢化玻璃，断热铝合金型材(见图 15)。

(2) 波纹铝板表面氟碳喷涂，内衬保温岩棉和内墙装饰板。

(3) 平推窗，采用 8+12A+6 LOW－E 中空钢化玻璃，外窗的窗墙面积比 0.40，可开启部分大于整窗面积的 30%(见图 16)。

(4) 设备层外围护采用横向防雨铝合金百叶，表面氟碳喷涂处理(见图 17)。

(5) 屋面透明部分采用 10+12A+6+0.76+6 夹胶中空玻璃，设开启通风天窗和可调节遮阳百叶。

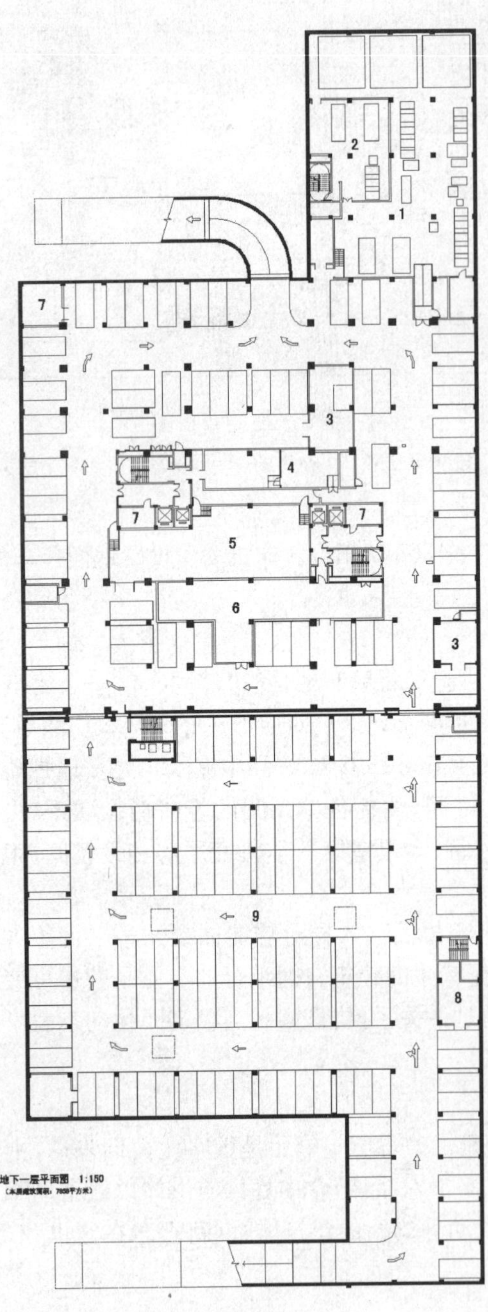

图10 地下1层

1. 冷冻机房 2. 锅炉房 3. 空调机房
4. 弱电控制中心 5. 变配电 6. 水泵房
7. 库房 8. 排烟机房 9. 停车库

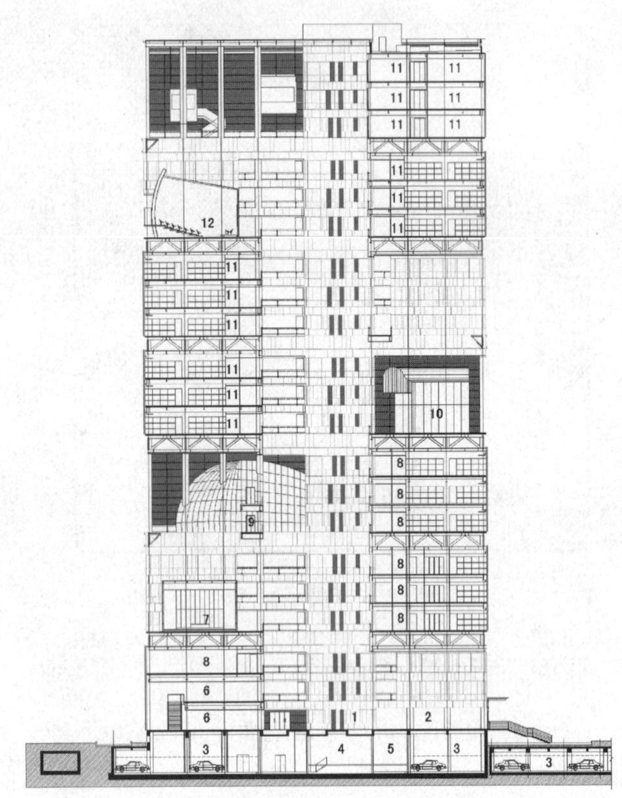

图11 剖面图

1. 中庭 2. 主入口门厅 3. 停车库 4. 变配电间
5. 水泵房 6. 展厅 7. 会议厅 8. 研究室 9. 多媒体中心
10. 会议厅 11. 办公室 12. 国际会议中心

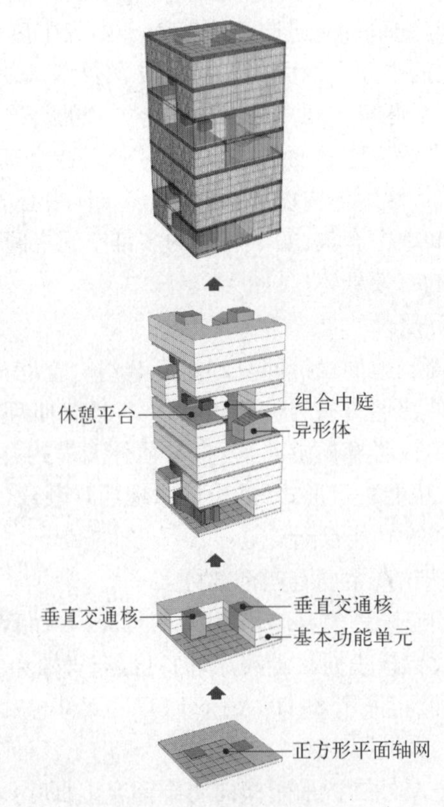

图12 形态分析图

(a) 多媒体中心外部

(b) 会议中心外部

(c) 多媒体中心内部

(d) 会议中心内部

图13 各类趣化空间元素

5. 消防设计

(1) 建筑消防设计及防火分区：

综合楼首层至21层的高度为96 m的核心中庭，与围绕其螺旋上升的7个小中庭互通互融，在核心中庭的周围构成3～6层的层间连接。按通常做法，无法进行防火分隔，通过与上海市消防局建审处相关人员协调，寻求针对特殊公共空间防火处理的应对策略：将各楼层使用空间与走道利用防火墙、门窗进行分隔，所有朝向中庭的公共走道、平台按中庭回廊处理，采用不燃材料装修，增强排烟设施，与中庭之间不再进行防火分隔。此举从消防意义上可避免大量防火分隔设施在意外情况下的不可靠性，对建筑而言，公共部位的效果更加完整并节省造价。通过消防局认可的专业机构进行烟气模拟和控制及人员疏散的消防安全性能化研究、评估，为复杂空间建筑的消防设计提供了新的途径。

针对地下室，1、2层相对独立的茶室、咖啡厅，19～21层等与中庭具备有效围护措施的楼层，按现行规范共划分9个防火分区，其中地下室部分4个，地上部分5个，参见表1。

图14 南立面图

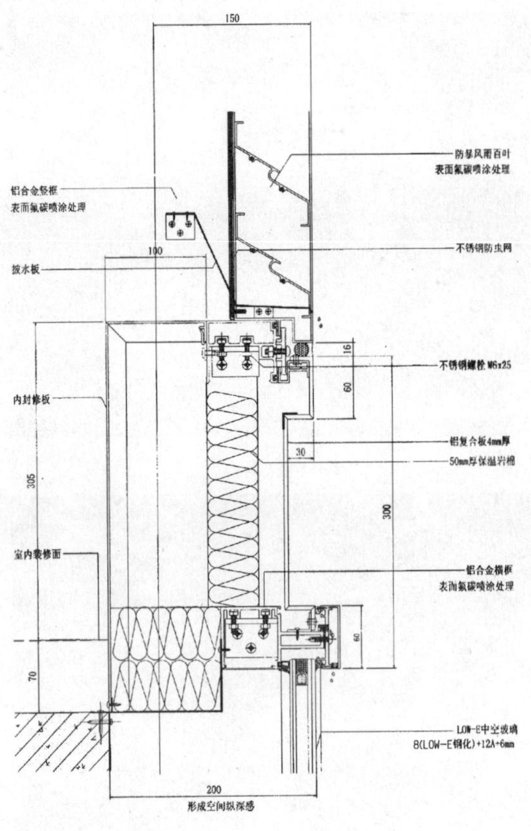

图15　幕墙百叶节点

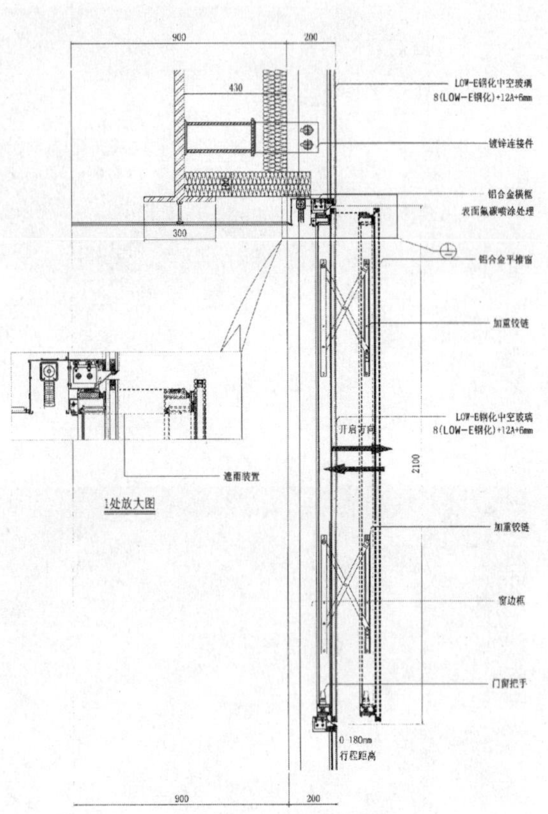

图16　幕墙平推窗节点大样

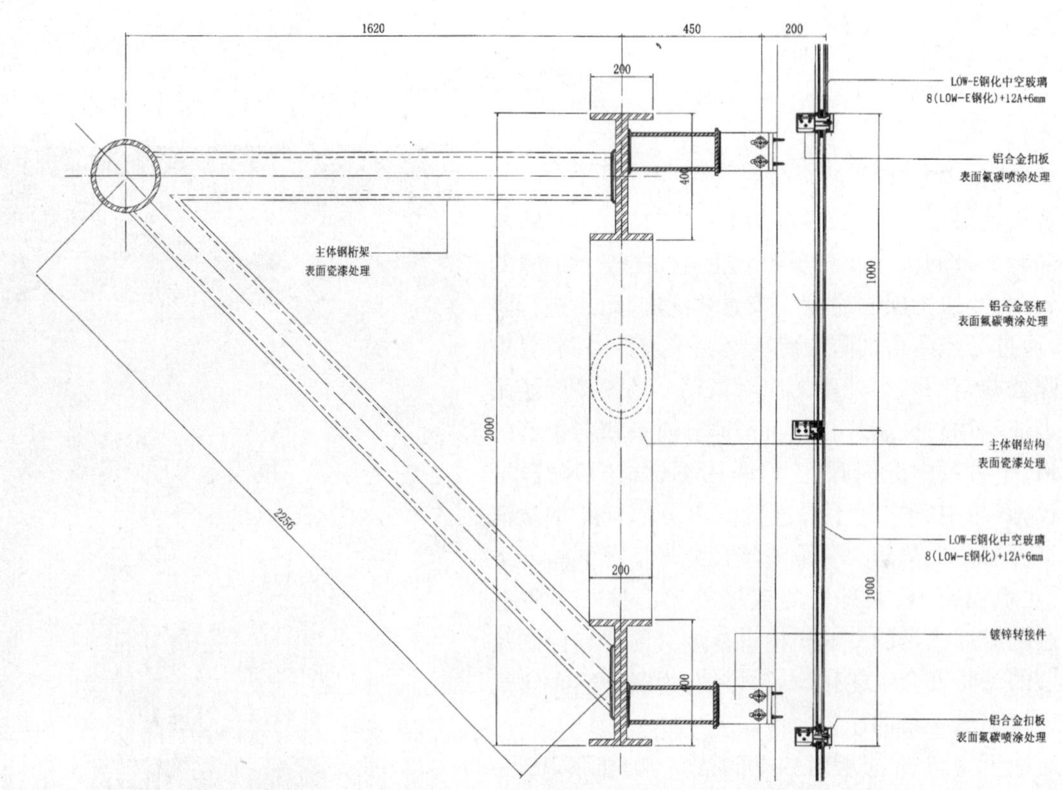

图17　幕墙竖剖节点大样

表 1　防火分区划分列表

防火分区编号	楼　层	面积(m^2)	数量(个)
F-1-A	地下 1 层	2 609	1
F-1-B	地下 1 层	724	1
F-1-C	地下 1 层	545	1
F-1-D	地下 1 层	3 459	1
F1	1　层	1 986	1
F2	1、2 层局部	556	1
F3	19 层局部	1 440	1
F4	20 层局部	1 440	1
F5	21 层局部	1 440	1

(2) 消防车道：

四周基地内消防车道环通，宽度为 5 m，转弯半径为 12 m，消防车道满足消防车荷载 32 t。

(3) 登高面、登高场地及地坪：

建筑主体东面为消防登高面，东侧设一个消防登高场地，场地宽度为 8 m，长度两端距主体外墙 10 m。登高场地距建筑东侧外墙 7 m。登高场地承载力满足大型消防车 32 t 要求。

6. 技术经济指标(见表 2)

表 2　技术经济指标

用地面积		15 615 m^2
总建筑面积		46 240 m^2
其　中	地上建筑面积	38 381 m^2
	地下建筑面积	7 859 m^2
基底面积		3 026 m^2
容积率		2.46
建筑密度		19.40%
绿地面积		4 801 m^2
绿地率		30.73%
建筑高度		98.00 m
建筑层数		地上 21 层、地下 1 层

二、结 构 设 计

(一) 工程概况

主楼结构形式为钢结构框架与外围耗能钢管支撑组成的共同受力体系，其中的钢框架柱为矩形钢管混凝土柱。根据建筑的功能布置，主楼上部平面局部楼板缺失，呈 L 形的平面布置，且该 L 形平面每隔 3 层顺时针旋转 90°，共旋转 6 次，为 21 层。同时在每 3 层 L 形角部缺失形成的跃层空间中布置相对

独立的建筑功能体，如多媒体中心、报告厅、会议厅等，对结构而言，该建筑功能体为整体结构中的子结构体系，另外，每隔 3 层均设有设备夹层，共 6 个，结构布置时利用设备层做了加强环带。为了提供较好的抗扭刚度，在建筑物外围局部跨内布置了交叉支撑，并在支撑中设置了耗能阻尼器，该支撑的位置分布亦随 L 形的旋转分布而布置，类似于圆柱中的螺旋箍。附楼结构相对较为简单，为一般的钢筋混凝土框架结构(见图 18)。

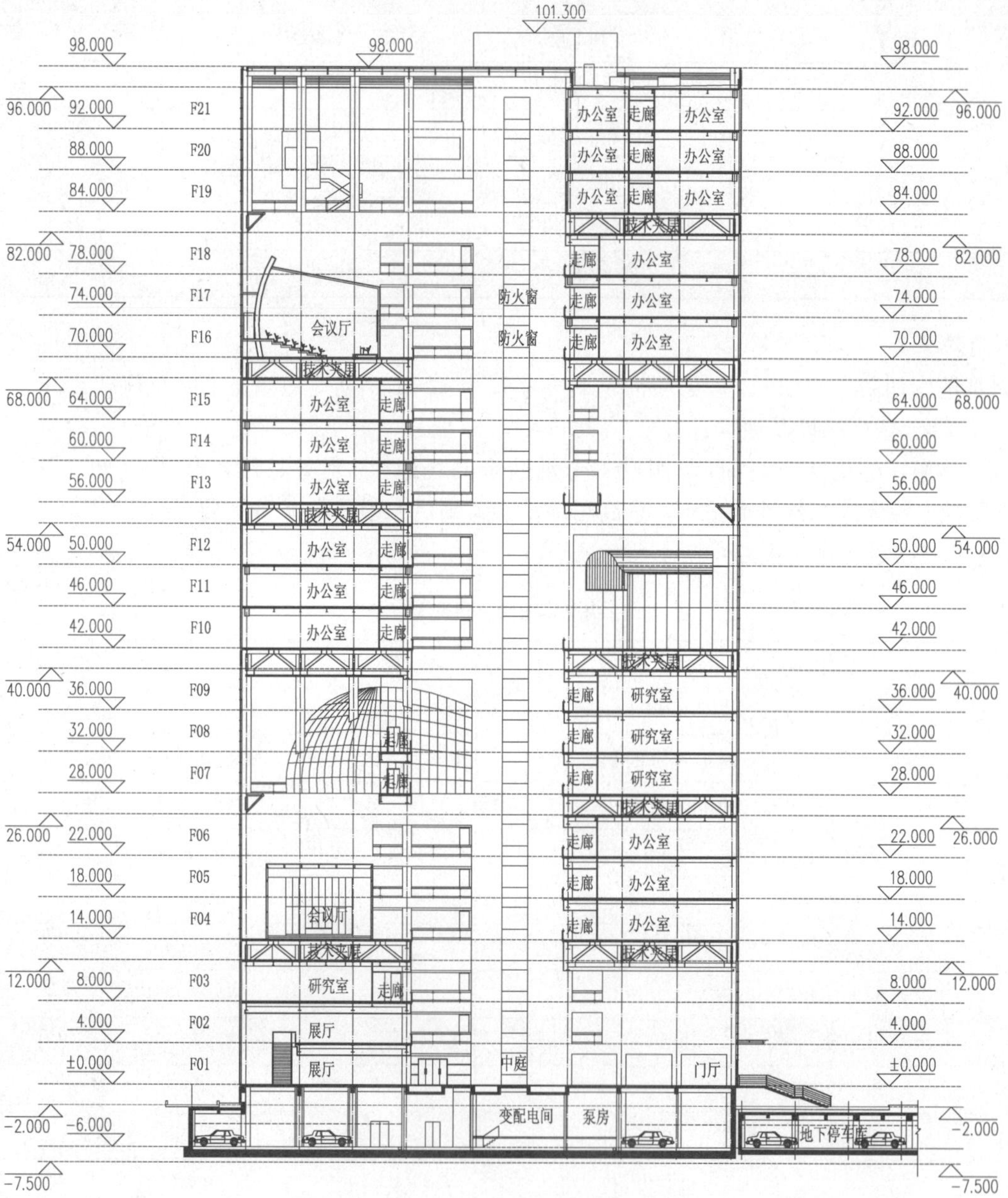

图 18　主楼建筑剖面图

(二) 计算分析

主体结构采用 PKPM 系列软件 SATWE 的计算作为结构主要的设计及配筋依据，并用 PMSAP、ETABS 计算软件进行校核。根据不同的计算指标要求分别采用了弹性板和刚性板进行分析，即确定结构自振周期及配筋时采用弹性板模型的计算结果，确定层间位移角及位移比时采用了刚性板模型的计算结果，计算中分组考虑了扭转耦联及偶然偏心、扭转耦联及双向地震的共同作用(见表 3 和表 4)。

表 3　双向地震作用下的抗震分析

一阶周期(s)			剪重比		扭转为主的第一周期与平动为主第一周期的比值
X	Y	扭转	Gox/GE	Goy/GE	
3.50	3.45	2.97	2.09%	2.15%	0.85

表 4　地震作用下的位移分析

荷载 \ 位移	层间位移		顶点位移	
	X_{max}	Y_{max}	X	Y
地震作用	1/402	1/414	1/778	1/847
风荷载作用	1/630	1/657	1/1 332	1/1 352

在考虑双向地震作用并进行平动-扭转耦联计算的结果中，楼层竖向构件最大的弹性水平位移和层间位移分别不大于楼层两端弹性水平位移和层间位移平均值的 1.34 倍（X 向）及 1.23（Y 向），一般在 1.25 以下。

弹性时程分析选用Ⅳ类场地上的实测地震波天津宁河波 NS（NIN1－4）、Pasdena 波（PAS1－4）和一条上海的人工地震波（SHW1－4）。为满足单条地震波计算的地震反应不小于振型分解反应谱法计算值 65%的规定，对 NIN1－4 波乘 1.4 的放大系数（见表 5）。

表 5　弹性动力时程分析主要结果

		天津宁河波 NS	Pasdena 波	上海人工波 1	SATWE(CQC)计算结果
最大层间位移角	X 向	1/622	1/589	1/503	1/424
	Y 向	1/710	1/687	1/534	1/436
底层剪力(kN)	X 向	7 072.6	9 332.1	12 363.3	10 310
	Y 向	8 048.8	10 648.2	12 838.9	10 568

弹塑性时程分析采用了 PKPM 的 EPDA 程序，分析时选用了Ⅳ类场地上的实测地震波天津宁河波 NS（NIN1－4）、Pasdena 波（PAS1－4）和一条上海的人工地震波（SHW1－4）（见表 6）。

表 6　弹塑性动力时程分析主要结果

最大层间位移	最大速度(cm/s)	最大加速度(cm/s^2)	最大层反应力(kN)	最大基底剪力(kN)	最大基底弯矩(kN·m)
1/83	113.3	467.7	18 664.5	65 148.8	3 593 056.0

（三）基础设计

主楼基础采用桩-承台-地梁-底板的形式，主桩基为 ϕ800 钻孔灌注桩，桩长 62 m，桩身混凝土强度 C35，水下浇捣时配比提高一级，主要承台厚度 2.8 m，基础梁梁高 900 mm，底板厚度 600 mm，底板结构采用 C30 抗渗混凝土（S6 级）。

1. 地基土层剖面图及地基土层物理力学综合指标

根据地基土的成因、结构及土性等综合分析，本场地共划分 9 大层，其中第②、⑧层均分为 2 个亚层，第⑤层分为 5 个亚层，第⑨层分为 3 个亚层，详见表 7。

表7 地基土层物理力学综合指标

层序	土层名称	含水量 W_0 (%)	重度 γ_0 (kN/m³)	孔隙比 e_0	粘聚力 C(kPa)	内摩擦角 φ(。)	压缩系数 $\alpha_{0.1-0.2}$ (MPa⁻¹)	压缩模量 $E_{s0.1-0.2}$ (MPa)	标准贯入 $N_{63.5}$ (击)	比贯入阻力 P_s (MPa)
①$_1$	填 土	—								
①$_2$	浜填土	—								
②$_1$	粉质黏土	32.1	18.7	0.89	19	22.5	0.33	6.06	—	0.66
②$_3$	粘质粉土夹淤泥质粉质黏土	36.8	17.8	1.05	11	22.5	0.42	5.88	3.2	0.90
④	淤泥质黏土	50.4	16.7	1.43	10	9.5	1.17	2.11	—	0.61
⑤$_{1a}$	黏 土	44.2	17.2	1.26	13	11.5	0.84	2.70	—	0.77
⑤$_{1b}$	粉质黏土夹粘质粉土	32.9	18.0	0.97	15	21.0	0.41	5.20	12.2	1.86
⑤$_2$	粘质粉土夹粉质黏土	33.0	17.7	1.00	13	25.5	0.37	5.61	17.9	3.53
⑤$_3$	粉质黏土	31.9	18.1	0.95	18	21.5	0.36	5.46	—	1.82
⑤$_4$	粉质黏土	22.3	19.5	0.67	21	23.0	0.30	5.66	—	2.40
⑦	砂质粉土	21.8	19.6	0.65	5	36.0	0.13	12.56	18.9	5.27
⑧$_{1a}$	粉质黏土	36.5	17.8	1.05	17	17.5	0.42	4.96	—	1.96
⑧$_{1b}$	粉质黏土夹砂	30.4	18.5	0.89	18	20.0	0.38	5.15	—	2.74
⑨$_{1a}$	砂质粉土	26.9	18.6	0.81	4	33.5	0.13	14.28	38.4	9.63
⑨$_{1b}$	粉 砂	24.8	18.9	0.74	3	35.5	0.11	18.07	69.4	15.94
⑨$_2$	砾 砂	12.4	21.1	0.40	2	37.5	0.09	17.28	95.9	—
⑩	粉质黏土	29.3	18.9	0.82	19	21.5	0.31	6.14	—	—
⑪	中砂、细砂	22.1	19.6	0.64	3	35.0	0.09	19.49	101.1	—

2. 桩持力层的确定及桩型的选择

从地基土层情况上看，桩的持力层可从第⑧$_{1b}$、第⑨$_{1a}$中选择。其中第⑧$_{1b}$层为灰色粉质黏土夹砂，层顶埋深为53.80～56.00 m，层顶标高为－50.09～－52.33 m，层厚为4.70～6.90 m，属中等压缩性，静力触探比贯入阻力 P_s平均值为2.74 MPa。该土层力学性能较好，厚度较大，层位较为稳定，可作为桩基持力层。而第⑨$_{1a}$层为灰色砂质粉土，层顶埋深为59.70～62.50 m，层顶标高为－56.14～－58.83 m，层厚为7.30～9.30 m，呈密实状态，属中等压缩性，静力触探比贯入阻力 P_s平均值为9.63 MPa，标贯 $N_{63.5}$为38.4击。该土层力学性佳，厚度大，层位稳定，亦是该工程主楼的理想桩基持力层，尤其适合钻孔灌注桩。

在桩型的选择上，考虑到该主楼北靠四平路，有较多的市政管线，为减小挤土产生的不利影响，适宜选择钻孔灌注桩，另一方面，由于灌注桩的直径较大，能提供比PHC桩更大的单桩竖向承载力，较适合该工程中框架柱的轴力较大的情况。考虑到上部为钢结构体系，其总体刚度相对较弱，对沉降尤其沉降差敏感，而且主要框架柱的最大轴力值约在18 000 kN左右，在持力层的选择希望有较大的承载力及较小的沉降量，通过比较，选择⑨$_{1a}$为持力层时，桩长为62，承载力设计值为4 950 kN，而选择⑧$_{1b}$层为持力层时，桩长54 m，承载力设计值为3 585 kN，相比而言，选择第⑨$_{1a}$层为持力层时，在桩长增加15%的条件下，其单桩承载力可增加38%，又能将灌注桩本身的桩身强度充分发挥，经济效益和沉降控制效果明显。

为了检测钻孔灌注桩的成桩质量及单桩承载力，除对所有桩进行小应变动测外，还对不同直径的灌注桩按规范要求的数量进行静载荷试验，其中 ϕ800 直径共做了 3 组。经过测试，试桩结果达到设计要求，ϕ800 直径的灌注桩单桩竖向抗压承载力均不小于 8 200 kN。试桩的荷载-沉降曲线（$Q-s$ 曲线）及 $s-\lg t$ 曲线见图 19。

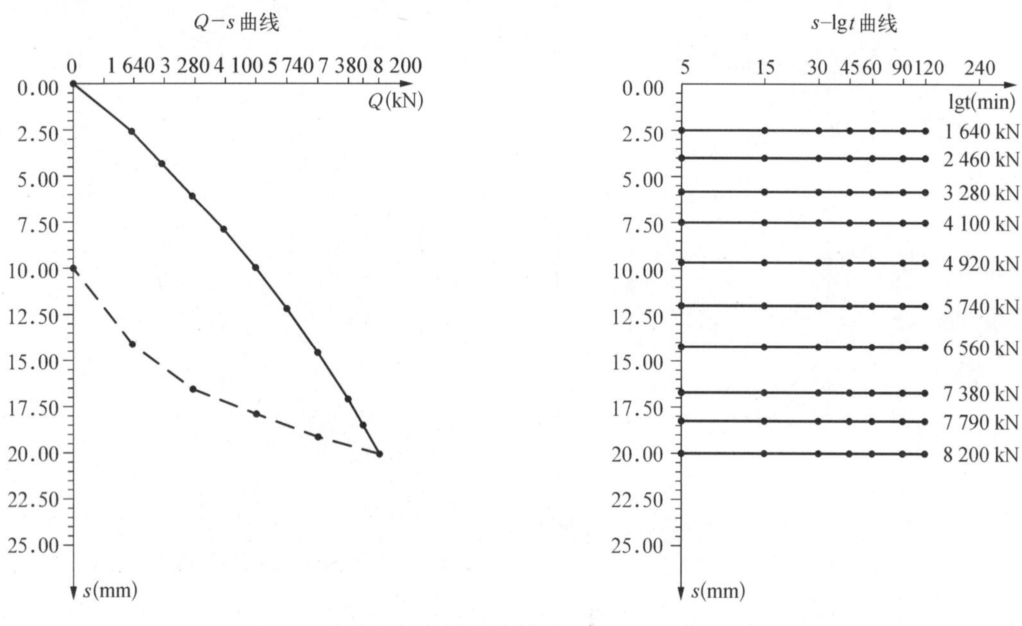

图 19 灌注桩竖向静载荷试验 $Q-s$、$s-\lg t$ 曲线图

3. 基础底板设计和沉降情况

主楼地下室层高 6.0 m，为单层地下室。基础采用桩-承台-地梁-底板的形式，承台厚度除按桩、柱冲切及抗弯等条件进行设计外，主要考虑了主楼框架柱的埋深嵌固要求。对于本工程，如采用外包式，柱底宽度将增加 400～500 mm，直接影响到柱间的车位布置，车位数量将减少，因此采用了埋入式柱脚做法。埋入式柱脚的埋置深度为柱截面高度的 2～3 倍，对于 900 mm 的主框架柱，埋深取2 m，承台厚度取 2.8 m。另外，为保证钢管柱的轴力能有效的传递给承台及桩，在柱的埋入段加焊抗剪短钢梁及栓钉，使轴力通过抗剪短梁、栓钉及柱底板承压三者的共同作用来实现有效传递。

采用埋入式的柱脚方式同时也带来了另一个技术难题，即地梁内钢筋遇钢管柱时的结构做法。针对不同的钢管柱截面采用了不同的处理方式。对于截面尺寸较小的钢管柱，如边长 400～500 mm 的柱子，采用将地梁纵筋从柱两侧绕过，同时加强地梁根部箍筋的配置，对于边长 900 mm 的柱子，则在钢管柱侧壁上开穿筋孔，将地梁纵筋直接穿过钢管柱，而开孔对钢管柱造成的削弱则通过管壁内预先增贴钢板来补强。当遇交叉式的穿孔地梁时，将纵横两方向的纵筋穿孔位置上下错开 30 mm，以避免穿筋冲突，造成无法施工。

主楼沉降采用 PKPM 的 JCCAD 程序进行计算，荷载组合为恒载＋活载的准永久组合，按上海地基规范公式进行计算，计算中底板采用有限元网格划分以模拟其实际刚度，计算出的主楼最终沉降量约为 6 cm。

（四）上部结构设计

主楼上部结构平面呈 48.6 m×48.6 m 正方形布局，楼层功能平面以 L 形为主，每 3 层（层高 4 m）为一组形成 L 形竖向基本功能单元，相邻竖向单元彼此呈 90°夹角旋转，在建筑中部沿竖向形成平面16.2 m×16.2 m 正方形贯通中庭，在中庭四周为 16.2 m×16.2 m 无柱基本办公单元（见图 20）。在相邻两个 L 形基本单元之间，设置层高 2 m 的设备层，作为每个基本单元的设备用房并实现设备的竖向转换。

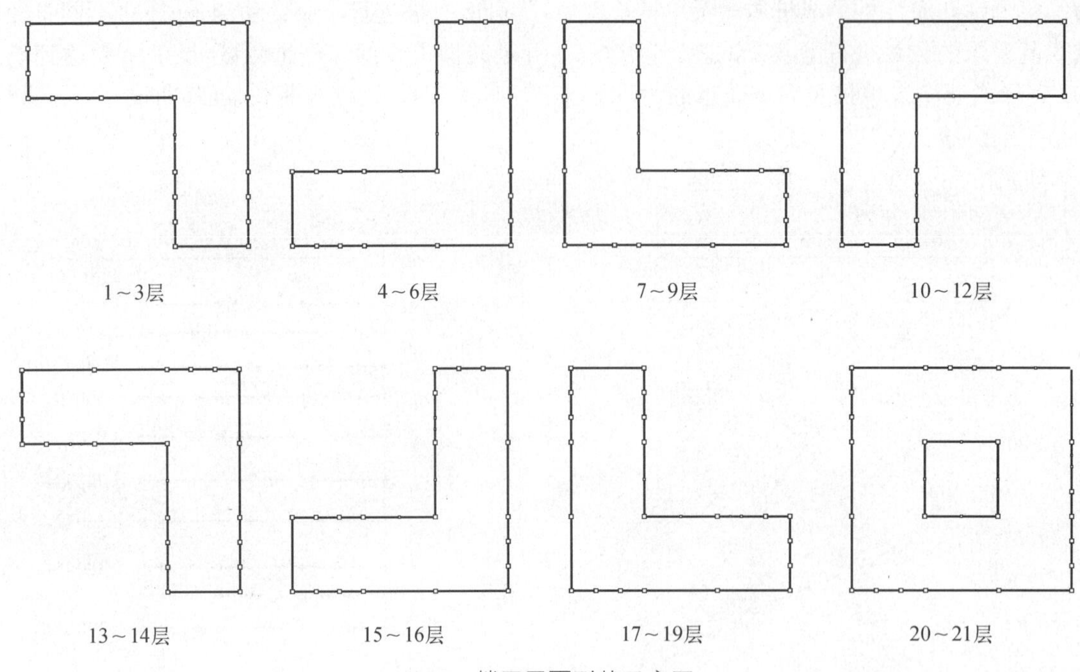

图20 楼层平面形状示意图

由于楼板的平面形状为L形，导致大部分楼面凹入尺寸大于相应投影方向的50%，楼板平面凹凸不规则，楼板削弱严重；L形的基本单元经过旋转后，又导致各基本单元的质心沿竖向不重合，彼此偏心较大，易导致结构扭转不规则；而L形楼面的梁系布置，使得楼板缺失部位的框架柱无框架梁与其连接，导致每榀框架在不同的楼层、不同跨形成大量12 m高的越层柱，这样每榀框架沿整个高度存在明显的侧向刚度突变，而不是简单的某一层刚度突变；并进一步致使在同一楼层，各榀框架抗侧刚度差异较大。在竖向，每3层设置2 m高的设备层后，由于层高突变，又导致整个结构侧向刚度不规则。

鉴于建筑平面功能布局比较复杂，再考虑建筑的高度、设备夹层的设置以及建筑的场地情况以及抗风和抗震设计标准，方案阶段就确定主结构采用钢管混凝土结构，具体选择3种结构体系进行结构方案优选。

第一种方案是采用钢管混凝土框架剪力墙体系，即拟利用建筑物内部的2个电梯、楼梯井道布置钢筋混凝土剪力墙，再在横向和纵向各布置4榀框架，形成间距为16.2 m、井格形布局的空间框架体系。考虑到结构的高度，这种结构体系在类似层数和高度的高层结构中应用相当普遍。但经计算分析发现，结构第一周期即为扭转周期，不满足规定要求。

在楼电梯井道部位、允许设置剪力墙的可变动范围之内，通过改变墙厚、墙位置、墙片数同时包括变动柱截面等多种因素后试算，均不能满足规范关于“结构扭转为主的第一自振周期 T_t 与平动为主的第一自振周期 T_1 之比，A级高度高层建筑不应大于0.9，B级高度高层建筑、混合结构高层建筑及复杂高层建筑不应大于0.85”的要求。采用纯钢管混凝土框架体系进行分析，亦不能满足规范对周期比和层间位移角限值的要求。

总结分析后认为，内部的两个剪力墙筒虽感觉上应该能提供较大的抗侧刚度，但由于筒体在建筑平面所处的位置及筒体的尺寸决定了整个结构的抗扭刚度较差，整个结构相对而言刚度回转半径小；另一方面，在本建筑中两个筒分布在内侧而结构质量却分布于外侧；同时由于L形楼面带来的楼板大面积缺失，致使两个剪力墙筒相互之间连接被削弱，只能靠部分楼板和楼面梁来协同工作，从而导致不能很好的形成一个抗扭整体。

第二种方案是采用钢管混凝土框架+外围钢支撑的框撑结构体系。支撑采用X形中心支撑，有规律的布置在结构最外围，螺旋上升（见图21和图22）。在电梯井道部位不再设置剪力墙，而在设备层设置外围加强环带以增强结构整体性和抗扭性能。外围支撑通过拉压轴力取代弯矩传递水平力；沿楼面周边、角部的集中布置则能获得较大的抗力偶力臂，有效地抵抗扭转和倾覆。SATWE和ETABS计算分析结果，均表明扭转周期降为结构的第三自振周期，并满足扭转平动周期比小于0.85的要求。

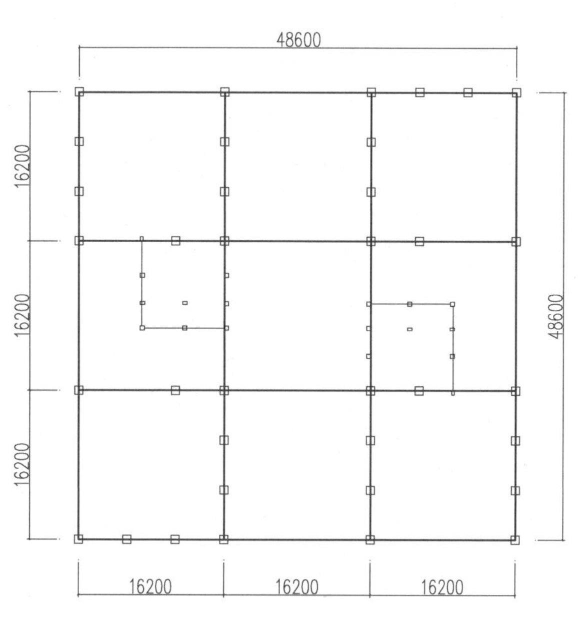

图21　柱网布置图

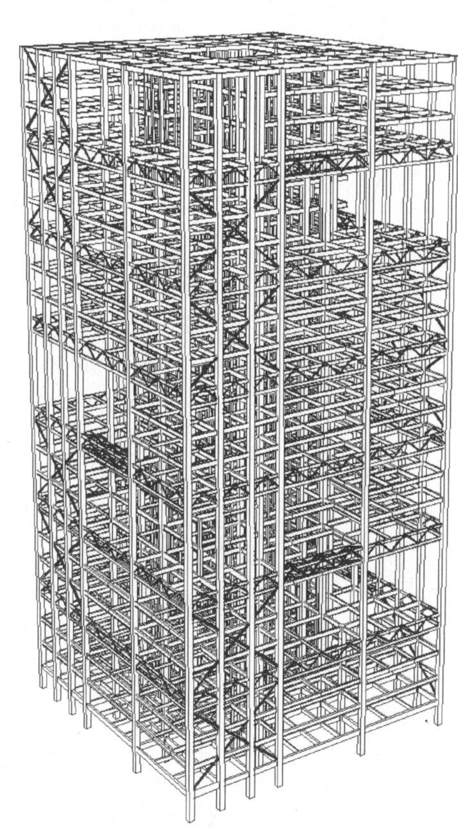

图22　结构模型透视图

第三种方案采用钢管混凝土框架＋外围黏滞阻尼耗能支撑的框撑结构体系。由于黏滞性阻尼器是一种阻尼力与速度相关的消能器，其对连接阻尼器的支撑刚度要求比位移相关型阻尼器的要求低些。这样沿结构竖向，设置耗能阻尼器对结构侧向刚度影响较小，不会导致竖向刚度突变，使整个结构成为耗能减震体系。在水平地震作用下，通过黏滞阻力做功来增加结构的阻尼，从而耗散输入的振动能量，减小结构的振动反应，尤其是减小外围框架的扭转响应。详尽的分析表明，本工程采用耗能支撑框架体系是一种较理想的结构方案。

楼盖体系采用压型钢板组合楼板，板底不再配置受拉钢筋，仅在板顶配置负弯矩筋。楼板和钢梁之间采用抗剪栓钉，实现水平力作用下的梁与板共同工作。由于压型钢板上的浇筑的混凝土较厚，压型钢板底面不再涂刷防火涂料。

(五) 耗能阻尼器的应用及其效果

外围框架设置耗能支撑后，振型分解反应谱作为一种线性分析方法已不能准确地求解出结构地震响应，因为设置耗能黏滞阻尼支撑后，结构的地震响应和阻尼器的能量耗散是一种非线性行为。为准确评估这种非线性行为，这里分别对阻尼支撑框架模型与纯钢支撑框架模型进行多遇地震与罕遇地震响应的对比分析。地震波SHW2（上海人工2波），X方向和Y方向分别输入，楼板均采用弹性板模型。

(1) 多遇地震作用下外围框架承担的扭矩对比(见图23)：

由图中可发现，在多遇地震作用下，X方向底层的扭矩减小约25%，Y方向层扭矩减小不明显。

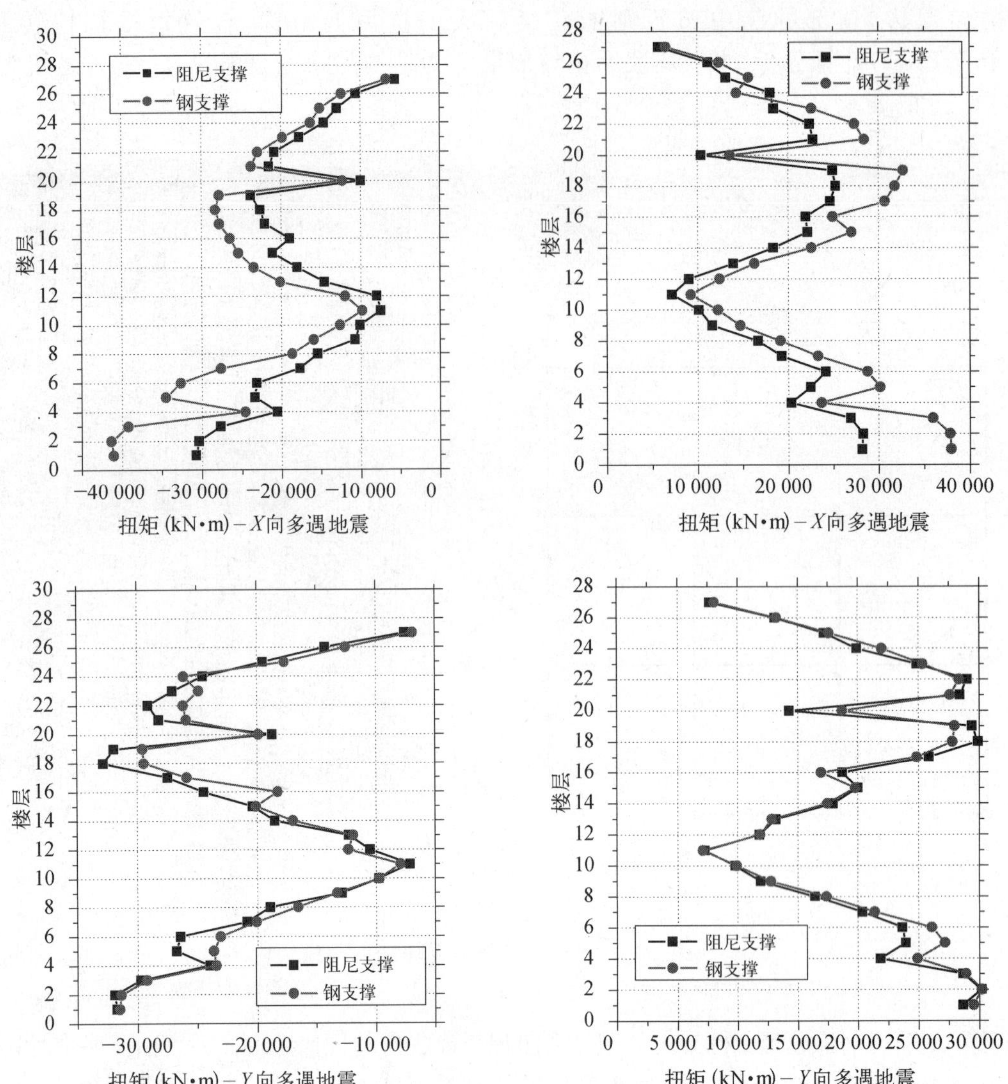

图23　多遇地震作用下外围框架承担的扭矩对比

(2) 罕遇地震作用下外围框架承担的扭矩对比(见图 24)：

由图中可发现，在罕遇地震作用下，底部和中上部楼层外围框架承担的扭矩明显减小，X 方向比 Y 方向效果好。罕遇地震作用下，X 方向底部楼层的扭矩减小约 37%～42%，Y 方向在底部楼层减小约 15%～18%。可见耗能阻尼器的耗能减震效应明显。

(3) 层侧移分析结果对比：

① 多遇地震作用下层间最大位移角对比 (见图 25)：

② 罕遇地震作用下层间最大位移角对比 (见图 26)：

由位移对比分析图，可以发现，多遇地震作用下，设置阻尼器后层间侧移角减小不明显。罕遇地震作用下，由于阻尼器的耗能能力得以充分发挥，层间位移角的极值可以有效减小，X 方向减小 20%，Y 方向减小 14%。层间最大位移角的最大值从 1/145 减小到 1/180，结构基本在弹性状态。

(4) 阻尼器工作参数：

最大阻尼力 466 kN；阻尼器冲程：计算值±13.2 mm；考虑到倒塌时，层间侧移角为 1/30，4 000/30=133 mm，实际取用，±120 mm；阻尼系数 C_v=250 kN/(mm/s)，α=0.15。

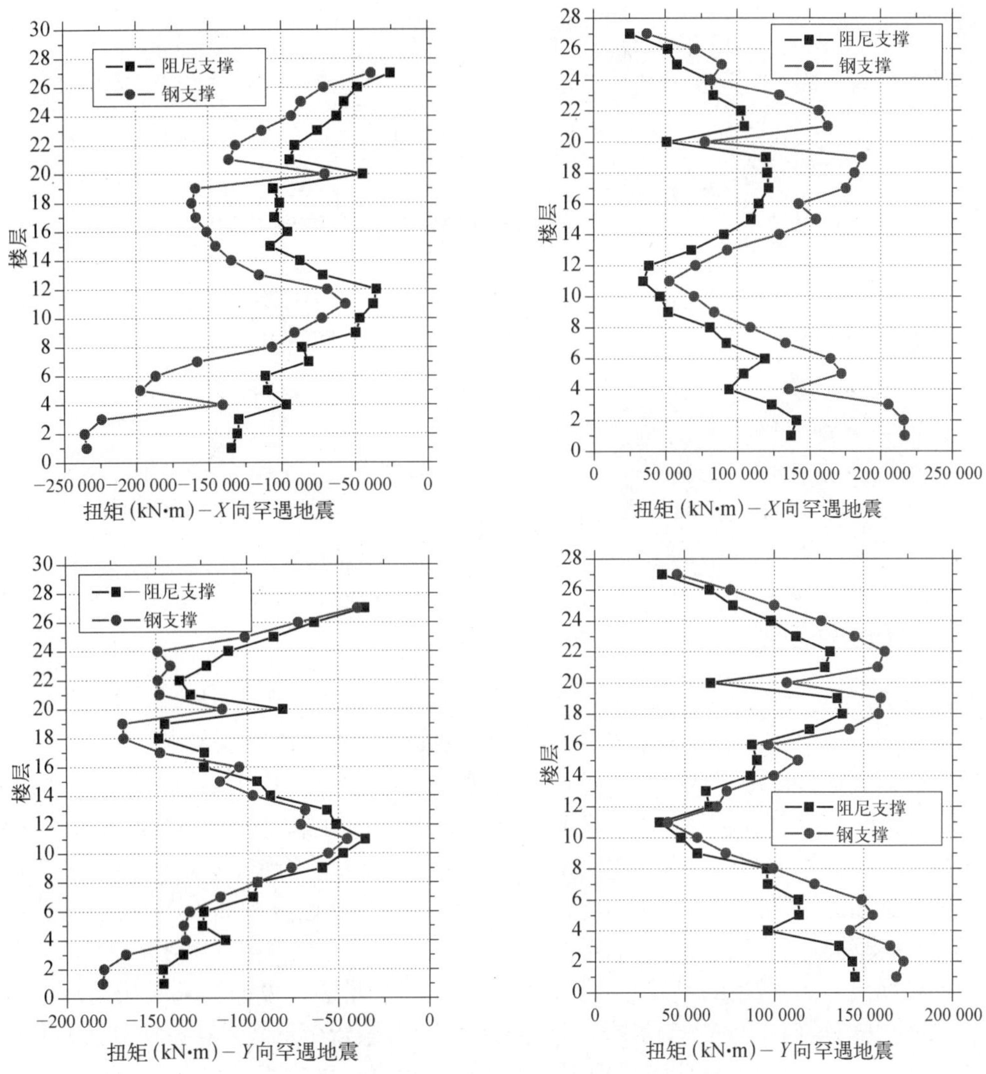

图 24　罕遇地震作用下外围框架承担的扭矩对比

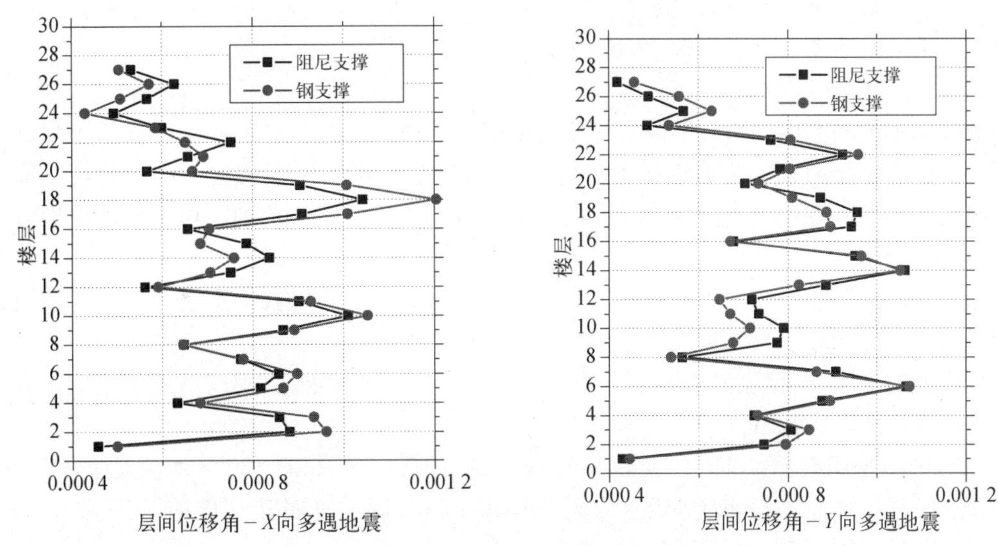

图 25　多遇地震作用下层间最大位移角对比

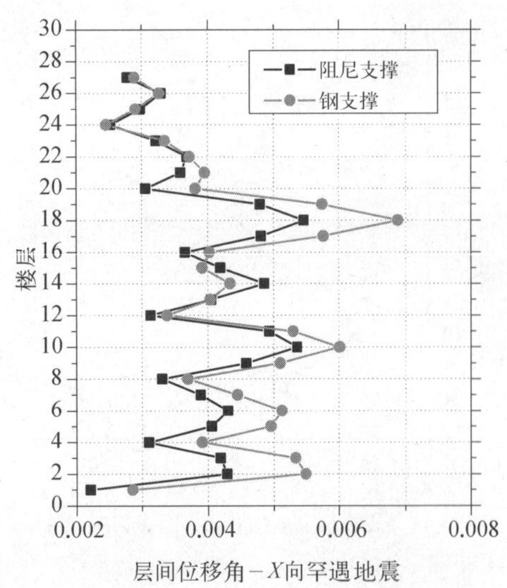

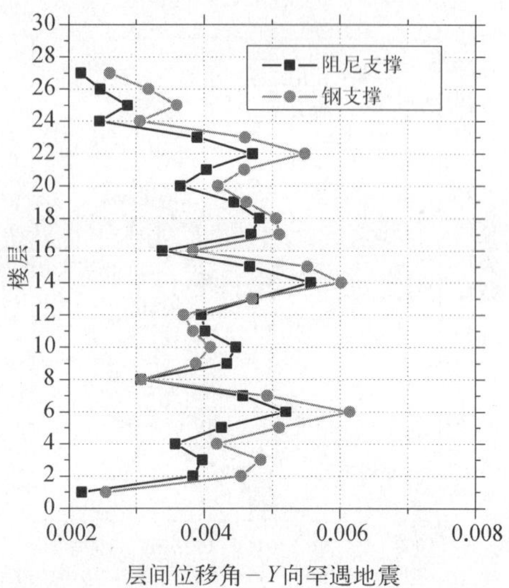

图 26　罕遇地震作用下层间最大位移角对比

(六) 振动台抗震试验

1. 模型制作

该工程委托同济大学土木工程防灾国家重点实验室振动台试验室进行模型试验。

该试验主要研究地震作用下结构的抗震性能，因此设计时着重考虑满足主要抗侧力构件的相似关系，使方钢管混凝土柱、斜撑、钢桁架、楼面梁等满足相似关系，用设置配重的方法来考虑活荷载的因素，充分体现了模型质量与原型结构质量的相似性。在该结构模型设计制作时，未考虑地下室，而上部结构的形式则根据设计图纸资料确定。这是因为以往的模型试验和理论分析都表明，由于地下室和地基土共同工作，使其抗侧移刚度得到加强，在地震作用下地下室变形很小，不会发生破坏。

由于原型结构尺寸大，应使缩尺后的模型尺寸满足试验室吊装高度的要求和振动台台面尺寸的要求，因此首先确定几何相似比为 1/15；其次，考虑到振动台噪声、台面承载力和振动台性能参数等确定加速度相似比通常在 2～3 之间；再次，按试验室可以实现的混凝土强度关系确定应力相似比。模型设计在通常情况下需要忽略一些次要因素。根据相似关系的要求，模型材料一般应具有尽可能低的弹性模量和尽可能大的密度，同时，在应力-应变关系方面尽可能与原型材料相似。基于这些考虑，同济大学综合教学研究楼的动力模型由微粒混凝土、紫铜、镀锌铁丝网制作。

2. 试验过程及条件简述

模拟地震振动台试验的台面激励的选择主要根据场地类别和建筑结构动力特性等因素确定。试验时根据模型所要求的动力相似关系对原型地震记录作修正后，作为模拟地震振动台的台面输入。根据抗震设防要求，输入地震波的加速度幅值从小到大依次增加，以模拟多遇到罕遇不同水准地震对结构的作用。

为比较阻尼器安装前后结构的抗震性能，对于未安装阻尼器的结构，特别增加了 7 度多遇地震作用下的振动试验。

关于地震波的选取，根据上海地区 7 度抗震设防及Ⅳ类场地要求，选用以下地震记录作为振动台台面激励输入：

(1) El Centro 地震波，为 1940 年美国 Imperial 山谷地震记录，持时 53.73 s，最大加速度：南北方向 341.7 cm/s^2，东西方向 210.1 cm/s^2，竖直方向 206.3 cm/s^2，场地土属Ⅱ～Ⅲ类，震级六、七级，震中距 11.5 km，属于近震，原始记录相当于 8.5 度地震。

(2) Pasadena 波，为 1952 年 7 月 21 日美国加利福尼亚地震记录，持时 77.26 s，加速度峰值：南北方向 46.5 cm/s^2，东西方向 52.1 cm/s^2，竖直方向 29.3 cm/s^2，场地土属Ⅲ～Ⅳ类，远震。

(3) 上海人工 SHW2 地震波，为《上海建筑抗震设计规程》(DGJ08－9－2003)推荐的适合上海Ⅳ类场地的人工拟合的地震波。阻尼比为 0.05，最大加速度幅值 35.0 cm/s^2。该地震波适宜在上海地区的工程中应用。

试验加载工况按照 7 度多遇烈度、7 度基本烈度、7 度罕遇烈度和 8 度罕遇烈度的顺序分 4 个阶段对模型结构进行模拟地震试验。其中 7 度多遇阶段又分为无阻尼器和有阻尼器两种情况，以进行对比，其他阶段则为有阻尼器情况。

3. 试验现象描述

(1) 7 度多遇地震试验阶段：按加载顺序及阻尼器安装前后依次输入 El Centro 波、Pasadena 波和 SHW2 波，各地震波输入后，模型表面未发现可见破坏。地震波输入结束后用白噪声扫描，发现模型自振频率未下降，说明铜管内的微粒混凝土尚未开裂，该试验阶段模型结构处于弹性工作阶段，模型结构满足"小震不坏"的抗震设防目标。

(2) 7 度基本地震试验阶段：在 7 度基本地震试验阶段各地震波输入下，模型结构的反应规律与 7 度多遇地震试验阶段基本相似，从外观观察未发现明显的破坏现象，但结构的后几阶自振频率略有下降，说明铜管内混凝土发生微小裂缝，基本处于弹性工作阶段。

(3) 7 度罕遇地震试验阶段：在 7 度罕遇地震试验阶段各地震波输入下，大柱距间带状桁架下弦略有平面外变形，结构的自振频率继续下降，模型结构满足大震下的抗震设防要求。

(4) 8 度罕遇地震试验阶段(模型抗震性能良好，在 7 度罕遇未严重破坏，故提高 1 度继续试验)：在 8 度罕遇地震试验阶段各地震波输入下，有多处带状桁架下弦平面外压屈变形，小柱距间带状桁架腹杆拉断或压屈，结构未倒塌。

4. 试验结论

(1) 结构动力特性：

原型结构第一自振频率为 0.243 Hz，振动形态为 X 向平动；结构第二自振频率为 0.243 Hz，振动形态为 Y 向平动。相应的自振周期分别为 4.115 s、4.115 s。结构频率随输入地震动幅值的增大而降低，而阻尼比则随结构破坏的加剧而提高。

(2) 结构地震反应及震害预测：

结构在经历各水准地震作用后，局部楼层具有较大的层间位移。

在 7 度多遇地震作用下，结构有较明显的位移，扭转变形较小；结构总位移角最大值为：X 向 1/678，Y 向 1/742，扭转角 1/2 467；层间位移角最大值为：X 向 1/460，Y 向 1/541，结构处于弹性阶段，小于《建筑抗震设计规范》(GB 50011－2001)的限值 1/300 的要求；原型结构能够满足我国现行抗震规范"小震不坏"的抗震设防标准。

在 7 度基本烈度地震作用下，结构自振频率和刚度稍有降低，结构基本处于弹性阶段。

在 7 度罕遇地震作用下，结构出现较小的开裂，结构自振频率有一定下降，结构总位移角最大值为：X 向 1/141，Y 向 1/119，扭转角 1/404；层间位移角最大值为：X 向 1/57，Y 向 1/82，小于《建筑抗震设计规范》(GB 50011－2001)的限值 1/50 的要求。原型结构能够满足我国现行抗震规范"大震不倒"的抗震设防标准。

(3) 结构薄弱部位：

根据该模型结构模拟地震振动台试验结果，在特大地震作用时(8 度罕遇)，原型结构设计方案中存在的薄弱部位为：

① 大柱距间带状桁架下弦平面外压屈，其中，3、6、9、12 层尤为严重。

② 小柱距间带状桁架腹杆易产生压屈或拉断，腹杆与桁架上弦相交处，上弦弦杆腹板多发生局部屈曲。

(4) 结构设计建议：

根据同济大学综合教学研究楼模型结构模拟地震振动台试验结果，建议适当增加以下部位构件的

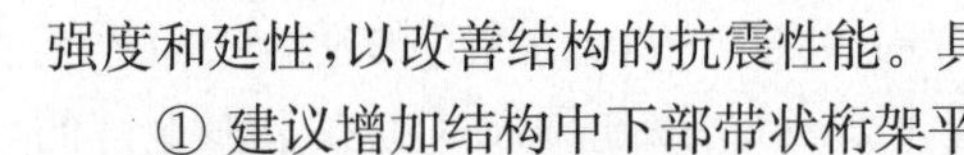

强度和延性，以改善结构的抗震性能。具体如下：

① 建议增加结构中下部带状桁架平面外刚度。

② 在小柱距间的桁架腹杆适当加强，并加强端部连接。

注：施工图设计中已根据振动台试验的建议进行完善。

(七) 钢结构抗火安全设计

该工程委托同济大学土木工程学院钢结构抗火研究室进行抗火安全设计与评估。

1. 防火设计内容

根据该建筑的消防安全总体目标，确定结构的防火保护措施并设计防火保护层厚度，对几种可采用的防火保护措施进行分析比较。主要有以下几部分内容：

(1) 确定结构各构件的耐火极限要求。

(2) 根据建筑防火分区及建筑布局确定可能的火灾场景，进行火灾下空气温度分析。

(3) 根据火灾空气升温，确定火灾下的构件升温。

(4) 对结构进行整体分析，确定火灾时在各种工况组合下构件的最大内力。

(5) 采用基于抗火承载力验算的方法对原设计结构(采用普通结构钢)进行抗火设计，确定防火保护层厚度。

(6) 采用基于抗火承载力验算的方法对耐火钢的结构进行抗火设计，确定防火保护层厚度。

(7) 采用基于试验的传统方法对原设计结构(采用普通结构钢)进行抗火设计，确定防火保护层厚度。

(8) 对各防火保护措施方案进行比较。

(9) 给出建议的结构防火保护方案。

2. 分别采用基于抗火承载力验算的抗火设计方法与传统方法结果比较(见表8)

表8 基于抗火承载力验算的抗火设计方法与传统方法结果比较

位置	型 号	基于抗火承载力验算方法得到的涂料厚度(mm)	基于抗火承载力验算方法涂料总用量(m^3)	传统方法得到的涂料厚度(mm)	传统方法涂料总用量(m^3)	基于抗火承载力验算方法涂料总用量/传统方法涂料总用量
梁	HN700×300×13×24	25	188.89	22	163.20	1.16
	HN700×350×14×30	20	22.84	18	20.55	1.11
	HN600×200×11×17	20	16.81	29	24.21	0.69
	HN400×200×8×13	30	173.84	36	208.61	0.83
	HN350×175×7×11	30(只部分构件需保护)	73.53	42	339.00	0.22
柱	900×900×30	10	114.60	16	183.42	0.62
	涂料总量(m^3)		590.51		938.99	0.63

通过上述比较可以看出，基于抗火承载力验算的抗火设计方法得到结构防火保护方案不仅在保证结构的抗火安全方面更具有充分的理论依据，相比传统方法，采用普通结构钢，基于抗火承载力验算的方法得到防火保护方案比采用给予试验的传统方法得到的防火保护方案能节省约40%的防火涂料。

3. 防火设计结论及建议

(1) 楼板：

考虑楼板的膜效应后，楼板内一些次梁可不做防火保护。但要求楼板温度筋不小于ϕ10@200。楼

板跨中部分的温度钢筋中心距混凝土板上表面不小于 30 mm。

(2) 钢梁:

采用目前的结构方案,使用普通结构钢,设计得到的钢梁防火保护层构造及厚度见表 9 和图 27。

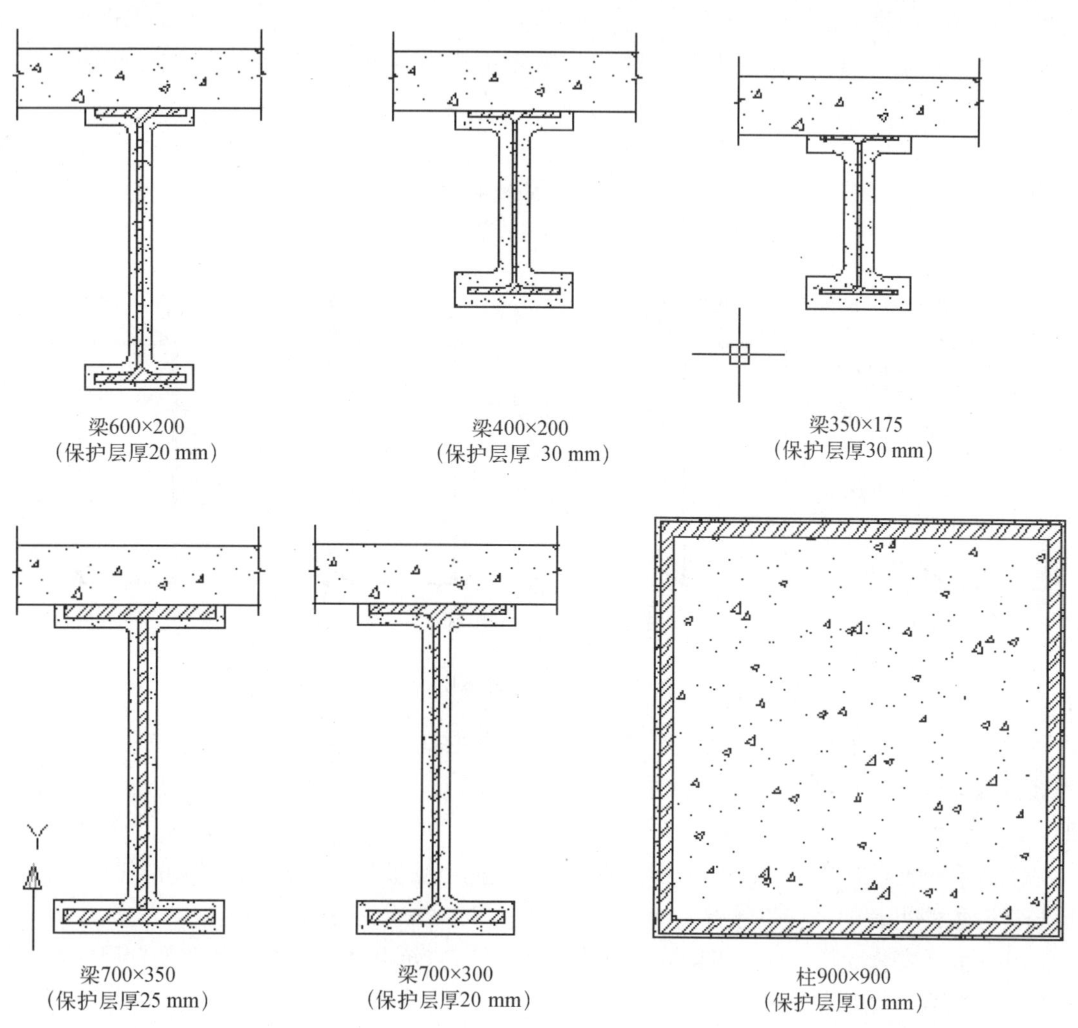

图 27　构件保护层构造及厚度

建议部分板厚较小构件(不超过 20 mm)采用耐火钢,此时防火保护层厚度见表 10,构造同图 12。

表 9　采用普通结构钢时钢梁的保护层厚度

型　　号	采用普通结构钢时保护层厚度(mm)
HN700×300×13×24	25
HN700×350×14×30	20
HN600×200×11×17	20
HN400×200×8×13	30
HN350×175×7×11	30

表 10　部分采用耐火钢时钢梁的保护层厚度

型　　号	耐火钢保护层厚度(mm)
HN700×300×13×24(普通结构钢)	25
HN700×350×14×30(普通结构钢)	20
HN600×200×11×17(耐火钢)	15
HN400×200×8×13(耐火钢)	20
HN350×175×7×11(耐火钢)	22

(3) 钢管混凝土柱:

900×900 的钢管混凝土柱宜涂 10 mm 厚的涂料进行保护,见图 27。

其他钢管混凝土柱可不进行防火涂料保护。

(八) 节点受力性能研究

为了深入了解钢管混凝土结构节点的力学性能，以指导工程设计，基于该项目的实际工程背景，进行了两类（内隔板、内锚定板）、两种（十字型、丁字型）共 9 个方钢管混凝土柱-钢梁节点的低周反复试验和相应的弹塑性有限元分析，在节点破坏模式及极限承载力方面，试验结果和有限元分析结果基本吻合。

1. 节点破坏模式

试验结果分析表明节点的破坏模式有 4 种：翼缘断裂、翼缘屈曲、柱壁撕裂、柱壁焊缝拉开（见图 28）。

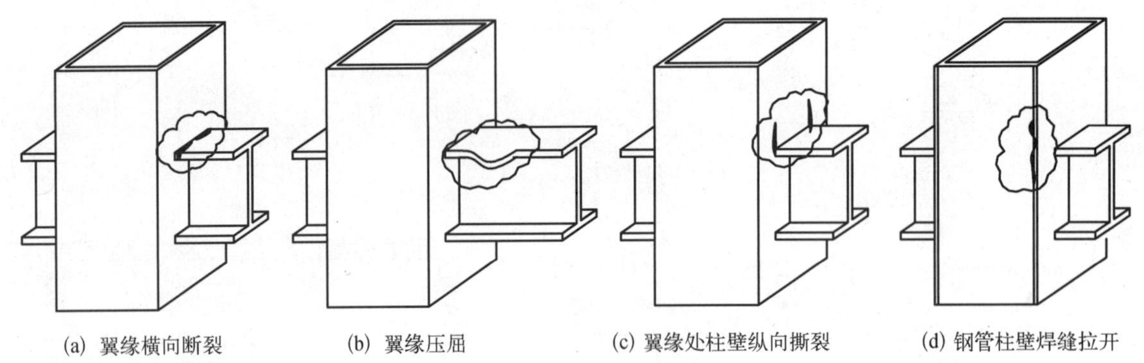

(a) 翼缘横向断裂　(b) 翼缘压屈　(c) 翼缘处柱壁纵向撕裂　(d) 钢管柱壁焊缝拉开

图 28　节点的破坏模式

内隔板式节点主要发生前两种破坏形式，锚定式节点主要发生翼缘断裂和柱壁撕裂两种破坏形式。柱壁焊缝拉开的破坏模式，在保证焊接质量情况下不应发生。

2. 极限承载力

(1) 紧箍系数大小对节点承载性能影响明显。厚壁型内隔板节点显著提高结构的极限承载力，并且节点达到极限承载力时的极限位移更大。

(2) 内隔板厚度改变将改变节点区局部刚度，对整个节点承载性能影响不如改变壁厚明显。增大内隔板厚度也会提高节点承载性能。

(3) 锚定式节点承载力仅相当于内隔板式节点的一半左右，延性能力却比内隔板式节点要大。

(4) 丁字形节点受压承载能力类似锚定式节点，受拉曲线与受压曲线不对称源于结构的构造缺陷。

有限元分析表明，钢管柱柱壁厚度，能使节点的屈服荷载和极限荷载有明显提高，但同时对节点延性以及在极限状态下的强度储备则有不利影响。

三、给排水设计

(一) 给水系统

1. 生活用水量（见表 11）

表 11　生活用水量统计　(m^3/d)

学　生	办　公	酒吧茶座	车库冲洗	绿化浇洒	冷却塔补水	未预见水量	总　计
65	35	6	12	4	90	32	244

2. 水源

生活用水以城市自来水为水源，自四平路市政给水干管接入一根 ϕ150 生活给水管。

3. 给水系统

(1) 绿化浇洒、冷却塔补水、附楼、主楼地下 1 层及地上 1 层为城市管网压力直接供水；主楼 2 层及以上为变频调速泵供水。

(2) 生活给水干管 ϕ150 接入基地后，接 1 根 ϕ150 给水管至主楼地下室，供主楼生活用水；并沿主楼地下室外侧接至附楼、冷却塔和各绿化浇洒用水点。冷却塔和绿化浇洒用水点前均设置防污隔断阀。

(3) 主楼室内给水主要供应学生及办公用水。

(4) 主楼地下 1 层泵房内设置 60 m^3生活水箱，分为两格。其供水系统采用变频调速泵恒压变量供水。给水系统竖向分为高、中、低三区（见图 29）。具体竖向供水分区如下：

① 高区 16～21 层，供水总管接至 15、18 夹层内。给水系统为下行上给式。

② 中区 10～15 层，供水总管接至 9、12 夹层内。给水系统为下行上给式。

③ 低区 2～9 层，供水总管接至 3、6 夹层内。给水系统为下行上给式。

以上各区分别设置一组变频调速泵直接供水，每组变频调速泵均配置 100 L 气压罐。室内供水管道均为暗敷。

（二）排水系统

1. 生活污水系统

该建筑室内排水为污废水合流系统。设置专用通气立管和环形通气管系统(见图 30)。配合建筑中庭设置，每 3 层设置 1 根排水分立管，均在技术夹层内水平接入主排水立管。由于各排水分立管服务楼层数仅为 3 层，在保证最低一层排水横支管与技术夹层内水平排水管管底垂直距离大于 0.45 m 后，最低一层排水横支管直接接入排水分立管后再接入排水主立管，而无须最低层洁具排水单独接出排入主立管，减少了技术夹层内的横管数量，方便技术夹层内管道的布置与安装。

各排水分立管与排水主立管管径为 De110，排水主立管水平出户管管径为 De160，直接接入校园污水管网，由城市综合污水处理厂统一处理。

车库冲洗废水经隔油沉砂池处理后纳入污水系统。

污水排放量 122 m^3/d。

2. 雨水系统

根据上海暴雨强度公式计算，设计重现期屋面取 5 年，连同溢流口，设计重现期为 50 年；室外取 3 年。屋面雨水经雨水管道系统排至室外窨井，再汇集基地室外雨水，一起纳入校园雨水管网。

（三）管道安装

1. 材质和连接

(1) 室内给水管采用薄壁铜管，硬钎焊接。

(2) 室外埋地给水干管采用球墨铸铁管，内壁涂有水泥，用法兰螺栓连接，中间放入 4 mm 橡皮垫圈。

(3) 室内污水管采用芯层发泡 UPVC 塑料排水管；室内雨水管采用衬塑热镀锌钢管；室外排水管为 HDPE 排水管。

(4) 消防管、喷淋管为热镀锌无缝钢管，卡箍沟槽式接口；管径≤DN100 的喷淋管为热浸镀锌钢管，丝扣连接。

2. 验收

各类管道工程完毕后应根据不同用途，依照不同的规范进行清洗、消毒、试压、通水、通球、灌水等试验。室内消火栓系统，喷淋系统供水管按工作压力的 1.5 倍且不小于 1.6 MPa 试压；变频供水系统按工作压力的 1.5 倍试压。

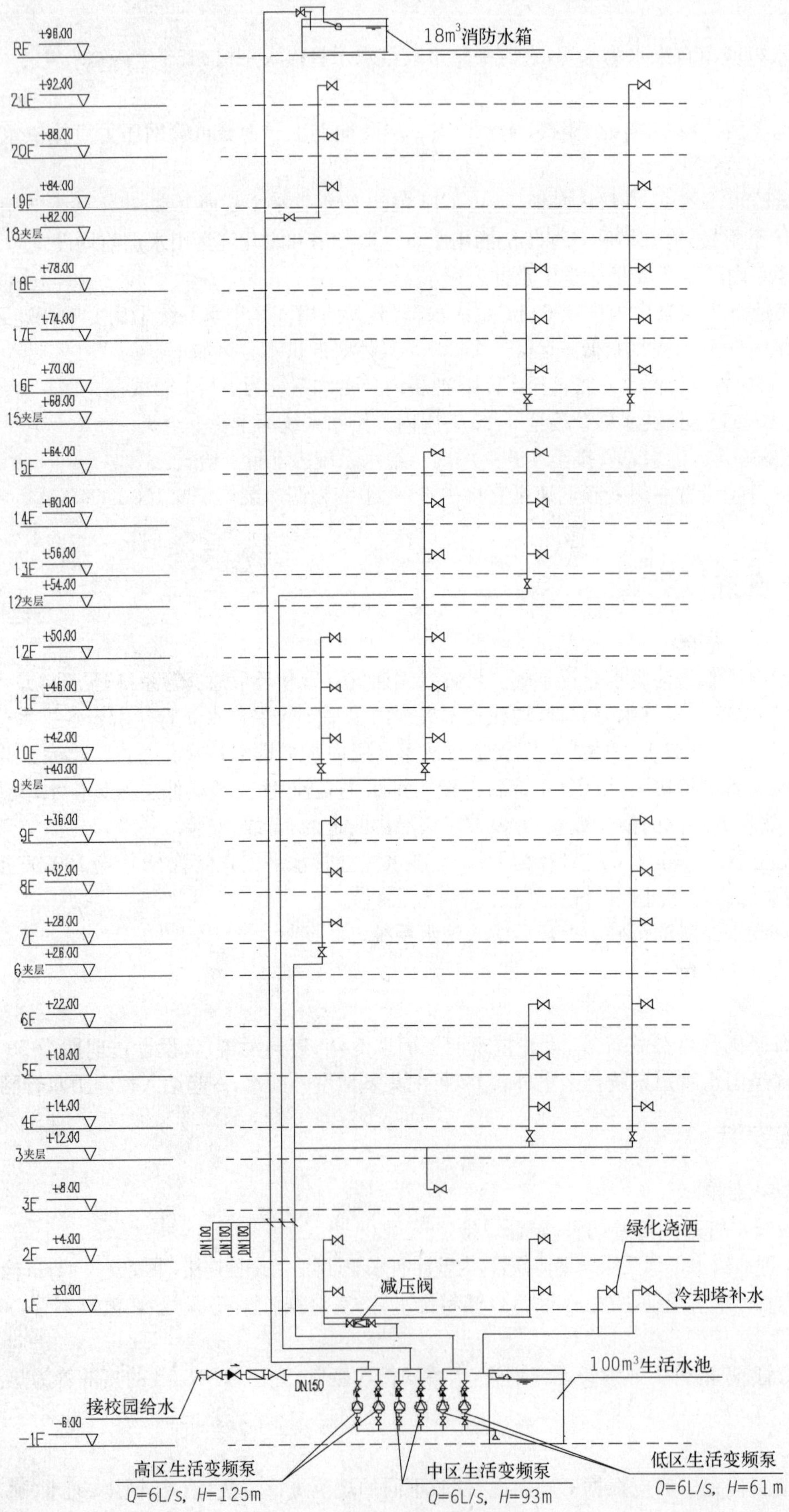

18m³消防水箱

RF +96.00
21F +92.00
20F +88.00
19F +84.00
18夹层 +82.00
18F +78.00
17F +74.00
16F +70.00
15夹层 +68.00
15F +64.00
14F +60.00
13F +56.00
12夹层 +54.00
12F +50.00
11F +46.00
10F +42.00
9夹层 +40.00
9F +36.00
8F +32.00
7F +28.00
6夹层 +26.00
6F +22.00
5F +18.00
4F +14.00
3夹层 +12.00
3F +8.00
2F +4.00
1F ±0.00
-1F -6.00

DN100 DN100 DN100

绿化浇洒

减压阀

冷却塔补水

100m³生活水池

DN150

接校园给水

高区生活变频泵
Q=6L/s, H=125m

中区生活变频泵
Q=6L/s, H=93m

低区生活变频泵
Q=6L/s, H=61m

图 29　生活供水系统示意图

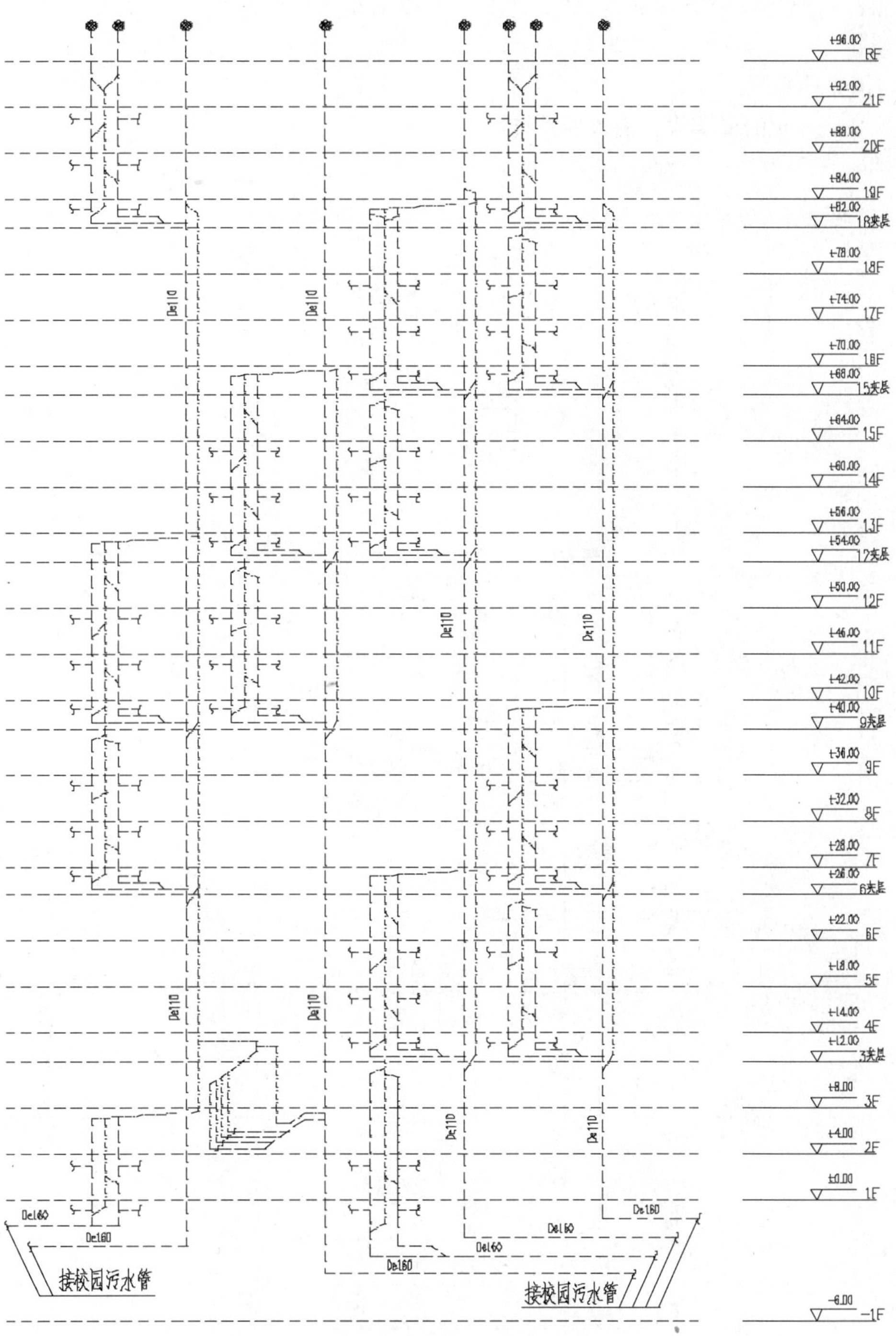

图 30　排水系统示意图

(四) 消防给水系统

1. 消防水量

该建筑为一类高层民用建筑，其室外消防用水量为 30 L/s；室内消防用水量为 40 L/s；自动喷水灭火系统用水量为 30 L/s。

2. 消防水源

市政给水管网两路供水，从四平路市政给水干管引入 1 根 ϕ200 的消防专用水管，从国康路市政给水干管引入 1 根 ϕ150 的消防专用水管，在基地内沿地下室四周形成消防环管，管径为 DN300，并在

该建筑沿国康路一侧的校园原有 ϕ150 给水管上引 1 根 ϕ150 给水管连接消防环管，以保证室内外消防水量的要求。

(1) 室内消火栓系统：

根据一类高层建筑的要求设计消火栓系统(见图 31)。

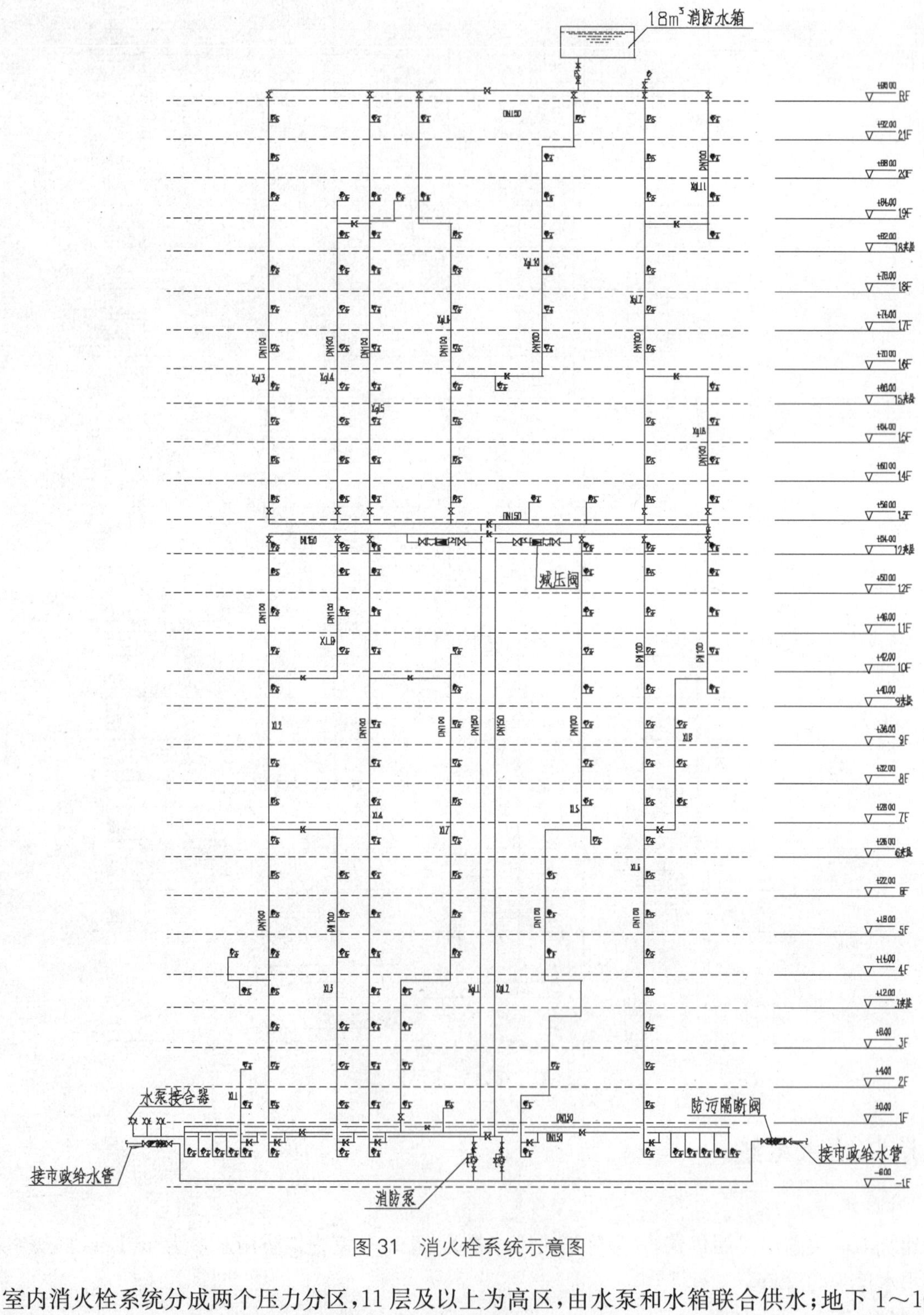

图 31　消火栓系统示意图

室内消火栓系统分成两个压力分区，11 层及以上为高区，由水泵和水箱联合供水；地下 1～10 层以及附楼为低区，由高区管网经减压阀减压后供水，确保每个分区静压不超过 0.8 MPa；而动压超过 0.5 MPa 的消火栓支管将设置减压孔板。

18m³ 消防水箱
排至屋面
湿式报警阀
排入车库明沟
喷淋排水管
水泵接合器
SQ150
市政消防给水管
小楼喷淋立管/DN150
小楼喷淋排水管/DN70
排入车库集水井

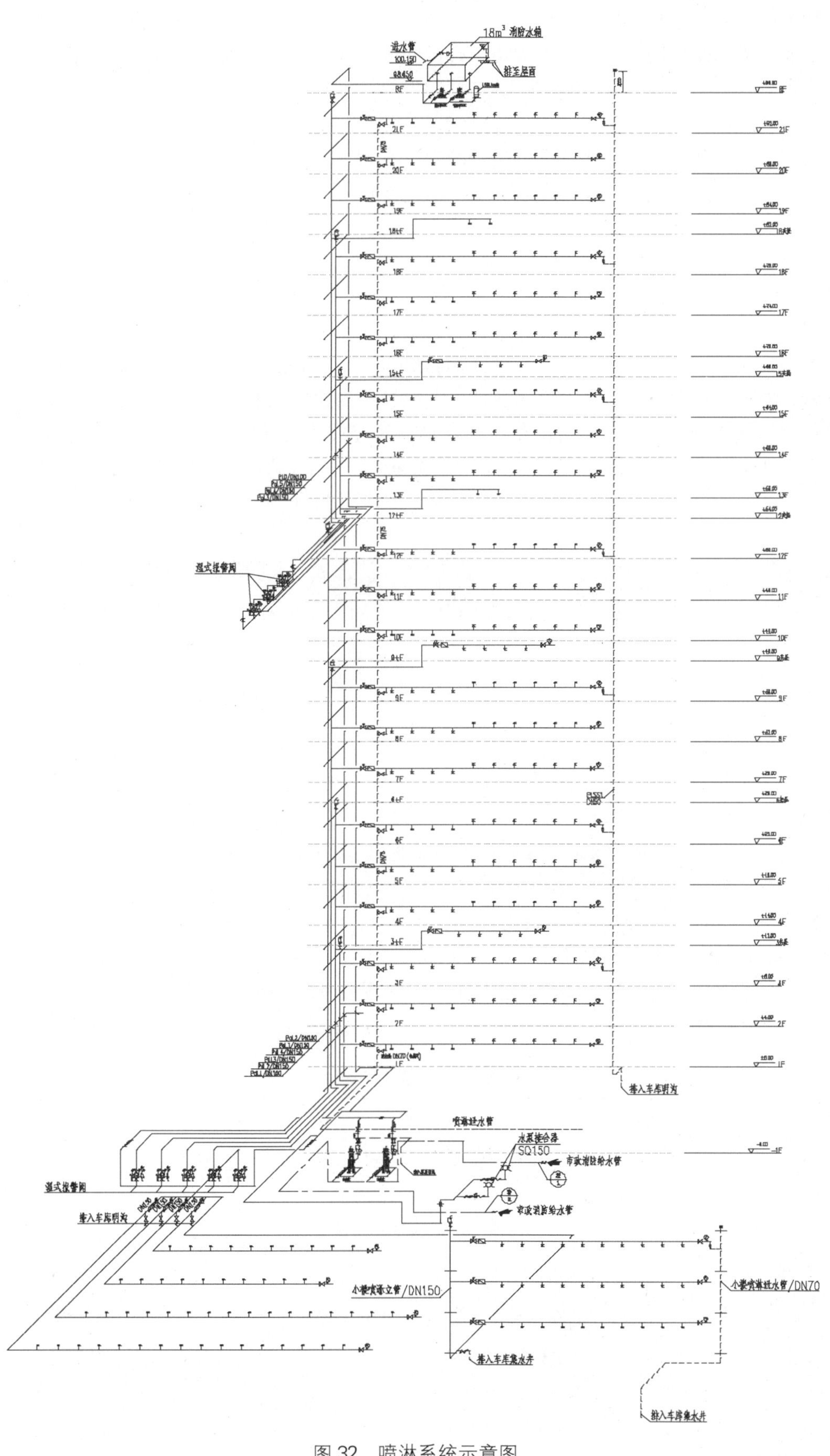

图 32　喷淋系统示意图

在消防电梯前室、走道、主要出入口处和公共场所等处，均设置薄型消火栓箱，保证室内任何部位有同层两支水枪的充实水柱同时到达。消防箱内将同时配置 ϕ19 水枪、ϕ65×25 m 水龙带，消防软管卷盘，手提式灭火器以及手动报警装置，该装置报警同时开启消防泵。

(2) 室外消防系统：

在基地内沿建筑物四周均匀布置 6 套室外地上式三出水消火栓，5 组地上式水泵接合器，其中 3 组供消火栓系统，2 组供喷淋系统，能满足室外消防和室内消防系统加压供水要求。

(3) 自动喷水灭火系统：

该建筑自动喷水灭火系统为湿式系统(见图 32)。除电气设备用房等不宜用水扑救的场所及 96 m 中庭和 24 m(6 层)高空外，楼内遍设普通闭式喷头。地下车库和燃气锅炉房按中危Ⅱ级设计，其他部位按中危Ⅰ级设计。

喷淋系统以 11 层为界分为两个压力分区。高区由水泵和水箱联合供水，低区由高区管网经减压阀减压后供水；主楼 12 层以下及附楼报警阀在地下 1 层泵房内设置，主楼 12～21 层报警阀在 12 技术夹层设置。每个报警阀控制自动喷洒头数控制在 800 只。各层按防火分区设置水流指示器及信号阀，当每层任何一个喷头动作时，由水流指示器将动作信号送至防灾中心；喷淋泵由湿式报警阀的压力开关直接启动。

四、电 气 设 计

(一) 强电

1. 负荷等级与供电电源

该工程为一类高层民用建筑，供电电源属一级负荷。大楼内消防及重要用电设备按一级负荷供电，其余动力、照明、空调按二、三级负荷供电。地下 1 层设置 10/0.4 kV 用户变电所，由学校能源中心提供两路 10 kV 独立电源同时供电，每路 10 kV 用电负荷为 2 000 kVA；总供电负荷(变压器总装接容量)为 4 000 kVA。

当一路电源故障时，另一路电源不致同时受到损坏。变电所 10 kV 侧单母线分段，不设母联开关；低压侧单母线分段，设母联开关，采用手动联络方式，电气加机械联锁，平时分列运行，变压器日常负载率在 75%左右，当用户高压电缆故障或 1 台变压器检修或故障时，另 1 台变压器可带全部一、二级负荷。计算容量见表 12，用电设备容量见表 13。

表 12 计 算 容 量

总建筑面积(m^2)	设备容量(kW)	计算容量(kW)	变压器容量(kVA)	功率密度(VA/m^2)
46 240	4 510	3 677	4 000	86.50

表 13 用电设备容量

序　号	用 电 设 备 名 称	容量(kW)
1	制冷系统	1 130
2	热水锅炉(冬季用)	60
3	一般动力、照明	1 795
4	公共照明	270
5	电梯	180

续 表

序　号	用电设备名称	容量(kW)
6	消防中心	20
7	电信机房	30
8	弱电控制中心	20
9	变电所	30
10	生活泵	50
11	喷淋泵、消防泵(消防用)	200
12	消防动力(消防用)	441
总装接容量		4 226

10 kV/0.4 kV 变电所设于地下 1 层,层高 6.0 m。为防止变电站受潮、受淹,设置 1 m 深电缆沟。供配电电缆采用电缆沟下进下出方式。变电所内设有良好的机械进、排风设施。设有降湿和排水设施,以满足人员及设备对温度、湿度的要求。

变压器选用环氧树脂浇注低噪声干式变压器 SCB9/10 kV/0.4～0.23 kV,Dyn11,$U_d=6\%$,H 级绝缘,外壳防护等级 IP20 并带冷却风扇和温度控制设备;10 kV 开关柜选用 ZYN－12,采用真空断路器W－VAC,分断能力为 25 kA,防护等级 IP41;低压配电柜选用 Blokset 固定式接线配插拔式空气断路器,分断能力不小于 50 kA,防护等级 IP31。继电保护采用微电脑式多功能继电保护器,并带有通信接口。操作电源采用交流操作方式,低压侧设置成套静电电容器自动补偿装置,以集中补偿形式使高压侧功率因数提高到 0.9 以上。高供高量方式量电,在冷冻机组回路设置低压专用电能计量装置。

变电所设置计算机能量管理控制系统,主机设在变电所值班室内,与大楼 BA 系统联网,10 kV 侧断路器、变压器、直流配电屏等均设置检测模块,能实现远距离实时遥控、遥测、遥信等现代化与智能化管理。

2. 低压配电及线路敷设方式

动力、照明配电线路采用 WDZAYJY－1 kV 低烟无卤 A 级阻燃交联电缆,沿电缆桥架敷设。消防设备配电线路采用低烟无卤 A 级阻燃耐火电缆 WDZANYJY－1 kV 和 BTTVZ 矿物绝缘电缆;动力、照明配电支线采用 B 级阻燃塑料绝缘铜芯线 ZBBYJ－450/750V 穿金属管敷设。

由于建筑平面每 3 层错位布置,各层配电间不能上下贯通,因此利用核心筒布置两处垂直贯通的电气配线竖井,利用设备层将线缆引至各层配电间。低压供配电线路至重要设备配电方式采用放射式,至一般设备配电方式采用放射与树干混合方式配电。消防及重要设备均设置 PC 级双电源末端自动切换开关 ATS,保证供电的可靠性。

3. 照明系统

照度标准及照明功率密度值按《建筑照明设计标准》GB50034－2004 现行值布置。

光源选用 T8 或 T5 直管形高光效荧光灯和紧凑型节能荧光灯,并配以高品质电子镇流器;大空间照明选用以金属卤化物灯为主高光效气体放电灯,配以高品质节能低损耗电感镇流器,大空间照明采用计算机智能照明控制,走道照明采用 BA 控制。

消防疏散通道及楼梯应急照明、地下车库应急照明、应急疏散指示灯、楼梯标志灯、重要机房应急备用照明设置带通信的集中应急不间断电源(EPS)系统供电,放电时间不小于 90 min,通过总线联网至变电所 EPS 管理主机和消防中心,实时监测系统状态。

消防控制室、消防泵房、变电所、地下车库、防烟排烟机房、自备发电机房、电话总机房、计算机房等重要机房设置应急备用照明,事故时能保证正常照明的照度。

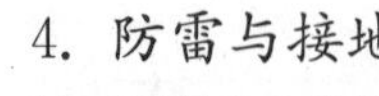

4. 防雷与接地

该工程属二类防雷民用建筑。

该工程变压器中性点工作接地、防雷接地，电气设备保护接地，电梯控制系统的功能接地，计算机功能接地，等电位联结接地及其他电子设备的功能接地合用联合接地体，即利用大楼基础桩基及承台内主钢筋作接地极，要求接地电阻不大于 1 Ω。

设置防直击雷和 45 m 以上防侧击雷措施。

为防止及减少漏电事故的发生和雷电电磁脉冲对电子信息系统的侵害，设置总等电位联接(MEB)，机电竖井设置辅助等电位联结(SEB)，带淋浴的卫生间设置局部等电位联结(LEB)；所有插座回路均设置性能可靠的漏电保护开关；设置雷电电磁脉冲防护等级为 A 级的过电压保护系统。

5. 电气节能设计

(1) 变电所设于负荷中心(主楼地下室)。

(2) 变压器选用难燃、低噪声、高效率、低能耗的节能型产品。

(3) 变电所设置电所计算机控制系统，主机设在变电站值班室，并与大楼 BA 系统联网，10 kV 侧断路器、变压器、低压侧主开关及重要出线回路开关、直流配电屏、柴油发电机等均设置检测模块，能实现远距离实时遥控、遥测、遥信等现代化与智能化管理，以达到节能目的。

(4) 该工程照明灯具以荧光灯及气体放电灯为主，荧光灯采用电子镇流器，嵌入式筒灯采用节能型光源，既提高了功率因数，又降低了能耗。

(5) 国际会议厅、会议室、多功能厅、多媒体中心、接待室、各层小中厅、咖啡厅、入口大厅等公共空间照明控制系统采用计算机控制智能照明控制系统，以适应其不同功能的照明控制需求，既延长灯管的使用寿命，又有利于节能。

(6) 采用楼宇自控系统对电气照明及其他用电设备进行能量自动控制、自动调节、降低能耗。

(7) 大功率水泵设置变频软启动、生活泵等设置变频控制系统，以节约能源。

(8) 变电所低压侧集中设置无功功率自动补偿装置，降低无功损耗，提高电压质量，减小导线截面。

(9) 楼层及大容量设备设置内部考核计量表，便于收集统计用电量，分析和制订切合实际的节电措施。

(二) 弱电

该工程中的弱电设计内容结合了智能建筑的设计标准、建筑项目使用上的特点及投资额的因素，弱电系统由下例子系统组成。

1. 结构化综合布线系统

楼内的语音及数据通信布线网络采用光缆加铜缆一体化的布线系统，语音主干线缆为 3 类大对；数据及图像为多芯多模光纤，水平线缆均为 6 类 4 对双绞非屏蔽线缆铜缆。实现主干为千兆位的标准、灵活、开放的结构化布线系统，满足用户对教学、科研、办公及会议信息化、数字化、网络化的需求。布线系统的拓扑结构为星型方式，具体见图 33。

该工程信息点的设置是按建筑平面布置设计语音、数据信息点，凡有同时具有语言及数据信息点要求的部位设双孔信息终端，只需语音或数据的部位设单孔信息终端，大会议厅均考虑设置无线网络端口。信息端口基本安装方式为墙面型，端口面板采用 86 型，部分为地插型，整个工程信息点为 5378。

综合布线的配线架均采用 483 mm(19 in)标准立柜，高 2 m，配线柜内语音，数据、图像均为 24 口 PATCH PANELS 配线架，终端为 RJ－45 端口。

2. 通信系统

语音通信包含固定有线通信及无线移动通信两部分。

(1) 固定有线通信：

楼内电话通信网络利用已敷设的语音、数据结构化布线系统中的部分链路进行组网。语音水平用

楼层	干线	水平线缆	出口	语音点	数据点
屋顶设备层		2•CAT6 UTP/4P		1	
21层	3•CAT3 UTP/50P；12芯单模光纤线缆•1	261•CAT6 UTP/4P	3只 / 129	127	134
20层	3•CAT3 UTP/50P；12芯单模光纤线缆•1	261•CAT6 UTP/4P	3只 / 129	127	134
19层	1•CAT3 UTP/50P；12芯单模光纤线缆•1	116•CAT6 UTP/4P	4只 / 56	41	116
18层夹					
18层	3•CAT3 UTP/50P；单模光纤线缆(12芯•1,6芯•1)	310•CAT6 UTP/4P	2只 / 154	150	160
17层	3•CAT3 UTP/50P；单模光纤线缆(12芯•1,6芯•1)	309•CAT6 UTP/4P	1只 / 154	150	159
16层	4•CAT3 UTP/50P；单模光纤线缆(12芯•1,6芯•1)	4芯单模光纤线缆•1(大会议室预留)；316•CAT6 UTP/4P；2•CAT6 UTP/4P	2只 / 157；2	153	163
15层夹					
15层	4•CAT3 UTP/50P；单模光纤线缆(12芯•1,6芯•1)	321•CAT6 UTP/4P	1只 / 160	153	168
14层	4•CAT3 UTP/50P；单模光纤线缆(12芯•1,6芯•1)	321•CAT6 UTP/4P	1只 / 160	153	168
13层	4•CAT3 UTP/50P；单模光纤线缆(12芯•1,6芯•1)	321•CAT6 UTP/4P	1只 / 160	153	168
12层夹					
12层	3•CAT3 UTP/50P；单模光纤线缆(12芯•1,6芯•1)	305•CAT6 UTP/4P	1只 / 154	148	161
11层	3•CAT3 UTP/50P；单模光纤线缆(12芯•1,6芯•1)	307•CAT6 UTP/4P	1只 / 156	150	163
10层	4•CAT3 UTP/50P；单模光纤线缆(12芯•1,6芯•1)	4芯单模光纤线缆•1(大会议室预留)；316•CAT6 UTP/4P；2•CAT6 UTP/4P	2只 / 157；2	151	165
9层夹					
9层	3•CAT3 UTP/50P；单模光纤线缆(12芯•1,6芯•1)	305•CAT6 UTP/4P	1只 / 152	145	160
8层	3•CAT3 UTP/50P；单模光纤线缆(12芯•1,6芯•1)	353•CAT6 UTP/4P	5只 / 174	145	160
7层	4•CAT3 UTP/50P；单模光纤线缆(12芯•1,6芯•1)	331•CAT6 UTP/4P；6芯单模光纤线缆•1	1只 / 165；1	146	160
6层夹					
6层	3•CAT3 UTP/50P；单模光纤线缆(12芯•1,6芯•1)	303•CAT6 UTP/4P	1只 / 151	145	158
5层	3•CAT3 UTP/50P；单模光纤线缆(12芯•1,6芯•1)	303•CAT6 UTP/4P	1只 / 151	145	158
4层	3•CAT3 UTP/50P；单模光纤线缆(12芯•1,6芯•1)	4芯单模光纤线缆•1(大会议室预留)；306•CAT6 UTP/4P；2•CAT6 UTP/4P	2只 / 152；2	146	159
3层夹	6芯单模光纤线缆•18；12芯单模光纤线缆•18				
3层	三层电脑托管机房	101•CAT6 UTP/4P	1只 / 50	50	51
2层	2•CAT3 UTP/25P；6芯单模光纤线缆•1	5•CAT6 UTP/4P	6只 / 1	2	6
1层	6芯单模光纤线缆•1	26•CAT6 UTP/4P	2只 / 12	12	18
地下1层	由校内网络引来电信局引来数据光缆；由校内电信局引来通信光缆；59•CAT3 UTP/50P；1•CAT3 UTP/25P 至B楼预留；6芯单模光纤线缆•1 至B楼预留；地下层弱电进户间；地下一层弱电控制中心	12•CAT6 UTP/4P	6	6	6
合计				2598	2727

注:本表未计无线端口数据信息点.

图例说明:

- 语音/数据/图像通讯出口(单孔) SCAT6 RJ45
- 语音/数据/图像通讯出口(双孔) SCAT6 RJ45
- 语音/数据/图像通讯出口(无线) SCAT6
- 数据/图像通讯出口(双孔) 光纤
- LIU 层光纤配线架
- 层配线架
- 语音通讯设备
- 数据通讯设备

设计说明:

本工程三层电脑托管机房设有计算机网络总配线架,用于楼内计算机网络用户设置局域网络，层面弱电间已考虑通风要求，可以设置一定数量的楼层组网用网络交换机。

本工程内的信息点统计是按建筑功能设置，考虑每个办公位置两个信息点。

图中数据竖干采用单模光缆是应校电信管理部门的要求，工程内的的所有布线设备、网络设备均有校指定的网络公司免费提供.

系统图中语音点的统计仅作学校电信管理部门及大楼用户参考，具体开通数量由上述双方商定，楼内布线设计可满足表中要求，系统图中引入铜缆及光缆数量由校电信部门确定.

地下层弱电进户间内设通信交接架及防雷保护装置.

图 33　语言、数据、图像结构化布线系统图

户为 4 对线，竖向为 2 对线，可以实现数字化语音通信。

楼内电话用户终端就使用功能可按使用者要求设定国际国内长途专线、可视电话专线、消防电话专线，图文传真及数据通信等。电话终端数为 2635 门。

通信线路由校电信总机房引入通信电缆，内部不设电话交换设备。作为学校虚拟交换通信网的一组用户端，楼内电话用户的使用功能增减及话费核算均由校电信部门处理。

(2) 无线移动通信：

无线移动通信采用光纤接入，计中国移动、中国联通及小灵通三种接收设备及室内网络。在楼内设无线移动通信中继接收设备，微型室内发射天线分布楼内各层。

3. 安保系统

该工程的安全技防按一级防范等级设置安防措施，安保系统由电视监控系统和防盗入侵报警系统两部分组成，子系统设联动接口。

(1) 电视监控系统：

摄像机分布在主要出入口、楼层主要通道、展览大厅、电梯厅、电梯轿厢地下车库及室外广场等处。在有些监控范围大的场地，采用变焦距、变焦点、自控光圈、左右上下摇动的一体化摄像机，安保人员可从安保控制室的监视器获悉各区、层范围内情况，可自动转换，时间可调。

系统采用黑白及彩色 8.5 mm(1/3 in)CCD 摄像机，摄像机水平清晰度黑白不低于 500 电视线，彩色不低于 460 电视线。整个系统以彩色为主，除地下层、电梯桥厢内采用黑白摄像机外，其余均为彩色摄像机。室外安装的摄像机均为全方位彩色/黑白昼夜切换型，整个系统共由 61 台高性能的摄像机构成。

前端系统采用满足 64 路输入，8 路输出微机矩阵主机，主机切换输出的视频信号在 3 台 457 mm (18 in)彩色监视器上显示，同时将输出视频信号送至 4 台 16 路数字硬盘录像机进行录像，并在 3 台 457 mm(18 in)彩色监视器及 1 台 1 067 mm(42 in)等离子大屏幕监视器显示，详细配置见图 34。

(2) 防盗入侵报警系统：

防盗入侵报警探测器设在 1 层的出入口及各层电梯厅出口、通道处，便于夜间仅利用入侵报警系统实现简单的安保布控。

防盗入侵报警探测器采用被动型红外/微波双鉴探测器，系统与校公安部门 110 联网。

(3) 电子巡更系统：

系统采用无线网络，巡更信息收集点设置在各层的楼梯间处，安保人员在指定时间到达指定地点输入信号，安保控制室可动态的监控巡更路线的安全。

4. 有线电视系统

电视信号由校园内的有线电视网络引来，楼内信号传输网络由同轴视频电缆、分支器、分配器和放大组成。系统的各项电气性能指标满足上海市广电部门的要求，系统采用 5～860 MHz 邻频双向传输，电视终端电平控制在 69 db±3 db 范围，图像质量主观评价不低于 4 级。

电视终端主要设在各会议等处。

5. 公共广播及紧急广播系统

公共广播与消防广播的主机设备设于不同的控制机房。

(1) 公共广播：

公共广播主要用于楼内的背景音乐及广播通知。

系统兼消防紧急广播功能，各项性能指标满足语音广播兼播放一般音乐。在楼内的公共部位设功率为 3 W 的扬声器，实际输出可按播放节目的形式而定，大开间增设背景音响用扬声器且设有调音开关。系统采用定电压输出方式，传输电压采用 100 V，系统信噪比大于 50 dB，频率特性为 80～8 000 Hz。

(2) 消防广播：

地下层、大会议室、夹层、电梯机房层设专用消防广播扬声器，其功率为 3 W，其他层的广播末端利用背景音响系统。各层的消防广播线路的接通是利用相应的火灾报警控制模块进行，要求所有带音量

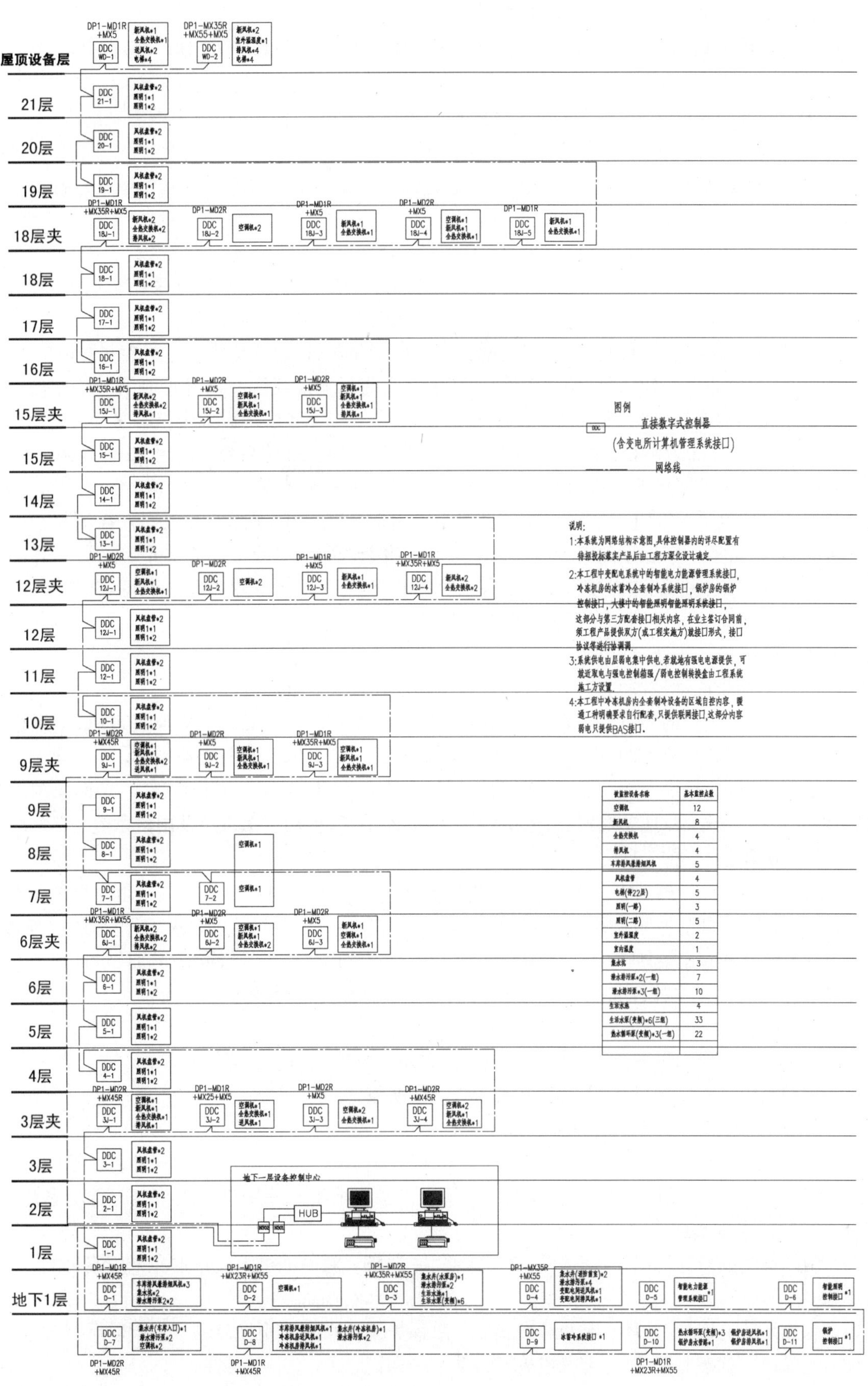

图 34　楼宇设备自控系统图

开关的公共广播在消防广播时切换至最大广播音量。

消防广播由消防控制室引出一路 100 V 定电压信号至各层。每层 1 个广播区域，共分 28 个分区。

6. 火灾自动报警及消防联动控制系统

该工程为一类高层建筑，火灾自动报警系统按一级保护对象设防，采用集中报警系统的形式。楼内设置一套国产高可靠性、智能化的火灾自动报警系统。

消泵房、变配电间、冷冻机房、锅炉房及消防电梯机房内设固定消防电话，各层手动报警按钮均带消防电话插孔，消防值班控制室设火警专线电话。

(1) 火灾报警部分：

该工程由于建筑空间设计复杂，有大量的变异大空间，火灾自动报警系统除采用常用的点式火灾自动探测系统外，对大空间建筑处采用响应快、高可靠性的图像火灾报警系统。

点式火灾报警自动探测器由普通及智能型光电感烟探测器、普通及智能型感温探测器组成。除自动报警探测器外，手动报警按钮、消火栓动作信号、喷淋水流指示器及喷淋和雨淋水流闸阀动作信号、消防水箱液位低水位信号及燃气报警探测器均接入该消防报警系统。各层均设火灾报警复示屏。

火灾自动报警系统线路在每个报警回路上均设短路隔离器。报警系统共采用 12 个回路。

附楼独立设一套小点数火灾报警系统与主楼主系统联网。

大于 8 m 以上的大空间上方设智能型线型光束图像探测器，中庭采用双波段图像探测器，利用其智能成像和直观可视的特性，以期达到提高该楼火灾自动报警的防护等级。

图像火灾探测报警系统作为楼内消防报警系统的补充，与常规火灾报警系统联网，并将双波段中的视频图像送安保系统。大空间火灾报警系统图见图 35。

(2) 消防联动控制部分：

该工程内的消防联动控制均按火灾自动报警系统设计规范要求进行。

火灾报警后，按设置的控制程序联动下例与消防有关的设备：空调风机、新风处理机、排风机、送风机、正压风阀、排烟风阀、防火阀、正压风机、排风兼排烟风机、排烟风机及消防补风机。

火灾报警确认后，按设置的控制程序联动下列与消防有关的设备：声光报警装置、消防紧急广播、电梯、防火卷帘、非消防电源、应急照明、疏散指示灯、消火栓系统、自动喷水系统及雨淋系统。

7. 楼宇设备控制管理系统

采用楼宇设备控制管理系统。该系统为集散控制，具有开放性和可扩展性。系统由中央工作站、网络服务器、直接数字控制器、各类传感器及电动阀等组成，其控制程序可根据不同要求、不同季节进行调整；所有报警点在报警时均有记录；所取的模拟信号、数字信号可根据用户要求进行定时、定日、定月记录。

系统在中心机房设主控，同时在冷冻机房、锅炉房设副控。

系统需监控的楼内机电设备为：

(1) 公共部位的照明设备。中庭照明系统控制采用与智能照明控制器联网方式。

(2) 空调风机、新风处理机、排风机、排风兼排烟风机及送风机。

(3) 给排水系统的生活泵及排水泵。

(4) 水箱、水池。

(5) 变配电所的高、低压、变电装置及发电机组。该工程采用系统接口方式与变配电所电力智能监测管理系统联网采集数据。

(6) 制冷系统的冷冻机组、冷冻水泵、冷却水泵、冷却塔。对冷冻机组设备本身采用接口的方式读取运行参数。

(7) 制热系统的锅炉、循环水泵及热交换器。对锅炉设备本身采用接口的方式读取运行参数。

(8) 电梯运行状态监视，紧急情况或故障自动报警和记录。

(9) 风机盘管采用三速调温开关独立控制，并纳入楼宇设备自控大系统，利于管理、控制及节能。

(10) 电梯运行状态信号及电梯运行模拟显示。

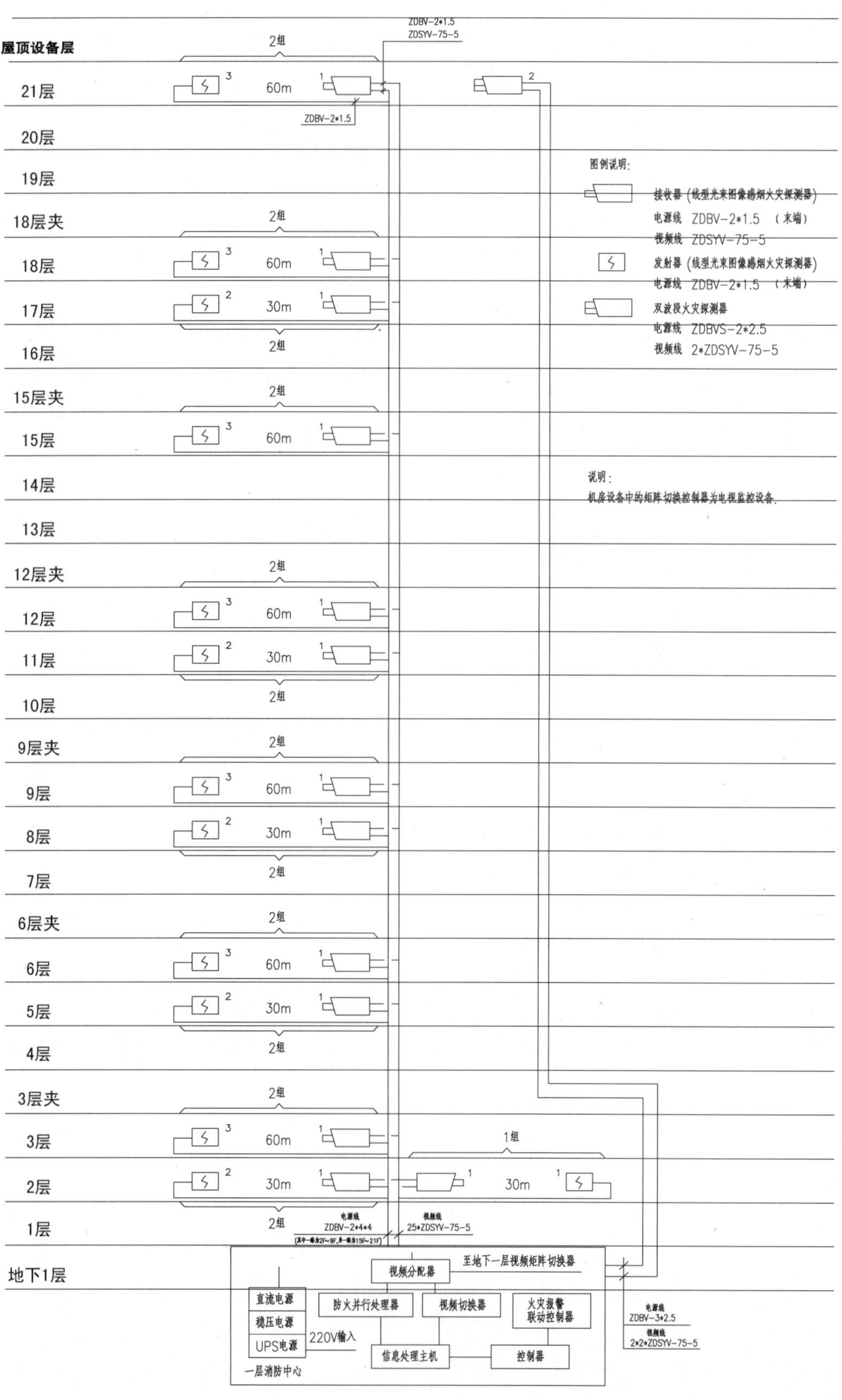

图 35 大空间火灾报警系统图

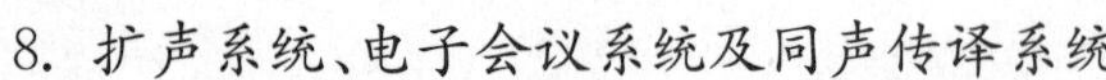

8. 扩声系统、电子会议系统及同声传译系统

所有大教室均设扩声设备，扬声器箱挂于教室前面及中间，话筒采用无线话筒的方式，各教室独立配置，根据需求还可配置摄影设备。部分小会议室考虑设多媒体桌面子会议系统，根据需求分别设置具有讨论、表决、投影、录音和桌面LCD显示功能，设计上考虑设两套具备讨论、投影功能，一套具备上述全部功能。

大会议厅及国际会议厅设计良好的扩声系统音响系统，技术性能指标上采用厅堂扩声系统声学特性指标中的语音和音乐兼扩声系统的一级标准。大会议厅及国际会议厅前面两侧设背投显示，内设一套高性能的会议扩声设备，厅内设会议电视摄像系统及大屏蔽等离子显示屏，可召开远程视频会议。国际会议厅增设4路同声传译，系统为无线红外形式。

9. 电子公告系统

1层入口设全彩LED大屏幕显示设备，用于显示会议通知、可视图像等信息，显示屏采用ϕ3.7 mm双基色LED，尺寸为3 m×2 m。

10. 智能化集成系统

该工程的弱电智能化集成是将楼内的各弱电子系统进行系统功能控制集成，要求各子系统相互开发网络联网接口协议，便于物业管理中心在一个操作平台上对楼内的所有机电设备进行系统化管理。

具体集成的弱电子系统为：消防报警系统、安保系统、电视系统、广播音响系统进行综合管理。集成的重点为机电设备功能集成，统一操作平台，方便物业管理。

11. 计算机局域网系统

该工程的内部计算机局域网利用中心内的综合布线系统进行组网，网络系统采用以太网TCP/IP协议。内设计算机主机系统、数据储存器、服务器、网络交换机及INTERNET接入设备。系统的硬件配置及软件功能由计算机网络及软件系统工程公司按业主的需求进行设备安装及软件二次开发。

该工程许多弱电系统的应用是在局域网的基础上组网，建成后可实现如下等功能：

(1) 电子邮件服务。

(2) 办公自动化管理系统。

(3) 电子售票检票系统。

(4) 接入INTERNET网络等。

12. 其他

所有弱电进出电缆均考虑设弱电防雷保护。

五、暖通设计

(一) 设计标准

1. 室内设计参数(见表14)

表14 室内设计参数

场所 / 指标	办公室、研究室		大教室、会议室		展厅、茶室、多媒体中心、国际会议厅	
	夏季	冬季	夏季	冬季	夏季	冬季
干球温度(℃)	25	22	24	18	24	20
相对湿度(%)	<65	>30	<65	>30	<65	>30
新鲜空气量[m^3/(h·人)]	40		30		30	

2. 通风类型和换气次数

(1) 水泵房设置机械排风系统,进风采用侧墙百叶自然进风,排风量按 4 次/h 换气次数计算。

(2) 变电所设置机械送排风系统,送排风量按电气专业所提发热量计算。

(3) 地下停车库设置机械排风系统,进风采用车道自然进风,排风量按 6 次/h 换气次数计算。

(4) 冷冻机房设置机械送排风系统,送排风量按 6 次/h 换气次数计算。

(5) 锅炉房设置机械送排风系统,送排风量按 20 次/h 换气次数计算。

(6) 公共卫生间设置机械排风系统,排风量按 10 次/h 换气次数计算。

(二) 空调冷热源

1. 主楼空调冷源

主楼空调冷源采用冰蓄冷系统,系统采用分量蓄冰方式,双工况冷水机组与盘管蓄冰装置串联,主机上游。设计工况的供冷运行策略为主机优先,部分负荷时可按融冰优先甚至全量蓄冰模式运行。系统流程图见图 36。

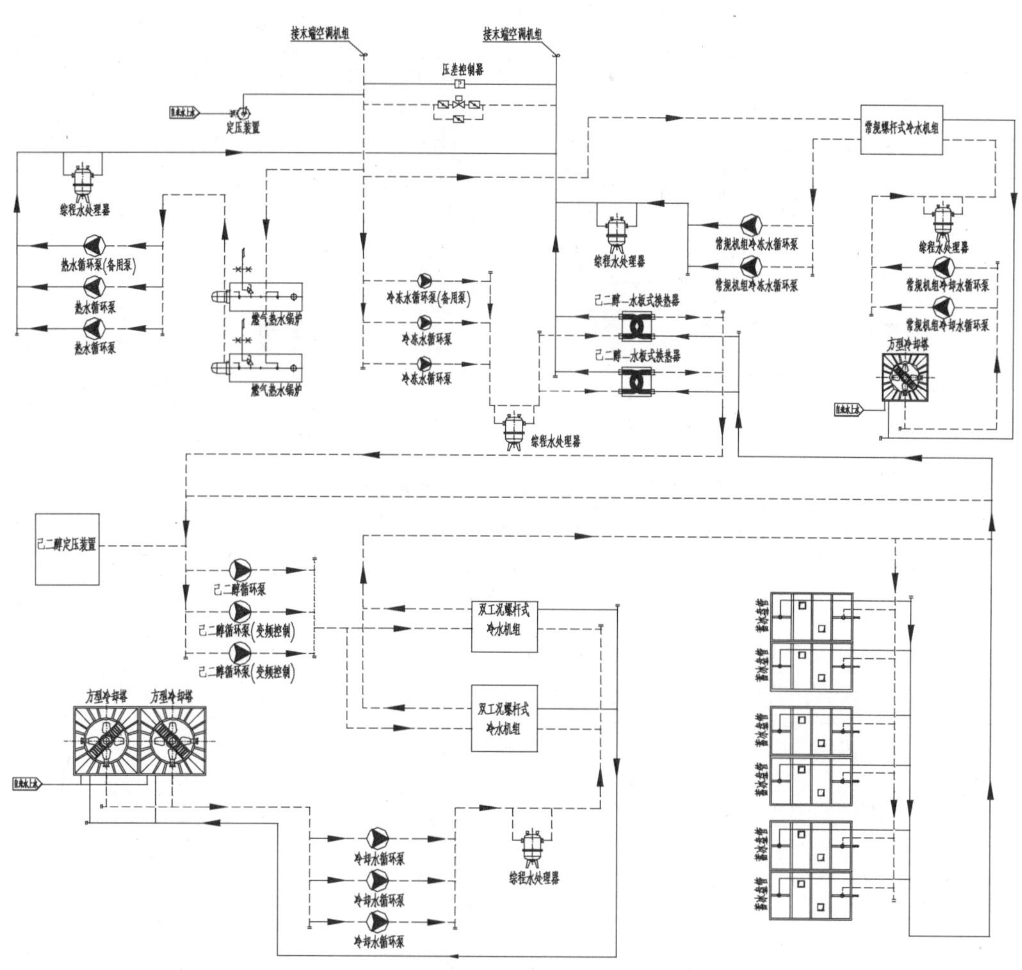

图 36　冰蓄冷系统流程图

蓄冰装置采用 6 台塑料盘管蓄冰装置,蓄冷量为 4290RTH,占设计日空调负荷总量的 32%。主机采用 2 台双工况螺杆式冷水机组和 1 台常规螺杆式冷水机组,制冷工质均为 R22。每台双工况主机空调工况(6.0℃/11.0℃)时制冷量为 411RTH,制冰工况(−2.2℃/−5.5℃)时制冷量为 275RTH,载冷剂采用容积百分比浓度为 25%的己二醇溶液;常规螺杆式冷水机组用作基载主机满足晚间双工况主机制冰时整个大楼的部分空调负荷,制冷量为 105RTH。制冷机总的装机容量比常规系统减少 23%。

冰蓄冷系统可以按照以下工作模式运行:

(1) 基载主机单独供冷。

(2) 双工况主机单制冰。

(3) 融冰单独供冷。

(4) 双工况主机单独供冷。

(5) 双工况主机与蓄冰装置联合供冷。

其中模式(1)仅用于晚间双工况主机制冰状态时。

设计日系统运行负荷图见图37,系统主要设备配置见表15。

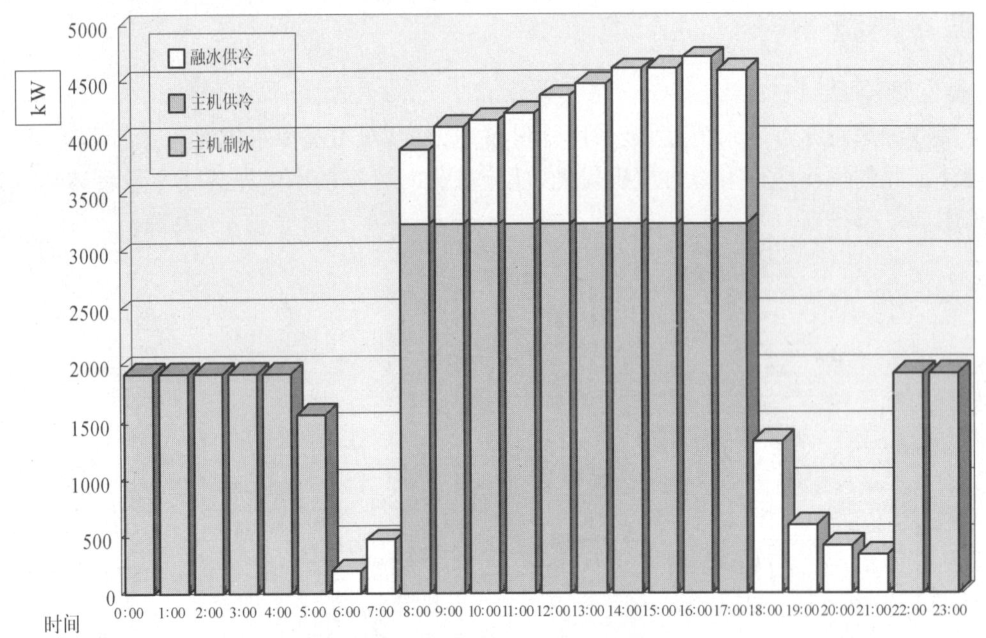

图37 冰蓄冷系统空调设计日运行负荷图

表15 冰蓄冷系统主要设备配置表

序号	设备名称	设备规格	单位	数量	备注
1	双工况螺杆式冷水机组	$Q_{空}=411$RTH,$Q_{冰}=275$RTH	台	2	
2	常规螺杆式冷水机组	$Q=105$RTH	台	1	
3	盘管式蓄冰装置	蓄冰量715RTH	台	6	
4	板式换热器	换热量2 150 kW	台	2	
5	冷冻水循环泵	$G=370\ m^3/h$,$H=33$ m	台	3	两用一备
6	常规机组冷冻水循环泵	$G=65\ m^3/h$,$H=30$ m	台	2	一用一备
7	己二醇循环泵	$G=270\ m^3/h$,$H=40$ m	台	3	两用一备
8	冷却水循环泵	$G=350\ m^3/h$,$H=25$ m	台	3	两用一备
9	常规机组冷却水循环泵	$G=80\ m^3/h$,$H=33$ m	台	2	一用一备
10	双工况主机冷却塔	$G=350\ m^3/h$,$N=15$ kW	台	2	
11	常规主机冷却塔	$G=80\ m^3/h$,$N=2.2$ kW	台	1	

2. 主楼空调热源

主楼空调热源采用燃气热水锅炉直接向空调末端提供60℃/50℃的空调供回水。其中燃气热水锅炉额定功率1 400 kW,选用2台;供热水泵流量为130 m³/h,扬程33 m,共选用3台,两用一备。

3. 附楼空调冷热源

附楼空调冷热源采用1台48匹变频变冷媒多联机系统室外机满足附楼展厅的冷热负荷需要。

(三) 空调供回水系统

1. 已二醇水溶液系统

冰蓄冷系统的融冰出水温度为3.5℃,在白天融冰供冷期间,流经储冰装置的低温已二醇水溶液经板式换热器换热、自控系统控制后,提供稳定的7℃的冷冻水供给空调末端机组使用,末端机组回水温度为12℃。

每台已二醇循环水泵的流量为270 m³/h,扬程为40 m,共选用3台,其中1台为备用水泵,其余2台采用变频控制。冰蓄冷系统夜间制冰期间,循环水泵采用定频(50 Hz)运行;在白天融冰供冷期间,循环水泵采用变频运行,在控制系统的指示下,根据冷负荷的变化,调节进入储冰装置的已二醇溶液流量,保证板式换热器冷测的恒定供水温度,满足空调冷负荷需求。

2. 冷冻水系统

冷冻水系统采用两管制异程式系统,其中垂直立管采用同程式系统,水平管采用异程式系统,冷冻水的供回水温度为7℃/12℃。末端空调箱回水管上设置比例式电动两通阀与动态平衡阀组合为一体的流量控制阀,末端风机盘管回水管上设置开关式电动两通阀与动态平衡阀组合阀。另外,空调冷冻水供回水总管上设置压差调节阀和电动旁通阀,通过压差控制器控制旁通阀的开启度,改变旁通流量,根据旁通阀的流量控制冷冻水循环水泵的开启台数,从而达到节能的目的。冷冻水循环水泵的流量为370 m³/h,扬程为33 m,共选用3台,其中1台为备用水泵。

为了满足晚间双工况主机制冰时整个大楼的部分空调负荷,空调系统设置了1台常规螺杆式冷水机组,制冷量为105RTH,配置了2台冷冻水循环水泵,其中1台为备用水泵,每台泵的流量为80 m³/h,扬程为33 m。

3. 冷却水系统

对应每1台冷水机组各设置1台冷却塔。其中2台冷却塔的冷却水量为350 m³/h,相应配置3台冷却水泵,水泵流量为350 m³/h,扬程为25 m,其中1台为备用水泵。另外1台冷却塔的冷却水量为80 m³/h,相应配置2台冷却水泵,水泵流量为80 m³/h,扬程为25 m,其中1台为备用水泵。

4. 热水系统

冬季采用燃气热水锅炉直接向空调末端提供60℃/50℃的空调供回水。其中燃气热水锅炉额定功率1 400 kW,选用2台;供热水泵流量为130 m³/h,扬程33 m,共选用3台,两用一备,满足系统的采暖要求。

冷热水系统均采用气压罐定压方式,冷热水及冷却水系统均设置综程水处理装置,保证空调水系统长期有效、稳定的运行。

(四) 空气处理系统

1. 空调风系统

根据各层房间的用途不同,采用了不同的空气处理机组:

(1) 位于16～18层的国际会议厅采用座椅送风的置换空调系统,回风和排风均设置在国际会议厅顶部。

(2) 位于3层的大教室和大楼内公共区域均采用低风速全空气单风道空调系统,回风采用侧墙百叶下回风。

(3) 每个楼层内小开间办公室及研究室均采用风机盘管加新风空调系统,新风经位于设备夹层内新风处理机组处理后直接送至各房间内。

(4) 新风和排风系统均采用竖向设置,每3层为一个系统,新风机组和排风机均设置在各层设备夹

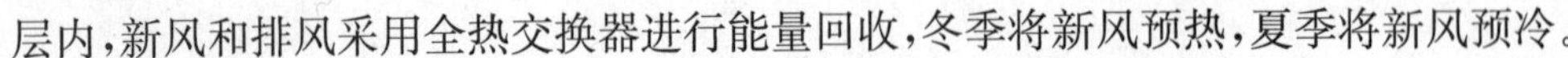

层内，新风和排风采用全热交换器进行能量回收，冬季将新风预热，夏季将新风预冷。

2. 机械通风系统

(1) 地下车库和水泵房均设置机械排风系统，补风均采用自然进风。

(2) 变电所、冷冻机房及锅炉房均设置机械送排风系统。

(3) 大教室、会议室、国际会议厅、茶室、咖啡厅及公共卫生间等均设置机械排风系统。

(4) 在屋顶设备层设置一组排风机，用以排除积聚在中庭顶部的废气和热气。在过渡季节可利用控制排风机开启台数的组合，使整栋大楼内部产生自然通风的效果，既改善了室内的空气品质，也降低了空调系统的能耗。

3. 防烟系统

防烟楼梯间和合用前室分别设置独立的正压送风系统，在火灾时保证合用前室有 25 Pa、防烟楼梯间有 50 Pa 的正压值。前室每层设置一个常闭送风口，火灾时打开着火层前室送风口；楼梯间每隔 2～3 层设置一个自垂式百叶送风口。正压送风机均设置屋顶设备层。

4. 排烟系统

(1) 大楼内所有回廊走道、大中庭无可燃物，且与回廊相连的房间内设有符合消防要求的排烟措施，房间与回廊设置防火隔断，所有回廊和大中庭不考虑排烟系统，并通过防排烟性能化设计对此进行验证。

(2) 1～3 层异型体采用自然排烟系统，异型体侧墙设置不小于异型体建筑面积 2%的电动排烟窗。其余异型体设置机械排烟、机械补风系统，排烟量按 90 $m^3/(h \cdot m^2)$计算，排烟风机和补风风机均设置在与异型体相连接的下部设备夹层内，烟气直接排至室外，所有异型体内的补风风管与空调回风风管合用，补风风管和回风风管上均设置电动防火阀，回风风管上的电动防火阀常开，火灾时由消防控制中心在 15 秒时间内远程关闭；补风风管上的电动防火阀常闭，火灾时由消防控制中心在 15 秒时间内远程打开，并与补风风机联锁，排烟采用独立的排烟风管。

(3) 所有异型体外侧小中庭设置机械排烟系统，排烟风机设置于上 1 层设备夹层内，烟气直接排至室外，补风采用自然补风，每个小中庭底部设置 10 扇平推窗，窗体尺寸为 1 350 mm×950 mm。小中庭与回廊走道和大中庭之间设置电动挡烟垂帘，火灾时由消防控制中心远程或就地开关打开，保证烟气不进入回廊走道和大中庭。所有电动挡烟垂壁应能在 20 秒内下降到离地 2.1 m 处，电动挡烟垂壁材料采用不燃或难燃材料(耐火时间≥30 min)，挡烟垂壁与建筑结构(柱或墙)面的缝隙不应大于60 mm，由数块挡烟垂帘组成的连续性挡烟垂壁各块之间部分重叠，挡烟垂壁的驱动装置动作可靠。

(4) 大楼内所有外部办公室、研究室等房间利用不小于房间面积 2%的可开启外窗进行自然排烟。

(5) 与核心筒相邻的会议室设置机械排烟系统，排烟按 60 $m^3/(h \cdot m^2)$计算，排烟系统每 3 层设置一组，将烟气直接排至室外。

(6) 2～3 层阶梯教室设置机械排烟系统，排烟量按 90 $m^3/(h \cdot m^2)$计算，排烟风机设置于 3 层设备夹层内，烟气直接排至室外。

(7) 19～21 层内走道设置机械排烟系统，排烟量按 60 $m^3/(h \cdot m^2)$计算，但排烟量不小于 13 000 $m^3/(h \cdot m^2)$。

(8) 地下汽车库设置机械排烟、车道自然补风系统，排烟量按 6 次/h 换气次数计算，排烟系统与平时排风系统合用。

(9) 地下室内超过 20 m 的内走道设置机械排烟系统，排烟量按 60 $m^3/(h \cdot m^2)$计算，但排烟量不小于 13 000 $m^3/(h \cdot m^2)$。

(五) 消声隔振

由于该建筑为学校教学科研综合楼，加上空调系统空调处理机组安装于各层设备夹层内，对噪声和振动控制要求较高，故本设计在以下几方面进行了处理：

(1) 通风和空调系统,所有设备管道连接处均设置软接头,其中防排烟系统设非燃性软接头,通风和空调系统设帆布软接头。

(2) 空调机房在建筑上采用隔声密闭门、密闭窗、墙面内贴吸声材料等隔声措施。

(3) 制冷机房内的主机,水泵底座下均设置减振基础,连接的进出水管道均设置减振支吊架。

(4) 所有吊装的新风机组、风机、风机盘管等均设减振支吊架。

(5) 柜式空调机组送回风主管上均设管道式消声器。

(6) 所有送风、回风管道穿越机房墙壁时,必须把预留洞孔的四周除用水泥堵塞外,必要时还须用沥青麻丝嵌密,防止漏声。

(六) 管道与保温

1. 风管

(1) 空调风管及一般送、排风管均采用镀锌钢板制作。其壁厚按《通风与空调工程施工质量验收规范》选用。排烟管道壁厚按《高层民用建筑设计防火规范》8.1.5 条文说明选用。

(2) 空调风管保温采用离心玻璃棉板材,厚度取 30 mm,密度为 48 kg/m^3,防潮层采用复合铝箔。

2. 水管

(1) 空调供回水管管径>DN100 采用无缝钢管,≤DN100 采用镀锌钢管,己二醇水系统管道采用无缝钢管。补给水管、排水管、溢流管等采用镀锌钢管。冷凝水管采用聚氯乙烯芯层发泡管及其管配件连接。无缝钢管和镀锌钢管均采用法兰或焊接连接。

(2) 冷热水供回水管、冷凝水管、集管、阀门等,均采用橡塑保温材料保温。冷热水管管径 DN<50,保温厚度 25 mm;DN50~DN80,保温厚度 30 mm;DN100~DN200,保温厚度 35 mm;DN >200,保温厚度40 mm,冷凝水管保温厚度 15 mm。

(3) 水管路系统中的最低点处,配置 DN25 泄水管,并配置相同管径的闸阀或蝶阀,在最高点处配置 DN15 ZP-Ⅱ型自动排气阀。空调机及新风空调机排水口处设置水封,并将凝结水排至机房内地漏。

(4) 管道穿越墙壁和楼板,设置钢制套管,套管内径应大于保温层管道外径 30 mm,安装套管,其顶部应高出地面 80 mm,底部应与楼板底面相平,安装在墙壁内的套管与管道之间用非燃性保温材料填实。

上海
紫竹科技园区

建设单位：紫竹科技园区发展有限公司

设计单位：华东建筑设计研究院有限公司

施工单位：上海建工集团第二建筑有限公司

撰 稿 人：沈久忍　胡　寅

一、建筑设计

(一) 场地概述

上海紫竹科技园区广场设东、西两区，其中西广场为SOHO办公区与园区行政办公等，东广场为SOHO办公区。西广场位于上海市闵行区内，北起东川路，南至广场路，东临莲花路；用地面积47 942 m^2。西广场规划用地为高级科技办公区用地，建筑面积为39 717 m^2(不包括半地下层面积6 286 m^2)，共有3栋建筑。其中，1号楼最高为4层，以园区行政办公为主，并有电信、银行、海关等服务配套设施。2号楼最高为6层，设半地下层。3号楼最高为8层，设半地下层。2号及3号楼建筑以SOHO办公为主，并拥有健身娱乐、半地下车库等服务配套设施，组成配套服务完整的现代化SOHO办公区(见图1)。

图1 上海紫竹科技园区

(二) 总体设计

西广场3栋楼沿广场路弧形东西展开，建筑物北侧设有下沉式绿化休闲广场，西广场内有7 700 m^{2}的弧形人工湖，以水作为建筑空间与自然空间之间的分隔。联系东西广场的道路是整个基地天然的纽带，它不仅联系了科技孵化楼群室外的交通关系，也联系了科技孵化楼与行政楼及大型人工湖，是广场中人流的主要步行枢纽和休闲及交流的场所。所有的功能都自东向西逐一展开，人工湖是莲花路和行政楼、SOHO楼的中心，是三者共同的对景，使建筑、绿化、湖面三者互相交融辉映。

基地南侧沿广场路设两个出入口，北侧沿东川路为下沉式广场步行入口，东侧设有隧道穿越莲花路与东广场相连，东西广场人工湖水面连为一体，莲花路在穿越人工湖时为桥梁(见图2)。

(三) 单体设计

3号楼为科技孵化(SOHO)办公楼，南部高4层，北部高8层，采用大型采光中庭的空间手法，结合多中庭，和面阳坡面，形成优良的室内办公环境。办公楼标准层由采光天井分割为南北两部分。四角设4部消防疏散楼梯，北部楼体两侧各设消防楼梯1部，并在单侧通道口设1部弧形观光电梯(见图3～

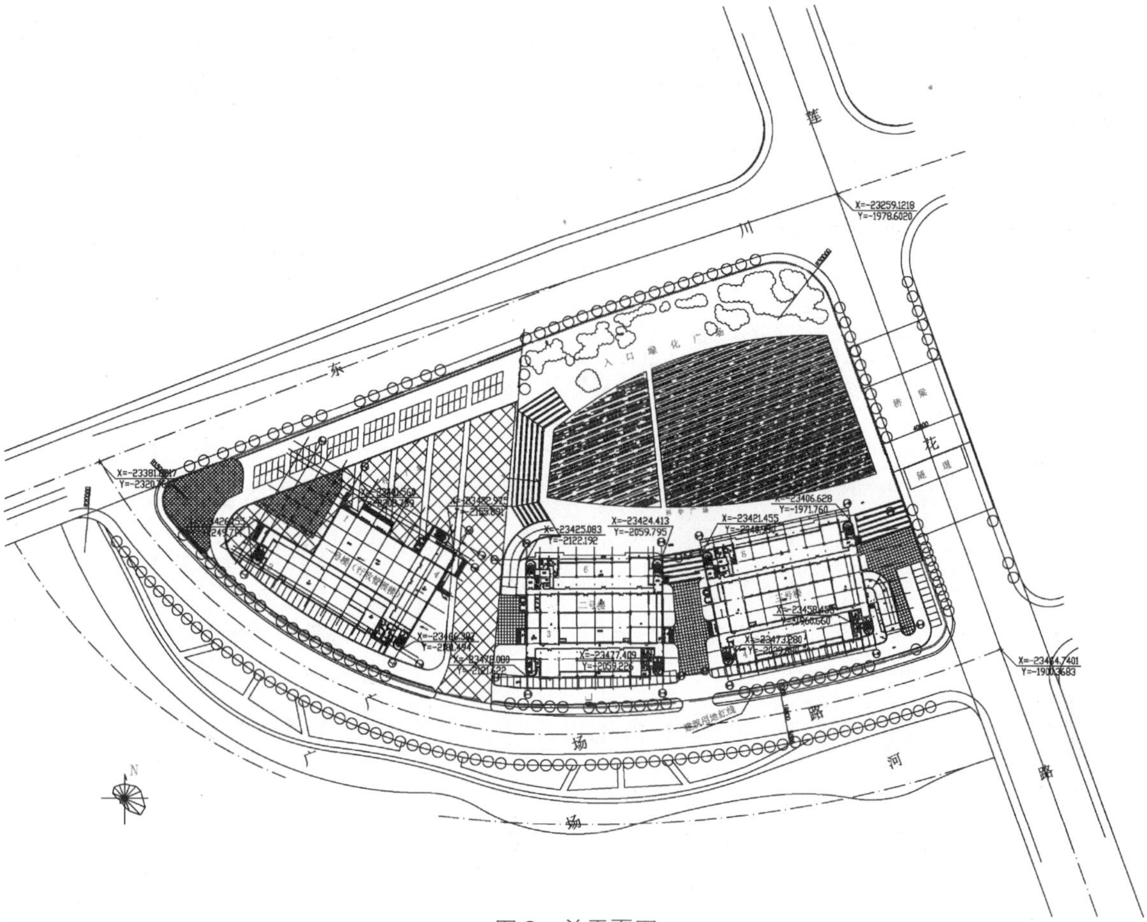

图2　总平面图

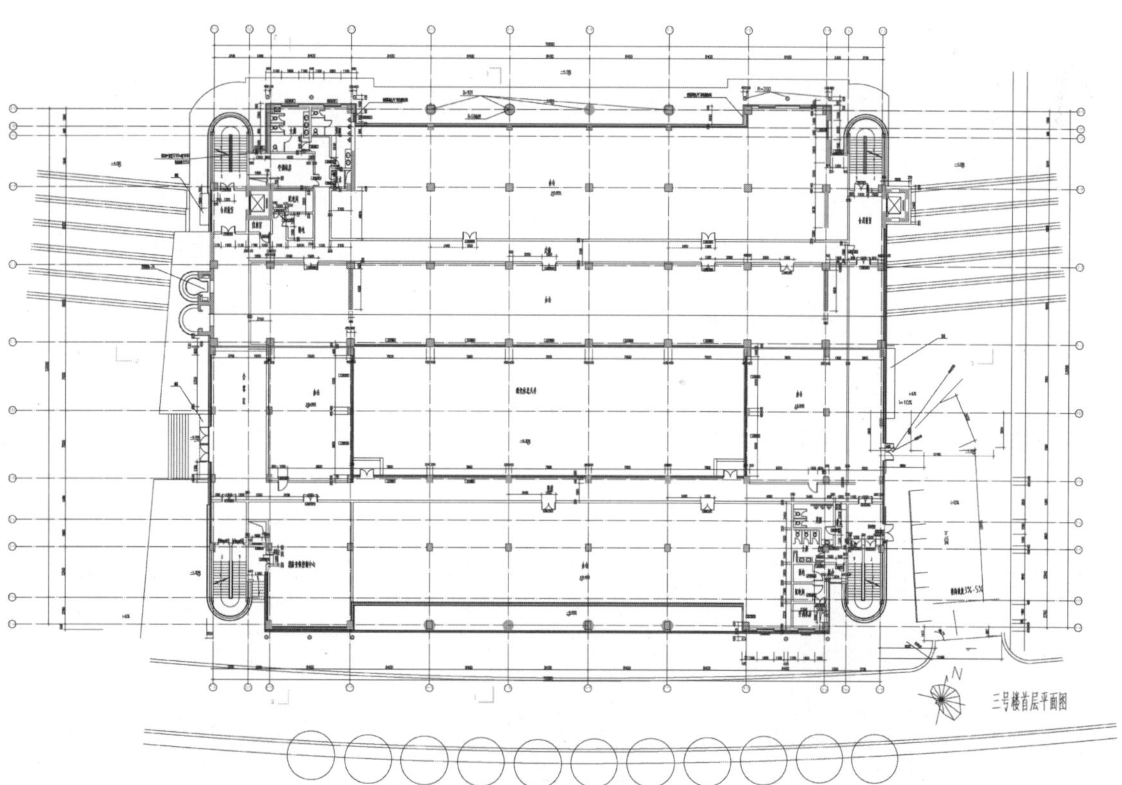

图3　3号楼一楼平面图

图 5)。平面交通系统布局平衡，办公空间集中完整，利用率高，并拥有良好的采光通风环境。设备机房与办公区域分割合理，起到了良好的隔噪效果。屋面设有跨越中庭并连接南、北楼顶的巨型倾斜弧形钢屋架。

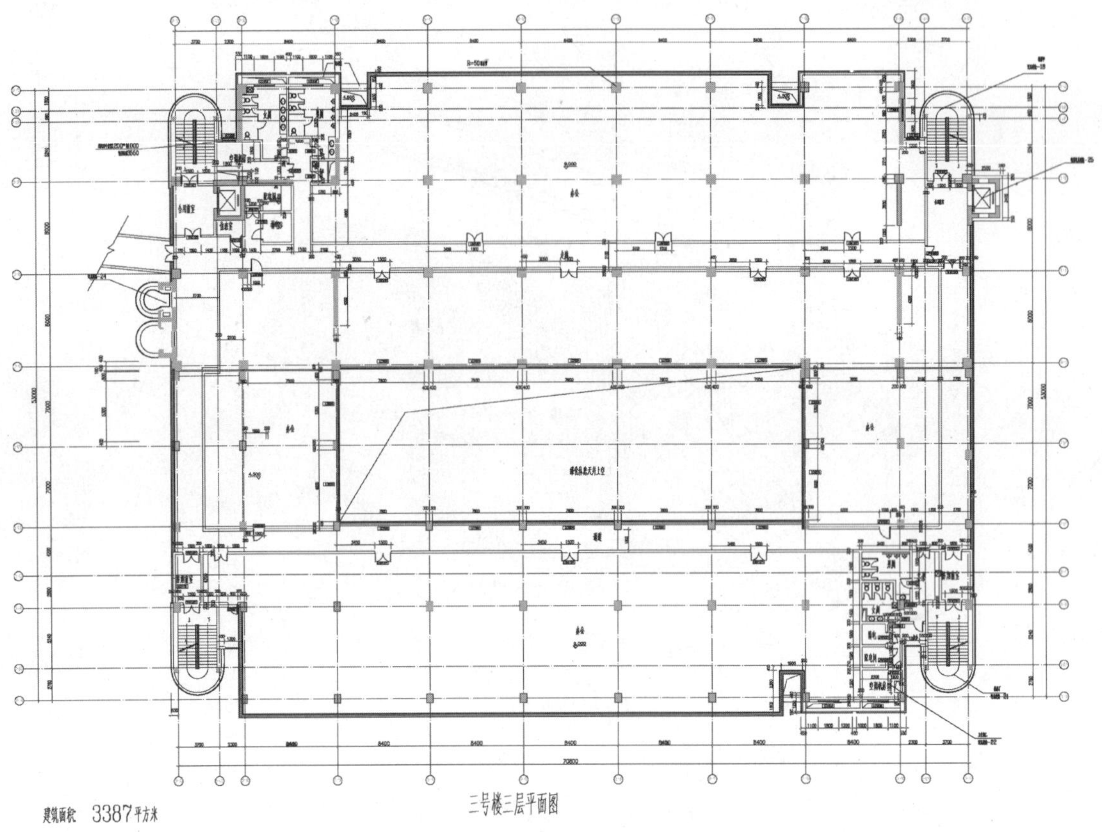

图4　3号楼3楼平面图

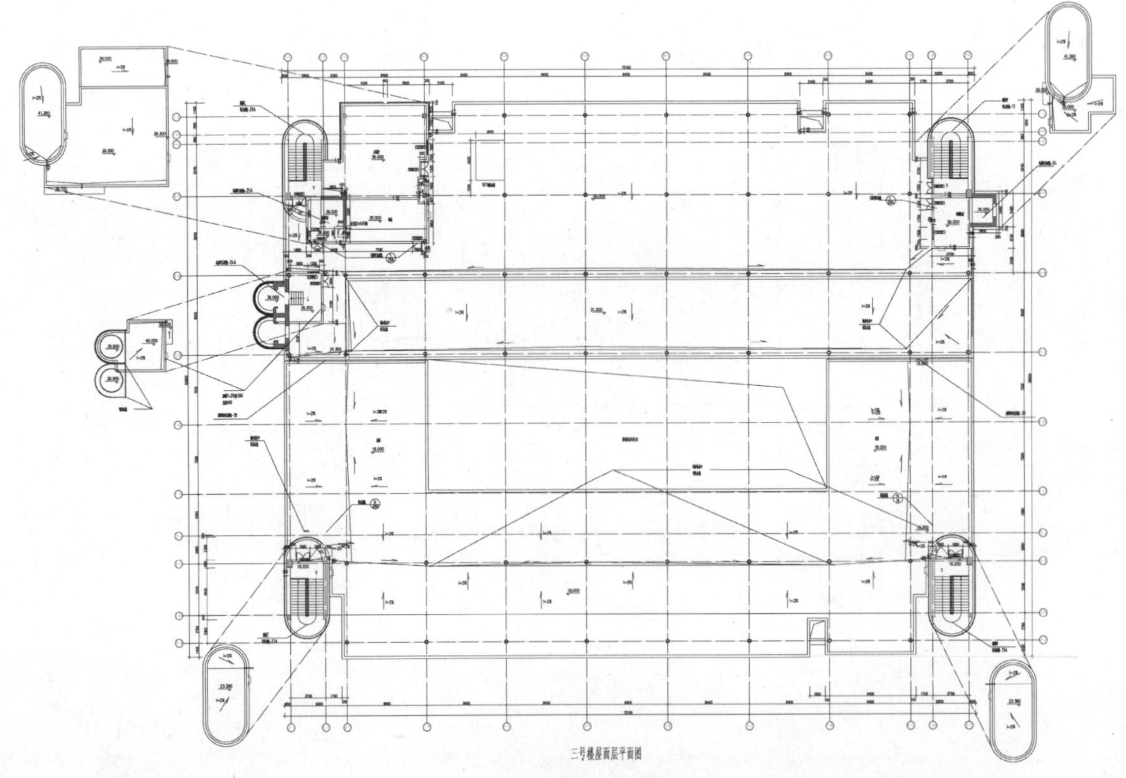

图5　3号楼屋面平面图

建筑采用高技派的设计手法，以达到大体量、大空间、大构架的效果，外立面全部为玻璃幕墙，映射出绿树、水面。内有大型采光绿化中庭引进充分的阳光与新鲜空气，建筑物底部下沉的建筑空间直接与室外广场相连，使内外空间融为一体。

二、结构设计

（一）工程概述

该工程为上海紫竹科技园区西广场的3号楼，位于上海市闵行区。该工程地下1层，层高4.3 m，地上分别为8层（北楼）和4层（南楼），层高均为4.5 m，屋面标高分别为36.0 m（北楼）和18.0 m（南楼）。本工程为丙类建筑，设防烈度取基本烈度7度。北楼为框架剪力墙结构，框架和剪力墙抗震等级均为二级；南楼为框架结构，框架抗震等级为三级。北楼和南楼之间在±0.000以上采用100宽抗震缝断开使北楼和南楼分开，保证建筑物的竖向体形规则。地下室连为一体。建筑物北侧为下沉式广场，广场面结构标高为−4.300 m，基础采用桩基，桩采用ϕ300 mm，壁厚60 m的PHC管桩，桩长28 m，分为三节，桩顶标高−6.700 m，桩端进入⑦$_1$层灰绿-草黄色砂质粉土约1.6 m，该层P_s值为10.03 MPa，$N_{63.5}$为23.5击。单桩承载力设计值为710 kN，沉桩方式为打压结合。

（二）桩型选择

该工程的桩型选择是按照安全、经济和加快施工进度的原则进行的。比较过程中，分别选择了ϕ500、ϕ400和ϕ300的PHC管桩，以及300×300、350×350、400×400、500×500的钢筋混凝土预制方桩（见图6）。比较的指标分别为桩/kN的造价、压桩压力及沉桩可能性、柱下桩承台的尺寸、柱下桩基和承台的总造价以及施工进度等指标，最后经综合考虑各方面的因素，并与业主协商后，采用现有桩型。通

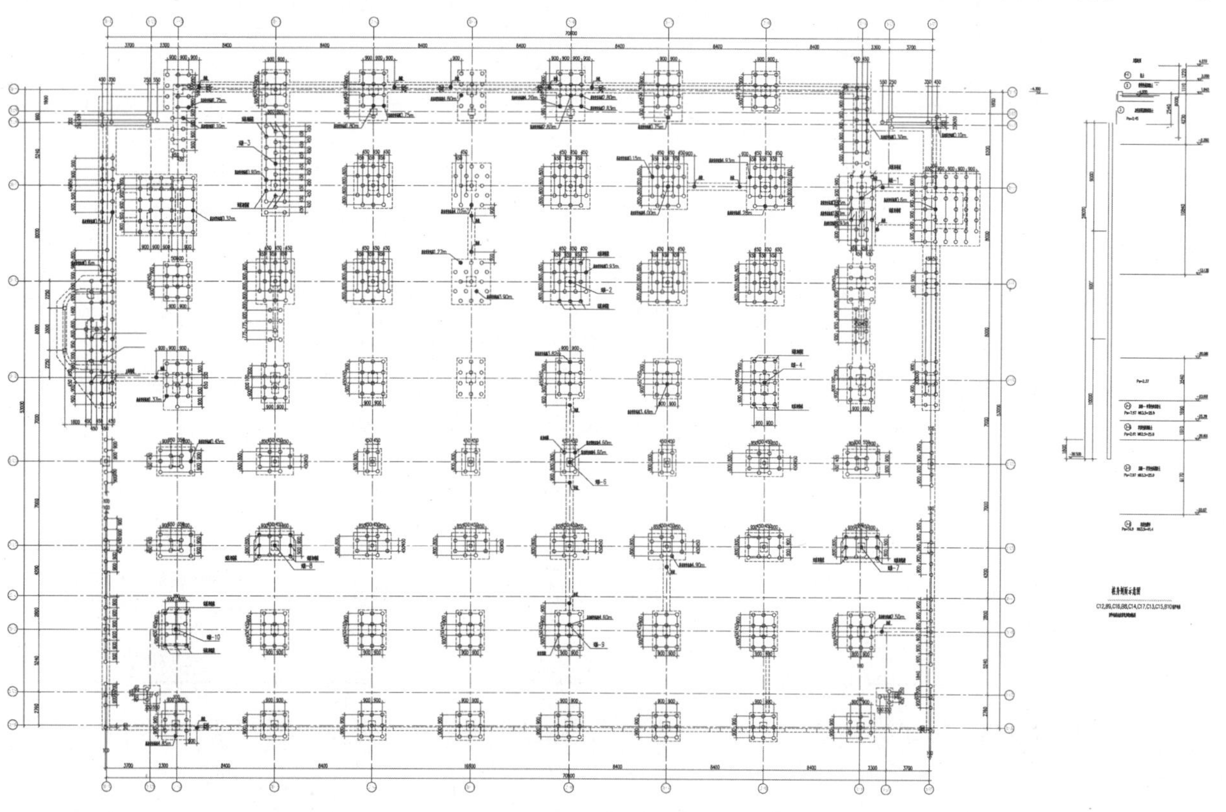

图6 桩位平面图

过比较，并结合实际施工的情况，有以下经验：

(1) 对于框架结构的柱下独立桩基，由于承台的尺寸由桩型和桩数决定，所以在做经济比较时，应将两方面的因素进行综合考虑。

(2) 对于方式为压桩的情况，还应根据压桩压力估计压桩机的配重，如配重过大，则场地要进行处理。该工程在开工前期，由于原有建筑物未拆除，所以施工方案三以压桩为主，所以在选择桩型时，几种压桩压力较大的大断面桩就未选择。

(3) 该工程单桩承载力设计值为 710 kN，按 P_s 值计算的压桩压力约为 1 650 kN，实际压桩压力为 1 100～1 200 kN，大约为计算值的 0.7 倍，桩端进土大约为 10 m 左右，约为桩长的 1/3。

(4) 部分静载试桩采用锚桩法，锚桩采用同样直径的 PHC 桩，每根锚桩能够承受的拉力按以下两条原则进行双控：

① 假设拉力全部由混凝土部分承受，混凝土部分产生的拉应力与预压应力的差小于混凝土抗拉强度的标准值。

② 假设拉力全部由钢棒部分承受，钢棒部分产生的拉应力与钢棒部分的预拉应力之和小于钢棒抗拉强度的标准值。

(三) 基础设计

该工程为地下 1 层，北侧为－4.300 m 的下沉式广场，建筑物高度从下沉式广场面开始计算为4.3＋4.5×8＝40.3 m，按埋置深度为为建筑物高度的 1/18 考虑，需要埋置深度为 40.3/18＝2.238 m。实际桩基承台的基底标高为－6.800 m，埋置深度为 6.8－4.3＝2.5 m，大于规范要求的 2.238 m。

由于北侧下沉式广场的存在，所以地下室在北侧无覆土，若要保证±0.000 以下的建筑物在±0.000 达嵌固要求，按照《建筑抗震设计规范》(GB50011－2001)第 6.1.14 条规定，“地下室结构的楼层侧向刚度不宜小于相邻上部楼层侧向刚度的 2 倍”，经过计算，地上 1 层和地下 1 层的等效侧向刚度比分别为 0.020 8(北楼)和 0.078 2(南楼)，均大于规范要求的 2 倍。所以地下室顶板可作为上部结构的嵌固点，同时地下室顶板厚度 180 mm，满足嵌固的构造要求(见图 7)。

(四) 上部结构设计

该工程地上部分东西向长度为 71.6 m，大于规范规定的现浇钢筋混凝土结构不设缝的最大距离 55 m 的要求，设计时从温度应力的计算、梁板柱配筋的调整、次梁的布置等方面进行考虑，并采取了相应的措施，具体如下：

先找出结构在长度方向的中性点(本工程近似选取结构在纵向中点)，计算出各柱在温度应力下的位移，如本工程纵向长 71.6 m，考虑年温差 25℃，则端跨柱顶位移为 8.95 mm，将此位移作用于柱顶，考虑框架梁对框架柱的影响，按照改进反弯点法，计算每根柱在温度变形下的附加弯矩和附加剪力，再将此附加弯矩和附加剪力与原有框架柱内力叠加，计算框架柱的配筋和裂缝。在计算框架柱的内力时，框架柱的刚度见表 1：

表 1　框架柱内力计算系数

节点滑动系数(框架)	塑性系数	徐变松弛系数	自由度系数	荷载组合系数	安全系数	抗侧移刚度折减系数(前面 6 个系数相乘)
1.0	0.85	0.3	0.856 8	0.7	1.15	0.175 8

在计算时，忽略了框架梁在温度变化时产生的纵向变形，因为此部分变形对框架柱的内力影响较小，可忽略。

在进行纵向框架梁设计时，将前面计算所得的框架柱附加剪力作用于框架梁上，即在框架梁中产生一个附加轴向力(升温时为压力，降温时为拉力)，将此附加轴向力与原有框架梁内力进行叠加，按压弯

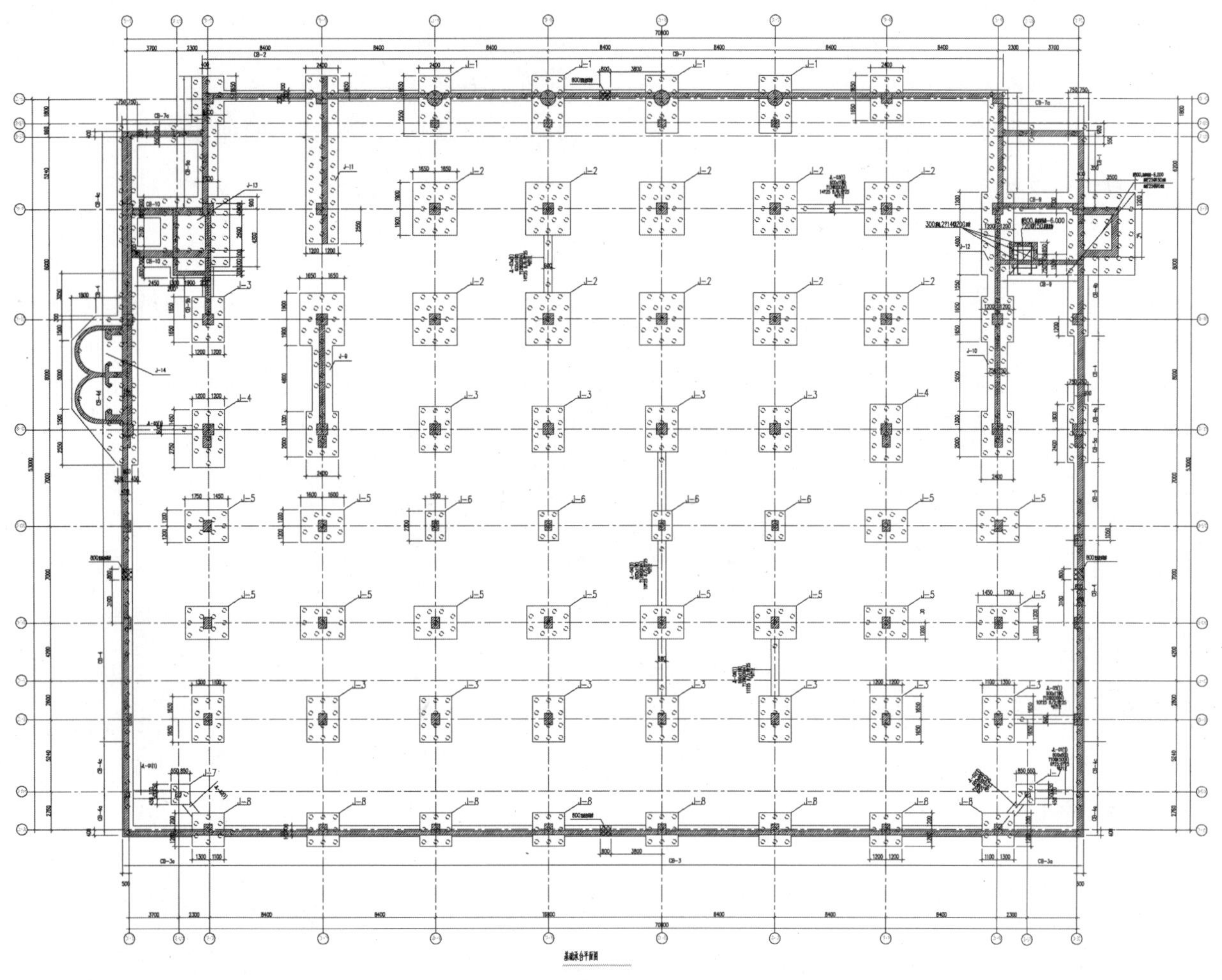

图 7　基础平面图

(升温)和拉弯(降温)构件计算配筋和裂缝,此时在计算裂缝时,拉力(降温时产生)为不利荷载,在配筋设计时,梁侧腰筋适当加大,满足控制裂缝要求。

在楼板配筋设计中,和框架梁的方法一样,将框架梁中的附加轴力作用于楼板上,进行配筋设计和裂缝计算。

根据以上原则,在设计中,采取以下措施:

(1) 框架柱在纵向(主要温度伸缩方向)的一侧抗弯纵筋和抗剪箍筋加大,其加大的幅度以建筑物的两头最大,向中间逐渐减小,在中间(中性点)不加大。

(2) 纵向(主要温度伸缩方向)框架梁的轴向拉力在建筑物的中间最大,两头最小,所以增加的梁纵向钢筋和腰筋也应按此原则区别对待。楼板内附加板面拉通钢筋。

(3) 楼板在纵向(主要温度伸缩方向)可设计成单向板,即楼板主要受力方向和主要温度伸缩方向一致,并且设计成等跨,因为这样一来,在普通荷载作用下,楼板跨中是正弯矩,降温时在楼板中产生的附加拉应力和板面原有的压应力可抵消,而支座和板底由于在配筋时本身要考虑荷载不利组合,实际配筋做适当放大,基本上能满足裂缝要求。

通过以上分析和设计,对于钢筋混凝土超长结构的设计,还有以下经验: 、

(1) 层高越高,温度变化产生的框架内力越小,因为此时框架柱的抗弯刚度减小了,温度应力和层高的三次方成正比。比如在同样情况下,2.8 m 层高和 4.5 m 层高相比,前者的温度应力是后者的 4 倍。

(2) 框架柱在纵向的刚度越大,温度变化产生的框架内力越大,温度应力和框架柱纵向宽度的三次方成正比。比如在同样情况下,800 高的柱和 600 高的柱相比,前者的温度应力是后者的 2.37 倍。所以

本工程在北楼的五层以上和南楼，框架柱的断面为600×800(东西向宽度×南北向宽度)，从而使框架柱在东西向(主要温度收缩方向)刚度不至于过大，从而减小了温度应力。

(3) 纵向长度越长，温度变化产生的框架内力越大，温度应力和纵向长度成正比。

(4) 混凝土强度等级越高，温度变化产生的框架内力越大，温度应力和混凝土的弹性模量成正比。

(五) 屋面钢架

该工程屋面为钢结构敞开式构架，屋面部分为百叶，其他为露孔。

由于钢构架分别置于南楼和北楼上，所以在南楼一侧采用了盆式多向式橡胶活动支座，保证屋面南楼和北楼的钢构架在地震作用下分别振动。

屋面钢构架的地震力选取按照《建筑抗震设计规范》(GB50011-2001)第13章“非结构构件”的有关规定进行地震力的选取(见图8)。

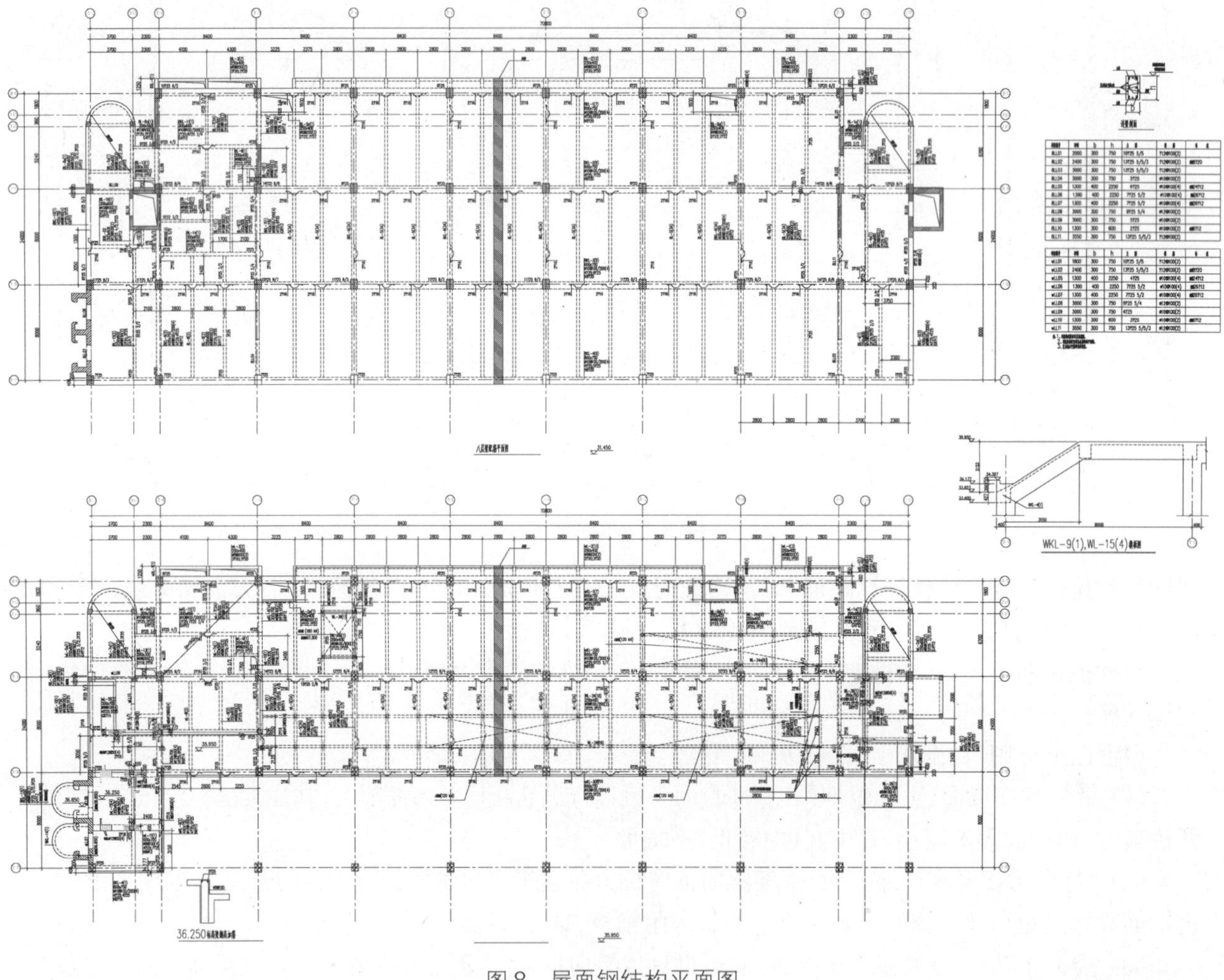

图8 屋面钢结构平面图

三、给排水设计

(一) 给水

1~8层生活用水由市政给水管上引入1根给水管至地下室蓄水池(有效容积40 m³)，由生活变频供水设备加压后供各层使用，同时供给屋顶消防水箱进水（有效容积 20 m^3）。

半地下层生活用水由市政水直接供给。

屋顶空调机房补充水及半地下层车库冲洗水由屋顶消防水箱供给。

（二）热水

半地下层浴室内的淋浴器及洗脸盆分别设置独立的容积式电热水器，供各个器具使用。

（三）消防

用水量：室外消火栓 20 L/s；室内消火栓 20 L/s；喷淋 30 L/s。

屋顶水箱内设 18 m^3 消防用水，消防泵、喷淋泵、消防稳压设备及喷淋稳压设备设于半地下层水泵房内，水源利用城市自来水，消防泵及喷淋泵直接从市政管网抽水。

消火栓消防系统共设 1 个区，当动压大于 0.5 MPa 时，消火栓处设减压孔板。

（四）排水

室内污废水合流，设置专用通气立管，专用通气立管与污排水管间用 H 型通气配件连接。

屋面雨水排放采用虹吸雨水排水系统部分。

室外污废水合流直接排至城市污水管，雨水管直接排至城市雨水管。

四、电气设计

该工程是具有培养高科技小型企业的租借性办公大楼，既要求供电的可靠性，又要求使用上的灵活性，对建筑本身除了消防报警外还要设楼宇系统(BAS)，所以对电气设计的要求较高。

（一）强电

该大楼电源由 1 号楼以两路 10 kV 高压电缆埋地引来，进入设在地下 1 层的变电所。两路电源各用 1 台 1 000 kVA 主变。主变低压侧单母线分段中间设联络开关。楼内采用 220/380 V 供配电系统，采用放射式-树干式相结合，对重要设备或大容量用电设备如电梯、空调冷冻机组等采用放射式供电，对各楼层照明、电力和空调采用树干式供电。防火卷帘门、消防水泵电梯、公用照明、地下室照明、电力等重要负荷均采用两路电源供电，其中消防设备在最末一级配电箱处自动切换。

为确保在火灾情况下最大限度地减少伤亡，该设计干线电缆及支线导线均采用低烟无囟阻燃线缆，其中变电所配出的 1 kV 电缆为 A 级阻燃，消防线缆均为阻燃耐火型。

为防止直接或感应雷过电压沿配电线路入侵设备，主要是高科技弱电设备，在变压器低压侧主开关、楼层主配电柜及终端插座箱处设置电漏保护器。采用楼宇自控系统对空调、通风、照明及其他用电设备进行运行监控能量自动控制、自动调节、降低能耗。

（二）弱电

1. 电信系统

项目内电话通信采用直线电话和内线电话相结合的方式，在 1 号楼设 1 200 门数字程控用户交换机 1 套。系统提供语音通信及其他数据通信需求。电信线路为结构化布线系统。设置计算机网络系统，通过数据专线接入 Internet。采用千兆以太网技术，可向用户提供 Internet 接入服务。

2. 电视系统

电视系统与市有线电视网联网。电视系统采用 860 MHz 或全频段(1 000 MHz)双向传输网络技术。

3. 安防系统

安防系统对整个园区提供安全防卫功能，对电视监视系统、防盗报警系统、门禁控制系统和电子巡更系统等子系统进行综合管理和控制。系统另配有报警联动接口，可与其他各种紧急报警按钮联动，并能通过智能电话拨号设备向 110 报警。

银行、海关内部安防系统由银行、海关根据相关安防要求定。

(1) 项目设电视监视系统，系统对各摄像机进行控制和记录。对主要交通流线和安防重点区域进行监视和管理。

(2) 门禁控制系统根据各区域使用功能设置不同安全级别，对通行者进行身份识别、记录。

(3) 防盗报警系统安装红外探测器，在无人工作时间进行设防。任何非法闯入都将触发报警器，报警信号传至底层消防安保控制中心。

(4) 在项目各主要通道安装电子无线巡更设备，配合警卫人员定时、定线路地进行巡视。

4. 公共/消防广播系统

项目设公共/消防广播系统，平时进行背景广播或公共广播。在火灾、地震或其他意外情况时可强切进行消防广播或紧急事故广播。

5. 出入口车辆管理系统

项目设车辆管理系统，用于出入口车辆管理。

6. 电子显示屏设备

大堂根据实际要求安装电子显示屏，采用高亮度 LED 点阵显示技术，与计算机网络联网，用于发布各类公共信息。

五、暖通设计

3 号楼设中央空调系统，设计总冷负荷 2 625 kW，总热负荷 1 750 kW。冷热源采用 CUWY350A5Y 型热泵 3 台，夏季供回水温度 7℃/120℃，冬季供回水温度 45℃/400℃。热泵设置在大楼的屋面。

3 号楼主要为出租作办公用，现设计为大空间办公室，将来视业主的要求划分空间，且甲方要求尽量减少机房等辅助房间的面积，以便得到较多的出租面积。办公空调设风机盘管加新风系统，风机盘管及新风按轴间距均匀布置以便空间的划分。风机盘管带温控器并在回水管设电动二通阀以调节室内温度。新风机的回水管设电动调节阀，由送风温度控制电动调节阀的开启度以适应季节的变化。机房内新风入口处设电动双位风阀，与空调箱的风机连锁，用于冬季盘管的防冻。健身房的空调采用低速全空气系统，空调箱的回水管设电动调节阀，由回风温度控制电动调节阀的开启度，以满足室内温度的要求，新风管和回风管设电动风阀用以改变新风的比例，既可以改善室内环境又可节约能量；健身房设排风系统，以满足健身房内新风变化的要求。

水系统采用二管制，设循环水泵 IS150－125－315 4 台(1 台备用)，水泵与热泵一一对应，总供回水干管设温度传感器和流量传感器，以控制热泵的开启台数。

有满足自然通风面积要求的可开启外窗自然通风。不满足自然通风的要求走廊，设机械排烟系统。

风机盘管自带温控器，其余所有空调设备均接入大楼的 BA 系统监控。

张　江
高科技园区管理中心

建设单位：上海张江管理中心发展有限公司

设计单位：德国阿尔伯特·施佩尔城市规划建筑设计联合公司

华东建筑设计研究院有限公司

撰 稿 人：徐　浩　胡　寅

一、建 筑 设 计

(一) 工程概况

该管理中心位于上海浦东张江地区，位于松涛路和春晓路路口。建筑由 1 对 18 层联体双塔和 3 层条形裙房咬合而成，总建筑面积 44 498 m²，是 1 座节能环保的办公楼(见图 1 和图 2)。

图1 张江高科技园区管理中心

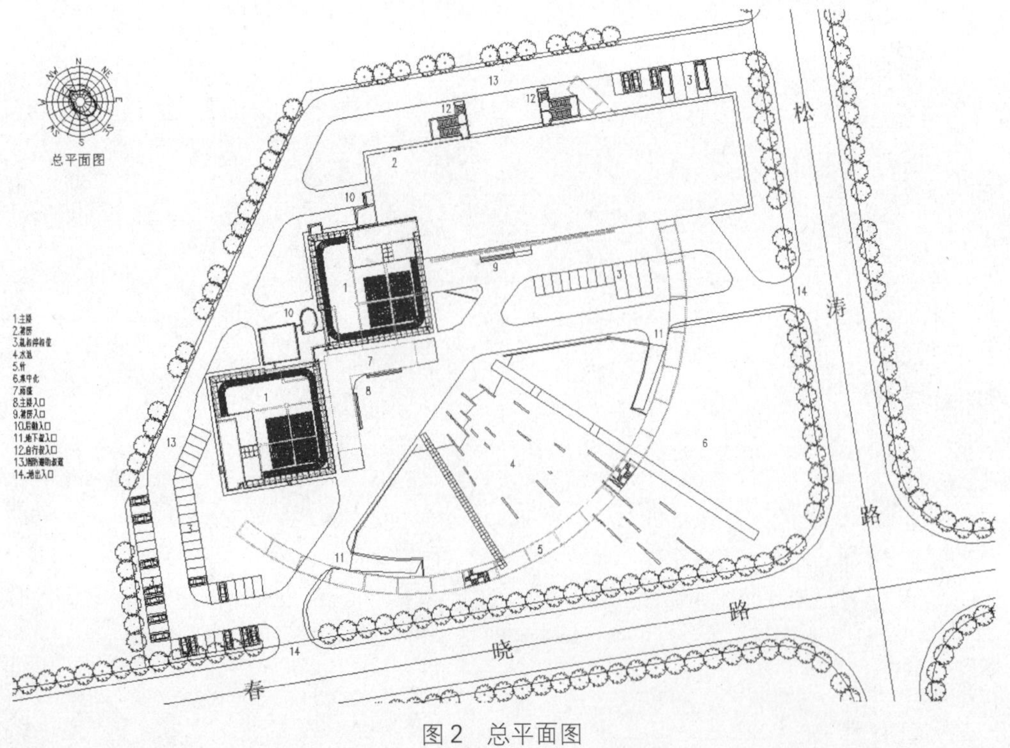

图2 总平面图

(二) 设计特点

1. 生态·人文关怀

建筑师始终把使用者的感受作为设计的目标和出发点，将建筑与周围环境相融合。主要入口留出大片水面，并以弧形“竹墙”将噪声隔开，形成优美宁静的办公环境。运用“双层可呼吸式动态幕墙”，节能的同时为室内带来新鲜空气。空中花园提供了休息社交的空间(见图 3)。

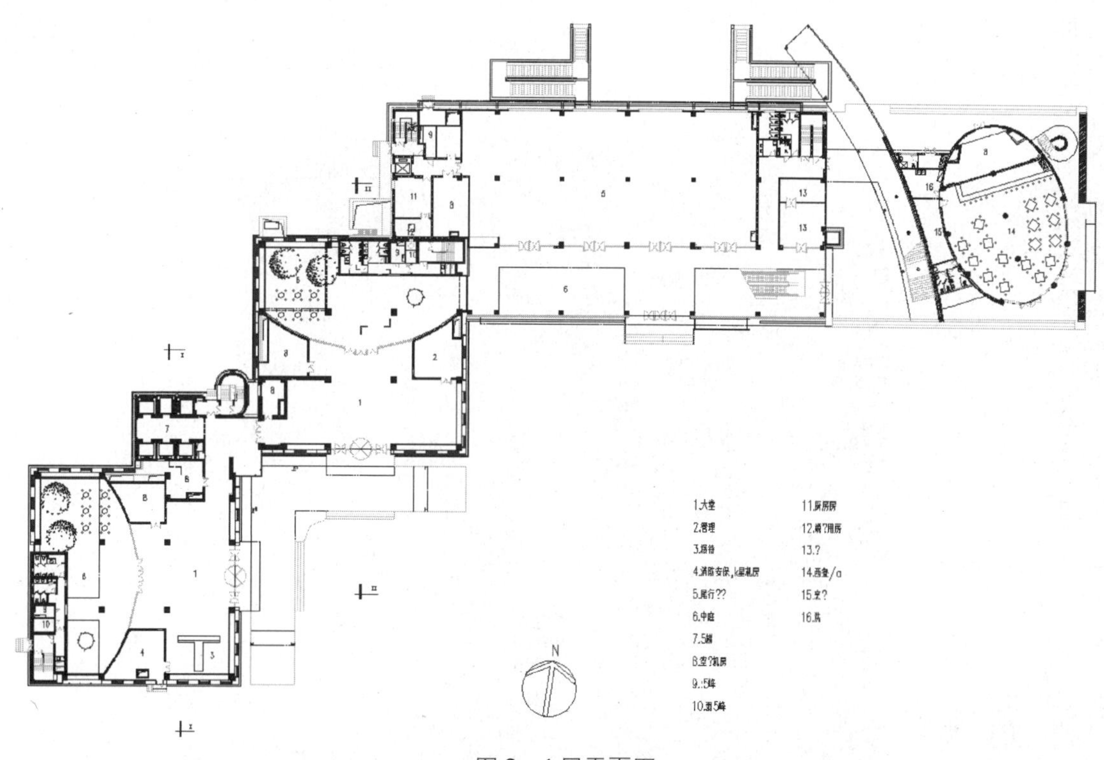

图3　1层平面图

2. 现代·简约与丰富

摒弃了浮躁的繁琐装饰，以简约的造型展现建筑自身的魅力，流露出现代建筑所追求的艺术品质。动态的双层幕墙，变化的遮阳百叶，加上大片的倒影水池，为整个办公楼带来了无穷无尽的变化(见图 4)。

(三) 技术经济指标

主要技术经济指标见表 1。

表 1　技术经济指标

基地总面积		21 462 m^2
总建筑面积		46 055 m^2
其　中	地　上	38 612 m^2
	地　下	7 443 m^2
建筑占地面积		4 120 m^2
绿地面积		7 433 m^2
广场面积		4 881 m^2
停车场面积		963 m^2
道路面积		4 065 m^2

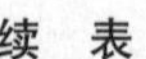

续 表

容积率		1.80
建筑密度		19.1%
绿地率		34.6%
汽车停车位		199 辆
其 中	地 上	71 辆
	地 下	128 辆

图 4 双层幕墙和水池

二、结构设计

(一) 工程概况

抗震设防分类为丙类建筑，抗震设防烈度为 7 度，场地类别为Ⅳ类。该工程由主楼、裙房、报告厅及地下车库组成，四部分采用沉降缝分开。

(二) 基础布置

由于所处场地桩型使用不受限制，主楼基础采用 500 mm 钢筋混凝土预制方桩，桩长 32 m，桩尖持力层为⑦$_{2-1}$，单桩竖向承载力设计值取 3 000 kN。底板厚度 900 mm，筒体及柱下局部加厚形成承台(见图 5)。中部右下角为单层地下室，与主楼之间设置后浇带。主楼两塔楼之间的基础底板亦设置后浇带，用以减小不均匀沉降引起的底板内力、减少混凝土底板和地下室外墙的收缩裂缝。报告厅及地下室基础与主楼脱开。裙房范围选择 300×300 方桩，桩长 25 m，以⑦$_{1-1}$层作为持力层，单桩承载力设计值 850 kN；地下车库选择 400×400 抗拔方桩，桩长 25 m，单桩抗拔承载力设计值 550 kN。

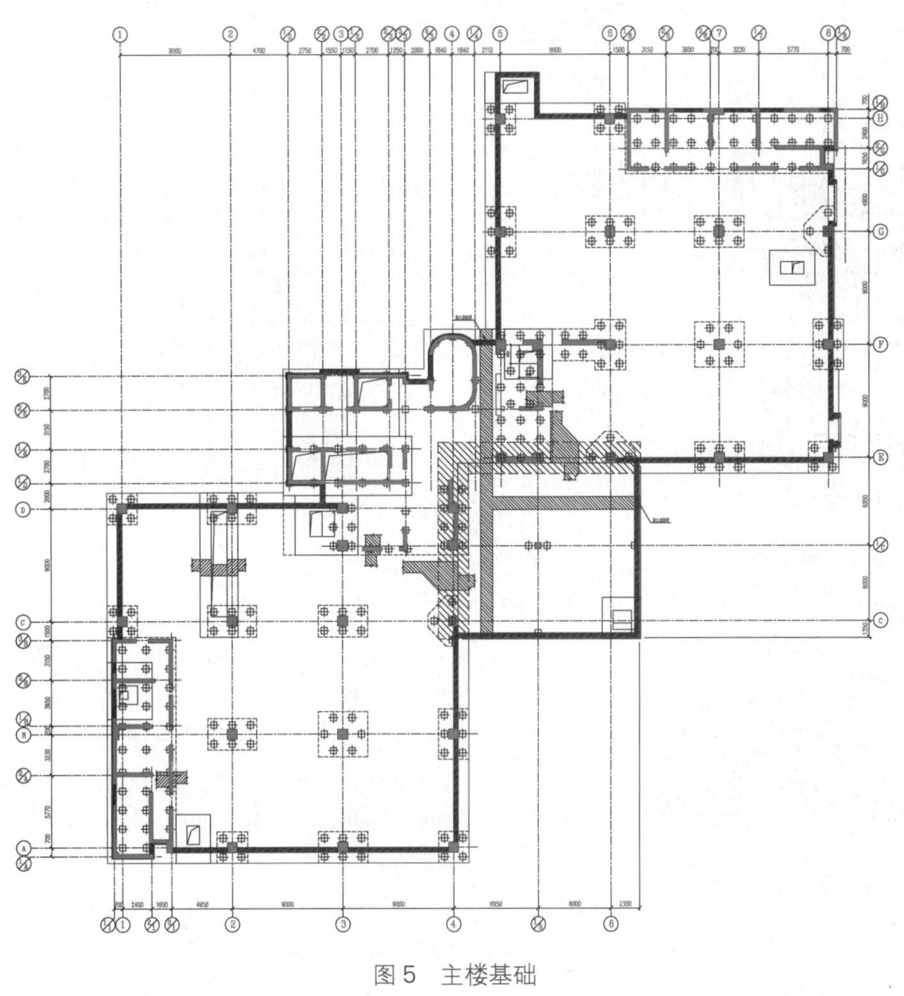

图 5　主楼基础

(三) 上部结构

主楼出±0.000 后从中间用抗震缝分为两个独立单元。两单元均为现浇钢骨柱钢筋混凝土框架筒体结构体系。两单元均有两个混凝土筒立于平面对角，作为主要抗侧力构件。为满足室内高大绿化的要求，两单元每隔 1 层均有楼板大开洞。

为实现建筑上的轻盈感觉，主楼框架柱截面尺寸控制在 800×800；为适当提高建筑净空，框架中梁充分利用柱宽采用宽扁截面 750×600；为提高整体抗侧及抗扭刚度，框架边梁截面配合建筑许可采用 775×950。框架梁采用中部扁、四周高的方案来保证结构刚度，增加建筑的有效层高。在框架梁区格内布置 250×550 井格次梁来减薄楼板，减轻结构自重。在隔层大开洞附近通过加强楼板的刚度和配筋的方法来提高楼层板的整体性。

在整体计算过程中利用分立的混凝土筒提供的良好的刚度调节能力，对各项变形指标进行了有效的控制。其中，右侧单元的左下角混凝土筒墙体较少，为减小刚度中心的偏移、提高局部的刚度和强度，在局部墙体内设置了约束框架。并在个别约束框架柱内设置型钢，以提高组合墙体的强度和延性。左侧筒体有集中楼电梯间向北突出，形成集中刚度。为平衡整个平面内的刚度分布，将突出部分的墙厚减薄，扩大墙体开洞，减小连梁高度，以此来弱化外突部分对整体刚度的不利影响。为改善内部环境，建筑师在两个塔楼中均隔层挑空设置空中花园(见图6)。结构计算时在整体计算中考虑弹性楼板的假定，以此来体现楼板开大洞对刚度分配和局部构件间内力分配的影响。

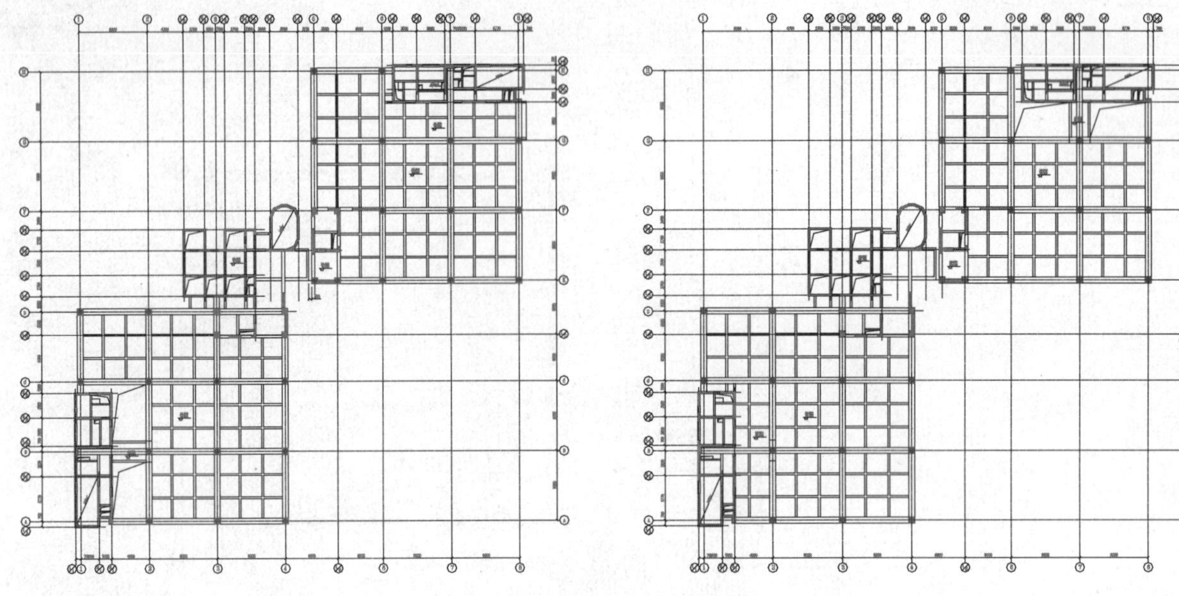

图6 空中花园

为体现建筑要求的现代感，建筑师要求结构必须采用尽可能细的柱子。由于各单元混凝土筒偏置，中部混凝土框架柱服务面积较大，尽管楼高仅100 m，也产生了较大轴力。为满足框架柱轴压比要求，采用了钢骨混凝土框架柱，最大钢骨面积约占柱截面的13%，并沿竖向分段减小型钢面积、降低混凝土强度等级。逐步收减，起到刚度均匀变化、节省建筑材料的目的。

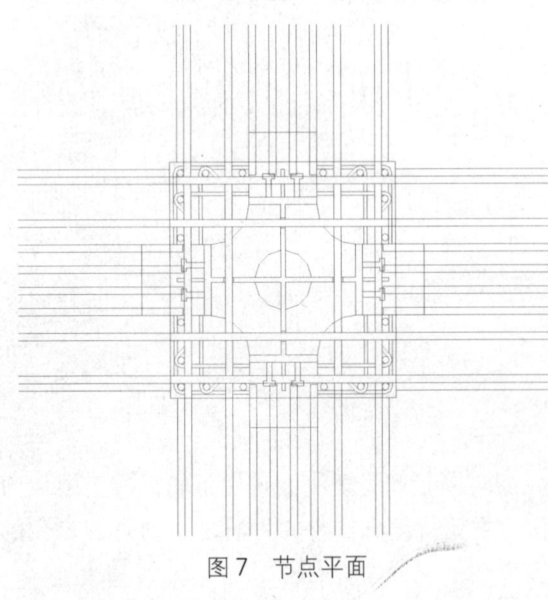

图7 节点平面

由于采用了型钢混凝土柱，梁柱节点部分的钢筋布置变得比较复杂，因此在满足钢筋锚固、减小对柱内型钢的削减的原则下对穿越节点的钢筋进行了统筹安排，取得了比较好的效果。典型节点平面见图7。梁两侧外皮钢筋从钢骨两侧自由穿过，次外皮钢筋在钢骨柱上穿孔通过，其余钢筋焊在钢牛腿上通过节点板传力。

裙房、报告厅及地下车库均采用钢筋混凝土框架结构。裙房与报告厅顶部根据建筑美观需要采用空间平板网架结构覆盖整个屋面。

(四) 结论

该工程采用宽扁梁设计，在保证建筑尽空的前提下有效降低了结构层高，降低了建筑总高，减小了地震作用，降低了日常使用能耗。框架柱采用了较高含钢率的钢骨混凝土柱，满足建筑对立面及内部空间的要求，同时增加了有效使用面积，取得了良好的社会效益及经济效益。

三、给排水设计

给水从市政给水管引入地下室蓄水池，提升至屋顶水箱后供各层使用。当供水静压力>400 kPa时采用减压阀进行分区，每个分区最小压力>100 kPa。卫生间内独立设容积式电热水器。地下层设饮用水机房，城市自来水经处理后提升至屋顶饮用水水箱，再经紫外线杀菌处理后供各层使用。室内污废水合流，设置专用通气立管。冷却塔设于主楼屋顶。补充水加压泵及加药设备设于屋顶水泵房内，循环泵及旁滤装置设于地下层水泵房内。

消火栓系统分为高、低两个区，当动压大于0.5 MPa时，消火栓处设减压孔板。除消火栓系统和自动喷淋系统外，在每层配有手提式磷酸铵盐干粉灭火器。柴油发电机房内设水喷雾灭火系统，燃气锅炉房内设自动喷淋系统。

四、暖通设计

夏季总冷负荷 7.6×10^5 kW，冬季总热负荷 4.9×10^5 kW。

空调水系统采用二管制异程系统，通过电动自平衡比例积分调节阀，使整个水系统能有效控制水量，不受水系统压力波动的影响。

全空气系统在过渡季采取了节能措施，直接从室外引入全新风送入室内，消除室内余热，改善室内空气品质。通过变频的方式改变房间系统排风量，与新风送入量相匹配，使房间保持适当的正压。当有不同房间合用一个全空气系统时，采用室内手动浮点式控制定风量阀开度，同时控制内外区房间的空调，并在过渡季节直接将室外的冷空气送入内区房间。主楼办公区采用了风机盘管+新风系统。变配电房及冷冻机房采用切换的方式实现夏季空调送回风，其他季节直接从室外补充新风。

五、电气设计

(一) 强电

该工程按一级负荷要求供电。两路10 kv独立电源供电，电源从区域变电站引入地下室变电所。设置1台柴油发电机组作为应急电源。

变配电所设在地下1层，层高5.0 m。电缆进出高压柜采用上进上出，低压柜采用上出线方式。高压侧采取单母线分段。选用2台容量为1 250 kVA变压器和2台容量为1 000 kVA变压器。变压器低压侧采取单母线分段加手动联络方式，电气加机械联锁，避免两路电源误并网。

办公照明控制采用i－BUS/EIB智能控制系统，并能根据需要扩展控制功能。

接地型式采用TN－S系统，采用联合接地方式。低压配电系统设置三级保护的防过电压保护措施。

避雷针采用提前放电型(E. S. E)避雷针。利用结构柱头外侧主钢筋2根不小于$\phi16$作为引下线。接地电阻不大于1 Ω。

配置智能型建筑设备监控系统(BAS)。利用综合布线(PDS网)及服务器将BAS、FAS、SMS、CPS等子系统集成为一个楼宇管理系统(BMS)。

火灾自动报警系统保护等级为一级。设置1套火灾自动报警及消防联动系统(FAS)。

(二)弱电

结合项目特点,弱电设计包括:通信、室内信号覆盖、计算机网络、卫星电视、监视、门禁、入侵报警、电子巡更、车辆管理、广播、会议演播等系统。

通信线路采用综合布线系统,水平布线采用网络地板方式,每个办公区域内线路在走向上都设有汇总点,为今后局域网架设提供便利条件。

安防系统设计以控制交通流线为指导思想,同时,各办公区域又被设置为独立可控的安防区域。另外,通过在联结塔楼的服务核内单独设置安防竖井,使引至办公区域和公共区域的安防设备相互独立,互不干扰,从而达到更好的安全性能。

设计中充分考虑会议演播系统对通信、电视、广播等各种弱电系统接口要求,在报告厅装修阶段,为会议演播系统的实施提供条件。

上海光源工程

建设单位：中国科学院上海应用物理研究所

设计单位：上海建筑设计研究院有限公司

施工单位：上海建工集团

撰 稿 人：钱 平 潘嘉凝 李 颜 王静宇
王彦杰 杨联萍 黄绍铭 周 春
曲 宏 潘冬婴 岳建勇 王 湧
叶 飞 李 伟 寿炜炜 张伟程
滕汜颖 陈众励 陆振华 孙 瑜
徐 凤 鲁宏深 汤福南 邓克洋

一、建筑设计

(一) 工程概述

上海光源(上海同步辐射装置)工程是国家重大科学工程。该项目建设用地位于上海浦东张江高科技园区的西南角,西为华佗路,西向约 200 m 为罗山路,与基地间隔有磁悬浮列车、三八河以及高压线;南面为张衡路;东面邻科苑路;北面为蔡伦路。基地东西长 615 m,南北宽 333 m,总用地面积约 200 000 m^2。一期已建成约 53 393 m^2,其中包括主体建筑(约 39 000 m^2,建筑高度约 17 m)、综合实验楼、综合办公楼、用户招待所,以及相关工艺设备所需的动力设备用房(见图 1)。

图1 上海光源工程

由于该项目工艺要求比较特殊,使得其对土建设计也提出了很高的要求,如建筑基础的稳定性要求,温度、电流的稳定性要求,以及特殊建筑的消防设计要求等。这些关键技术大大超越了现有建筑设计规范、标准,有些关键技术无先例可循。该项目设计宗旨为全面满足工艺要求,符合今后变化的可能,体现生态和可持续发展精神,反映高科技的时代风貌。

(二) 总体设计

1. 总体布局

按项目建议书要求,为尽量避免西面高压线对光源装置的影响,主体建筑设于基地东部,在其周边布置与使用紧密相关的综合实验楼以及动力设备用房,形成东半部的实验区。南面设用户招待所及餐厅等生活辅助用房,形成西南角的生活区;基地北面预留 50 m 宽、约 530 m 长的自由电子激光装置建设用地;中部与主体环建筑相连为综合办公楼及学术报告厅,偏西为预留发展用地,可建各种可能的引出光束线实验站和各类研究中心。这样整体形成由东向西的分期建设发展方向,既为今后建设预留出较为完整的发展用地,又为先期建设的设施在未来后续建设中的正常使用提供可能(见图 2)。

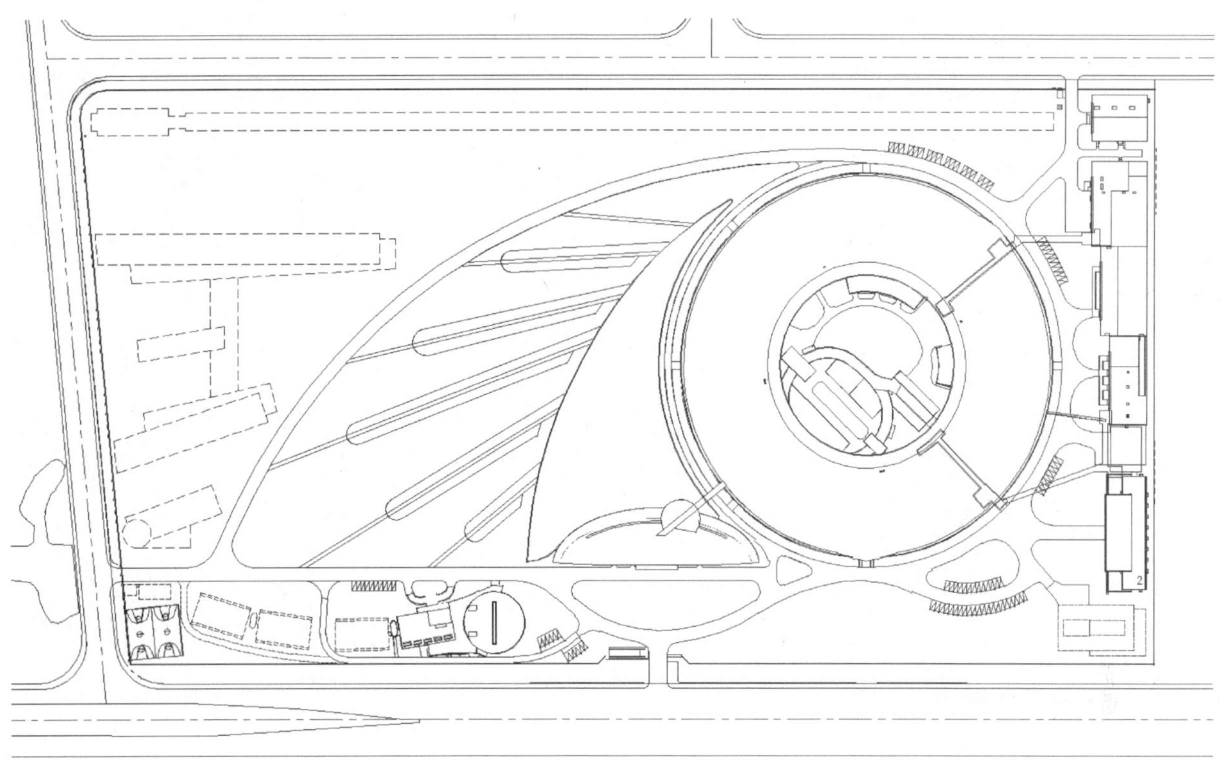

图2　总平面图

2. 总体构思

以一条围绕主体建筑的渐开弧形自然曲线作为主体道路，其他建筑依主体道路展开。从发展和开放的理念出发，将光束线的延长线在总体上予以预留，形成发散性的辐射道路，并以此为整个基地建设的次要构架。主入口放在基地南面张衡路，充分考虑了基地周围的区块成熟度及城市主干道与基地的对位关系；同时，入口与基地主要椭圆形干道的正接及入口交通空间的放大，使人们在主入口处就可以了解基地的大体风貌。东北角为设备辅助出入口，西南角为后勤专用出入口。

3. 总体设施

上海光源工程在总平面的设计中的特点之一就是各建筑之间的联系：主体建筑和综合办公楼之间要求人员参观、使用上的便捷；主体建筑和基地东侧的动力中心之间必须满足大量动力输送的要求。在总体设计中，分别设置了联廊、地下管沟、架空支架等辅助设施。由于以上设施均为主体建筑服务，地上联系部分更要兼顾与主体建筑，甚至综合办公楼的协调。

(1) 联廊：联廊位于主体建筑和综合办公楼之间的2层高度，是参观人流到达主体建筑2层参观的便捷途径。作为主要以通行为目的的建筑(部分)，其便捷性与安全性显得尤为重要。外形采用最经济实用且表面积较小的长方柱体，由办公楼2层中部飞出，架于综合圆筒形报告厅顶部，另一端穿入主体建筑2层。建筑面积约150 m^2，高度3.9 m(见图3)。

结构形式则结合安全与视线通透需要，采用圆钢管整体桁架，将整个联廊作为一个结构构件看待，一端固定于综合办公楼顶，一端在主体建筑连接处滑动，既保证了联廊的刚性，又保证了各个建筑单体之间的位移自由度。联廊外部顶部采用玻璃幕墙，给参观人员提供了一个从高处欣赏基地的场所，同时又与办公楼及主体建筑的风格取得了统一。

(2) 地下管沟：地下管沟是联系动力中心与主体建筑的重要动力输送设施。为了实现主体建筑的振动控制，在主体建筑的设计中，将所有可能产生振动的设备机房全部移出主体建筑的范围，统一集中在基地的东侧设置。考虑动力输送的集中便捷，在主体建筑与动力设备区之间设置两处地下管沟，将大量管线分流后，就近服务于主体建筑。

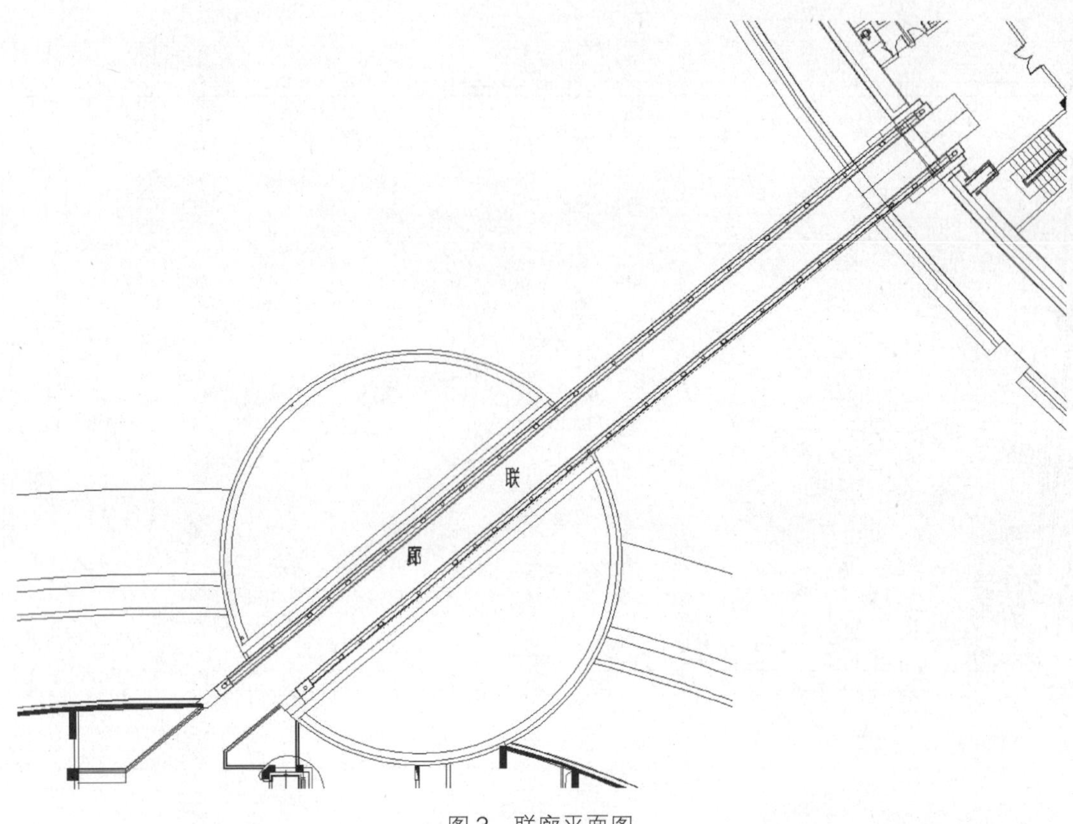

图3 联廊平面图

(3) 架空支架：架空支架是为低温管线专门设置的，其走向基本为主体建筑内的低温厅与室外气罐堆场的连线。既满足低温真空管线较高的维护要求，也保证管线在最少的转折数量下进入主体建筑。支架采用钢结构形式，并利用一侧的栏杆作为管线的支架，设计简洁实用。由于大量的管线已经利用地下管沟敷设，所以作为唯一一处主体建筑与动力区域的架空联系，架空支架并没有使整体环境因显得凌乱，反而与联廊形成鲜明的对比，功能、实用、美观在设计中实现了较好的平衡与协调。

(4) 门卫：门卫的位置处于基地的南面，综合办公楼前偏西，作为离张衡路最近的建筑单体，门卫不仅要标示基地出入口，更重要的是融入整个建筑群体，保持统一的建筑风格，尽量烘托出主体建筑。使用功能包括：门卫、接待、监控等，平面采用一字排开的长条形。建筑面积 137 m^2，高度 3.6 m(见图 4)。

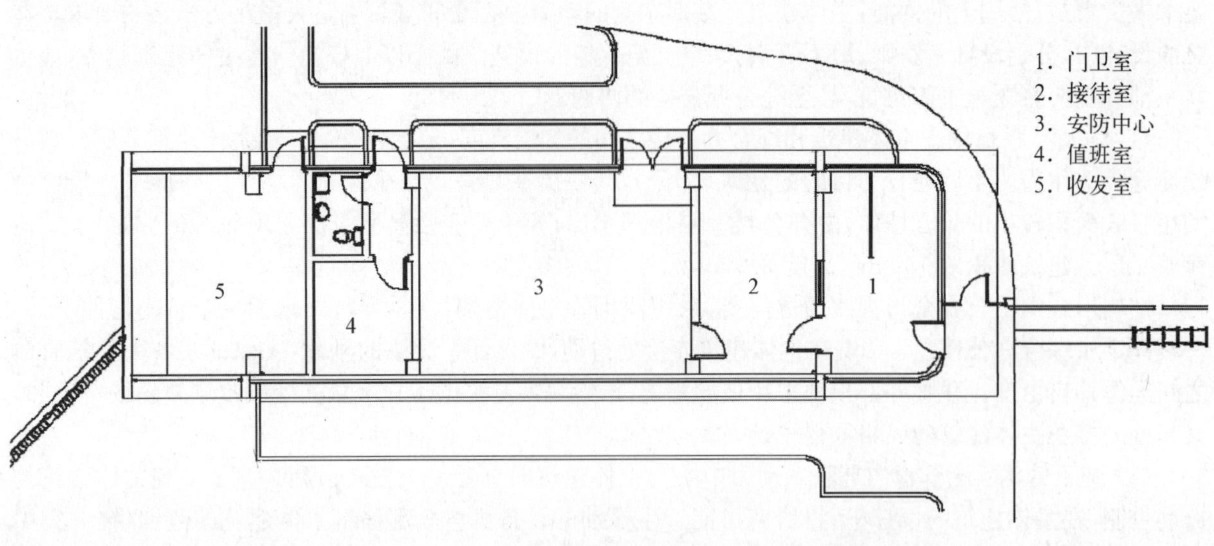

图4 门卫平面图

直线与曲线组合的立面将使用功能与动感的曲线设计风格很好地结合起来，外轮廓突出了体量的水平向延伸感；里面则以自由曲线划分的石材墙面与通透大玻璃面，自然地划分出较为封闭的监控房间与对外接待空间；从形体与虚实手法上与主体建筑和办公楼取得了呼应，达到了既“显眼” 又不“抢眼”的设计目的。

(5) 景观：园区主要景观以大面积草坪绿化和水池为特色，结合光与影的造园要素，运用自然园林的设计手法，融景观空间与建筑环境为一体，营造出一种宁静舒适、简约理性的风格，具有强烈的现代气息特征。中心绿地景区以开阔的大草坪结合经济型的灌木和配以秋色调为主的乔木群组成，配合地形的起伏及园路的穿插，塑造一幅秋意浓浓、富有活力的秋景画面；水景景区强调水与绿的结合，大水池的主要轮廓线是两条渐开曲线，与主体建筑的螺旋外形一起形成总平面的独特动感，水池周边的绿化设计强调增加层次感与通透感，同时考虑水池整洁、卫生方面的要求，以常绿树结合流线型花灌木和地被，组成视觉观赏丰富的绿色空间，光、水与绿共有的纯净与稳定性在此找到了内在的契合点。

(三) 主要单体建筑设计

1. 主体建筑

上海光源主体建筑占地 35 500 m²，为环形建筑(见图 5 和图 6)。由 100 MeV 电子直线加速器、3.5 GeV 增强器、3.5 GeV 电子储存环以及实验大厅和实验辅助用房、辅助设备用房组成，由于储存环为周长 432 m，近似直径 137 m 的圆形封闭环，其将主体建筑自然划分为位于环内的中心区建筑(包括电子直线加速器、增强器、辅助设备用房等)和位于环外的同步辐射光实验应用区域(包括实验大厅、实验辅助用房等)。

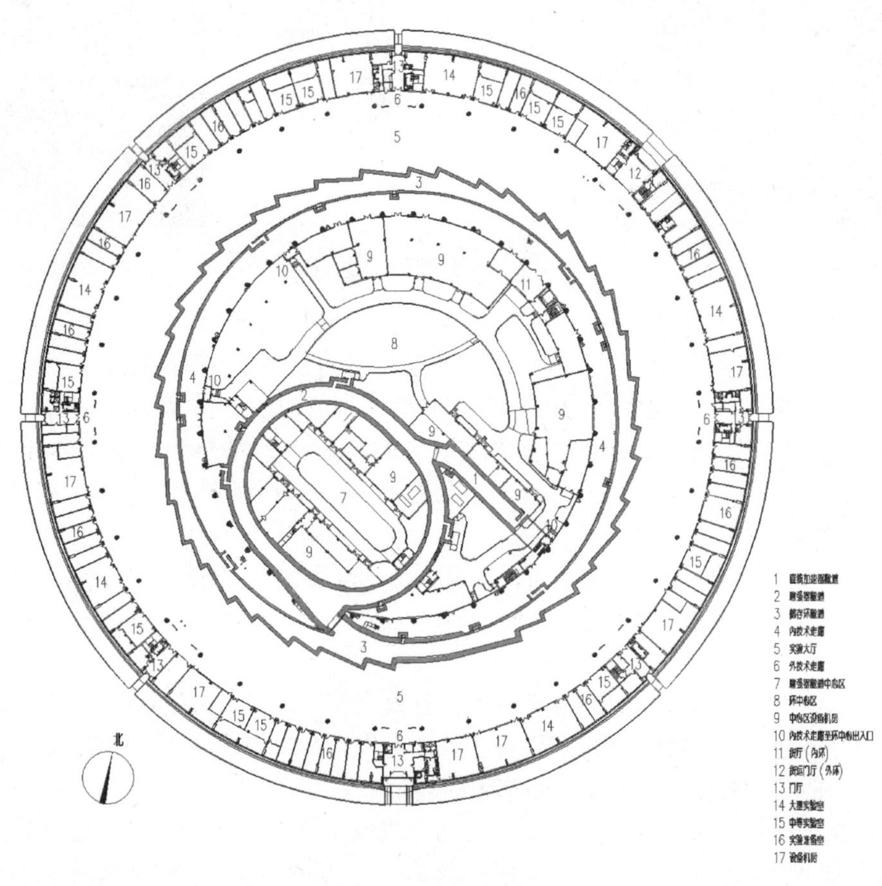

图 5　主体建筑 1 层平面图

实施方案的主体建筑造型由八组螺旋上升的拱壳面共同组成，每组壳间采用弧形玻璃条带连接，在打破屋顶、立面分界线的同时更突出整体形态的流畅，与总平面渐开曲线形成呼应，与同步辐射光相契

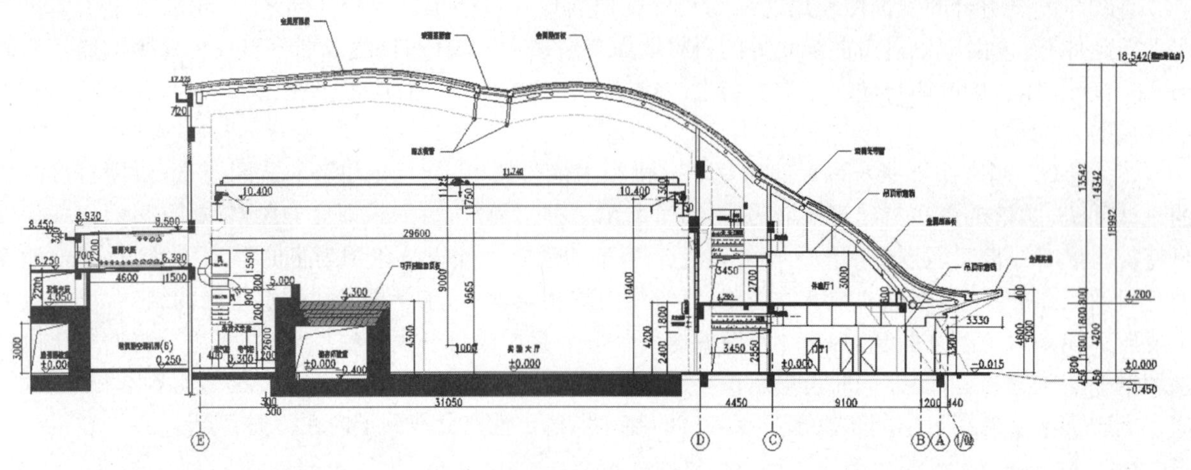

图6　主体建筑剖面图

合，并与总平面的构图框架形成呼应，在产生动感的同时，与光束线衍射的轨迹相吻合，蕴含了独特的科技理念(见图7～图9)。从材质、造型上打破了传统科研建筑的思维定式，以充满时代感和个性特点的姿态出现在人们眼前。

图7　鹦鹉螺X光照片

图8　鹦鹉螺外壳

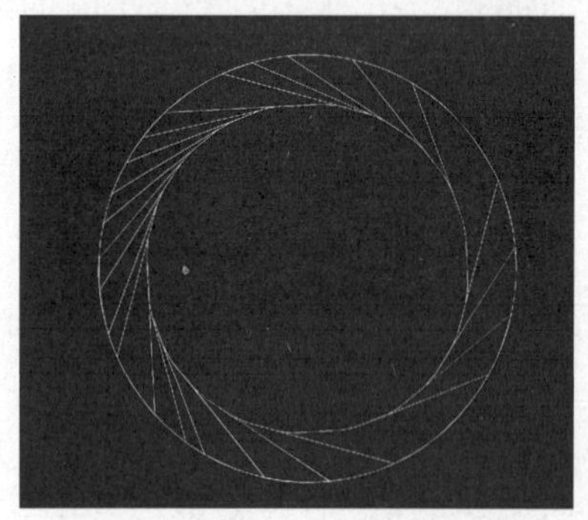

图9　束流中心线及引出线

主体建筑的平面设计必须解决好工艺装置的安装、维护所要求的工艺流线。电子束的运行轨迹是从直线加速器内出发，在椭圆形的增强器中积聚能量，最终在环形的储存环内运行，所产生的同步辐射光通过锯齿墙送达实验大厅中的各个实验棚屋。所以整个隧道系统围合出了两个封闭空间，如何设计装置的运输路线是平面设计首先要解决的问题。上海光源工程主体建筑的外围设有专门的货运出入口，实验大厅内设有两台环向运行的行车，可以将装置件吊运跨越储存环隧道，到达内技术走廊的货运口；装置件进入储存环中心区后，可利用环中心区室外的运输设备进行接驳，并将一部分装置通过设置在增强器隧道长轴一端的吊车，运输至增强器中心区域；另一部分则可以通过设置在增强器、直线加速器隧道墙(储存环中心区一侧)上的货运迷宫口，直接运至各隧道内部安装使用。

根据工艺要求的描述，上海光源运行模式为不分昼夜连续运行，年连续运行时间为6 000 h以上，加之主体建筑室内空气温度的稳定性要求很高，故主体建筑作为有恒温控制要求的建筑进行节能设计，其热工技术指标和性能均大大超过了国家公共建筑节能规程的一般设计要求：

(1) 窗：实验大厅上方天窗应为透亮不透光的双中空LOW-E玻璃，要求遮阳系数小于0.16，传热系数$K<1.0$ W/(m·K)；中间段是2层办公用房上方的玻璃，为中空玻璃、后衬铝板或复合铝板及保温棉形成不透明幕墙，其热工要求同屋面，传热系数$K<0.54$ W/(m^2·K)；下面标高0.80至标高2.40处的环形窗，为中空玻璃窗(部分可开启)，其传热系数$K<3.0$ W/(m^2·K)，遮阳系数$S_C<0.50$。

(2) 屋面：钢筋混凝土屋面采用 40 mm 厚屋面专用挤塑保温板，保温板厚度须满足《公共建筑节能设计标准》的要求，即 $K<0.7$ W/(m² · K)；储存环高频机房的钢筋混凝土屋面采用 50 mm 厚屋面专用挤塑保温板，保温板厚度须满足《公共建筑节能设计标准》的要求，即 $K<0.7$ W/(m² · K)；钢结构屋面则在钢结构上搁置 0.8 mm 厚弧形钢板(下做防火涂料)满足 1.5 h 耐火时间，上有保温层[厚度满足 $K<0.54$ W/(m² · K)的节能要求]和防水层，再挂架空弧形蜂窝铝板面板，屋面构造要求金属构件作断热处理，总厚度为 500 mm。

(3) 墙面：砌块外墙面采用 25 mm 厚外墙专用挤塑保温板，保温板厚度应满足《公共建筑节能设计标准》的要求，即 $K<1.0$ W/(m² · K)。

(4) 地面：除架空地板及打桩地面外，其余的地面均做 XPS 保温板，保温板厚度应满足《公共建筑节能设计标准》的要求，即 $K<0.8$W/(m² · K)。

2. 综合办公楼

综合办公楼位于基地的中心，是主体建筑的一个重要配套建筑。综合办公楼总建筑面积为 2 667 m²，建筑共有 2 层，1 层设有 150 人圆形报告厅和大、中、小会议室及办公等用房；2 层为办公区域及与主体建筑之间的联廊，联廊可直达主体建筑的主控室和参观区域。综合办公楼室外入口设有无障碍坡道，室内设有无障碍电梯 1 部。2 层设与主体建筑相同的联廊，外来参观人员和残疾人可从综合办公楼通过电梯及联廊，直接进入主体建筑的 2 层参观区域(见图 10)。

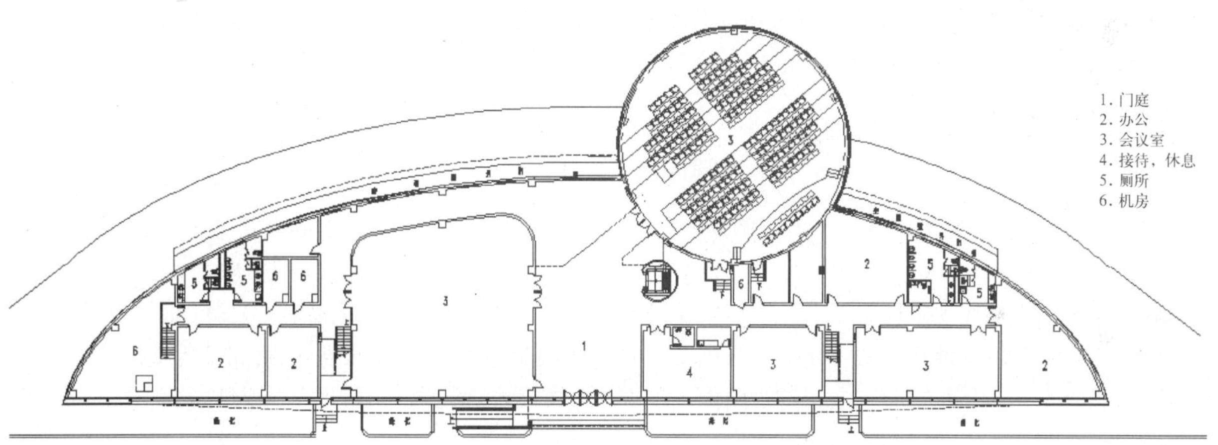

图10　综合办公楼一层平面图

综合办公楼位于主体建筑西南角，通过联廊相接；作为主环最重要的配套建筑，其构思充分体现了内敛、充实的特质。平面布置中南向的直线与北向的圆弧组成了一个有力的平衡的弓形，与主体建筑完整的圆环形平面形成一种对比；立面设计中金属双曲扭面的运用反映出与主体建筑之间的传承关系，北面由水池里慢慢向上隆起的双曲扭面自然形成建筑的金属屋面，其内凹的流畅曲线部分恰当地凸显出了主体建筑的支配力，起到了很好的烘托作用。近似于 1/4 椭球体的体量既摆脱了原有办公建筑的设计定势，同时缓缓升起延展的处理手法也更拉近了建筑与总体的内在联系(见图 11)。

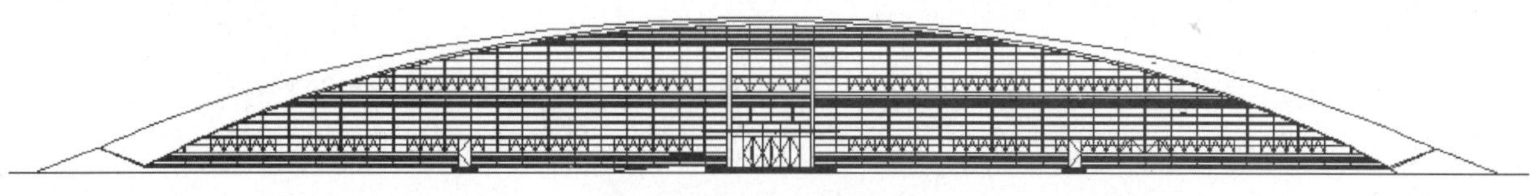

图11　综合办公楼立面图

南向立面近 120 m 的宽度为塑造办公楼独特的个性创造了良好的条件，科研建筑的包容、广博与脚踏实地的特质逐渐浮现于眼前；大面积连续透明玻璃幕墙的运用更体现出现代科研的透明与开放。从

张衡路的沿街立面看，办公楼与主体建筑一实一虚，形成了强烈的对比。利用多拱面的组合形成的动感十足的檐口，将严谨规整的南立面划分统一在了圆弧线这一贯穿整个基地设计的主题当中。

在主体建筑及综合办公楼一侧设浅水面，在其三者之间形成丰富的光影关系，使主体建筑仿佛浮于镜面之上，轻盈、升腾，增加了层次感与立体感。

3. 用户招待所及餐厅

用户招待所和餐厅位于总体西南角生活区内，是规划中客座学者及外来实验者生活、住宿的主要场所。它主要由用户招待所及餐厅两部分组成。

用户招待所及餐厅总建筑面积为 4 603 m²。用户招待所共有 5 层，设有 68 套单人房，每个单元均设有独立的卫生间，同时，在 1 层设有商务中心、小型购物、衣被用房等辅助设施，可为专家及科技人员提供一个健康舒适的住宿环境。餐厅 1 层为厨房及可供 300 人左右同时用餐的大餐厅，2 层为小型餐厅，设有 4 间单桌包房，3 间双桌包房，其中 2 间双桌包房中间用活动门隔开。用户招待所与餐厅之间设有联廊，方便专家用餐。

用户招待所及餐厅的设计也经历了很多轮调整，其中不乏与主体建筑及办公楼较为协调的流线型方案，最终结合各方面意见采用了较为简洁实用的设计。招待所主楼采用了较为实用高效的矩形平面，立面处理也主要以规整的划格和开窗为主基调，通过个体重复的韵律感和窗细部处理的变化实现严谨稳重的特质的塑造。餐厅部分采用灵活动感的圆形造型，利用两层挑空和竖向落地大窗的组合，塑造就餐环境的舒适感，同时拉近了人与室外环境的距离，使饱满而富有韵律的体量与招待所的方形体量取得了均衡。

(四) 辅助建筑群设计

1. 综合实验楼

综合实验楼位于项目基地的东南侧，靠近主体建筑及动力设备区，方便实验人员使用。

综合实验楼建筑面积为 2 161 m²。建筑共有 2 层。1 层主要为跨度 14 m 的实验大厅，以及真空测试间、洁净间、清洗间、磁测、金工维修等实验室及设备用房。其中实验大厅设有 10 t 行车 1 台，吊钩底距地面高度为 7 m；清洗间内设有 1 t 单轨吊车 1 台。大厅东侧的两层主要为机械准直等实验室用房和设备用房。综合实验楼主入口位于建筑西面，朝向主体建筑为货运入口，货运卡车可以将各种仪器设备直接运进主大厅内，由吊车进行装卸、操作。

综合实验楼立面为实墙面，实验大厅部位高起成为立面构图中心。用于遮挡室外空调机的铝合金装饰隔栅赋予立面丰富的层次。面向主环的西立面中，局部设有浅灰色波浪纹粉刷面层，使立面更加生动。方整的形体突出主体建筑的柔美，同时，通过立面划格以及明亮色彩仿效铝板效果，取得与主体建筑金属表皮质感的呼应。

2. 动力设备用房

动力设备用房位于基地东侧，建筑面积为 3 879 m²。自北向南设有 10 V 变电站、工艺冷却水机房、纯水站、生活消防水泵房以及空气压缩机房等动力设备用房，南侧紧邻低温储罐区。根据不同设备用房的功能要求合理布置房间，高效利用室内空间。动力管线通过地下管沟以及架空管架，将动力传输至主体建筑及综合实验楼。同时，动力设备用房西临主体建筑，南临综合实验楼，管线设置短捷，减少了能源的损耗。

作为单层的动力辅助用房，形体舒展方整，立面平实质朴，立面处理与综合实验楼手法一致，与主体建筑在对比中求得统一。

3. 35 kV 变电站

35 kV 变电站位于基地的东北角，建筑面积为 798 m²。平面接近正方形，主要设有 35/10 kV 变压器室、10 kV 中压室、电容器室以及值班室，是整个基地的配电中心。立面为实墙面，与动力设备用房手法一致，力求简洁。

(五) 建筑设计关键点

1. 主体建筑消防综合技术措施

该项目主体建筑目前无可适用的消防规范，如何确立适应该项目的整体消防概念，建立一套针对该项目的完整消防体系及适合该项目特点的消防措施，其设计技术的关键在于人员的安全疏散体系设计、大空间防排烟设计、不同部位的自动报警系统的种类、不同部位的自动灭火系统措施的确定、最大限度地确保建筑物及装置的安全等几个方面。

经过消防设计技术的专题研究、专家咨询和消防性能化评估，对实验大厅采用预作用喷淋系统；大厅的喷头布置采用喷淋支管、干管均与结构钢梁弯曲成相同的弧度敷设，既满足了喷水强度的要求，也满足了消防性能化评估对火势控制的要求。主体建筑的技术走廊内由于布置有大量的电气控制柜及电气设备，故选择采用喷雾水枪的消防系统，这样既满足了大空间建筑对消防水枪射程的要求，又保证了消防人员的人身安全。

2. 异型屋面幕墙体系

在主体建筑的屋面设计中，其复杂的不规则曲面既为建筑设计的空间定位和曲面修复带来难度，也给双曲扭面铝板加工工艺造成前所未遇的挑战；该屋面雨水系统设计既要贴合立面造型，又要兼顾经济性，因此采用了虹吸和重力系统相结合的方式；屋面的防水保温通过采用新材料，达到了两种材质合一的效果，并最终形成了光源项目独创的屋面体系。为今后同类屋面的设计提供了有效的经验，填补了类似异型屋面设计和加工制作的空白。

同时屋面天窗的设计既要考虑白天光线的有效渗透，以避免白天必须采用人工照明的耗能现象，又要防止让平常日光直接照射于实验大厅的实验操作平台面上，以避免影响其温度的稳定性。为此，设计了透亮不透光的屋面天窗体系，在实际使用中取得了较好的效果。

3. 职业病防护设计

上海光源主体建筑既是同步辐射光源产生的地方，也是人们利用辐射光进行实验的主要场所，因此该工程能否实现高效、经济和安全不仅是个经济问题，还同公众的利益以及科学的进一步发展有关。于是，职业病防护设计就显得尤为重要。该项目的职业病防护技术设计要从对防护设计原理的理解上入手，提出实用、合理的防护构造方案，分别满足人员、设备、管线等穿越的不同防护要求，从而保证场区和周边人员及其后代的安全，保护他们赖以生存的环境不受影响，促进我国光源事业的发展。

上海光源工程的职业病防护主要包括以下内容：辐射屏蔽设计、辐射安全联锁、辐射监测(区域监测、环境监测、束损监测、个人剂量监测、巡回监测、低本底放射性测量)、上海光源(上海光源工程)国家重大科学工程环境影响报告书、上海光源国家重大科学工程项目职业病危害预评价报告书、三废处理和最终处置、辐射防护管理等。

在上海光源工程上有多种通道和孔洞：人行通道采用了迷宫的形式；物流通道采用了可拆卸屏蔽墙和活动盖板的形式；水管、电缆贯穿屏蔽墙则采用分布式预埋不同口径的钢管和沟槽形式；波导管特别是500 kHz发射机波导管的送排风管截面积较大，贯穿屏蔽墙的位置和局部屏蔽都采用相应的防护设计。处理这类问题的总原则是：通过屏蔽设计使得由于贯穿或通道而被削弱的辐射防护条件得到加强，最终达到辐射防护的目的。对于束流线贯穿屏蔽墙，由于此处辐射相对较大，更是在设计时重点做好局部屏蔽设计。

二、结构设计

(一) 主体建筑结构设计

1. 主体建筑结构概况

上海光源工程是国家重点工程，由于工程的特殊性，对土建设计工作就提出了非常严格的要求。该工程主体建筑面积 3.5 万m^2，投影平面呈圆环形，环内直径约 80 m，环外直径 200 m，屋顶最高点标高 19.2 m，内檐口标高 17.0 m，环外边支承于地面，呈螺旋形上升之势。主体建筑由环建筑和中心区建筑组成，环建筑包括储存环隧道、光束线实验站大厅、外围实验室等，中心区建筑包括增强器隧道、直线加速器隧道等(见图 12)。其中储存环隧道、光束线实验站大厅基础与环建筑基础之间设抗振缝。

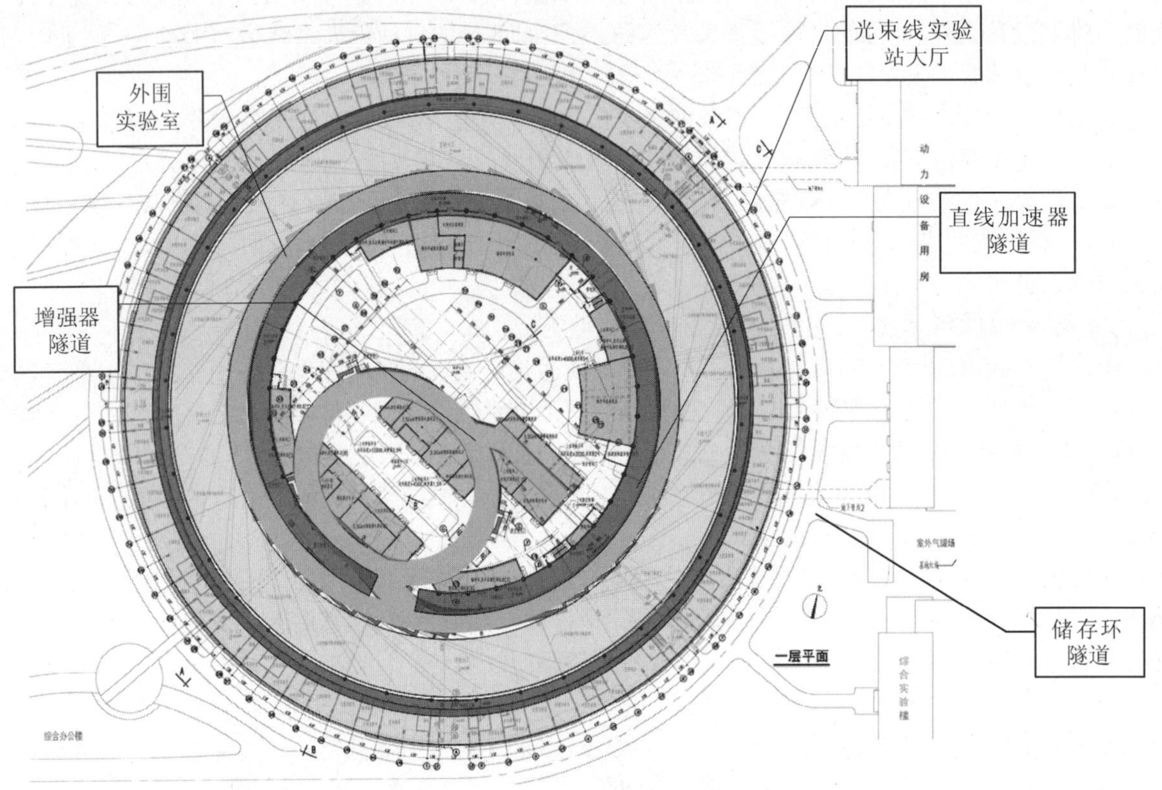

图 12　主体建筑结构示意图

2. 工艺要求介绍

(1) 基础变形要求(见表 1 和表 2)：

表 1　基础底板变形控制值

基础底板部位	运行初期(3 年内)	运行 3 年后
光束线实验大厅(沿光束线方向)	<350 μm/(10 m·年)	<250 μm/(10 m·年)，<2.5 μm/(10 m·d)，<1.0 μm/(10 m·h)
储存环隧道(工后垂直，沿束流中心线方向)	<250 μm/(10 m·年)	<100 μm/(10 m·年)，<2.5 μm/(10 m·d)，<1.0 μm/(10 m·h)
光束线实验大厅(工后，沿束线方向)	<350 μm/(10 m·年)	<250 μm/(10 m·年)，<2.5 μm/(10 m·d)，<1.0 μm/(10 m·h)

表 2　相对沉降控制值

储存环隧道底板与注入器底板、储存环与内技术走廊底板(工后)	≤5 mm
储存环高频机房基础底板与储存环隧道基础底板(安装完成后)	≤5 mm
增强器隧道基础在基本稳定(安装后期)后，整体沉降量与主体环建筑接近，工后沉降	≤5 mm

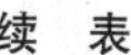

续 表

增强器高频厅基础底板与增强器隧道基础底板(工后)	≤5 mm
地基在基本稳定(安装后期)后,整体沉降量与主体环建筑接近,工后沉降	≤5 mm
直线加速器技术走廊基础底板与直线加速器隧道基础地板(工后)	≤5 mm
基础底板(沿束线方向)工后变形控制	<0.5 mm/(10 m·年)

基础底板变形包括基础底板的弹性沉降、残留沉降、混凝土的干燥收缩变形、日照射等以及土压、水压、振动、荷重(包括设备先后安装,如直线节安装的插入件,这些插入件并不是一次全部安装就位,而是随着应用的需要逐年陆续安装到位)等因素引起的基础底板变形,温度(季节、日夜)变化可能引起的变形,风压(速)不同可能引起的变形,地下水位的变化可能引起的变形等(下同)。

(2) 振动要求(见表3):

表3 基础底板的振动要求

部位 \ 振动要求		原始要求	修改后要求
储存环隧道基础底板	垂直方向	0.2~100 Hz $\Delta z < 1$ μm (peak to peak)	1~100 Hz $\Delta z < 0.15$ μm (quiet) $\Delta z < 0.3$ μm (noisy)
	水平方向	0.2~100 Hz $\Delta x < 2$ μm (peak to peak)	1~100 Hz $\Delta x < 0.3$ μm (quiet) $\Delta x < 0.6$ μm (noisy)
光束线实验大厅	垂直方向	0.2~100 Hz $\Delta z < 1$ μm (peak to peak)	1~100 Hz $\Delta z < 0.15$ μm(quiet) $\Delta z < 0.3$ μm (noisy)
	水平方向	0.2~100 Hz $\Delta x < 2$ μm (peak to peak)	1~100 Hz $\Delta x < 0.3$ μm (quiet) $\Delta x < 0.6$ μm (noisy)

注:1. 储存环隧道基础底板振动控制要求包括各类设备产生的振动和周围环境引起的振动,并要求储存环隧道地基的特征频率远离场地主振频率。
2. 光束线实验大厅基础底板振动控制要求包括各类设备产生的振动和周围环境引起的振动。以上数据虽能满足首批光束线站要求,但从光束线站物理设计考虑,希望水平方向振动值与垂直方向一致。
3. 光束线实验大厅基础底板的动态负载100 kg,2 m远外< 1 μm。

(3) 裂缝控制:

墙体裂缝控制要求:所有混凝土隧道侧墙不得有垂直墙面的宽度≥0.15 mm的贯穿裂缝。

3. 结构设计依据

(1) 设防裂度、使用年限、安全等级:

主体建筑的结构安全等级为一级,结构设计使用年限为50年,抗震等级为乙类,建筑耐火等级为一级。

(2) 荷载及荷载组合(见表4和表5):

表4 荷载类型和取值

基本荷载	风荷载	温度荷载	地震作用
恒荷载、吊车荷载、建筑楼面活荷载、屋面活荷载	由风洞试验确定,共测定24个风向	包括使用温度荷载、施工温度荷载(采用当量温度模拟)	7度设防,第一组 $T_g = 0.9$ s,设计基本地震加速度峰值=0.1 g,Ⅳ类场地

表5 荷 载组合

序号	工 况 组 合	恒载	活 载	风 载	地震	温度 ±30℃	吊 车
1	恒载+活载(恒载控制)	1.35	0.7×1.4				
2	恒载+活载(活载控制)	1.2	1.4				
3	恒载+活载	1.0	1.4				
4	恒载+风载	1.2		1.4			
5	恒载+温度	1.2				1.4	
6	恒载+活载+风载(风载控制)	1.2	0.7×1.4	1.4			
7	恒载+活载+风载(活载控制)	1.2	1.4	0.6×1.4			
8	恒载+活载+温度(活载控制)	1.2	1.4			0.7×1.4	
9	恒载+活载+温度(温度控制)	1.2	0.7×1.4			1.4	
10	恒载+风载+温度(风载控制)	1.2		1.4		0.7×1.4	
11	恒载+风载+温度(温度控制)	1.2		0.6×1.4		1.4	
12	恒载+活载+风载+温度(活载控制)	1.2	1.4	0.6×1.4		0.7×1.4	
13	恒载+活载+风载+温度(风载控制)	1.2	0.7×1.4	1.4		0.7×1.4	
14	恒载+活载+风载+温度(温度控制)	1.2	0.7×1.4	0.6×1.4		1.4	
15	恒载+活载+风载+地震(恒活不利,地震控制)	1.2	0.5×1.2	0.2×1.4	1.3		
16	恒载+活载+风载+地震(恒活有利,地震控制)	1.0	0.5×1.0	0.2×1.4	1.3		
17	恒载+活载+温度+地震(恒活不利,地震控制)	1.2	0.5×1.2		1.3	0.2×1.0	
18	恒载+活载+温度+地震(恒活有利,地震控制)	1.0	0.5×1.0		1.3	0.2×1.0	
19	恒载+活载+风载+吊车(活载控制)	1.2	1.4	0.6×1.4			0.7×1.4
20	恒载+活载+风载+吊车(风载控制)	1.2	0.7×1.4	1.4			0.7×1.4
21	恒载+活载+风载+吊车(吊车控制)	1.2	0.7×1.4	0.6×1.4			1.4
22	恒载+活载+温度+吊车(活载控制)	1.2	1.4			0.7×1.4	0.7×1.4
23	恒载+活载+温度+吊车(温度控制)	1.2	0.7×1.4			1.4	0.7×1.4
24	恒载+活载+温度+吊车(吊车控制)	1.2	0.7×1.4			0.7×1.4	1.4
25	恒+活+风+温度+吊车(活载控制)	1.2	1.4	0.6×1.4		0.7×1.4	0.7×1.4
26	恒+活+风+温度+吊车(风载控制)	1.2	0.7×1.4	1.4		0.7×1.4	0.7×1.4
27	恒+活+风+温度+吊车(温度控制)	1.2	0.7×1.4	0.6×1.4		1.4	0.7×1.4
28	恒+活+风+温度+吊车(吊车控制)	1.2	0.7×1.4	0.6×1.4		0.7×1.4	1.4
29	恒+活+风+温度+地震(恒活不利,地震控制)	1.2	0.5×1.2	0.2×1.4	1.3	0.2×1.0	
30	恒+活+风+温度+地震(恒活有利,地震控制)	1.0	0.5×1.0	0.2×1.4	1.3	0.2×1.0	

续 表

序号	工　况　组　合	恒 载	活　载	风　载	地 震	温度 ±30℃	吊　车
31	恒＋活＋风＋温度＋吊车＋地震(恒活不利,地震控制)	1.2	0.5×1.2	0.2×1.4	1.3	0.2×1.0	0.2×1.4
32	恒＋活＋风＋温度＋吊车＋地震(恒活有利,地震控制)	1.0	0.5×1.0	0.2×1.4	1.3	0.2×1.0	0.2×1.4

控制荷载组合为：第26种　1.2×恒载＋0.98×活载＋1.4×温度＋0.98×吊车＋0.84×风。

4. 主体结构设计

主体建筑结构采用由钢筋混凝土径向框架梁、环向预应力混凝土梁和钢筋混凝土柱、钢—混凝土劲性圆柱形成的混合框架结构体系。异型钢结构屋盖由径向箱型主梁支承在框架柱上，环向曲线型主梁和由径向次梁与环向次梁形成的网格梁为主梁提供支撑，径向箱型主梁与框架柱的连接分别为固定铰连接、刚性连接和弹性限位连接；网格梁与主梁的连接为刚接、径向和环向的网格梁为相关节点连接。在储存环束线注入端，由于工艺要求必须抽柱，从而形成27 m大跨度梁，此处结构形式为预应力混凝土桁架。

储存环隧道为中心周长近500 m的环形变截面钢筋混凝土隧道结构，直线加速器隧道、增强器隧道也为钢筋混凝土隧道结构。上部结构按建筑要求不能设置永久性的变形缝，从而形成最大周长近630 m的超长结构。

为减小对储存环隧道、光束线实验大厅(站)的影响，储存环隧道基础底板与实验大厅基础底板联成整体而且相对其他的建筑是独立的。同样，环建筑的内外技术走廊，周边的实验室和辅助用房，如高频间、磁铁电源间等，这些建筑的结构基础底板可以连成一体，但必须与储存环隧道光束线实验大厅(站)基础底板分开(见图13)。

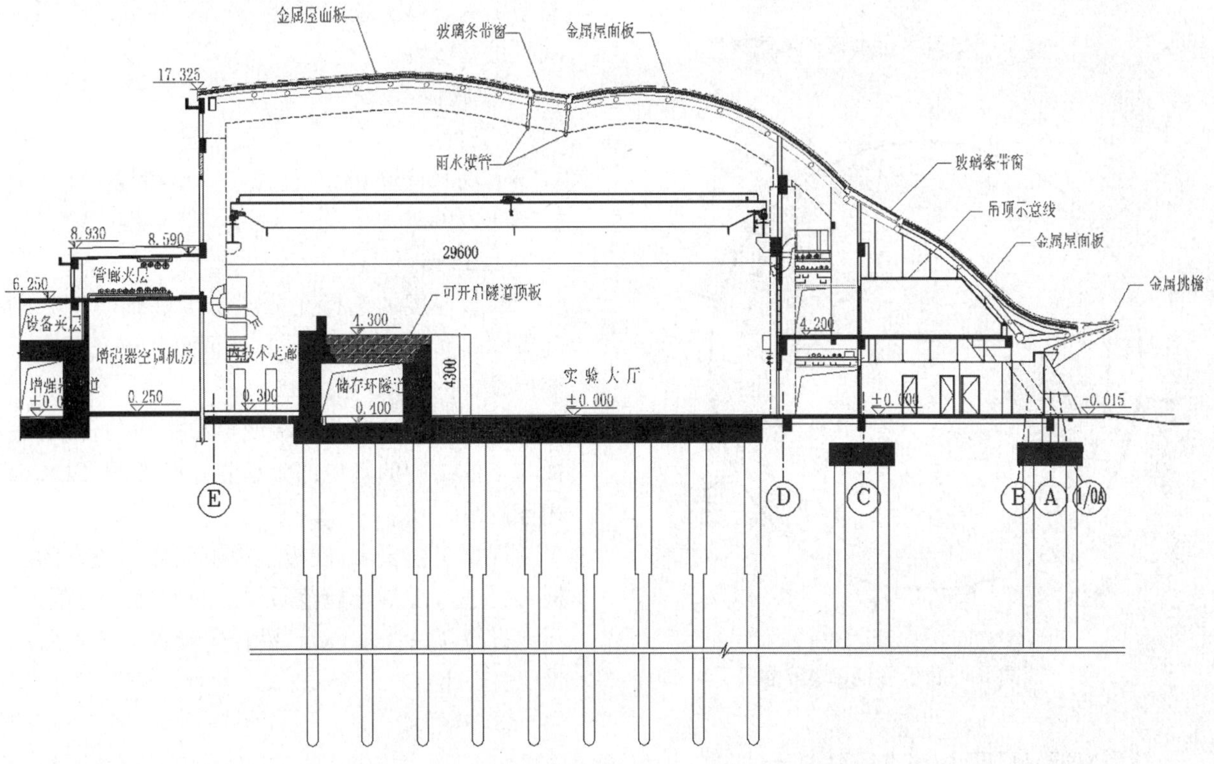

图13　主体环建筑剖面图

5. 基础设计

(1) 储存环隧道、实验大厅基础设计：

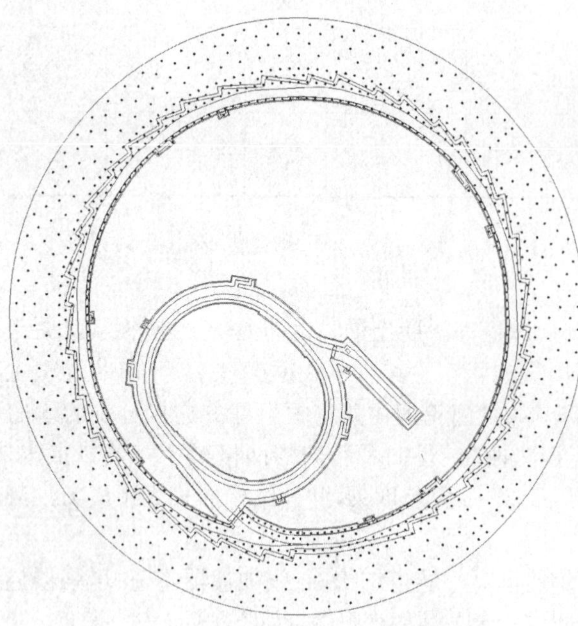

图14　桩基布设示意图

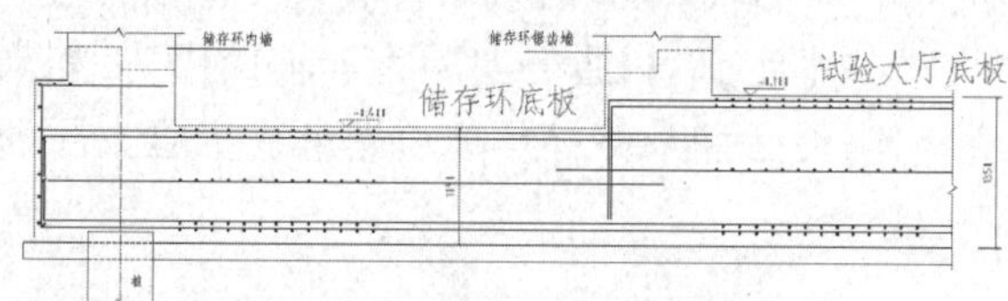

图15　试验大厅和储存环底板

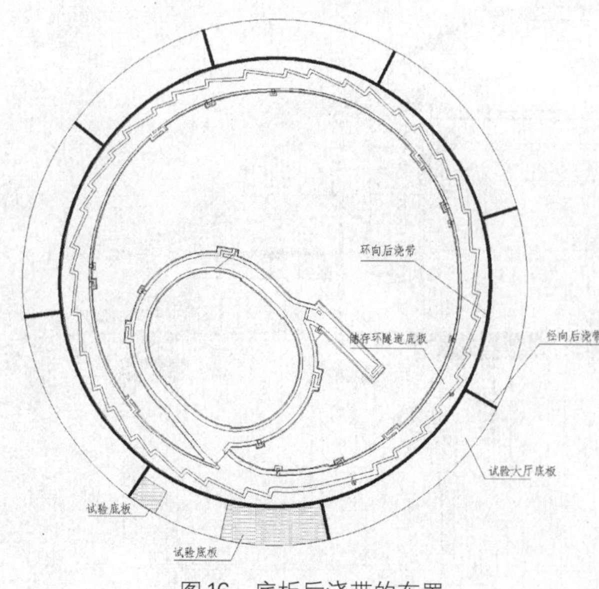

图16　底板后浇带的布置

① 桩基：

该工程的桩型选择既要考虑满足常规的强度和变形要求，还要满足工程特殊的工艺要求。根据工艺要求，该工程桩型应具有后期沉降小和有利于底板振动控制的特点。经过反复比较，该工程的桩型选定为钢筋混凝土钻孔灌注桩(见图14)。

与其他常规桩型，如预制方桩、预应力管桩相比，虽然灌注桩的造价较高、施工周期较长，但在沉降控制和振动控制方面具有明显的优点。根据工程实践经验，钻孔灌注桩的主要沉降发生在施工后的初期，后期沉降相对较小；同时，钻孔灌注桩的单桩水平刚度较大，防微振动性能较好。

在选择桩基持力层时，考虑到该工程上部荷载较小，确定以⑦$_2$层土为桩基持力层，桩长48 m，桩径600 mm，兼顾了造价与性能。

由于该工程的试验大厅和储存环隧道部分对地基变形和微振动的要求远远高于常规工程，对于此部分的桩基，采取了桩顶扩径和桩底后注浆的措施：桩顶扩径是在桩顶范围内将桩径从600 mm扩大为900 mm，其目的在于加强单桩与基础底板的连接，提高桩基的水平刚度，从而提高结构防微振动的性能；桩底后注浆的作用是减少桩基沉降。

② 底板：

试验大厅和储存环底板呈环形，外直径177 m，周长560 m，内直径130 m，周长410 m，板厚在内侧隧道下为1.00 m，在外侧试验大厅处为1.35 m。

底板厚度的选择充分考虑了基础质量和刚度应满足防微振设计，同时其平面分布又考虑了变形设计的要求(见图15)。

考虑到工艺对此底板变形和振动的要求，底板与主体结构的其他部分是脱开设计的，以减少相互影响。

根据工艺要求，底板不设永久缝。考虑到底板长度超过混凝土规范所规定的伸缩缝间距，沿环向设置了一条后浇带，沿径向设置了8条后浇带(见图16)。

③ 隧道墙：

隧道墙近似圆形，内墙直径约130 m，外墙(锯齿形)直径约144 m，墙厚900～1 500 mm。隧道墙顶板为预制混凝土板，板厚1 000～1 500 mm；隧道墙厚度是根据防护要求，按工艺要求确定。

按照防护要求，隧道侧墙不得有垂直于墙面的宽度≥0.15 mm 的贯穿裂缝。

隧道墙是超长、超厚的混凝土结构，且其裂缝控制有特殊要求。为此，在隧道圆形内墙上设置了 4 道永久性的伸缩缝，在隧道锯齿形外墙上设置了 21 道永久性的诱导缝。施工时采取了施工缝、分仓浇捣等措施(见图 17～图 19)。

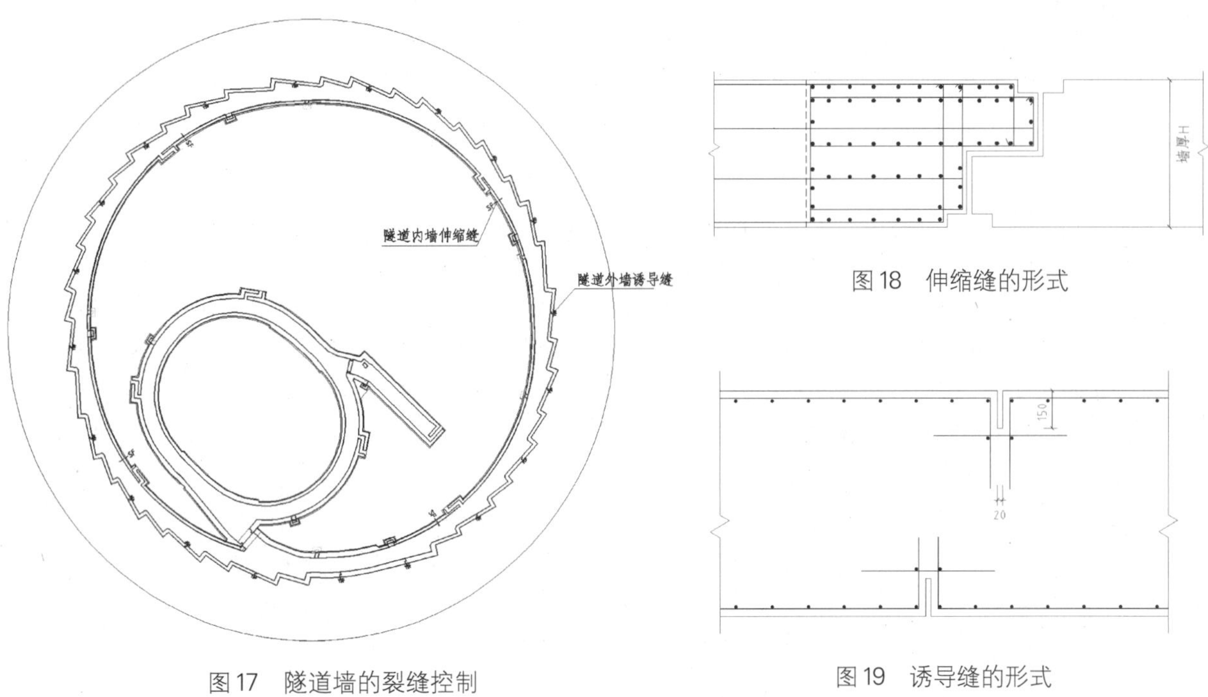

图 17　隧道墙的裂缝控制

图 18　伸缩缝的形式

图 19　诱导缝的形式

④ 隧道顶板：

储存环隧道顶板主要采用 500 mm 厚预制板，便于隧道内设备的安装和更换。

(2) 直线加速器隧道、增强器隧道基础设计：

① 桩基：

与储存环不同，根据工艺要求，增强器基础无振动要求，仅有变形要求，在基本稳定(安装后期)后，整体沉降量与主环建筑接近，工后沉降差 ≤5 mm。为此，设计采用了与储存环相同的桩型，但不再采取扩径和后注浆的措施。

② 底板和顶板：

底板和顶板呈环形，外直径 58～70 m，周长内直径 45～58 m，底板厚 1 000 mm，顶板厚 1 000～1 500 mm，均为现浇钢筋混凝土结构。

③ 隧道墙：

隧道内墙直径为 45～58 m，外墙直径为 58～70 m，近似椭圆。内墙厚度 1 000～1 500 mm，外墙厚度1 200～1 500 mm。

④ 设缝措施：

与储存环不同，增强器的部分区域在室外区域，并且与环内建筑局部相连，增强器顶板亦为现浇结构，不同于储存环顶板的预制结构。因此，增强器隧道和顶板的裂缝控制难度也很大。

为此，除了要求建筑设计中充分考虑隧道墙和顶板的保温隔热措施，在增强器隧道墙和顶板上设置了两条施工后浇带和两条永久性的伸缩缝(见图 20)。

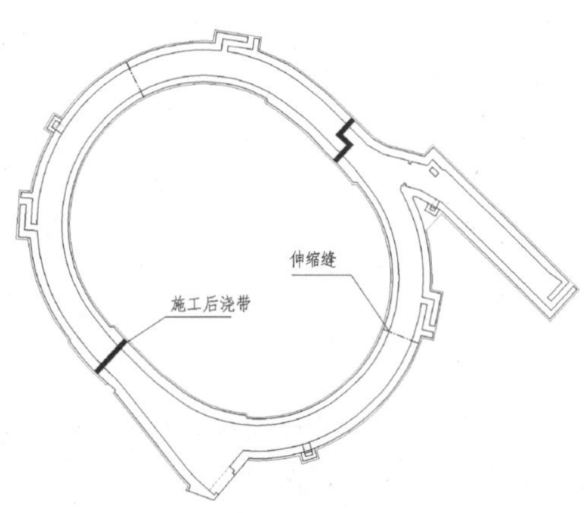

图 20　增强器隧道墙的裂缝控制

(3) 环形建筑基础设计：

环形建筑的基础形式为柱下独立桩基础，属于常规设计，与本工程工艺要求无关。

采用的桩型与主体建筑一致，均为直径 600 mm 的钻孔灌注桩，持力层亦为⑦$_2$ 层，但桩长略短。

桩基承台厚度从 900～1 800 mm，承台之间设置联系梁。

环形基础设置了 8 条径向后浇带，以减少施工阶段混凝土收缩应力。

(4) 地下通道：

由于主体建筑是环向封闭形式，因此根据消防要求，设置了两条从环内到环外的地下通道，同时也为设备管线的穿越提供了便利条件。地下通道埋深约 7 m，因此布置了抗拔桩，桩径 600 mm，桩长 25 m。

(5) 沉降计算：

该工程主体建筑的桩基是一个变形控制设计的实例，桩基设计的主要依据是其沉降计算结果。主体建筑沉降计算具有以下特点：

① 计算精度要求高，到达微米级精度，远远超过常规工程。

② 不仅要求计算绝对沉降，还要能反映相对沉降的分布，特别是，在试验大厅和储存环底板的沉降计算中，按工艺要求，其变形是沿光束线方向进行控制的。

③ 由于上部结构荷载分布相差极大和工艺要求的特殊，既有典型的桩筏基础，又有典型的独立桩基础，其基础分布内外相套，几何关系复杂。

该工程沉降计算采用 TBSP 程序，并针对该工程特点对程序进行了提高精度、优化计算、扩充功能等改进。计算时，充分考虑场地上各类桩基和基础之间的相互影响。在确定桩侧摩阻力分布形式、桩基附加应力影响范围等计算参数时，根据工程实际情况进行合理设置。

经过计算，该工程桩基最终沉降量计算结果与实测值比较见表 6：

表 6　桩基最终沉降量计算结果与实测值比较　(mm)

部　位	计 算 值	实 测 值
储存环隧道底板	6.0～7.5	5.0
试验大厅底板	6.0～7.0	4.5
增强器底板	9.0～11.0	—
储存环和增强环相连部位	9.0～14.0	—
主体结构立柱	9～18	5
主体结构外圈	12～18	5

该工程主体建筑工程桩的桩数，是经过对桩距和桩顶荷载水平反复优化，并考虑微振动计算成果后最终确定的。

(6) 建成后的效果：

隧道内几乎看不到裂缝，效果相当理想。沉降实测值略小于计算值。

6. 主体框架结构设计

框架结构可以分环建筑和环内建筑两部分。

(1) 环建筑主要构件的截面选择：

主体建筑环建筑混凝土框架结构的框架柱共有 3 排，断面由环内向环外分别是 ϕ1 500、ϕ1 400 和 600×600。

1 层框架的径向主梁为 350×700，环向主梁由环内向环外分别是 400×800、400×750 和 350×750。次梁为 250×650。实铺地坪。

2 层框架的径向主梁为 500×700，环向主梁由环内向环外分别是 500×1 000、350×750 和 350×650。次梁为 250×500。2 层大部分区域楼板为 120 mm 厚。楼板内施加了换向预应力。

吊车梁标高层框架的径向主梁为 400×600，环向主梁由环内向环外分别是 650×1 200 和 400×800。局部无柱处设有预应力钢筋混凝土桁架。

顶层框架的径向主梁为 500×1 000。

(2) 环建筑的设计特点：

环建筑是光源工程最主要的一个建筑，光源的实验大厅、储存环隧道、周边实验室、主控室都设在环建筑内部。工艺要求其柱网的布置不能影响光束线的通过。因此，柱距完全由工艺要求确定，不能有任何更改。最大的柱距达 27 m，且各环间的柱距均不相等，这给框架结构设计带来了较大的难度。针对这个问题，对不同的柱距选用了不同截面的柱，以保证柱顶的位移基本相同。

(3) 柱变形控制：

通常有吊车的单层厂房计算模型为横梁刚度无穷大的铰接排架，受力后横梁的轴向变形可忽略不计，排架受力后，横梁两端柱子的柱顶水平位移相等。但光源异型钢结构屋盖存在明显的拱效应，且两端柱顶标高不一致，因而柱变形控制对环形吊车的正常运行至关重要。针对以上问题进行了多方案的分析比较，中柱与屋盖主梁采用铰接、刚接两种不同的连接方式。若采用刚接，中柱柱顶侧移减小约 30%。中柱刚接条件下，外柱在环形吊车梁标高处：指向圆心最大侧移为 9.6 mm，远离圆心最大侧移为 0；中柱在环形吊车梁标高处：指向圆心最大侧移为 4.7 mm，远离圆心最大侧移为 12.3 mm，较好地满足了环向吊车正常运行时的柱侧移要求。

7. *超长环形混凝土梁裂缝控制*

(1) 施加预应力的目的：

超长混凝土结构的抗裂设计涉及施工阶段和使用阶段两个方面内容。在施工阶段超长混凝土结构会产生较大的收缩应力，设置后浇带以及设定合理的浇筑顺序是释放混凝土收缩应力，避免混凝土施工阶段出现早期收缩裂缝的有效措施。但是，设置后浇带并不能消除整体结构在使用阶段环境温度作用下的温度应力，无法避免温度应力下混凝土裂缝出现。对结构施加预应力，在结构中储存一定的预压应力，用以抵消结构在使用环境下温度拉应力，是消除和抑制使用阶段温度裂缝产生的有效措施。

(2) 施加预应力的范围(见图 21)：

(3) 施加预应力的过程分析：

① 后浇带的设置：光源工程主体结构为环形多层平面形式，施工过程为环向分段、竖向分层，在要求施工单位优化混凝土配合比、降低水化热、采取分块跳仓施工、保湿保温养护等施工措施的前提下，在平面中设置 7 条径向后浇带，将整个圆环分为基本均匀的 8 段(每段长度约 75 m)，以释放混凝土收缩应力，避免混凝土出现早期收缩裂缝。

② 预应力的设计：环梁的预应力设计是以抵消环境温度作用产生的拉应力效应为目的。光源工程主体结构是一个环形空间结构，螺旋起拱钢屋盖支承在环形框架的柱上，两者相互制约影响，结构力效应复杂，而环向分段、竖向分层的施工顺序，也决定了温度应力分析是一个复杂空间结构分析。预应力设计需要准确的温度应力值，这样才能保证施加合理的预应力值。同时预应力设计必须结合施工过程，控制各施工阶段因施加预应力而产生的内力和变形。环梁受水平力时存在拱效应，施加预应力将对柱顶径向位移产生影响，这些都是进行预应力设计的关键问题。因此预应力方案的制订既要使结构中产生合理的预应力值，又要满足各施工阶段的内力和变形要求，特别是环形吊车对柱顶径向位移的要求，同时还要易于实现。

③ 建立预应力的方案：对环梁施加预应力的方案有两种，一种是整体施加，即某一标高的环梁结构闭合后，沿环向整体施加预应力，另一方案为结合后浇带的设置沿环向分段施加预应力，设计中用 MIADAS 软件对两种方案进行了分析比较。

对于整体施加方案，由于较大的预应力损失，因而若要产生相同的预应力效果，需要施加较大的外力作用，将使柱顶产生较大的相对位移，对屋盖的安装将产生影响。而分段施加方案则较易达到设计要求的预应力效果，同时不影响屋盖的安装，因此采用分段施加方案。

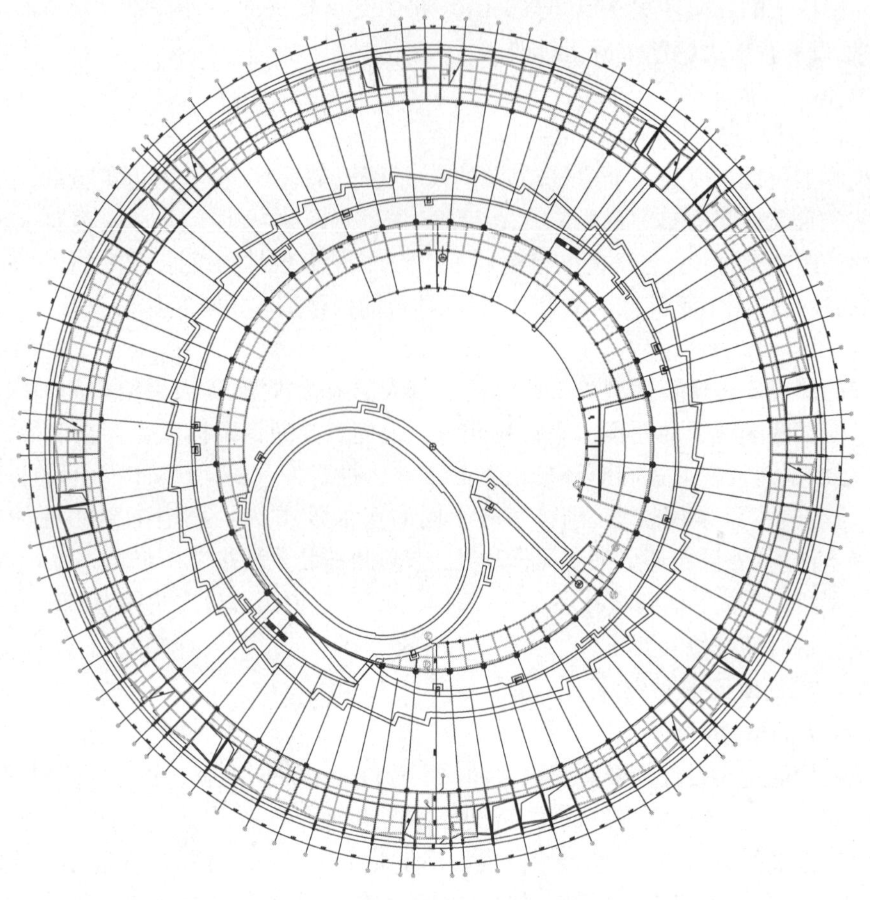

图21 施加预应力的范围

总体方案计划把整个施工过程分为四个阶段。第一阶段结束时，后浇带把内环和外环框架都分割成8段，张拉梁板的环向预应力筋。第二阶段，安装钢屋盖与后浇带对应的网格钢梁与主钢梁采取临时固定措施。第三阶段，浇筑后浇带及补张后浇带预应力。第四阶段，后浇带对应的钢屋盖部分刚节点形成，钢屋盖全部固定。

整个过程用MIADAS软件进行了施工过程分析，对预应力筋的布置进行了多次调试，预应力筋使用极限强度为1 860 MPa的$\phi^{s}15.2$无黏结钢绞线，抗拉强度标准值$f_{Ptk}=1\ 860$ MPa，张拉控制应力取$\sigma_{CON}=0.7f_{Ptk}=1\ 300$ MPa。预应力筋沿环梁轴线布置，每一弧段两端张拉，局部偏差对摩擦的影响系数$\kappa=0.004$，摩擦因数$\mu=0.09$。

④ 施加预应力后结构分析：预应力、自重、恒载组合工况下，环梁都有一定的压应力储存，而外环顶圈梁存储的压应力最大，有5.0 MPa左右，最大位移8.7 mm，位移主要是由于异型钢屋壳的拱效应引起的径向位移(内环节点指向圆心、外环节点背离圆心)。

预应力、自重、恒载、升温30℃组合工况下，外环顶圈梁的压应力由不考虑温度荷载组合时的5.0 MPa左右减少到0.2～1.0 MPa，外环柱顶节点的最大水平位移为12.5 mm，主要是钢屋盖拱效应和升温热膨胀共同作用引起的径向位移。通过以上结果可以看出，预应力设计满足结构的抗裂要求。

⑤ 环形吊车梁的受力特点：环行吊车梁与直线型吊车梁不同之处在于其存在弯扭耦合的力学特性，必须形成多跨连续梁，截面宜选用闭口截面。

8. 光源环形吊车梁的设计

(1) 截面选择：为了增强吊车梁的整体稳定性以及增加其抗扭能力，该工程选择了箱型钢梁作为吊车梁。

(2) 内力分析：该工程利用MIDAS软件对吊车梁进行了详细的计算，荷载组合大约有几十种，通过对比，找出了最不利荷载工况下吊车梁的受力性能以及抗疲劳能力。

(3) 构造特点：

① 由于吊车梁为多跨连续，所以上下翼缘板均可能处于受拉状态，因此除支座外，加劲板与上下翼缘均采用摩擦型高强螺栓连接。

② 由于建筑要求不能做双柱，因此每段吊车梁的连接处位于同一个牛腿上，虽然本工程在每两段吊车梁之间设了 20 mm 的缝隙，但实际上吊车梁之间仍可通过同一个相连的牛腿进行传力。这就使得节点处既能释放部分温度荷载，又要能够传递部分温度荷载(见图 22)。

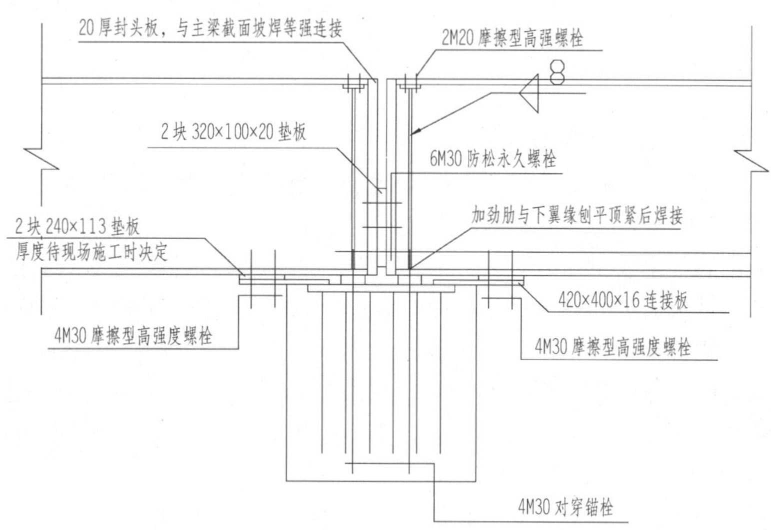

图 22　吊车梁之间的节点连接示意图

(4) 考虑施工现场的吊装：

在考虑吊车梁的分段大小时，该工程充分考虑了现场吊装的可行性，将内外环吊车梁分别设为三跨连续和两跨连续，内环抽柱处，吊车梁设为五跨连续。

9. 劲性混凝土柱的设计

(1) 设置型钢混凝土柱的原因：

光源工程的中柱与钢结构的屋架设计采用刚性连接，需要有足够的自身强度和刚度才能保证与钢结构的刚接。如果采用普通的钢筋混凝土结构，要达到这样大的刚度和强度，柱的截面将会变得异常巨大，不但会增加建筑物的自重，同时也会影响建筑的美观与和谐。采用钢结构柱，如果仅考虑强度要求的话，截面可以做得较小，但是在柱上还设有环形吊车的吊车梁，这对柱的变形要求较大，同时钢结构的刚度较小，要达到变形要求的话，钢材的强度就不能充分地发挥；而且钢柱为了达到防火的要求，在外侧必须采用防火涂料进行防火，表面不可能做得很光滑，与光源工程的其他柱会显得不协调。

型钢混凝土组合结构有节约钢材、提高混凝土利用系数、降低造价、抗震性能好、防火防腐性能好及便于施工等优点，在各国建设中得到迅速发展。在光源工程的中柱中使用型钢混凝土组合结构，正好能充分发挥型钢混凝土组合结构的各项优点，在造价上不会也增加很多。

鉴于以上几点原因，本着尽可能降低建筑物的土建造价，让国家的有限资金多用于光源的科研设备的研制，一切为业主考虑的原则，设计人员经过多次的方案比较，最终确定采用型钢混凝土组合结构的设计原则。

(2) 劲性混凝土柱的截面形式和设计：

同时，经过分析和比较，设计人员发现型钢混凝土组合结构内的型钢可以不用全长设置。在柱的下半部，由于内力的减小，可以采用普通钢筋混凝土柱。另外，又对型钢混凝土组合结构内的型钢进行了优化设计，最终采用从 4.200 标高至钢结构屋面不同厚度的环形截面设计。

(3) 劲性混凝土柱与普通钢筋混凝土梁的连接：

劲性混凝土柱与普通钢筋混凝土梁的连接处设置加劲板和环形连接板，梁主筋（非预应力筋）与连接板采用双面焊接 5d 连接。同时，在梁侧面钢筋与柱相交处，设置竖向连接板，与梁侧面钢筋连接。

(4) 预应力钢筋如何穿过劲性混凝土柱：

劲性混凝土柱与吊车梁牛腿的劲性混凝土柱的连接，与普通钢筋混凝土梁的连接相仿，也是设置加劲板和环形连接板，梁主筋与连接板采用双面焊接 5d 连接。牛腿水平箍筋与柱上设置的竖向连接板焊接连接。

(5) 劲性混凝土柱与吊车梁牛腿的连接：

劲性混凝土柱与普通钢筋混凝土梁预应力筋的连接采用了两种方法，第一种方法是：在预应力筋的路径上预留孔洞，梁预应力筋直接穿越型钢柱；第二种方法是：通过调整预应力筋的路径，使预应力筋绕过型钢柱。

10. 大跨度预应力混凝土桁架的设计

由于工艺要求，主环有一处不能设置框架柱，在相邻柱距达到大跨度的 27 m 左右时，为了承受钢屋架和吊车的荷载，此处需要设置一个转换构件。

转换构件可以采用混凝土大梁、预应力混凝土桁架、钢桁架等多种结构形式，这几种方式都能满足受力和变形的要求。但是从美观和经济性角度分析，混凝土大梁显得十分笨重，与轻巧的钢屋架不是十分协调。所以混凝土大梁首先被否定了。采用钢桁架固然比较轻巧，与钢屋架的连接也相对简单，但是钢桁架与混凝土柱的连接节点构造将比较复杂，此外钢结构的刚度较小，在整个环建筑中，此处的刚度突变将会引起主环框架结构受力的不均衡，因此钢桁架也被否定了。最终选择了自重相对较轻，刚度大，变形小的预应力混凝土桁架作为转换构件。

预应力混凝土桁架的计算采用 MADIS 整体计算，对杆件采用理正校核。

11. 主控室的设计

(1) 主控室的特点：

主控室是光源工程的控制中心，其重要性不言而喻，因此，它对结构设计的要求也是非常之高的。为了控制设备的布置，地面需要做架空地板，结构标高要落底 150 mm，但是如果主梁落底又会影响下层实验室的净空高度。经过反复讨论及与建筑、设备工种的协商，将此处的次梁和楼板落底 150 mm，主梁处落底 50 mm。既解决了设备的布线，又增加了 1 层实验室的净高。

(2) 特殊荷载：

根据工艺要求：主控室的设计活荷载为 5～7 kN/m^2，UPS 机房的设计活荷载为 12 kN/m^2。

12. 货运入口的设计

货运入口处由于有大型车辆要进入，大门高度为 4 000 mm，此处的框架梁与其他部位相比，抬高了 2 000 mm。为了便于设备管线的跨越和大门的安装，此处还设置了一个钢桁架。

13. 幕墙落地节点的设计

幕墙落地处为了减少钢结构变形对幕墙的影响，幕墙不直接与钢结构连接，而是设计了一圈钢筋混凝土挡墙，为了减少不均匀的沉降，墙下设 200×200×6 000 的方桩。

14. 悬挂吊车节点的设计

悬挂吊车节点根据吊车的起重量、跨度以及支座形式不同，分别选取了标准图集上的相应节点和构造做法。

15. 环内建筑的设计

(1) 环内建筑的分类和特点：

环内建筑包括两部分：与主环相连的环内建筑和与加速器隧道相连的环内建筑，多数是机房，具有层高高，柱距大的特点，均为钢筋混凝土框架结构。

(2) 与加速器隧道相连的环内建筑设计：

与加速器隧道相连的环内建筑是否和加速器隧道相连是结构工程师在设计过程中需要考虑的一个

重要问题。

如果环内建筑和加速器隧道之间设缝，使两者不相连，无疑会使设计变得简单，但是这样做会增加建筑师和设备工程师的设计难度。因为有很多从机房进入隧道的管线都要穿越这条缝，在隧道墙边增加的框架柱也会影响设备的安放，减少建筑的可使用面积，使业主的造价增加。经过对比和分析，最终决定环内建筑和加速器隧道之间不设缝，虽然增加了结构设计的复杂程度，但是避免了以上这些问题的产生。同时由于可以利用隧道墙的巨大刚度，框架柱的截面也可以适当减小，又为业主降低了一部分造价。

(3) 技术夹层的设计：

由于层高的限制，技术夹层采用了无梁楼板的结构形式。板厚 200 mm。为了减少温度对隧道墙的影响，隧道顶上的技术夹层的侧墙没有使用剪力墙结构，而采用的一排小柱。

(4) 伸缩缝和后浇带的设置：

与隧道墙伸缩缝相应位置设置了 2 道伸缩缝，环内建筑设置了 2 道后浇带。

16. 悬挂吊车节点的设计

同环建筑类似，悬挂吊车节点也根据吊车的起重量、跨度以及支座形式不同，分别选取了标准图集上的相应节点和构造做法。

17. 异型钢屋盖设计

为了综合比较结构受力、建筑效果、经济指标，本工程对异型钢屋盖进行了不同结构体系的计算分析：

(1) 平面桁架体系(见图 23 和表 7)：

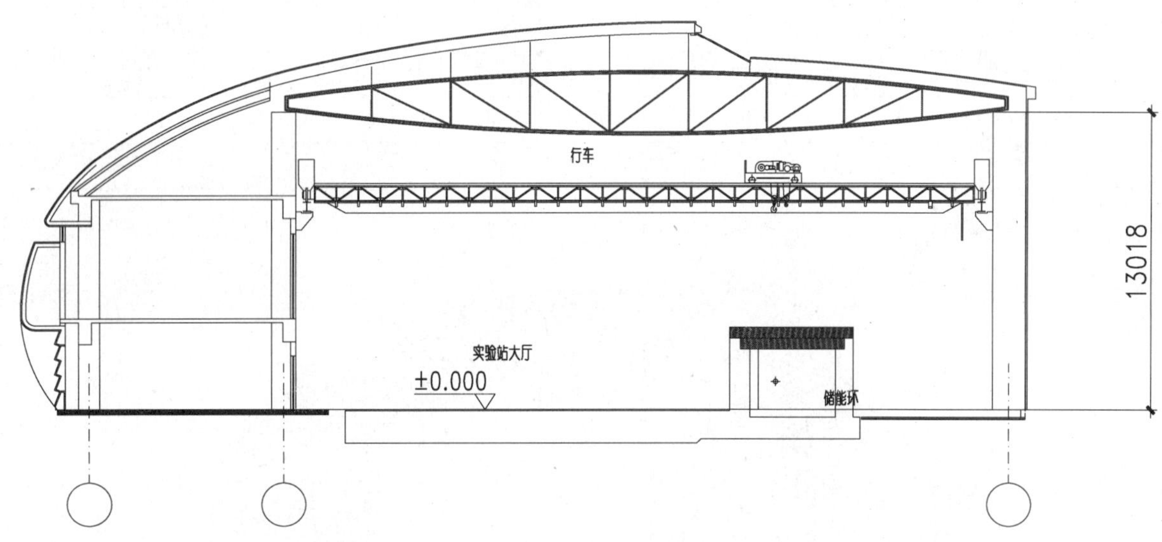

图 23　平面桁架体系剖面图

表 7　用钢量统计

构件名称	截　面(mm)	质　量(t)	备　注
梯形钢屋架		210.72	布置详见图集《梯形钢屋架》97G511
径向主梁	工 600×300×12×8	37.052	
支座环梁	工 1 200×500×24×18	632.543	
径向次梁	工 500×250×16×12	550.882	
环向次梁	工 500×250×16×12	854.16	
总　计		2 285.357	

(2) 空间网架结构体系(见图 24 和表 8)：

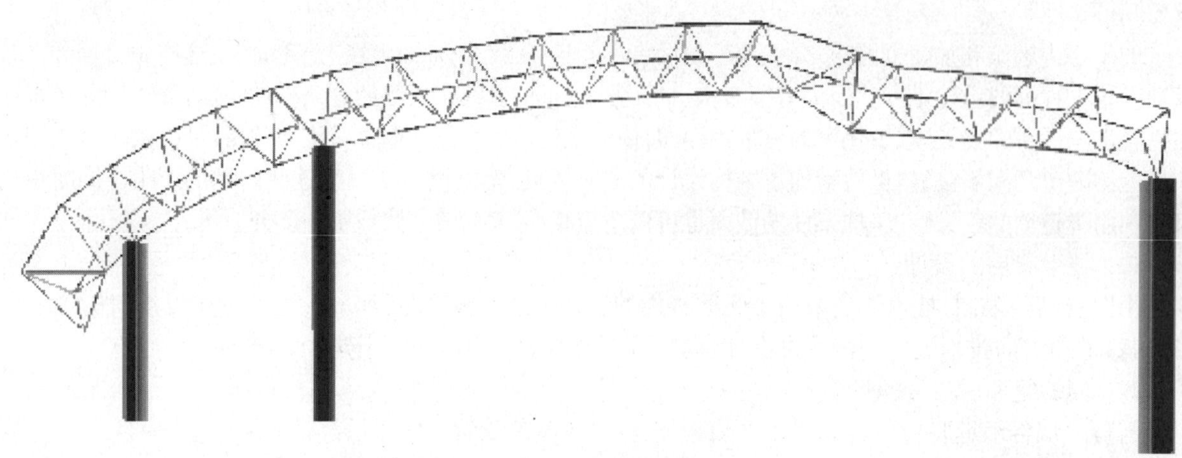

图 24 网架结构剖面图

表 8 用钢量统计

截　面(mm)	总 长 度(m)	质　量(t)
圆管 159×8	59 810.87	1 829.78
圆管 159×12	1 245.38	55.64
圆管 180×10	27.31	1.18
圆管 194×12	426.85	23.61
圆管 219×12	26.98	1.70
圆管 299×14	11.39	1.15
总计		1 913.04

(3) 平面型钢梁结构体系 1(见图 25 和表 9)：

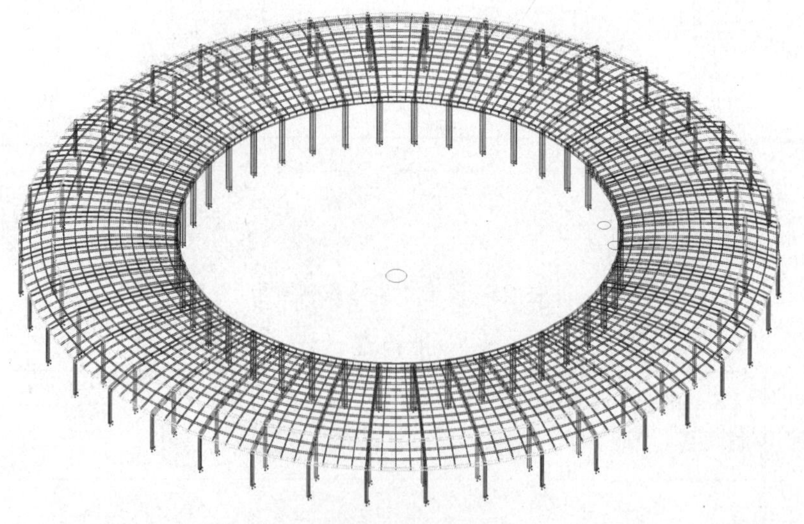

图 25 平面型钢梁结构体系 1

表 9 用钢量统计

构件名称	截　面(mm)	质　量(t)
径向主梁	工 1 500×600×22×30	
内圈环梁	工 1 500×600×22×30	

续　表

构件名称	截　　面(mm)	质　量(t)
外环梁、中间环梁	工 900×400×20×20	
网格梁	工 500×200×10×15	
总　计		2 850

(4) 平面型钢梁结构体系 2(见图 26 和表 10)：

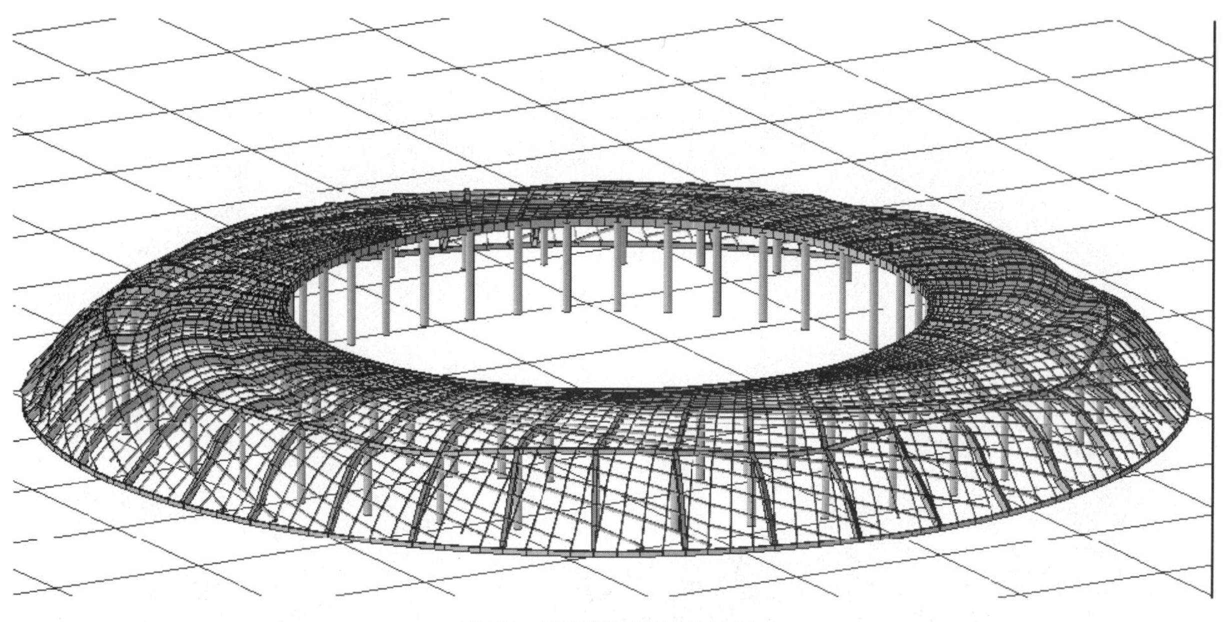

图 26　平面型钢梁结构体系 2

表 10　用钢量统计

构件名称	截　　面(mm)	质　量(t)
径向主梁	工 1 500×700×30×30	
内圈环梁	工 1 500×700×32×28	
外环梁	工 900×400×28×16	
中间环梁	工 900×400×28×16	
渐开梁	工 900×400×16×12	
网格梁	工 500×200×20×12	
总　计		4 600

(5) 平面型钢梁结构体系 3(见图 27 和表 11)：

表 11　用钢量统计

构件名称	截　面(mm)	质　量(t)
主　梁	箱型 1 500×750×24×24	2 053
外环梁	ϕ550×16	162
中环梁	箱型 700×400×15×15	170
内环梁	箱型 700×400×15×15	112

续 表

构件名称	截 面(mm)	质 量(t)
径向梁	ϕ245×12	442
渐开梁	ϕ351×16	342
环向梁	ϕ273×16	764
总 计		4 012

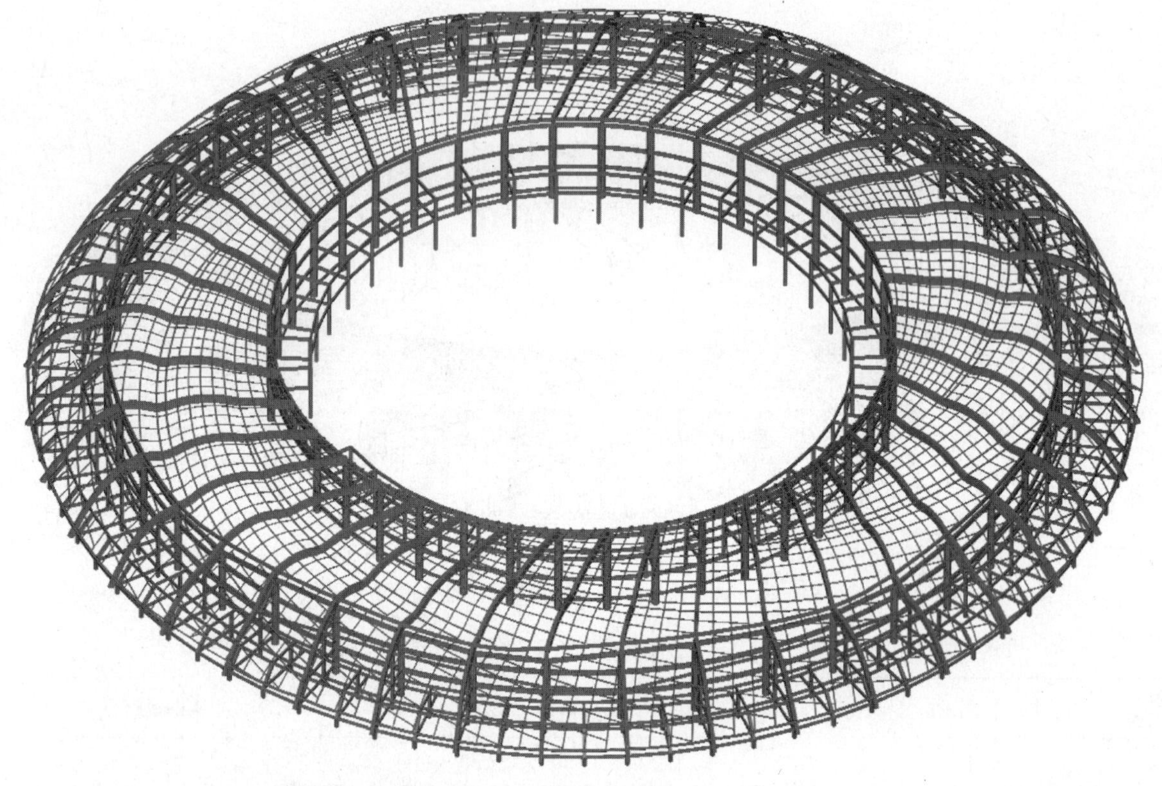

图 27　平面型钢梁结构体系 3

应建筑要求屋盖内外的效果应一致，且考虑施工的可能性，最终选择了第五种结构体系。主体建筑屋盖由 8 片异形双曲面组成，辐射状空间主梁近似沿屋面曲线径向布置，大跨水平投影跨度为 33.1 m，小跨水平投影跨度为 15.8 m，断面为箱形截面，环向主梁为箱形钢梁。径向主梁和环向主梁之间的异型双曲面，由径向网格梁和环向网格梁组成单层网壳，网格梁为无缝钢管，径向主梁和环向主次梁均为刚接。径向梁主梁为两跨空间曲线梁，外环支座为落地滑动支座，中环支座为柱上固定支座，内环支座为球型铰支座。

18. 风洞试验

(1) 试验目的：

上海光源工程主体建筑结构具有质量轻、柔性大、阻尼小等特点，在强风作用下可能出现较强的风荷载和结构振动，影响结构安全和设备的使用，因此，风荷载是结构设计的控制荷载之一。为保证整体结构和围护结构的安全以及设备使用的精度，委托同济大学土木工程防灾国家重点实验室结构风效应研究室，对此工程的刚性模型进行了风洞试验，测量了模型表面的平均压力和脉动压力，为主结构设计及维护结构设计提供计算风荷载用的体型系数、平均风荷载等基本参数。

此外，在大气边界层中，由于周边建筑之间的干扰，绕流和空气动力作用非常复杂，结构易发生大幅振动；在风荷载作用下，结构的振动通过基础传至试验设备，可能对试验结果产生不利影响。因此，必须对结构进行风致响应和等效静力风荷载进行研究，提供柱底为弹簧支座、刚性边界两种条件下的等效静力风荷载，以及柱底水平力、位移、速度、加速度的响应功率谱，用于分析风荷载作用下主体结构的振动响应，为实验大厅基础底板的振动控制设计提供相关数据。

(2) 试验方法：

光源工程项目风洞测压试验模型为刚体模型，用玻璃钢、有机玻璃板和 ABS 板制成，具有足够的强度和刚度，在试验风速下不发生变形，并且不出现明显的振动现象，以保证压力测量的精度。考虑到实际建筑物和风洞尺寸以及风场模拟结果，选择模型的几何缩尺比为 1/100。模型与实物在外形上保持几何相似。试验时将模型放置在转盘中心，通过旋转转盘模拟不同风向。

在光源工程项目模型上总共布置了 680 个测点。在屋盖表面上布置了 560 个测点，在内侧墙面上布置了 120 个测点。试验风向角间隔取为 15°，即共 24 个风向，风向角按顺时针方向增加。

根据光源工程项目周围数公里范围内的建筑环境，设计方确定本试验的大气边界层流场模拟为 B 类地貌风场。

(3) 试验结论：

通过对上海光源工程主体结构模型的风洞测压试验及分析，得到如下结论和建议：

① 光源工程项目的风荷载主要以负压为主。

② 根据试验测得体型系数，得到的 10 min 平均风荷载是上海光源工程项目整体结构设计的基本参数。

③ 根据《建筑结构荷载规范》计算得到，屋面在 50 年重现期下的最不利正压为 0.93 kPa；最不利负压(绝对值最大负压)为－2.03 kPa。内侧墙面在 50 年重现期下的最不利正压为 0.81 kPa；最不利负压(绝对值最大负压)为－0.43 kPa。

④ 对于围护结构设计，应用概率统计理论对试验结果进行计算得到：屋面在 50 年重现期下的最不利正压(按统计方法)为 1.05 Pa；最不利负压(按统计方法)为－2.80 kPa。内侧墙面在 50 年重现期下的最不利正压(按统计方法)为 1.31 kPa；最不利负压(按统计方法)为－1.05 kPa。

⑤ 应用概率统计理论计算的结果大于按建筑结构荷载规范计算得到的结果，建议实际工程中应用本统计结果。

19. 节点试验、节点数值模拟分析

圆钢管相贯节点和箱形主梁与圆钢管连接节点是光源工程单层网壳屋盖结构中的两类主要节点形式。由于节点抗弯性能对于单层网壳的整体稳定性至关重要，而国内设计规范尚无对此类节点刚度和抗弯强度进行计算的规定，因此有必要通过对关键节点的试验研究来保证设计的合理性。此外，屋盖主梁与下部框架的钢筋混凝土柱连接节点是整体结构的重要承重与传力部位，且该节点与众多构件相交，受力状况复杂，对其进行分析研究进而把握节点的承载性能对于保证结构体系的安全性具有重要意义。

(1) 圆钢管相贯节点试验研究与分析：

① 试验目的：通过试验与数值模拟分析，考察圆钢管相贯节点在平面外弯矩作用下的抗弯刚度、承载能力与破坏模式，对工程设计中结构分析模型采用的节点性质提出建议。

② 试验方法：光源工程钢屋盖结构中圆钢管相贯节点在几何形态上主要有支管相对于主管上凸、平齐和下凹三种形式，并且对于每种形式的节点均存在主、支管同向弯曲和反向弯曲两种最不利荷载工况。根据节点的几何形态与受力状况，本次试验选取结构中三个典型位置的节点进行足尺模型试验研究。节点在结构中的位置见图 28。

试件共计 6 个，在主管两端的四分点处各设置一块开孔耳板，分别通过销轴与支座连接。为便于千斤顶加载，在主管与支管的端部设置了端板与垫板。对于试件 B1－1、B1－2、B2－1 和

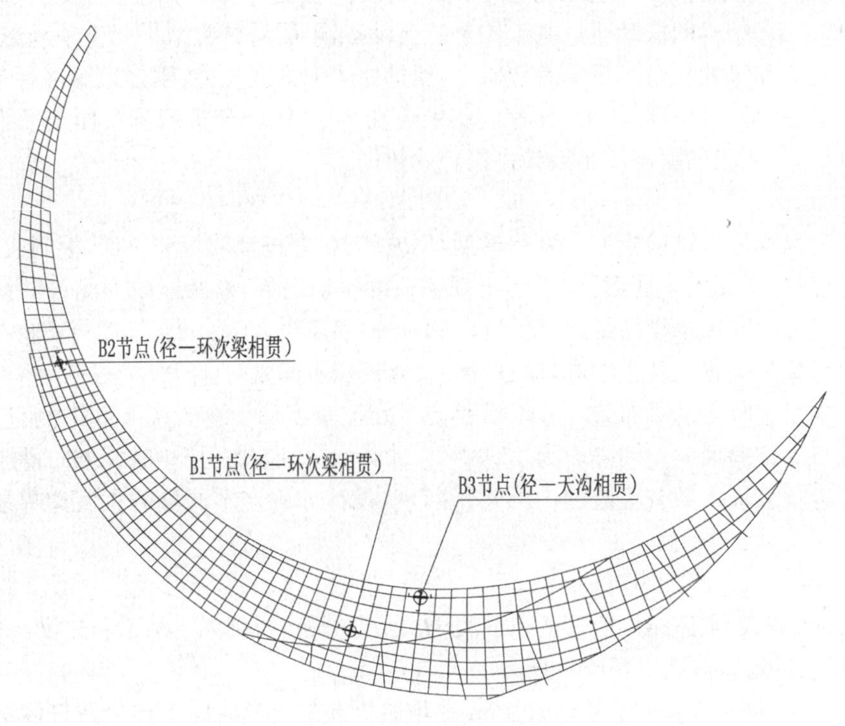

图 28　试验节点在结构中的位置

B2－2,为防止试验最大荷载下支座处主管进入塑性,对处于耳板区域的主管分别焊有4块环向加劲盖板;对于试件B3－1和B3－2,在试验最大荷载下支座处主管不会进入塑性,因此未设环向加劲盖板。

③ 试验结论:

A. 节点试件平面外弯曲失效模式为主管管壁塑性变形模式。

B. 试件节点域首次屈服时的弯矩为设计弯矩的5～28倍,节点极限弯矩实测值为设计弯矩的8～60倍,极限弯矩相对于节点域首次屈服弯矩来说具有较大的强度储备,表明相贯节点设计留有足够的承载富余。

C. 主、支管同向弯曲节点试件与反向弯曲节点试件相比具有更高的极限承载力。

D. 节点试件B1－1、B1－2、B2－1、B2－2平面外抗弯承载效率大于1,即支管先于节点破坏;试件B3－1与B3－2的节点承载效率略小于1。

E. 弹塑性实体有限元分析较好地模拟了节点试验曲线,再现了节点主管管壁塑性变形的破坏模式、应力分布与变化机制,为试验结果提供了可靠的校验,同时也为今后对该类节点受力性能进行更具普遍性的评估奠定了基础。

(2) 箱形主梁与圆钢管连接节点试验与分析:

① 试验目的:通过试验与数值模拟分析考察箱形主梁与圆钢管连接节点的抗弯性能、传力机理与破坏模式,对初步设定的连接构造的合理性和安全性进行检验,必要时提出修改意见。

② 试验方法:考虑节点的几何形态与受力状况,选择两个典型位置的箱形主梁与圆钢管连接节点(以下简称主梁节点)进行1∶2缩尺模型试验研究。

③ 试验结论:

A. 箱形主梁与圆钢管连接节点平面内外抗弯均可作为刚性连接。

B. 试件A1在平面内弯曲荷载作用下,节点连接区域进入塑性与发生破坏的先后顺序为:支管与外套管连接处的支管管壁→与主梁腹板连接的外套管根部管壁;试件A2在平面外弯曲荷载作用下,节点连接区域进入塑性与发生破坏的先后顺序为:支管与外套管连接处的支管管壁→与主梁腹板连接的外套管根部管壁→主梁腹板。

C. 试件的失效模式均表现为支管的弹塑性挠曲及与外套管连接处支管受压侧的塑性局部失稳。

D. 支管首次记录到测点屈服时的弯矩为设计弯矩的 3 倍以上，外套管首次记录到测点屈服时的弯矩为设计弯矩的 5 倍以上，试验最大弯矩达到设计弯矩的 9 倍以上，极限弯矩相对于节点域首次屈服弯矩来说具有较大的强度储备，表明主梁节点设计留有足够的承载富余。

E. 主梁节点可以满足规范关于强节点弱构件的抗震设计要求。

F. 弹塑性实体有限元分析较好地模拟了节点试验曲线，再现了节点的破坏模式、应力分布与变化机制，为试验结果提供了可靠的校验。

G. 借助有限元分析手段对该节点关键部位即外套管与支管搭接区域的内力传递机制进行了研究，提供了可供工程设计参考的计算结果。

(3) 钢管混凝土柱与钢梁节点数值模拟与分析：

① 分析目的：主梁与下部钢筋混凝土柱连接节点是整体结构的重要承重与传力部位，且该节点与众多构件相交，受力状况复杂，对其进行数值模拟研究进而把握节点的承载性能对于保证结构体系的安全性与设计的合理性具有重要意义。因此，研究的主要目的设定为考察节点在设计荷载下的应力分布状况，对节点的总体安全性做出评价。

② 分析方法：主梁及环梁与下部钢筋混凝土柱的连接方式为：首先在钢筋混凝土柱中预埋一段直径为 1 m，侧壁焊有抗剪栓钉的圆钢管，并使其伸出混凝土柱顶约 2.5 m。上部的径向箱形主梁和环梁与伸出柱顶的圆钢管倾斜相交，直接焊接于钢管表面，同时在钢管柱内部设有分别与主梁和环梁翼缘平齐的 3 块横向加劲板和分别与主梁和环梁腹板平齐的 8 块纵向加劲板。最后在钢管中填充混凝土。

在钢筋混凝土环梁与劲性混凝土柱连接部位，为了设置环梁中的预应力钢筋，柱身开设有直径为 90 mm 的 4 个圆孔。为考察钢管内是否填充混凝土对梁柱连接节点的影响，分别建立钢管内未填充混凝土的钢柱与钢梁连接节点模型、钢管内填充混凝土的钢管混凝土柱与钢梁连接节点模型，进行实体有限元建模与分析，采用通用有限元软件 ANSYS 9.0 对节点进行弹性数值模拟分析。

将钢管柱底部完全约束，其他杆件端部自由。根据平衡条件，当在其他杆件端部加载时，可以完全模拟节点区域的实际受力状态。在需要加载的杆件端部设置了刚性加载端板。

③ 分析结论：

A. 钢管柱内混凝土对节点区各个板件、特别是钢管柱中各条纵向加劲板和横向加劲板的最大 Von Mises 等效应力的降幅作用明显。

B. 钢管内填充混凝土后，节点域各块钢板以及钢管柱中混凝土的等效应力绝大部分均处于弹性范围，弹性分析得到的超屈服区域很小，由于本研究是针对荷载设计值的分析，若从极限状态角度考虑，存在非常有限的超屈服应力区是可以接受的。况且各板件的应力水平适中，从整体来说，可以认为该节点在设计荷载下是安全的。

(二) 辅助建筑结构设计

1. 综合办公楼

(1) 概述：

综合办公楼的平面形式为 2 层弧形(办公楼)和单层圆形(报告厅)相嵌而成，造型为中间高两头低、前面高后面低的梭形(见图 29)。

上部结构形式为现浇钢筋混凝土框架，现浇楼盖采用主次梁形式，主梁断面，楼板厚 120 mm，其中部分大跨度框架梁(16～20 m)采用预应力钢筋混凝土梁。

(2) 主要计算结果(见表 12)：

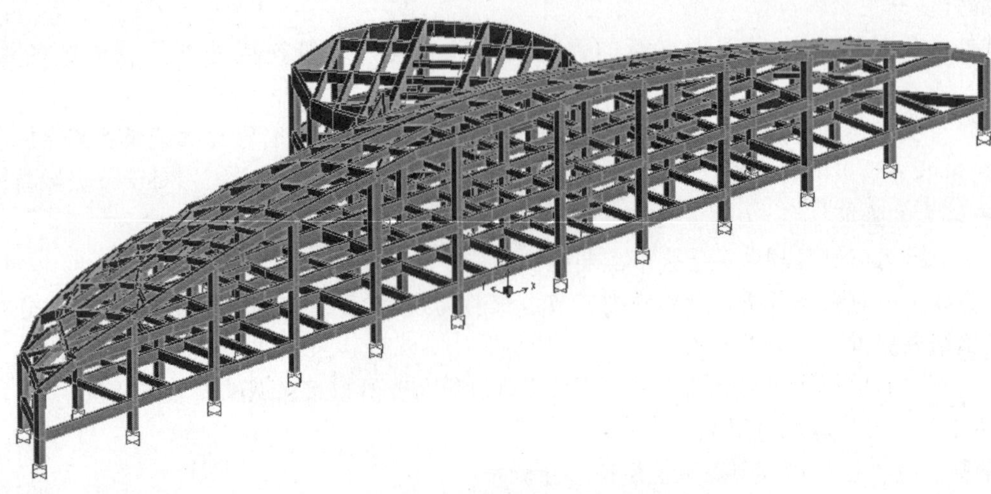

图 29　综合办公楼的结构

表 12　上部结构荷载计算

概况	计算层数		3 层
	结构体系		钢筋混凝土框架
	抗震等级		三级
地震作用	周期(s)	$T1$	0.497 1 (平动系数：0.92)
		$T2$	0.483 2 (平动系数：0.93)
		$T3$	0.393 0 (扭转系数：0.83)
	最大层间位移角	X 向	1/1 210
		Y 向	1/1 105
	最大层间位移与层间位移平均值之比	X 向	1.22
		Y 向	1.25
	最大水平位移与水平位移平均值之比	X 向	1.27
		Y 向	1.40
	基底剪力(kN)(剪重比)	X 向	3 691 (5.1%)
		Y 向	4 150 (5.8%)
	倾覆弯矩(kN·m)	X 向	31 941
		Y 向	35 582
	振型数		42
	质量参与系数	X 向	97.27%
		Y 向	92.81%
风荷载作用	最大层间位移角	X 向	1/9 999
		Y 向	1/4 047
	基底剪力(kN)	X 向	343.9
		Y 向	1 176.9
	倾覆弯矩(kN·m)	X 向	3 058.8
		Y 向	11 284.9

(3) 基础设计：

基础采用桩基+独立承台，承台之间设置联系梁。桩型为 30 m 长 ϕ400 的 PHC 桩，桩基持力层为⑤$_3$粉质黏土层，单桩承载力设计值为 890 kN。

2. 综合实验楼

(1) 概述：

综合实验楼的平面由单层实验大厅和 2 层的辅助用房组成。上部结构形式为现浇钢筋混凝土框架，现浇楼盖采用主次梁形式，柱截面为 500×500，主梁断面 350×750，楼板厚 120 mm，其中实验大厅部分的屋面大跨度框架梁(14 m)梁高为 1 200 mm。

(2) 主要计算结果(表 13)：

表 13　综合实验楼结构荷载计算

概况	计算层数		4 层
	结构体系		钢筋混凝土框架
	抗震等级		三级
地震作用	周期(s)	$T1$	0.605 4 (平动系数：0.99)
		$T2$	0.582 3 (平动系数：1.00)
		$T3$	0.499 0 (扭转系数：0.95)
	最大层间位移角	X 向	1/890
		Y 向	1/1 006
	最大层间位移与层间位移平均值之比	X 向	1.10
		Y 向	1.30
	最大水平位移与水平位移平均值之比	X 向	1.05
		Y 向	1.15
	基底剪力(kN)(剪重比)	X 向	3 137.53(5.79%)
		Y 向	3 126.71(5.77%)
	倾覆弯矩(kN·m)	X 向	28 264.36
		Y 向	28 312.92
	振型数		36
	质量参与系数	X 向	99.72%
		Y 向	99.46%
风荷载作用	最大层间位移角	X 向	1/9 999
		Y 向	1/4 852
	基底剪力(kN)	X 向	287.6
		Y 向	2 365.9
	倾覆弯矩(kN·m)	X 向	727.9
		Y 向	5 937.7

(3) 基础设计：

基础采用桩基+独立承台，承台之间设置联系梁。桩型为 ϕ400 的 PHC 桩。

3. 动力中心及 35 kV 变电站

(1) 上部结构设计：

动力中心长 145.4 m，宽 31.5 m，属超长建筑，共设置两条抗震缝，为了配合设备吊装，动力机房设置 1～3 t 单轨吊车和 5 t 双轨吊车。动力中心主体结构基础为桩基础，桩为 350×350 预制方桩，桩端持力层为⑤$_3$层粉质黏土，承载力为 720 kN(见图 30)。主体结构为单层框架结构，结构平面见图 31，框架柱为 600×600，框架主梁断面为 400×800、400×900、500×1 000、350×750 和 400×750，次梁断面为 300×600，柱梁混凝土强度等级为 C30。采用建科院 SATWE 程序进行结构分析，考虑 7 度抗震设防(按Ⅳ类土)，计算结果见表 14。

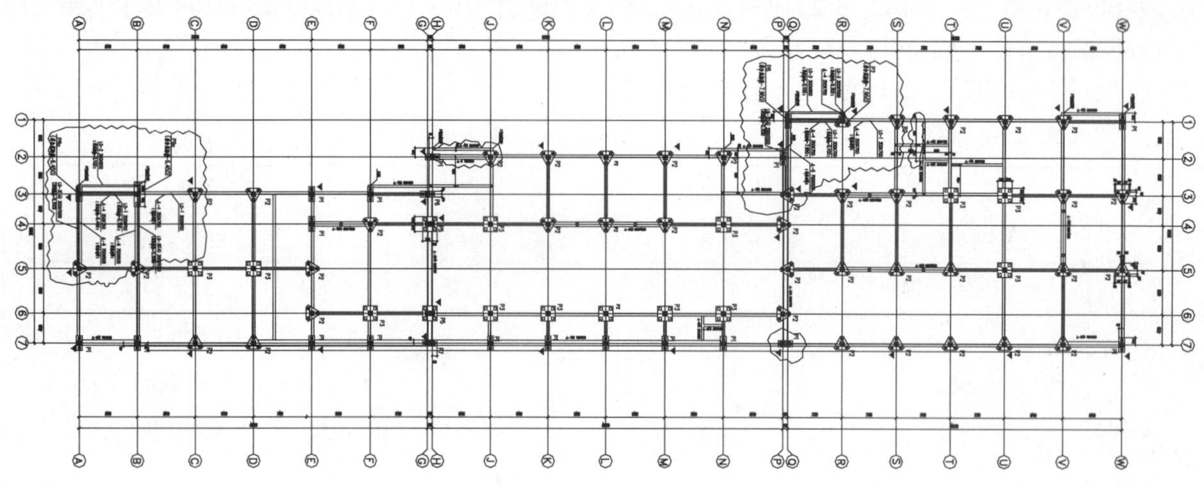

图 30　动力中心基础平面

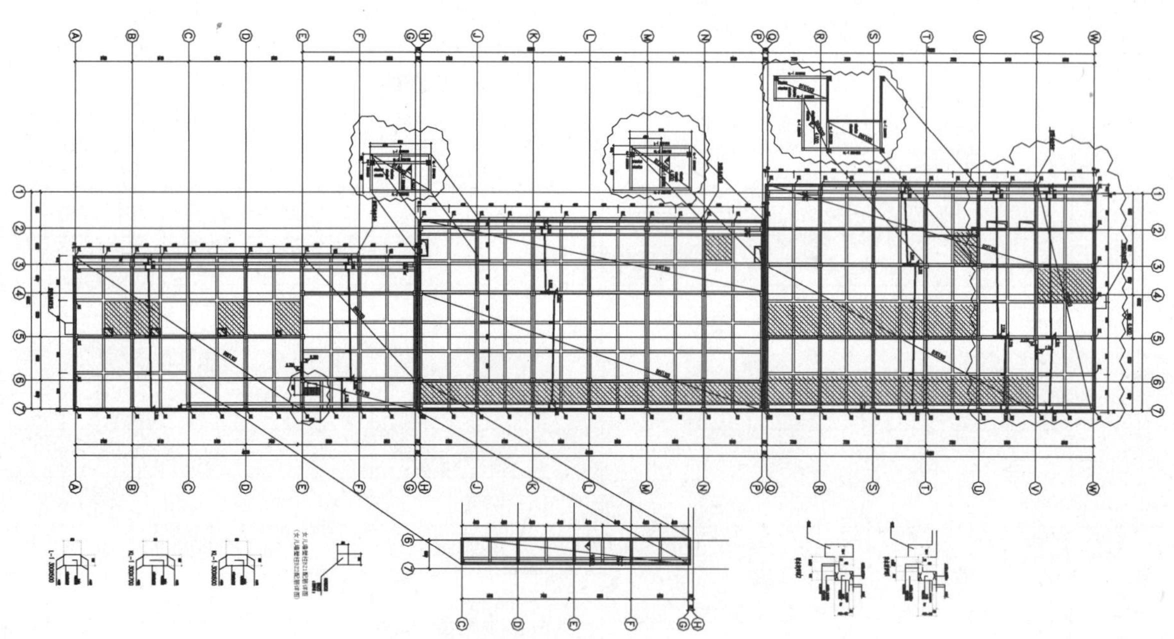

图 31　动力中心结构平面

表 14　动力中心计算结果汇总

单体	总质量	剪重比		周期			层间位移角	
		X 向	*Y* 向	*X* 向	*Y* 向	扭　转	*X* 向	*Y* 向
1	1 871 t	2.62%	1.94%	0.226	0.191	0.156	1/2 408	1/1 674
2	2 464 t	6.02%	6.39%	0.411	0.396	0.347	1/1 473	1/1 258
3	2 446 t	7.11%	6.97%	0.275	0.266	0.232	1/2 255	1/1 891

35 kV 变电站长 145.4 m，宽 31.5 m，主体结构基础为桩基础，桩为 350×350 预制方桩，桩端持力层为⑤$_3$层粉质黏土，承载力为 720 kN，基础平面见图 32。主体结构为单层框架结构，结构平面见图 33，框架柱为 600×600，框架主梁断面为500×800 和 350×750，次梁断面为 350×700，柱梁混凝土强度等级为 C30。采用建科院 SATWE 程序进行结构分析，考虑 7 度抗震设防(按Ⅳ类土)，计算结果见表 15。

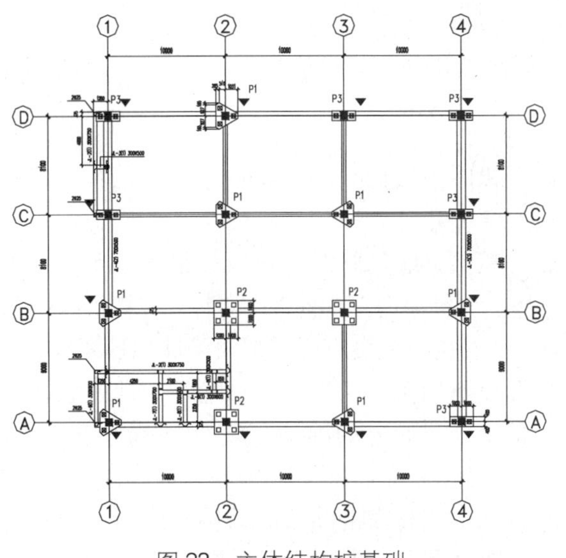

图 32　主体结构桩基础

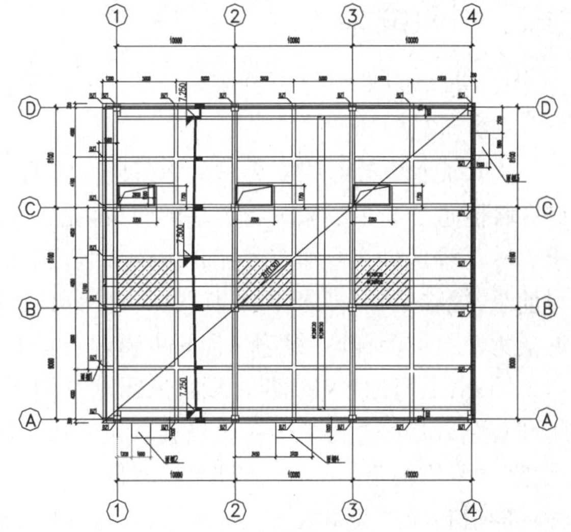

图 33　主体单层框架结构

表 15　35 kV 变电站计算结果汇总

单 体	总质量	剪 重 比		周　期			层间位移角	
		X 向	Y 向	X 向	Y 向	扭　转	X 向	Y 向
1	1 198 t	7.97%	8.00%	0.340	0.334	0.286	1/3 490	1/3 550

(2) 基础设计：

① 采用桩基础，并对地下管沟相邻处进行处理。

② 振动设备基础设计：

A. 设备的分类：

主要可分为运行时有振动的设备和没有振动的设备两类。

B. 业主对振动设备基础的设计要求：

动力设备基础设计是工业建筑设计的一个组成部分，而动力计算是机器基础设计的重点之一，光源工程动力设备动力作用较大，运转时产生较大的振动，如设计不当，可能影响机器本身的正常运行或使工作人员的操作条件恶化，振动通过地基土传到主体建筑，可能影响光源实验室内的紧密设备的正常使用。

对动力设备基础防微振分析是保证光源工程正常运行的一个重要方面，必须采用相对精确的计算方法和充分考虑周围环境的影响。对动力设备基础在给定动荷载作用下防微振能力进行合理评价，对于防微振要求远比规范要求严格的光源工程，考虑地基、基础动力相互作用是十分必要的。

C. 常用的减振隔振方法：

减少动力设备振动对环境影响可以分两方面来考虑，其一是通过动力设备基础的设计，减小动力设备的振动，即控制振源。其二是通过设置屏障，切断振动的传播途径，达到保护周边建筑的作用，即屏障隔振。应用屏障是防止和减轻地面振动的有效措施。一般而言，振动的有效隔阻可由河渠、橡胶垫层、板桩墙以及桩等屏障来截断、散射、绕射各种应力波而达成。

由于光源工程的紧密仪器对低频和高频振动都非常敏感，设置隔振屏障的代价也十分巨大，效果又不明显，所以光源工程主要采用降低振源的方法减小振动对主体建筑的影响。

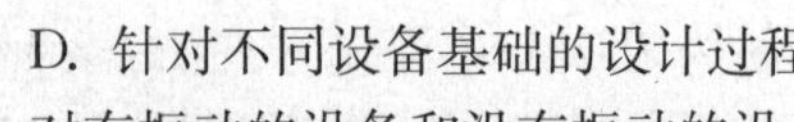

D. 针对不同设备基础的设计过程：

对有振动的设备和没有振动的设备采用不同的设计方式。没有振动的设备只要考虑地基的承载力和变形，采用较长的桩，获得较大的承载力；有振动的设备主要考虑减少振动的影响，采用较短的桩，适当增加桩的数量，利用桩和桩间土体的质量，减小振动的影响。

(三) 科研成果

1. 基础的变形控制研究

(1) 研究目的：

上海光源是当今世界先进的第三代同步辐射光源，第三代同步辐射光源的高精度工艺设备对安置储存环隧道和光束实验大厅的基础底板，提出了远远超过通常土建结构设计标准的微米级变形控制要求。本工程地处上海浦东张江高科技园区，属于典型的软土地基，众所周知，上海地处长江三角洲入海口前缘，成陆较晚，基岩埋藏深度达数百米，其上覆盖的地基土为巨厚的第四纪松散沉积物，抵抗微变形的能力极差。因此，上海第三代同步辐射光源工程设备对土建结构设计具有极其严格的微变形要求。

因此，上海地区结构设计以往采用的基础形式及其变形控制计算方法均已无法适用。课题组在分析和总结近年来上海地区在科研成果和工程实践基础上，提出了可研究采用持力层为⑦$_2$粉细砂层、超大桩距(平均桩距为7～8倍桩径)、较低桩顶荷载水平的桩端后注浆灌注桩新型桩基础，来严格控制储存环隧道和光束实验大厅的基础底板总沉降变形量；同时必须研究和完善能考虑结构刚度因素影响的桩基础总沉降变形量的计算新方法，来较合理地反映储存环隧道和光束实验大厅的基础底板和自身结构的刚度，以及底板分块设置的后浇带等结构措施对进一步减小不均匀变形的作用。在以上两方面研究工作基础上，满足储存环隧道和光束实验大厅的基础底板达到上述极其严格的微变形控制要求。

(2) 研究内容及方法：

主要进行桩端后注浆灌注桩在竖向荷载下的总沉降变形量及沉降变形随加载时间增长的变化规律的研究。结合该工程特点和沉降控制要求，该课题对较低桩顶荷载水平作用下的上述规律的研究给予特别关注。目前上海地区有关桩端后注浆灌注桩研究的重点较多侧重在其承载能力极限承载力方面，该课题的研究重点将结合该工程特点和需要，侧重研究桩端后注浆灌注桩沉降变形规律。课题研究将通过计算机数值模拟分析、与工程桩相结合的现场单桩静载荷实验测试研究以及与主体工程建设同时进行的工程监测和长期沉降观测资料收集分析等三条途径分阶段有机结合进行。

其次，考虑结构刚度影响的桩基础总沉降变形量的计算的研究和完善。目前国内工程界普遍接受了可考虑各种因素影响、以Geddes单桩荷载应力公式的桩基础总沉降变形量计算方法，结合该工程特点和需要，须在该计算方法基础上研究完善能进一步考虑结构刚度影响的桩基础总沉降变形量的计算方法。考虑结构刚度影响的桩基础总沉降变形量的计算的研究，将在该课题组成员多年研究已经取得的初步成果的基础上，结合与工程桩相结合的现场单桩静载荷实验测试研究以及与主体工程建设同时进行的工程监测和长期沉降观测资料收集，研究使用方便并能较全面考虑结构刚度影响的桩基础总沉降变形量的实用计算的新方法，并编制相应的计算分析程序。

2. 基础的防微振动控制研究

(1) 研究目的：

上海光源是世界上先进的第三代同步辐射光源，它对安置储存环隧道和光束实验大厅的基础底板的防微振动控制，也提出了很高的要求。该课题的研究在上海地区属首次尝试。

(2) 研究内容及方法：

有关该工程场地自由场以及已能合理满足微变形控制要求的储存环隧道和光束线实验大厅的基础底板由场地地面脉动、场地周边道路交通和场地内部动力设备振动三类环境振动源及上部屋盖风振振源产生的振动响应的研究探讨，将通过计算机数值模拟分析，与主体工程相结合的现场微振动试验测试研究以及与主体工程建设同步进行的工程振动监测等三条途径分阶段有机结合进行。

有关该工程隔振与减振的工程措施的研究探讨，原则上也将通过计算机数值模拟分析，与主体工程相结合的现场微振动试验测试研究以及与主体工程建设同步进行的工程振动监测等三条途径分阶段有机结合进行。

该课题开展研究工作在上海地区均属首次尝试，主要创新方法有：

① 研究在引起该工程微振动的各种振源作用下，场地自由场的微振动响应。

② 探讨在与上述相同振源作用下，储存环隧道和光束线实验大厅的基础底板结构的结构微振动响应，由于该工程对微变形也有极其严格的控制要求，同时考虑上海地区有关变形控制设计的工程经验比振动控制设计相对而言要多的实际现状，上述结构底板微振动响应是在合理满足微变形控制要求的基础上进行的，并与自由场的微振动响应进行分析比较。

③ 探讨已能合理满足微变形控制要求的储存环隧道和光束线实验大厅的基础底板无法满足第三代同步辐射光源装置极为严格的微振动控制要求，研究工程上切实可行并能最大限度减少储存环隧道和光束线实验大厅的基础底板振动响应的隔振与减振工程措施。

3. 超长混凝土裂缝控制研究

(1) 研究目的：

上海光源工程由于工艺和建筑造型的需要，出现了超长、大面积的混凝土结构。由于辐射防护的需要，对于裂缝控制的要求大大高于普通混凝土结构。另外，类似光源主体建筑的径向弱连接环行建筑，由于屋面结构的拱效应及升降温效应，使柱内产生径向位移，从而在环向梁内产生较大轴向拉力，如何在环向梁内建立有效的预压应力以平衡轴向拉力，也是本课题的研究内容之一。

(2) 研究内容及方法：

研究内容主要包括：

① 混凝土结构裂缝的成因、种类；

② 混凝土材料和配合比的对裂缝控制的影响；

③ 减缩防裂混凝土配合比的优化设计和试验研究；

④ 混凝土结构和预应力混凝土结构温度应力的理论分析；

⑤ 混凝土结构连接缝的构造及其设置；

⑥ 混凝土结构裂缝控制的综合措施。

研究方法包括收集资料、理论分析、试验研究、现场实测和数值模拟等，从设计、材料、施工三个方面进行分析和研究：

① 设计方面着重进行计算分析温度应力，并进行混凝土内的温度测试，从而以合理的间距设置后浇带及永久变形缝，合理的配置受力及构造钢筋，建立环向混凝土梁内的有效预应力并进行张拉过程中径向变形的测量等方面的研究。

② 材料方面着重进行优化配合比，降低水化热及胶凝材料用量，并进行与现场实际用料相吻合的收缩率测定。

③ 施工方面着重加强保湿保温养护并延迟拆模时间、分块跳仓等。

④ 基于施工过程的环形预应力混凝土框架的分析和设计：由于光源工程的环形预应力混凝土框架不仅超长，而且又是超长钢屋盖的支座，故其施工过程既与预应力张拉有关，亦与钢屋盖的安装有关，施工工况较为复杂，框架的设计必须考虑施工过程的影响。

⑤ 基于非线性有限元的混凝土结构温度应力计算：基于弹性有限元的混凝土结构温度应力计算，其计算结果往往不能反映真实情况，难以用于工程设计。将探索采用非线性有限元的方法研究混凝土结构在温度变化下的开裂与应力重分布，以期为设计发挥指导作用。

4. 异型钢屋盖设计研究

(1) 研究目的：

上海光源工程的主体建筑外形呈螺旋上升之势，形似螺壳，其曲面屋盖为不连续的多重曲线，平面

投影为圆环型平面，径向尺寸 46 m，环内弧长为 368 m，环外弧长为 662 m，平面投影面积为24 185 m^2，具有大跨度、大面积结构的特性，建筑外形的独特造型，使得屋盖结构不能设置永久缝，且建筑物本身的使用特点，要求屋盖内不设置吊平顶。多重曲线构成的建筑造型无相应技术资料和设计规范可循，给大跨度、大面积结构设计带来了极大的难度：

① 结构体系：

多重曲线构成的建筑造型，使结构体系难以用已有的大跨度结构名称给予定义，此种结构形式的性能不仅具有壳体的力学性能，同时也具有平面结构的力学性能，是一种大跨度、大面积的异形钢屋盖结构。因此，异形钢屋盖结构的结构体系分析、比较、确定及整体稳定分析、风荷载分析、温度作用分析、钢结构与混凝土结构的协同工作分析等关键技术的专题研究对实现建筑造型显得尤为紧迫和必要。

② 节点的分析研究：

建筑造型带来的大跨度、大面积的异形钢屋盖结构体系，给构件的节点连接形式也带来了挑战。目前国内已有的钢结构连接节点为：型钢梁与型钢梁连接节点、管与管连接的相贯节点、板节点、螺栓球节点、焊接球节点等。而圆管与箱形梁的偏心连接国内尚无此方面的研究先例：国内虽有管与管连接的相贯节点，但均为双向正交，该项目的管与管翘曲连接（不同平面、不同角度）节点国内也无此方面的研究和应用先例。异形钢屋盖结构的支座设计也是本项目研究的技术关键。

该工程的建筑结构形体已突破常规要求，形体的几何和结构性能均十分复杂，因此该工程主要研究内容以及拟解决的技术难点：

① 研究与建筑形体相呼应的结构体系；

② 研究与之相适应的节点形式、支座构造设计；

③ 钢结构与混凝土结构协同工作机理。

(2) 研究内容及方法：

分析比较多种与建筑体型相适应的结构体系，在此基础上选择受力合理、满足建筑功能的空间结构体系。

① 结构整体在各种荷载工况下的强度分析和变形分析：分析大跨度、大面积异形钢屋盖结构在温度作用下（升温、降温）的应力分布状况。

② 结构体系的稳定分析：针对其建筑选型和结构体系所具有的局部壳体力学性能，稳定分析采用非线性分析和平衡路线跟踪相结合的方法，研究确定其临界荷载。

③ 异形钢结构屋盖与混凝土支承结构协同工作的分析研究。

三、给排水设计

(一) 给水系统

1. 给水系统的要求

主体建筑的建筑平面均按照工艺设备的要求而布置的平面相当复杂且没有规律可循，主体建筑的内院布置有储存环电源厅，高频机房及为储存环工艺设备服务的空调机房；另设置有增强器的主、副电源厅，高频机房；直线加速器调制机房为增强器调制机房，以及为直线加速器服务的空调机房等。按照工艺要求及相关专业的提供资料，上述机房内均需要提供给水管道。

2. 给水系统的设计

绿化用水由市政给水管网直接供水，空调补充水（包括生活用空调及工艺装置用空调）和建筑的生活用水由水池、变频泵联合供水，水池和水泵均设于动力设备用房内。

工艺要求及相关专业提出的用水量均为检修场地的洗手盆的用水；虽然用水量不大，但用水点却相当分散，且因为储存环内院布置有大量的各个专业的管线（如密集的电缆沟、生活排水管、工艺废水排水管、用水排水管），而内院的场地面积又非常小，所以考虑除了必须要埋地敷设的管线外，其他管道尽量避免埋地敷设，这样可减少将来管道维修时开挖路面的工作量。

根据建筑平面布置的特点，大部分机房的上层 6.25 m 标高处设置一条环向的技术夹层，故将供内院的给水总管敷设在 6.25 m 标高的技术夹层内，在沿路经过的有机房的地方开出给水支管供机房使用。在给水干管引入处均设置倒流防止器以避免回流污染。管道敷设之处特别注意要避让电器设备及电器用房。

（二）排水系统

1. 排水系统概述

因为工艺设备要求的特殊性，主体建筑的平面布置相当复杂且毫无规律，它是在一个圆环的建筑物内（储存环隧道、实验大厅及周边实验室）建造了一个增强器及直线加速器隧道，在主体建筑的内院又分布着几十间工艺设备机房（如电源机房、高频机房、调制机房等等）及为工艺设备服务的空调机房，其中几乎所有的机房都要求设置排水系统。

比较特殊的是工艺设备机房内敷设有大量的工艺电缆，这些电缆都是为工艺设备（电源柜、高频机）服务的，而且这些电缆均敷设在深度在 1 m 以上的地沟内，这些地沟又都处在机房的最低点。科学家们在做试验时为了获得最佳的实验数据，就会不时地将末端的冷却水管道接口加以调整，而这些管道接口的调整有时会发生接口脱落的现象，此时就会造成冷却水系统的局部泄漏，这些泄漏的冷却水就会流至机房的最低点即电缆地沟内，这样就必须在地沟内设置排水地漏，将事故时泄漏的冷却水排出。

同样特殊的是储存环、增强器及直线加速器隧道内设置有大量的工艺设备（如各种类型的二极磁铁、四极磁铁、六极磁铁、弯转磁铁、真空盒等等）；内技术走廊上也连续设置有大量的工艺电源柜，这些工艺设备需要大量的一次冷却水来带走绝大部分的热量。因为上海光源是一个科学装置，所以工艺设备的运行过程实际上是一个不断调试、不断研究、不断完善的过程，科学家在这个过程中会不断地调整实验方案，也必然会调整一次冷却水系统与工艺设备的接口，这就不可避免地会发生局部的冷却水泄漏。

所以在储存环、增强器及直线加速器隧道及内技术走廊上都设置有排水地沟及排水地漏，通过地沟将事故泄漏水汇集到地漏再排至室外的排水管网。

根据防辐射工艺提出的要求，这部分冷却水系统的事故排水有可能会含有活化颗粒（即含辐射成分），则这部分排水要单独成为一个系统，故排水系统分为普通排水系统及含辐射工艺废水排水系统。

2. 排水系统设计

(1) 普通排水管道直接排至主体建筑内院的室外排水系统。

(2) 含辐射工艺废水排水管道先排至设置在主体建筑内院的衰减池，经处理达标后再排至室外排水系统。

(3) 因为主体建筑是一个封闭的建筑物，内院的排水管道如何敷设至建筑物外是一个较大的难题。

此时有几种方案可供选择：

方案一是用排水潜水泵提升排至主体建筑外围的排水管网。

方案二是在主体建筑的径向设置一条排水地沟，用以敷设内院排出的排水管及雨水管。

方案三是排水管及雨水管直接敷设于建筑物的结构底板内，然后排至室外。

方案四是在建筑物的结构底板下再另行设置地下通道，将需要穿越主体建筑内院和外围间的所有管线都敷设在此地下通道内。

上海光源工程所在的浦东张江地区是典型的软土地基，则内院机房内的排水潜水泵运行时所产生的振动对储存环隧道的影响也较大，可能会造成隧道内光束线的偏移。为了满足防振动的要求，方案一显然不可取；方案二所带来的建筑及结构专业的难题太大，如果要在径向设置排水沟，则要穿越内技术

走廊、储存环隧道、实验大厅及周边实验室，而这几个部分的结构基础都是各自独立的，则穿越几个独立基础的排水地沟在各个基础的结合部因建筑物沉降量的不同可能会发生断裂，这样方案二也被否决了；方案三又显得不够安全，以后无法检修；综合比较下来方案四的优点比较明显，既能不在储存环内设置排水潜水泵以满足工艺装置防振动的要求，又能保证排水安全，还能满足建筑、结构专业的设计要求，故最后决定采用方案四，即设置地下通道用来敷设排水管、雨水管及其他管道。

增强器内院的排水管及雨水管在穿越增强器隧道时，预先在隧道结构基础的底板下预埋钢套管，排水管及雨水管均在钢套管内穿越。因为增强器隧道的宽度只有 6 m 左右，则此方案还是可行的。

(三) 消防系统

1. 消防系统概述

上海光源工程主体建筑是不同于一般民用建筑和工业建筑的科学实验项目，作为一种较特殊的大空间建筑，既有净高大于 14 m 的实验大厅，又有集中大量电器设备的工艺装置。受该项目特殊工艺装置要求的限制，按项目的建筑规模，在消防设计上无法直接套用目前现有的建筑防火设计规范和自动喷水灭火系统设计规范及其他的相关规范、规定。

针对以上的特殊要求，该工程采用了消防性能化设计，这是为了探究光源工程设置消防系统的必要性、可能性以及探索适用于光源工程的消防系统，为光源工程提供安全保障的同时深化消防规范的适用范围和消防系统的应用领域。综合研究火灾发生、分布以及扩散的现象；筛选适合光源工程主体建筑的消防系统和技术参数。

同时通过参观考察、调查研究、收集资料以及各相关专业的整合，结合使用单位和消防主管部门的意见获取报告的结果。优选既安全又经济合理的消防系统，一有利于人员安全疏散，二能及时扑灭火灾避免巨大的经济损失，三可降低工程造价带来直接的经济效益，意义不可估量，而且可为今后同类建筑提供借鉴。在尽最大可能满足工艺要求的同时，要解决大空间建筑中的人员安全疏散、设计，在消防措施受到局限的情况下，如何采用报警、排烟、灭火、疏散相结合的方法，建立一套针对本项目的整体的消防设计概念。

由于设计院、业主及消防主管部门考察到的几个国内外同类项目中(如日本光源、韩国光源及英国光源)，储存环、增强器及直线加速器隧道内均是以加强管理、配置完善的探测报警、自控等措施达到防火目的的，并未见到安装灭火系统。

因隧道内的工艺装置中有大量的通电磁铁、线圈及电缆，不能采用水作为灭火的介质，而且因为工艺装置的要求无法采取防火隔离，整个隧道(隧道全长约 420 m)成为一个防火分区，这给采用气体灭火带来很大的局限性。故在该项目设计理念也以加强防火措施为主，通过采用火灾的早期预测和其他控制措施(如：采用防火电缆、风管的保温材料为不燃材料以及采用高灵敏度吸气式感烟探测器等)，做到防火或尽早探测到初期火灾。高灵敏度吸气式感烟探测器由于只需将空气采样管网布置在隧道内，其他电气部件安装在隧道外，因此可完全不受隧道内电磁辐射的影响。

2. 消防系统的安全目标

(1) 保证人员安全；

(2) 保护财产安全；

(3) 保证关键设施的连续运行。

3. 火灾蔓延的评价

上海光源工程是国内迄今为止规模最大的科学工程项目，其主体建筑是开展同步辐射光源实验研究的主要场所，是具有独特使用性质的建筑，对其中的疏散路径、防排烟系统、自动灭火系统、火灾探测报警系统、火灾蔓延与防火分割、疏散诱导与扑救等消防子系统进行综合的分析与评价，最终提出安全、合理的消防设计方案。

4. 消火栓系统设计

(1) 室内消火栓系统中消火栓类型的选择及主要设计参数的确定：

该项目的建筑规模，在消防设计上无法直接套用目前现行建筑防火设计规范及其他的相关规范、规定。在设计过程中参考了相应的国家及上海市的有关规范、规程。

室外消防用水量的确定：参照“建规”中厂房戊类，体积大于 50 000 m^3，则室外消防用水量为 20 L/s。室内消火栓用水量在选择时有两种方案：

方案一，参照“建规”中科研楼，高度小于 24 m，体积大于 10 000 m^3，此时的室内消火栓的用水量为 15 L/s。

方案二，源于消防主管部门、《上海光源消防性能化设计评估报告》的编制单位及设计人员共同研究探讨的成果，“在主体建筑内技术走廊的消火栓箱内配置水雾水枪”。

综合考虑各种因素，水雾水枪的用水量按 6 L/s，压力按 0.6 MPa 计，按照灭火时同时出枪为 3 支计，再考虑一些余量，则室内消火栓系统的用水量为 20 L/s。

(2) 室内消火栓系统的设计：

① 消火栓系统为稳高压系统，不设屋顶水箱，火灾初期用水的水量及水压均由消火栓稳压泵组(带 50 L 气压罐)供给。

② 消火栓稳压泵组的启闭由该泵组出水管上的压力开关控制，消火栓稳压泵组的启泵压力为 63 m，停泵压力为 68 m。

③ 消火栓主泵的开启由消火栓主泵出水管上的压力开关控制，消火栓主泵的启泵压力为 58 m，停泵为消防中心内或泵房内手动控制。

④ 消火栓主泵启动时同时向消防中心报警，消火栓主泵还能直接手动启动。

⑤ 主体建筑内水雾水枪布置在内技术走廊内，其余部位(包括外技术走廊及周边实验室)均布置普通水枪。

(四) 灭火系统

1. 灭火系统概述

设置灭火系统的主要目的是为了在发生火灾时能达到灭火或控火的目的，是控制火灾蔓延、减少火灾损失的主要手段之一。那么该区域应该采用哪种自动灭火设施、如何有效地控火，成为本项目消防设计中的一个重点。

《自动喷水灭火系统设计规范》(GB50084—2001，2005 年版)第 5.0.1A 条规定，非仓库类高大净空场所的系统设计参数应符合下列规定：室内净空高度大于 8 m 小于 18 m 的中庭、影剧院、音乐厅等的喷水强度和作用面积不应低于 6 L/(min · m^2)与 260 m^2，并按最大间距 3.0 m 布置 $K=80$ 的喷头，持续喷水设计为 1 h。

对于 8～12 m 净空高度的会展中心、多功能体育馆、自选商场等的喷水强度和作用面积不应低于 12 L/(min · m^2)与 300 m^2，并按最大间距 3.0 m 布置 $K=115$ 的快速响应喷头，持续喷水设计为 1 h。

另外由 FM 公司(美国工厂联合会)进行的大量的实体火灾模拟实验得出的实验数据可以很好地证明湿式系统能有效控制净空高度不超过 18 m 的非仓库类高大净空场所的火灾。

目前针对这一类场所，实际工程中基本采用如下几种灭火方式：

(1) 不设置任何自动灭火设施；

(2) 采用雨淋系统；

(3) 设置闭式喷淋系统；

(4) 设置水炮或智能型自动灭火系统。

对于火灾危险性较大、有着火灾蔓延风险的高大净空场所，不设置任何的自动灭火系统显然是不安全的。而雨淋系统、闭式自动喷水系统以及自动消防水炮(或智能型自动灭火系统)原则上都是有效的灭火或控火方式。一般来说，灭火系统的选择应该是基于保护场所的功能特点、火灾的荷载情况、结构特点以及经济情况等多方面的因素。

2. 实验大厅的火灾危险性分析和灭火系统的选择

实验大厅是上海光源的主要实验场所，除了外围实验辅助用房和储存环隧道外，还包括内、外技术走廊、线站棚屋（是实验用的临时建筑物，最多可达 70 个）、电缆桥架、仪器设备、家具、展品以及管道（水、气）等，线站棚屋内还包括光束线站设备及电缆、电缆桥架等物品，该场所具有以下特点：

(1) 建筑规模大，净空空间高，屋顶采用钢结构。

(2) 由于使用功能需要，实验设备大厅不允许进行防火分割。

(3) 该场所可燃物量相对较少，主要可燃物为电线电缆。

(4) 线站棚屋非同期建设，难以避免施工活动，由此可能带来一定的可燃物。

根据上述的分析和实验大厅的特点，该区域可采用的自动灭火系统的设计方案有如下几种（见表 16）：

表 16 几种不同方案的特点比较

序号	系统类别	控火效能	对结构的保护	非火灾时可能的水渍损失	实施特点	对建筑内部空间效果的影响	对结构荷载上的要求
1	预作用自动喷淋系统	有效控火	较好	无	属作用面控制型，水量适度	大空间上空有系统管线（干、支管）	考虑管线工作状态下的荷载
2	雨淋系统	有效控火、灭火	好	可能发生	属作用面控制型，水量大	大空间上空有系统管线（干、支管）	考虑管线工作状态下的荷载
3	自动消防水炮	有效控火、灭火	好	自动操作状态下可能发生，结合手动操作可避免	直接针对火源，水量较大	大空间上空无系统管线，管线集中在内、外技术走廊（可贴墙、柱、梁布置）	考虑管线工作状态下的荷载、水炮射流的反作用力，对结构荷载不利
4	无自动喷水灭火系统	需要设置安全间距或防火分割等措施	无	无	对线站间距有要求，结构需涂刷防火涂料	安全间距的设置对线站的安排有要求。钢结构需涂装防火涂料	防火涂料附加的荷载

针对方案 1（实验大厅设置预作用自动喷水灭火系统），评价如下：

(1) 该方案自动喷水灭火系统可起到一定的控火作用。但喷头启动的时间较长（屋顶设置的预作用喷水灭火系统 $RTI=50(\mathrm{m\cdot s})^{1/2}$ 时，启动时间约为 5.5 min，此时火灾规模将达到约 5 MW)，几种不同状态下，喷淋启动及火灾规模预测结果见表 17。

表 17 喷淋启动 FPETOOL 预测基本参数和结果

环境温度 T (℃)	喷头动作温度 T_0 (℃)	喷头响应指数 RTI $[(\mathrm{m\cdot s})^{1/2}]$	安装间距 S (m)	安装高度 h (m)	启动时间 t (s)	火灾规模 Q (MW)
27	68	350	3.0	17.8（屋面板最高点内侧 17.9）	418	6.1
27		50			316	4.7
20		350			454	9.6
20		50			352	5.8

(2) 采用预作用自动喷水灭火系统，可避免在常态下误喷所产生的水渍损失和对工艺装置正常运行的影响。

(3) 实验大厅预作用自动喷水灭火系统对钢结构有一定的保护作用，但设计作用面积应加大至300 m^2。

(4) 设计时考虑的主要系统参数如下：喷水强度和作用面积分别为6 L/(min・m^2)与300 m^2，选用$K=80$的快速响应喷头，持续喷水设计为1 h。

针对方案2(实验大厅设置雨淋喷水灭火系统)，评价如下：

(1) 该方案喷头启动快，可有效控火、灭火。

(2) 可同时对钢结构起到较好的保护作用。

(3) 易受到压力波动的影响，有误喷的风险存在。

(4) 设计时考虑的主要系统参数如下：喷水强度和作用面积分别为6 L/(min・m^2)与300 m^2，持续喷水设计为1 h。

针对方案3(实验大厅设置自动消防水炮)，评价如下：

(1) 与报警系统联动，自动定位着火点的空间位置。具有启动速度快，可准确灭火的特点。

(2) 可有效扑灭火灾并可对钢结构进行有效地保护。

(3) 需配套设置自动火灾探测定位系统。

(4) 有可能误喷及系统可能漏水会对工艺装置造成影响。

针对方案4(实验大厅不设置喷水灭火系统)，评价如下：

(1) 对实验大厅内火灾危险源(主要为线站棚屋)进行安全分割，即控制线站棚屋间保持安全的分割距离或棚屋维护结构采用防火构件。

(2) 实验大厅钢结构进行防火涂料保护。

(3) 电缆采用阻燃电缆。

(4) 装饰装修采用不燃烧材料，同时对于桌椅等家具均采用不燃材料制作。

(5) 长期或临时展品应尽量避免采用可燃材料，并进行有效地管理。

(6) 施工期间对线站设备的包装物、施工机具、设备及过程进行有效管理和控制。

(7) 根据目前可预见的可燃物，该区域的火灾规模不会超过5 MW，线站及其他可燃物之间应保持不小于4 m的安全间距。

根据以上对4个方案的分析和阐述，考虑到实验大厅有火灾发生即火灾蔓延危险的可能性，以及对于实验大厅内仪器设备的保护，避免日常(即非火灾)情况下可能的水渍损失，最后采取的方案是：

(1) 实验大厅采用预作用自动喷水灭火系统，以避免湿式自动喷水灭火系统由于误喷对工艺装置的影响。

(2) 实验大厅预作用自动喷水系统的设计参数如下：喷水强度和作用面积分别为6 L/(min・m^2)与300 m^2，选用$K=80$的快速响应喷头，持续喷水设计为1 h。

(3) 主体建筑的其他部位也采用预作用自动喷水灭火系统，以避免湿式自动喷水灭火系统由于误喷对实验设备的影响。设计参数为喷水强度和作用面积分别为6 L/(min・m^2)与160 m^2，选用$K=80$的快速响应喷头，持续喷水设计为1 h。

3. 预作用自动喷水灭火系统的设计

(1) 预作用自动喷水灭火系统的布置：

按照《上海光源消防性能化设计评估报告》的结论，主体建筑采用预作用自动喷水灭火系统，该系统管网的最不利点为主体建筑的钢屋架，在设计过程中先进行钢屋架内的喷淋管道的布置，然后进行管网计算，该工程的预作用自动喷水灭火系统的用水量为72 L/s。具体布置主要包括：

① 喷淋系统为稳高压系统，不设屋顶水箱，火灾初期用水的水量及水压均由喷淋稳压泵组(带50 L气压罐)供给。

② 喷淋稳压泵组的启闭由该泵组出水管上的压力开关控制，喷淋稳压泵组的启泵压力为 60 kPa，停泵压力为 65 kPa。

③ 喷淋主泵的启动由喷淋主泵出水管上的压力开关控制，喷淋主泵的启泵压力为 55 kPa，停泵为消防中心内或泵房内手动控制。

④ 喷淋主泵启动后应同时向消防中心报警。喷淋主泵的启动受出水管上的压力开关控制，也可手动启动喷淋泵。

⑤ 喷淋系统中的水流指示器、报警阀上的压力开关在火灾时立即向消防中心报警。

⑥ 所有监控蝶阀有启闭的状态信号传至消防中心。

⑦ 主体建筑喷淋系统中的预作用阀及末端排气电磁阀的开启由烟气分析系统(高灵敏度吸气式感烟探测器)控制；预作用阀及电磁阀开启后并不喷水，待喷头玻璃球受热到 68℃爆裂后，喷头再自动喷水灭火。

(2) 预作用自动喷水灭火系统管道的布置：

主体建筑的屋面造型独特，其由八组螺旋上升的拱壳面共同组成，且实验大厅内不设吊顶，为尽可能满足建筑美观的要求，大厅的喷头布置经反复推敲并征得消防局领导的同意后满足了规范对喷水强度及消防性能化评估报告中对控火的要求，喷淋支、干管均与结构钢梁弯曲成相同的弧度敷设。

屋面采用钢结构梁及金属屋面板，其热胀冷缩所造成的构件位移给固定管道造成了困难，设计中采用增设金属软管及调整管线敷设形式相结合的方式解决了该问题。

4. 气体灭火系统设计

主体建筑 2 层设置有整个同步辐射装置的中央控制室，其内部配置有计算机房，主控制机房及 UPS 机房等，根据该房间的工艺布置，该机房就不能用水作为灭火的介质，在设计中采用了七氟丙烷气体灭火系统，按电子计算机房的要求进行设计，为组合分配系统，灭火浓度为 8%。

采用七氟丙烷气体灭火系统的防护区均设置火灾自动报警系统，其设计应满足现行国家标准《火灾自动报警系统设计规范》(GB50116)的规定，并选用灵敏度级别高的火灾探测器。

(1) 设计原理：

该系统具有自动、手动及机械应急三种控制方式。

保护区均设两路独立探测回路，当第一路探测器发出火灾信号时，发出警报，指示火灾的部位，提醒工作人员注意；当第二路探测器也发出火灾信号后，自动灭火控制器开始进入延时阶段(30 s)，此阶段用于疏散人员(声光报警器等动作)和联动设备的动作(关闭通风空调及管道中的防火阀、防火卷帘门等)。延时后，向保护区的电磁驱动器发出灭火指令，打开七氟丙烷气瓶，向失火区进行灭火作业。同时报警控制器接受信号反馈装置的灭火剂喷射压力反馈信号，控制面板施放指示灯亮。当报警控制器处于手动状态，报警控制器只发出报警信号，不输出动作信号，由值班人员确认火警后，按下报警控制面板上的应急启动按钮或保护区门口处的紧急启停按钮，即可启动系统喷放七氟丙烷灭火剂。

(2) 控制原理：

该系统具有自动、手动及机械应急三种控制方式。

当防护区第一路探测器发出火灾信号时，发出警报，指示火灾发生的部位，提醒工作人员注意；当第二路探测器也发出火灾信号后，自动灭火器开始进入延时阶段，同时发出联动指令，关闭联动设备及保护区内除应急照明外的所有电源。

手动控制：在防护区有人工作或值班时，将自动灭火控制器内控制方式转换开关拨到"手动"位置，灭火系统即处于手动控制状态。当防护区发生火情，打开主钢瓶上的电磁驱动器发出驱动灭火指令，打开七氟丙烷气瓶，向失火区施放七氟丙烷灭火剂进行灭火。当防护区发生火情，可按上述程序启动灭火系统，实施灭火。

在自动控制状态，仍可实现电气手动控制。电气手动控制实施前防护区人员必须全部撤离。

机械应急手动控制：当防护区发生火情，但由于电源发生故障或自动探测系统、控制系统失灵不能执行灭火指令时，在七氟丙烷储瓶间内直接打开七氟丙烷储存钢瓶，立即释放七氟丙烷灭火剂，实施灭火。

应急手动控制时，必须提前关闭影响灭火效果的设备，通知并确认防护区人员已安全撤离后方可实施。当发生火灾警报，在延迟时间内发现不需要启动灭火系统进行灭火的情况时，可按下自动灭火控制器上手动控制盒内的紧急停止按钮，即可阻止灭火指令的发出，停止系统灭火程序。

发生火灾后，保护区两端的大门应及时关闭，以免影响灭火效果。

(3) 施工及验收：

该系统应严格按 GBJ116—98《火灾探测器报警系统设计规范》、GB50263—97《气体灭火系统施工及验收规范》、GB50166—92《火灾自动报警系统施工及验收规范》和经消防主管部门认可的设计和施工及验收。

管道系统必须严格按工程设计要求进行安装。管道应符合 GB/T8163《输送流体用无缝钢管》的要求，并应进行内外镀锌处理，管道的通径、长度、表面处理、布置路线、喷头规格由工程设计决定，安装、施工时不得随意更改。选用无缝钢管的规格见表 18。

表 18　无缝钢管的规格

公称直径	65	50	40	32	25	20
外径与壁厚	76×5	60×5	48×4.5	42×4.5	34×4.5	27×3.5

(4) 对其他专业的要求：

① 防护区围护结构及门、窗的耐火极限不应低于 0.5 h，吊顶的耐火极限不应低于 0.25 h。

② 防护区围护结构及门窗承受内压的允许压强不应小于 1 200 Pa。

③ 储瓶间的耐火等级不低于二级。

④ 防护区内应设置泄压口，其位置应位于防护区净高的 2/3 以上，且应高于保护对象。

⑤ 喷放灭火剂前，防护区内除泄压口外的开口应能自行关闭。

(五) 雨水系统

1. 主体建筑的屋面特点

主体建筑的屋面造型独特，由八组螺旋上升的拱壳面共同组成，形成一个酷似“鹦鹉螺”的建筑物，该建筑物的造型独特，尤其是屋面的形状与常规建筑的屋面不同(见图 34)。

从图中可以看出，屋面的外边缘与地面相连，而屋面的中央部位因为“鹦鹉螺”的造型缘故有 8 条曲面型的凹肋，凹肋处布置有采光窗。

2. 屋面雨水系统的比较

针对主体建筑的重要性，设计采用了 100 年重现期的设计参数，为了快速排除屋面雨水，尽量减少雨水管道数量和减小管道管径及管道对钢屋架的荷载，并减少雨水管道对实验大厅的影响，经过经济技术比较，屋面雨水采用虹吸式和重力式组合的排水系统。据美国标准 F2021 - 00 所述，当降雨强度达到设计值的 50%时，虹吸排水系统就能产生虹吸作用使系统排水能量加大。虹吸系统的排水能力与虹吸雨水斗及排出管之间的高差有关，立管高度是虹吸雨水排水系统的“驱动力”。

主体建筑屋面可以分成面积相等的 8 块，每一块分成 3 个区域，主体建筑屋面雨水分析见图 35。

从下图中可以看出：

(1) 区域一的屋面形状比较平坦，屋面的坡度向内院的外墙倾斜，且靠近内院，有利于在主体建筑内院的外墙上敷设雨水管，从经济性及有利于施工安装的角度考虑，该区域设计为重力及虹吸结合的雨水排放区域，即在外墙设置有重力雨水排水管，在该区域内侧设置有虹吸雨水排水天沟及虹吸用水斗；在用水量较少时靠重力流排水，在用水量大时，虹吸与重力雨水排水系统同时工作排水。

(2) 区域二的屋面位于螺旋上升的拱壳面即“鹦鹉螺”的核心部位，该区域远离主体建筑的外墙，普

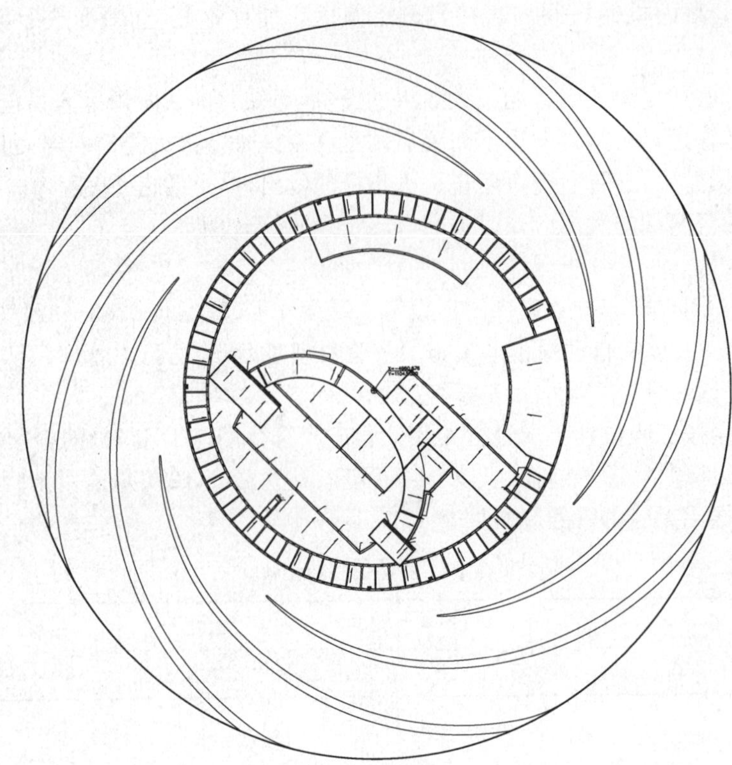

图 34　屋面平面示意图

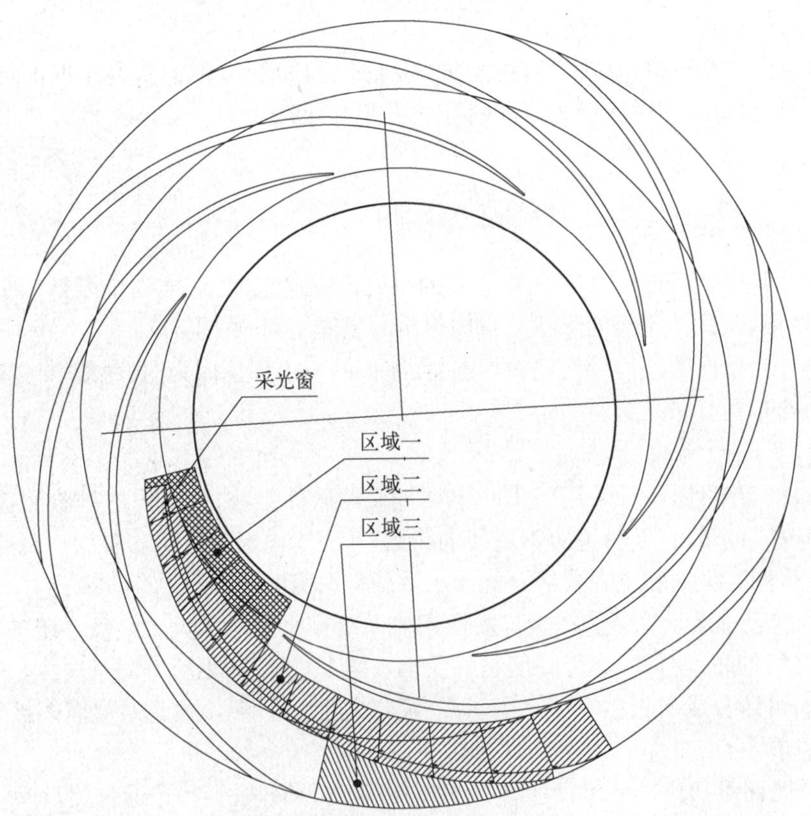

图 35　屋面雨水分析示意图

通的重力雨水管道很难布置，故该区域拟设计为虹吸雨水排放区域。但该区域屋面形状是沿“鹦鹉螺”的下螺旋方向逐渐变得越来越陡，位于螺旋下降的拱壳面即“鹦鹉螺”的末端，该区域靠近主体建筑的外墙，有利于重力流的设计，则该区域的末端设计为重力雨水排放区域。综合考虑，该区域靠近圆心的部位为虹吸雨水排放区域，而靠近外围的末端则设计为重力流雨水排放区。

（3）为安全计，在区域三的外圈落地处设置一条环向的室外雨水排水明沟，以解决屋面雨水来不及进入屋面虹吸雨水排水天沟而顺屋面流下而对室外场地的影响。

3. 屋面雨水系统的设计

（1）雨水天沟的布置：天沟三为重力雨水排水的汇水天沟；天沟一、二为虹吸雨水排水的汇水天沟；天沟四为重力雨水排水的汇水天沟，同时作为天沟一、二的备用，因为天沟一、二的形状是螺旋下降的空间曲线，在雨水量很大的时候其末端的水会越过虹吸雨水口而流入下游，天沟四此时的部分作用就是拦截此部分雨水，并可作为溢流设施（见图 36）。

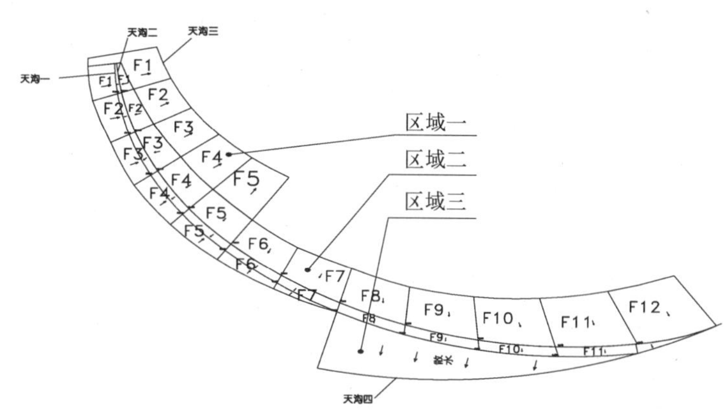

图 36　屋面雨水天沟布置示意图

（2）雨水量的分析与计算：虹吸排水的屋面雨水天沟一和天沟二的简图及计算见图 37 和图 38。

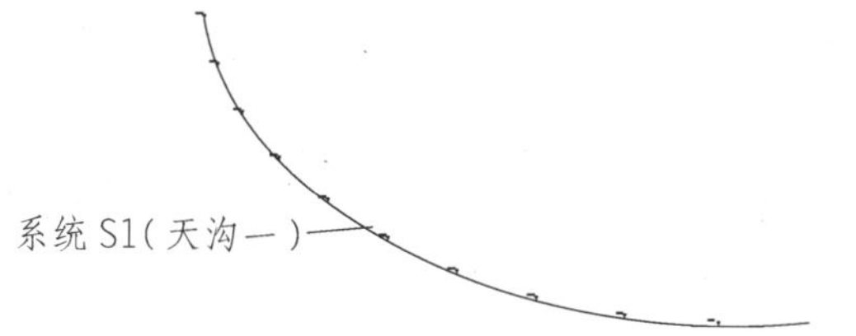

7.09 L/s. 100 m^2(p=50)　　7.78 L/s. 100 m^2(p=100)

分区编号	汇水面积(m^2)	50 年暴雨流量(L/s)	100 年暴雨流量(L/s)	雨水斗标高
①- F1	52	3.69	4.05	17.650
①- F2	67	4.75	5.21	17.430
①- F3	70	4.96	5.45	17.080
①- F4	74	5.25	5.76	16.570
①- F5	70	4.96	5.45	15.930
①- F6	62	4.40	4.82	15.010
①- F7	48	3.12	3.42	13.630
①- F8	38	2.69	3.11	11.850
①- F9	41	2.91	3.19	8.920
①- F10	44	3.12	3.42	5.490
①- F11	43	3.05	3.35	无法收集

小计　　609 m^2

图 37　屋面雨水天沟一的简图及计算

（3）虹吸雨水管道的设计：整个屋面的虹吸雨水排水系统分成八组，每组设置两套管道系统，每套管道系统均对应天沟一及天沟二的雨水排水，每条天沟上每隔一定距离设置虹吸雨水口，具体做法是在天沟一及天沟二下面与天沟的空间曲线平行设置雨水排水横管，在横管上隔一定距离及标高开出垂直支管与虹吸雨水斗连接，在最下面一个支管连接后即通过立管及埋地排出管将雨水排至室外雨水系统（见图 39）。

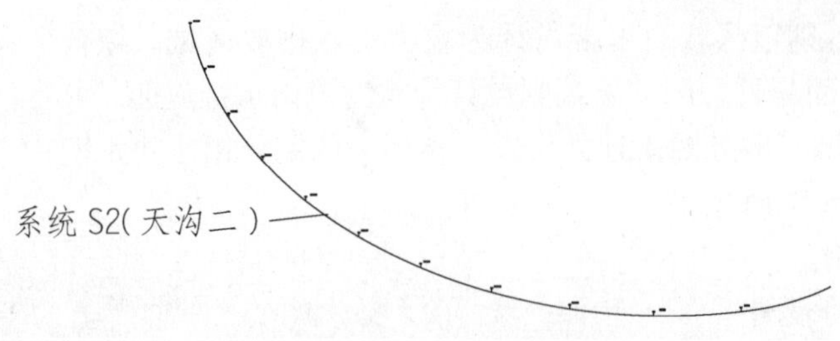

7.09 L/s. 100 m²　　7.78 L/s. 100 m²

分区编号	汇水面积(m²)	50 年暴雨流量(L/s)	100 年暴雨流量(L/s)	雨水斗标高
②- F1	15	1.06	1.17	17.680
②- F2	38	2.69	2.96	17.540
②- F3	59	4.18	4.59	17.300
②- F4	76	5.39	5.91	16.910
②- F5	90	6.38	7.00	16.380
②- F6	100	7.09	7.78	15.660
②- F7	118	8.37	9.18	14.600
②- F8	136	9.64	10.58	13.030
②- F9	157	11.13	12.21	10.820
②- F10	186	13.19	14.47	8.040
②- F11	220	15.60	17.12	3.640
②- F12	248	17.58	19.29	无法收集
小计	1 443 m²			

图 38　屋面雨水天沟二的简图及计算

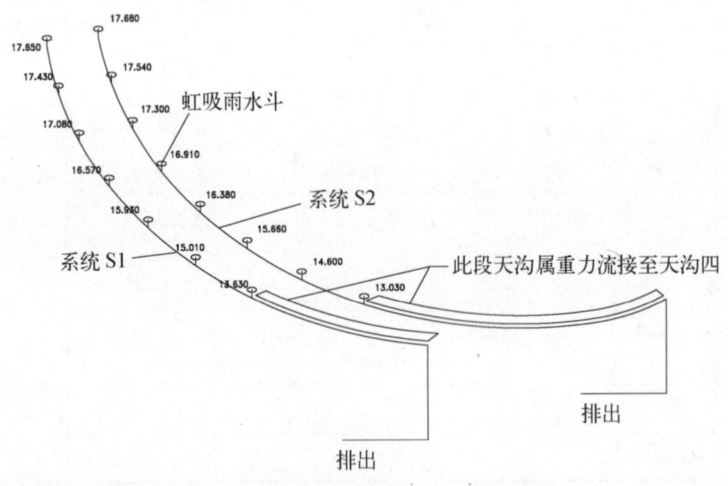

图 39　屋面虹吸雨水排水系统简图

(六) 给排水总平面的设计

当工艺设备运行时，如何克服由于外部振动对工艺装置的影响是至关重要的，那么给排水的总平面设计应该怎样避免由于设计的不当而对工艺装置产生的影响呢？

通过仔细分析，在室外总体上有可能产生振动的地方，那就是一个个通常都设置在总体道路上雨、污水的检查井。因为检查井的井盖与井座之间通常都是有缝隙而不会特别密封的，这样当汽车行驶压到井盖上就有可能使井盖与井座产生撞击，从而会引起振动，就可能会影响储存环隧道内电子束流的稳定。

设计中掌握的一个原则是，在所有的园区车行道上敷设重力流管道均不得设置检查井以避免可能的振动。这样给设计带来了很大的难度，经过仔细分析并与建筑、绿化景观、道路、电气等专业进行多次协调，最终圆满地解决了这一难题，室外埋地管线的断面图见图 40。

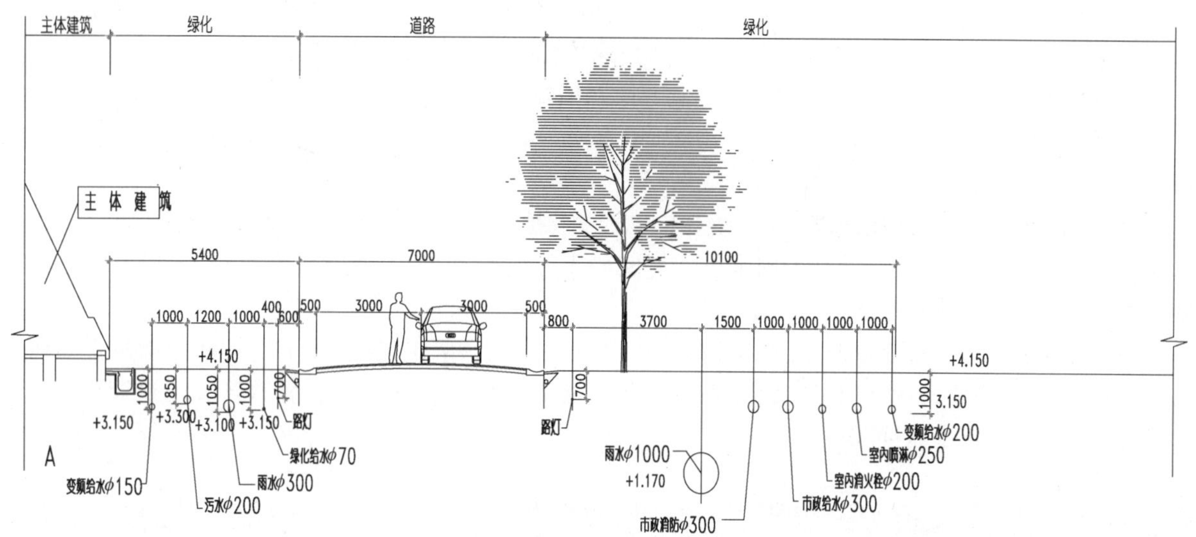

图 40　室外埋地管线断面示意图

在主体建筑内院的室外埋地管线的设计过程中，也存在一个较大的难题，因为直线加速器隧道和技术走廊、增强器隧道和技术走廊、主体建筑的储存环隧道、内技术走廊的一次冷却水事故排水均含有辐射，这些废水均需通过敷设管道排至内院室外的衰减池和检查井。

这时就带来了一个问题，通常所用的室外污水检查井都是砖砌或者是钢筋混凝土制作的，这样的做法并不是严格防水的，检查井的本体及检查井与管道的连接处都会产生漏水或渗水的现象，对含辐射的废水来说这样做是绝对不行的，如果含辐射废水渗漏到地下，那对环境产生的污染是非常严重的。

为了防止内院室外埋地的砖砌检查井或者混凝土检查井本体渗漏或检查井与管道连接处渗漏，导致含辐射废水污染地下水，设计中慎重地采用了塑料检查井这一新的给排水专业技术。经过与全国给排水规范组、有关专家、制造厂商及现场施工单位共同研究、攻关，克服了没有现成设计规范、没有其他工程使用经验可循等诸多困难，顺利地将这一新技术成功应用于主体建筑内院室外含辐射废水的管道系统中。这样就有效避免了含辐射废水的渗漏，缩短了施工周期，节约了黏土实心砖块，节省土地资源，为国内建筑小区内的推广采用积累了有效的技术及经验。

（七）给排水设计中难点、特点的总结

(1) 针对工艺提出防辐射要求，在设计中采用种防护设计（如：管道在进出工艺设备隧道时增设弯头设计，在穿越隧道时加强封堵等措施）以满足防辐射工艺的要求。

(2) 当工艺设备运行时，直线加速器隧道和技术走廊、增强器隧道和技术走廊、主体建筑的储存环隧道、内技术走廊的事故排水含有辐射，为防止内院室外埋地的砖砌检查井或者混凝土检查井本体渗漏或检查井与管道连接处渗漏，导致含辐射废水污染地下水，设计采用塑料检查井，避免了渗漏，减少了施工周期，节约了黏土实心砖块，节省土地资源，在国内建筑小区内尚属首次采用。

(3) 为了满足主体建筑的防振动要求，防止重荷载车辆碾压雨污水检查井盖而造成的振动影响，雨水及污水管道的检查井均避开室外总体的主干道。

(4) 为满足一次冷却水系统在隧道内管线事故时的特殊的（含辐射）排水要求，在储存环内院设置了

衰减池对此部分水进行处理。

(5) 主体建筑的建筑功能属大型实验装置及实验室，不同于一般的工业、民用建筑，消防设计参照建筑设计防火规范执行。实验大厅最高处约为 17.50 m，超出《自动喷淋灭火系统设计规范》喷淋安装高度的要求，且业主要求不可有误喷损害实验设备；经过到国外同类光源了解和与上海消防局的有关人员探讨、经过消防性能化评估，选择采用预作用喷淋系统，是符合我国国情的。

(6) 主体建筑的屋面由八组螺旋上升的拱壳面共同组成，且实验大厅内不设吊顶，为尽可能满足建筑美观的要求，大厅的喷头布置经反复推敲并征得消防局领导的同意后满足了规范对喷水强度及消防性能化评估报告中对控火的要求，喷淋支、干管均与结构钢梁弯曲成相同的弧度敷设。

(7) 主体建筑内技术走廊布置有大量的电气控制柜及电气设备且建筑物最高处约为 17.50 m，经过消防性能化评估，在内技术走廊上选择采用水喷雾水枪，这样既满足了大空间建筑对消防水枪射程的要求，又保证了消防人员的人身安全。

(8) 主体建筑的屋面造型独特，由八组螺旋上升的拱壳面共同组成，为了快速排除屋面雨水，减少雨水管道数量和减小管道管径，并减少雨水管道对实验大厅的影响，经过经济技术比较，屋面雨水采用虹吸式和重力式组合的排水系统。

(9) 主体建筑的屋面造型独特，由八组螺旋上升的拱壳面共同组成，屋面采用钢结构梁及金属屋面板，其热胀冷缩所造成的构件位移给固定管道造成了困难，设计中采用增设金属软管及调整管线敷设形式相结合的方式解决了该问题。

四、电 气 设 计

(一) 电气设计概述

该工程为一级负荷用电单位，其中通信系统、消防设备、应急与安全照明、安防系统、计算机网络机房、同步加速器装置及重要的实验室等为一级负荷，客梯动力，生活上水泵等负荷为二级负荷，其余为三级负荷。负荷分配见表 19。

表 19 负荷分配表 (kW)

照 明	动 力	恒温及空调	光源装置及实验室用电	自由激光(预留)	总 计
1 800	1 000	5 000	7 000	3 000	17 800(其中 3 000 kW 为预留用电)

(二) 总体布局

园区内主干道路，生活给排水主管线按 1 000 人设计，部分供电，通信主干路应考虑中长期规划需要。

院区建筑风格既与周围环境相协调，又要突出大科学工程的个性，建成后应成为具有大科学高科技工程特色的标志性建筑。

园区电气总体设计包括强电总体设计、弱电总体设计和照明总体设计 3 个部分：

(1) 强电总体设计主要包括 10 kV 配电电缆及 0.4 kV 配电及其联络电缆，主要采用铠装电缆直埋辐射的方式，其中动力中心至主体建筑部分采用地下管沟敷设。

(2) 弱电总体设计主要包括各弱电系统电缆及其工艺用电缆，采用在总体预埋钢管和各单体弱电进户点联通，在总体形成弱电走线通道，并考虑工艺及其远期预留量，其中动力中心及其实验楼工艺部分导线采用地下管沟敷设。

(3) 总体照明：总体按常规设计，车行道设置高杆金卤灯，草坪处设置庭院灯，水池内设低压水景灯。

(三) 强电设计

1. 供电要求

上海光源供电负荷等级为一级负荷。上海光源供电系统由两路 35 kV 线路供电。上海光源电网的用户大多是变频或变流设备等非线性负荷。预计上海光源电网中的高次谐波含量将超过有关规定，对上海光源的安全运行造成较大的威胁。因此须对上海光源工程电网中的高次谐波进行分析，再根据分析结果采取消谐措施。

供电质量需符合以下要求：电压偏差在±5%以内；电压波动在±5%以内；频率其他指标均应符合供电部门的规定和要求。

2. 变电站的布设

上海光源工程设有 1 个总变电站和 6 个分变电站，各变电站的配电柜引出导线均选用电缆。所有 10 kV 变电站低压系统都与公用设施变电站设有低压联络，一旦该工程供电系统出现故障时，仍然能保证照明、真空泵的正常运行。

3. 配电系统设计

(1) 由两个独立 35 kV 电源供电，设 35/10 kV 变电站，采用 10 kV 配电，于负荷中心设 6 个 10/0.4 kV 变电站(其中 3 个储存环、直线、中控变电所位于主体建筑内)，1 个 10 kV 工艺专用配电站(主体建筑内)。

(2) 35 kV 母线为单母线分段，不设联络，其中 1 段母线带 1 台 16 000 kVA - 35/10 kV 变压器，另 1 段母线带 1 台 16 000 kVA - 35/10 kV 变压器和 1 台 4 000 kVA - 35/10 kV 变压器(工艺专用)。变电站内设 2 台 50 kVA - 35/0.4 kV 所用变压器，于变电站 35 kV 进线侧设电业计量，补偿后功率因数为 0.85。35/10 kV 变压器采用△/Y 接线，二次侧采用 $R=5.77\ \Omega$ 小电阻接地。

(3) 10 kV 配电，采用 2 级配电，在 35/10 kV 变电站内为单母线分段(3 段)设联络。

(4) 4 000 kVA - 35/10 kV 变压器出线采用单母线 2 级配电，35/10 kV 变电站内设联络，由 16 000 kVA 段母线单向供电作为备用。16 000 kVA - 35/10 kV 变压器出线采用单母线分段设联络，35/10 kV 变电站内设联络互为备用，10 kV 母线各设置 1 500 kVAR/10 kV 集中补偿，为各 10/0.4 kV 变电站配电。

(5) 动力中心变电站为放射式配电，内设 2×1 600 kVA，4×1 250 kVA 变压器。实验楼变电站为放射式配电，内设 1×1 600 kVA 变压器。用户招待所及餐厅变电站为放射式配电，内设 2×1 600 kVA 变压器。

(6) 储存环变电站内设 10 kV 配电，引入 4 路 10 kV 电源，设 2 段相互独立的 10 kV 母线，均为单母线分段设联络接线，正常工作时联络开关合上，进线只合上 1 路，为本站及其直线变电站和 2 台工艺变压器配电，站内设 6×1 600 kVA 变压器，变压器满足 2 台一组可短时并联运行。直线变电站由储存环变电站 10 kV 母线放射式配电，内设 2×1 250 kVA 变压器，变压器满足可短时并联运行。中控线变电站为 1 路为放射式配电，1 路内设 10 kV 配电母线，内设 2×1 600 kVA，1×315 kVA 变压器。

(7) 增强器变电站内设 10 kV 配电，带专用工艺整流变压器，设 10 kV 专用补偿电容及其 10 kV 滤波装置。

(8) 10/0.4 kV 变压器采用△/Y 接线，TN - S 接地系统，二次侧设集中补偿，补偿后功率因数为 0.9。10/0.4 kV 变压器 0.4 kV(除了工艺专用变压器，实验楼变压器，及其中控 315 kVA 变压器)为 2 台 1 组单母线分段设联络接线方式。工艺变压器二次侧为双绕组△/Y+△接线，输出 2 Hz 周期脉冲。

(9) 部分变压器由动力中心变电站引入 0.4 kV 备用电至低压侧母线，联络开关常开，为检修备用

电，在两路进线都断开后方可手动合闸。

4. 上海光源工程 35/10/0.4 kV 主结线(见图 41)

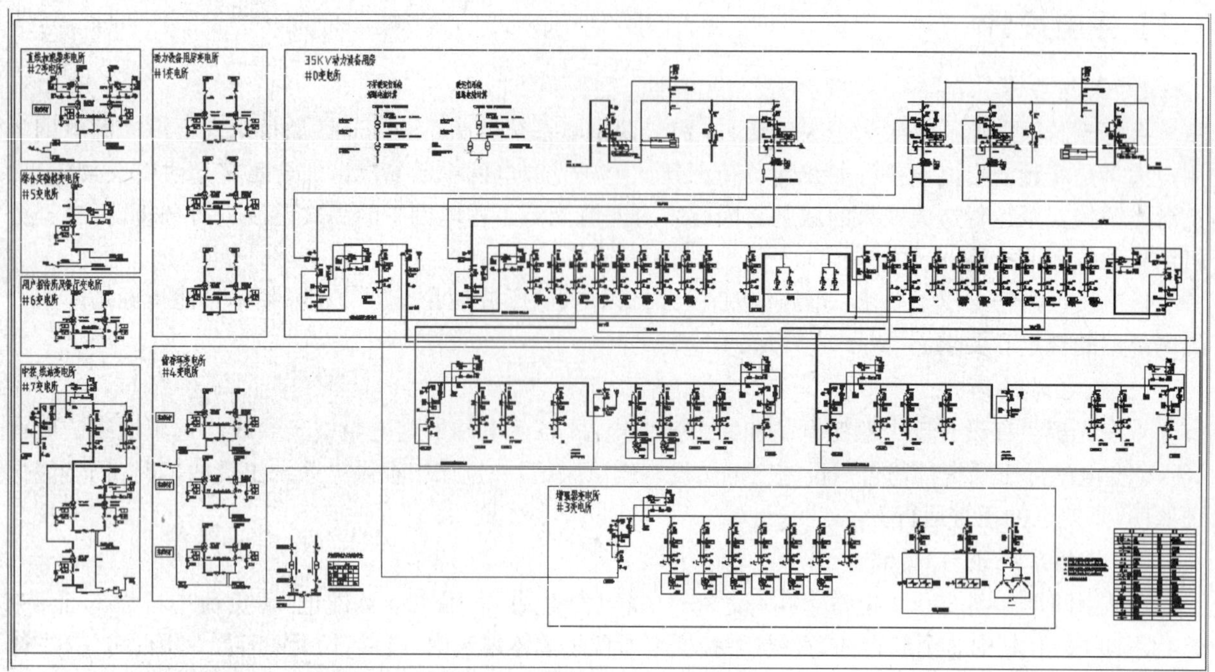

图 41　35/10/0.4 kV 主结线

5. 主体建筑工艺布置及要求

(1) 储存环建筑：储存环建筑有储存环隧道、储存环内技术走廊及储存环高频厅和储存环磁铁电源厅等。

① 储存环隧道：每 10 m 有一组插座，用电量为 30 A 的三相电源，供烘烤真空管和临时工程用电。储存环隧道内照明常开，供监测系统用，照度按实验室标准；荧光灯采用吸顶安装方式，有应急照明。

② 储存环内技术走廊：通向储存环隧道管线设管线地沟，强电与弱电分开，动力电缆的电磁辐射须加注意，中控室电缆通过附近的引出桥架，就近到达技术走廊，不宜绕道。在沿内技术走廊内外墙面上都安装标准配电盘(含三相、单相插座若干)。每隔 7～8 m 安装 1 组插座(配电盘)。照明同普通实验室。

③ 储存环高频厅：

A. 高频机房：由于高频机房空间较大，机房内主照明充足，四周墙面上再适当安装一些壁灯(或日光灯)作辅助照明，其他同普通实验室。在高频机房每个墙面上都安装两个标准配电盘(含三相、单相插座)，高频储藏间的两个长边墙各个安装一个标准配电盘(含三相、单相插座)，其他同普通实验室。

B. 超导高频腔测试坑：测试坑照明除波导入口的一面墙之外，其余三面墙的墙面均安装多管日光灯箱。在测试坑内按普通实验室的标准安装两个配电盘(含三相、单相插座)并从电缆槽中引入接地铜排。高频系统配电柜与低温系统配电柜之间须预埋管道，作为低温系统配电柜动力电缆通道。测试时为便于监视，在测试坑的墙面上装有一个可以遥控的摄像头；坑内外电缆连接采用航空插头，在电缆出入口的墙面上装一支架以固定航空插头。

C. 高频储藏间：高频储藏间净高度均＞3.5 m。按普通实验室标准装修，墙面安装两个标准配电盘(含三相、单相插座)。

④ 储存环磁铁电源厅：储存环磁铁电源厅建在储存环配电房旁边，电源厅内安装 B 铁电源 1 台、S 铁电源 9 台，以及两台 10 kV 变压器，3 个冷却水排。每柜≤1.6 t。

(2) 增强器：增强器主体设备(如磁铁、高频腔、真空室、束测元件、支架等)安装在周长约为 180 m

的椭圆形隧道建筑(称为增强器隧道)内,增强器的高频机安装在高频厅。增强器还有电源设备和电子设备,如冲击磁铁和切割磁铁电源,集中安装在 2 个电源厅。

① 增强器隧道设计要求:

A. 工程用电要求:每 10 m 设一组插座,供临时用电。

B. 照明要求:隧道内照明常开,供监测系统用;照度:按实验室标准;灯具:荧光灯;安装:吸顶安装;有应急照明。

C. 地线布置见接地系统设计。

② 增强器辅助建筑:位于增强器隧道环内的高频厅、主电源厅、副电源厅和在增强器隧道上方环形的公共设施工艺管线走廊。

③ 增强器电源厅:

A. 主副电源厅照明(应急照明)同普通实验室。墙壁上有市电配电插座,间隔 10 m。墙上配电和尺寸标注,每组插座配电容量 2 kW,含有 2 个 3 芯插头座,1 个 2 芯插头座,同时每间隔一个含有一个三相插座,配电容量 15 kW。

B. 主电源厅沿墙位置放置配水阀门,每路负荷为 10 kW,其中增强器 B 铁电源每台 2 路,备用 1 路,共 6 路, QF 铁电源 2 路,QD 铁电源 2 路,高能输运线 B 铁电源 1 路。

C. 主电源厅的增强器 B、QF、QD 和高能输运线 B 铁电源还必须提供风冷,风冷负荷为 200 W/柜,进风和出风口在电源厅,风机在厅外(主变压器),空调负荷 30 kW。

D. 主电源厅的引出电源要有水冷,配水器共有 2 路配水,每路负荷为 10 kW。

E. 主副电源厅引入隧道的电缆的桥架安排:

a. 真空单独一个桥架;

b. 束测和控制共用一个桥架;

c. 电源两个桥架;

d. 注入、引出一个桥架。

F. 副电源厅的电源维修间,不用活动地板。1 个壁挂式配电箱,容量 20 kVA,墙上放 4 组配电插座,距地面 1 000 mm,每组插座配电容量 15 kVA,含有 1 个 4 芯三相插头座,2 个 3 芯单相插头座,1 个 2 芯单相插头座。

G. 副电源厅的空调负荷 10 kW。

(3) 直线加速器:直线加速器产生 100 MeV 电子束。由低能段、加速器段、微波段、聚焦和导向系统、水冷系统、束流诊断和控制系统等组成直线加速器除速调管、调制器,分控电源外,均安装在直线加速器隧道内。速调管、调制器、分控电源安装在直线加速器技术走廊内。

① 直线加速器隧道设计要求:

A. 电缆桥架位置示意见公用设施工艺要求。

B. 工程用电要求:每 10 m 设一组插座,供临时用电。

C. 照明要求:隧道内照明常开,供监测系统用;照度:按实验室标准;灯具:荧光灯;安装:吸顶安装;有应急照明。

D. 地线布置及要求见《接地系统设计要求》。

② 技术走廊设计要求:

A. 照明同普通实验室。

B. 工程用电要求:每 10 m 设一组插座,供临时用电,插座的功率为三相 5 kW。

(4) 输送线:低能输送线将 100 MeV 电子束由直线加速器输送到增强器,高能输送线将 3.5 GeV 高能电子束由增强器注入到储存器。输送线工艺设备布置在隧道里,工艺要求为:

① 电缆桥架位置示意见公用设施工艺要求。

② 工程用电要求:每 10 m 设一组通用插座,供临时用电。

③ 照明要求：隧道内照明常开，供监测系统用；照度：按实验室标准；灯具：荧光灯；安装：吸顶安装；有应急照明；光束线实验大厅。

④ 光束线实验大厅每 20 m 有一组插座，用电量 15 kW 30A 的三相电源，供临时工程用电。

⑤ 照明同普通实验室。

(5) 辅助实验室、办公室：

① 辅助实验室工艺及技术要求：

A. 大型实验室：大型实验室的水、电、网络和电话设置，照明按普通实验室要求设计，照度≥300 lx。大型实验室的供电为一路三相 50 kW 100 A 电源，安装 1 个带开关的三相电源开关箱及多个三相、单相电源组合插座。实验室安装与实验大厅联网的报警装置(广播)。

B. 普通中等实验室：中等实验室的水、电、网络和电话设置，照明按普通实验室要求设计，照度≥300 lx。中等实验室的供电为一路三相 40 kW 80 A 电源，安装 1 个带开关的三相电源开关箱及多个三相、单相电源组合插座。实验室安装与实验大厅联网的报警装置(广播)。

C. 小型实验室：小型实验室的供电为一路三相 25 kW 50 A 电源，安装 1 个带开关的三相电源开关箱及多个三相、单相电源组合插座。

② 办公室：办公室无特殊要求。需有网络电话接口。

(6) 中央控制室：上海光源中央控制室将完成对整个光源装置安全启动、停止、调整束流参数等功能。中央控制室包括主控室、机房、控制室配电间、外设间。

① 中央控制室基本要求：

A. 主控室：面积 150 m^2。安放下列设备：安装大屏幕显示 6～8 个，四周或某一边摆放机柜约 10 个，控制室中摆放主控制台 20 个，工作讨论桌若干，文件柜若干。

B. 机房：面积 100 m^2。安放下列设备：安装 19 英寸标准机柜约 20 个。

C. 控制室配电间：安装 UPS 系统及其他配电设施装饰。

② 电源要求：计算机设备与动力设备分开供电，计算机设备及其他中控室设备供电由 UPS 供电。机柜安放区域电源由 UPS 提供，电源插座位于活动地板下固定，按每 60 cm 距离设置电源插座 1 个。所有电源插座三相平均分布，以保护 UPS 三相负载均衡。中央控制室电源插座位于活动地板下，由最后布置设计图出来后决定分布，由 UPS 供电。墙上设置部分电源插座用于维修测试用，由常规电源供电。

③ 管线敷设要求：活动地板下由于有横梁需预先穿管；UPS 供电线路走活动地板下；中央控制室光纤及其他网络及弱电线从西南角外墙穿墙进入后沿活动地板下面走；中控室电源走线与弱电线都从活动地板下走，穿金属管或线槽，管路分开且尽量远；常规电源线路走墙内；机房网络综合布线走架空线架，从机柜顶部进入机柜；电话容量：初步需求 10 门电话。

④ 电磁兼容性要求：应特别指出由于控制系统和束流诊断系统是弱信号系统，在强电磁场干扰下，轻则不能正常工作，重则会被严重损毁。为此在工艺上必须采用以下几方面的措施来防止电磁干扰：除常规接地系统以外，基建需提供良好低噪声信号地接地系统；在提供交流 50 Hz 电源时需有电源输入输出滤波部件，减少噪声从电网进入；对于大功率高频设备需有良好屏蔽，必要时，局部地区在建筑上需加屏蔽层。

6. *公用设施工艺布置及要求*

上海光源工程公用设施是上海光源工程的技术支撑系统，它为上海光源工程提供电力、水冷、低温液氦、压缩空气、空调等基本运行条件。上海光源工程公用设施包括供电系统，冷却水系统，纯水站，压缩空气系统，冷冻、空调系统和公用设施控制系统。上海光源运行模式为不分昼夜连续运行，年连续运行时间为 6 000 h 以上，因此公用设施一旦出现故障将对上海光源工程所有设备的正常运行造成很大的影响，在设计时必须保证公用设施能够安全、可靠、长期、稳定地运行。由于上海光源工程工艺设备的特殊性，其所需的工艺冷却水、电、冷热源、空调、压缩空气、低温超导等设施的布局、工艺管线布置必须满足和服从工艺设备的要求。因此，工艺专用变配电系统采取的特别措施有：

(1) 为抑制谐波干扰，总变电站及工艺专用变电站均按低阻抗系统设计。

(2) 拟在增强器变电站的 10 kV 配电母线上设置功率因数补偿装置，以及针对 3、5、7、11、13 次谐波的无源滤波器，在环内各变电所的部分 0.4 kV 配电干线及主要谐波源旁边设置有源滤波器。

(3) 总变电站及工艺专用变电站采用 110 V 直流操作。

7. 电缆布置

为便于更新和掉换，所有室内工艺配电电缆均采用钢质 T 型桥架敷设；考虑防干扰，工艺控制电线采用钢质封闭线槽敷设。

(四) 弱电设计

1. 接地系统设计

同步辐射装置要能够高精度、高稳定、高可靠的运行，接地系统是其中重要的因素之一。上海光源工程有公用接地系统、强干扰源接地网和弱信号接地网。

(1) 公用接地系统：上海光源工程公用接地系统分保护接地系统和工作接地系统。保护接地系统又分为防雷接地和安全接地。除了个别接地极和接地端子外，所有接地系统共用一个接地体，即接地网。

① 接地网：接地网是接地系统的基础，由接地环、接地极(体)组成。接地网布置于主体建筑地面混凝土层之下。利用主体建筑的桩基作接地极，如接地电阻达不到要求，则需增加人工接地极。所有接地极用 40 mm×4 mm 热镀锌扁钢(接地环)连接成网，连接扁钢埋设在地面混凝土层以下泥土中，起辅助接地的作用。接地网的接地电阻小于 0.2 Ω。

② 保护接地系统：

A. 防雷接地：园区所有建筑的防雷接地按照国家标准和规范设计。按第二、三类防雷建筑物保护设计。

B. 安全接地：安全接地是将系统中平时不带电的金属部分(机柜外壳、操作台外壳等)与地之间形成良好的导电连接，以保护设备和人身安全。此外，安全接地还用于防止静电积聚的地板等连接和本安接地。安全接地线为 TN-S 配电系统中的 PE 线。严禁采用交流工作接地线(中性线)作安全保护接地线。

③ 工作接地系统：工作接地是为了使上海光源工程装置以及与之相连的设备仪器均能可靠运行并保证测量和控制精度而设的等电位接地系统。上海光源工程工作接地系统由工作接地母排与个别特殊要求的高频接地极和连接点组成。

④ 工作接地母排：高频工作区接地母排由 250 mm×2 mm 铜箔架设，离地面高度 300 mm，用绝缘子固定在墙上，或敷设在电缆沟内壁；其他区域工作接地母排由 40 mm×5 mm 铜排架设(隧道内母排沿锯齿墙架设)。母排与建筑地线网的连接采用多点连接方式，连接点接地线采用 40 mm×5 mm 编织铜线直接与接地极连接(适当调整接地极和连接点布局位置，使接地线垂直下引到接地极)。连接处用 15%银焊。

为了避免雷击电压、安全接地线和交流电源工作地线(中线)的浪涌电压对系统设备仪器产生的干扰，工作接地母线除了连接到接地极点之外，在接地网以上不能与建筑墙体(钢筋)、防雷系统地线和交流供电的 PE 线或交流工作地线(中线)连接，即工作接地系统与保护系统只是与接地网连接。

⑤ 施工工艺要求：严格按照隐蔽工程施工，施工各阶段需由专人验收(包括施工单位、设计院和业主)。所有地线连接处需确保长期(30 年)可靠，防止腐蚀断线情况发生。

⑥ 接地测试点：为了今后能随时检查接地网的性能，应提供各接地网在地面的测试点，该点位置应该选择就近接地网，便于今后测试的位置。其位置应该在地线的竣工图上标定。

(2) 强干扰源接地网：为了减小高频大功率脉冲设备的高频效应，在直线加速器技术走廊(调制器位置下方)、储存环高频机房、增强器高频机房、储存环注入直线段、增强器引出段等高频大功率设备安

装处增设地线网格和高频接地箱。地线网格采用 40 mm×5 mm 编织铜线焊接而成，间距小于 0.5 m×0.5 m，离地面深度不超过 0.3 m。如果遇到深度超过 0.3 m 的地沟，要求此地线网格能顺着地沟下陷，保证整个地线网格的连续性，而不被地沟割断。地线网格直接连接到接地极。

高频辅助接地极采用 ϕ25 圆钢(外包 0.8 mm 铜皮)单独敷设，不与其他接地极联网，也不连接到工作接地母排。连接点的接地电阻小于 0.2 Ω。此处地线网络特别要求高频阻抗小。

(3) 弱信号接地网：

① 在上海光源工程主环建筑中心附近，用人工接地极组成一个地线网，要求接地电阻小于 0.2 Ω。

② 该地线网不和主建筑地线网连接，并且和主建筑接地极之间距离大于 20 m。人工接地极 20 m 范围内不得敷设与本接地系统无关的金属管线，当必须敷设时，需穿绝缘套管；人工接地极 20 m 范围内不得填埋建筑垃圾等低电导率渣土。

③ 用 40 mm×5 mm 的铜排从地线网引到地面的地线井中，压接或焊接到一块尺寸为 600 mm×600 mm×10 mm 的等电位铜排上。

④ 从地线井中的等电位铜板上引出接地电缆到主体建筑各处的专用地线盒中，接地电缆压接或焊接在等电位铜排上，要求接地电缆为导体截面积 95 mm^2 的屏蔽多股铜芯电缆，在地线井至受井段采用 PVC-u-110，其他区域均采用 SC50，电缆屏蔽层和钢管管体接保护地。

⑤ 14 根接地电缆放射状连接到技术走廊、隧道、试验大厅、实验室等指定地点的地线盒中，呈星状，分成 14 个区域：直线加速器 L0、增强器 B1-B2、高频机房 R1-R2、储存环 S1-S4、实验大厅 H1-H4、控制室 C0。各区域建筑物墙上地线盒通过支路接地电缆按顺时针方向串接起来，支路接地电缆的要求同第 4 条。相邻地线盒的距离约为 20 m。

⑥ 专用地线盒用铁制成，设机械锁扣并外涂黄色，安装在离地面 300 mm 的墙或柱上，盒体接保护地，和进出钢管焊接在一起；电缆压接或焊接在盒内的等电位铜排上，铜排上预留 ϕ6 mm 的孔，等电位铜排用绝缘支架固定在地线盒内，引出电缆钢管铺设到电缆地沟。

⑦ 弱信号接地用户严格按操作规程使用弱信号地线，用专用电缆从就近的地线盒中，通过地沟或电缆桥架连接到设备上，并且一个设备系统的接地只能和同一区域的地线盒连接，以免形成地线回路造成干扰。

(4) 园区其他建筑接地：园区其他建筑的接地系统按照国家相应的建筑物标准和规范要求设计。接地网可参照储存环主建筑接地系统设计，各建筑的接地网要连接到储存环主建筑的接地网。综合试验楼底楼实验室，也要设置若干个高频接地极和连接点。

2. 网络系统设计

上海光源网络系统分园区网络系统与控制系统网络两部分，两网相对独立，网络对基建的工艺要求主要是综合布线系统。园区采用综合布线系统，网络和电话使用同样线材(UTP-6)和插座(RJ45)，综合布线系统由楼宇、垂直干线、水平干线、管理间、工作区几个子系统组成，各自工艺要求如下：

(1) 园区网络：

① 楼宇子系统：园区网络主干采用双星冗余结构，在综合实验楼信息中心机房和综合办公楼一楼弱电间分别设置 1 台主干交换机，采用 12 芯多模和单模光纤(类型选择待设计院最后给出管道长度决定)连接园区各建筑物，光纤采用地下管道敷设，因此综合信息楼和综合办公楼至每栋建筑(包括门卫、5 个环境监测站)都要有管道连通，二期及以后计划建筑也需预留管道，管道具体走向由设计院根据地下情况确定。管线上要有用于穿线和维护的人井孔。

② 垂直干线子系统：用于单幢建筑物内垂直布线。根据建筑物内节点数量和建筑物大小可采用光纤或大对数的非屏蔽双绞线。线路走井道或线架。如果建筑物内信息节点数量不多并且各楼层最远节点至配线间距离小于 100 m 可不设垂直干线系统，由节点直接布线至配线间，中间不予截断。

③ 水平干线子系统：指从工作区的信息插座到管理间子系统中的配线架两者之间的信息线缆，采用 6 类双绞线，星型结构。

④ 管理间子系统：即一般建筑物内弱电间，由配线架、交换机、机柜、电源组成。水平干线在弱电间中剩余长度要满足安装，一般从引出口算至少保留 5 m(或两倍房间高度)。弱电间面积满足 1 个标准 2 m 机柜的安放及维护操作空间，综合办公楼和主体建筑需要 2 个机柜的安放位置。房间温湿度基本保持恒定，条件许可下安装空调。配备火灾报警和干粉灭火器。不允许有水喷装置。

⑤ 工作区子系统：由跳线和信息插座组成。信息插座(电话和网络)统一使用 RJ45 模块，分墙上型、地面型、桌上型等。根据工作区性质使用。办公楼如果采用隔断分隔，则宜采用桌上型；实验室一般采用墙上型；会议室可采用地面型。

A. 办公室如采用隔断分割则网络线需预留一定长度从地板下穿至隔断的工作位上，在隔断上安装模块和面板。

B. 实验室和办公室网络信息节点数量除有特别指出的，其余皆按每 5 m^2 设置 1 个双口插座(两根六类线)，宿舍按每间房 1 个双口插座(双线)安装于墙上，与电源插座相隔>0.6 m。

⑥ 一些特别需求的信息节点数量及安装位置：隧道内、技术走廊和机房(厅)内所有墙上安装信息点均为电话和备用网络，安装高度 30～40 cm。离地 2～2.2 m 处网络插座供视频监控系统和音频广播系统使用。所有安装仪器设备所需网络都采用现场安装时直接放线方式直接连接，不设网络接口以减少故障点。

A. 直线隧道：数量 12。内侧墙从迷宫口起每 5 m 设 1 个信息插座，共 6 个，安装高度 30～40 cm。从迷宫口起约 12 m 处和注入口附近内侧墙离地 2～2.2 m 处安装双口信息插座(双线)，电子枪屏蔽间正对电子枪的墙上，离地 2～2.2 m 处安装双口信息插座(双线)。所有网线均引至直线技术走廊内控制机柜处(至少预留长度 3 m)。

B. 直线技术走廊和电源间：数量 9。电源间 3 个，技术走廊 4 个，墙上外侧墙(非隧道墙)离地 30～40 cm 安装；正对调制器电源位置离地 2～2.2 m 处安装双口信息插座。所有网线均引至直线技术走廊内控制机柜处(至少预留长度 3 m)。

C. 增强器隧道：隧道外侧墙均匀分布设置 6 个信息插座，注入段和引出段墙上各设 2 个信息插座，3 个迷宫出口处墙边各设 1 个信息插座，以上插座安装高度要高于束流中心线高度(墙内网线向上引线，不可从外侧穿越束流平面)。内侧墙均匀分布设置 6 个信息插座(视频用，椭圆长轴两端各 1 个，每半圆再平均分配 2 个)，安装高度 2.2 m(或低于线缆架)。内侧墙每 10 m 设置 1 个信息插座(广播)，安装高度 2.2 m。

D. 增强器辅助建筑：数量 29。高频厅、电源厅(南北)各 6 个，北电源厅维修间 5 个，墙上安装高度 30～40 cm。南北电源厅和高频厅侧墙角落离地 2.2 m，各安装一双口信息插座(双线)。所有网线引至北电源厅控制柜处(预留长度至少 3 m)。

E. 储存环隧道：数量 93。隧道内侧墙对应每个 DBA 单元设一双口信息插座(双线)；每个迷宫出口墙边设一信息插座，每一迷宫外侧墙设一信息插座；储存环隧道注入段设一双口信息插座。每个单元设备内侧墙对应 12 号地沟上方离地 2～2.2 m 设置双口信息插座。正对每个超导腔位置内侧墙上各安装一信息插座，离地 2～2.2 m，共 3 个。所有网线均就近引至储存环内技术走廊各单元的控制机柜处，预留网线长度至少 3 m。

F. 技术走廊：数量 80。每工艺设备站(公用设备机柜共 20 组)外侧墙各设一双口信息插座(双线)，墙上安装高度 30～40 cm；每工艺设备站(公用设备机柜共 20 组)外侧墙离地 2～2.2 m 安装一双口信息插座(双线)。所有网线就近连至控制机柜(至少预留长度 3 m)。

G. 储存环高频厅：数量 12 个。其中一个位于低电平柜一侧墙上，离地 2～2.2 m 安装；一个位于制冷机一侧墙上，离地 2～2.2 m 安装；一个位于高频腔测试坑的波导孔一侧墙上，位置示意；剩余安装高度 30～40 cm(储藏间 3 个，高频厅 6 个)。所有网线引至高频厅内控制机柜处(预留长度至少 3 m)。

H. 储存环电源厅：数量 12 个。其中一个位于储藏室外侧墙离地 2～2.2 m 安装；其余安装高度 30～40 cm(电源间 5 个，储藏室 3 个，维修间 3 个)。所有网线引至电源厅控制机柜处(预留长度至少

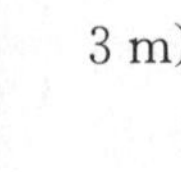

3 m)。

I. 实验大厅外技术走廊：正对每条束线的实验室外墙安装 3 个双口信息插座，安装高度低于工艺管线桥架。网线就近引至 1 层实验楼的 4 个弱电间(预留长度至少两个弱电间房高)。

J. 主体建筑一楼实验室：要求见辅助实验室、办公室网络要求。另外每个实验室内大门附近墙上增加 1 个信息插座，安装高度 2～2.2 m。所有网线就近引至 1 层 4 个弱电间(总长不得超过 100 m)。

K. 动力设备用房(见表 20)：

表 20　动力设备用房信息节点数量安排

10/0.4 kV 变电站	冷冻机房	工艺冷却水机房	纯水站	压缩机房	低　温	中控室	压缩机厅
4	4	4	2	4	4	3	4

L. 10 kV 变电站(见表 21)：

M. 实验楼(见表 22)：

表 21　10 kV 变电站信息节点数量安排

电　站	中控室
4	3

表 22　实验楼信息节点数量安排

电　站	工艺水	中控室
4	4	3

N. 主体建筑内各变电站房、空调机房：每房间设置 3 个信息插座。网线就近引至附近的控制机柜处(预留长度至少 3 m)，要求网线严格远离动力电缆(大于 1 m)。

O. 一楼实验室空调机房、强电间：每间各 1 个信息插座，共 16 个，就近连至 4 个弱电间，网线严格远离动力电缆(大于 1 m)。

⑦ 机房：信息中心机房位于综合实验楼二楼南侧，因此，需要注意所有外部光纤进入机房如果采用穿墙进入需要保证整个建筑的外部美观。如果采用地下进入整个建筑再由竖井进入机房需要保证竖井容积大小可以容纳所有线缆以及能容纳将来扩展的线缆。

⑧ 无线：各建筑(除主体建筑)内预留无线接入点，即每层楼走廊每 15～20 m 在吊顶内预留 1 根网线；每建筑物屋顶预留 2 根网线。

⑨ 门禁：门禁系统需要联网，需要为门禁系统预留网络接口位置。

(2) 控制网络：控制网络仅在主体建筑内，主干交换机位于中控室机房，从中控室机房引 16 根 12 芯光纤沿天桥到储存环技术走廊中 5 个单元的控制柜、增强器电源机房的控制柜、直线技术走廊中的控制柜。储存环中的 5 个控制柜分别引出室内光纤至其左右各 4 个单元的控制柜，构成控制网络的主干。

① 敷设要求：

A. 所有线缆使用束测与控制线缆架(槽、沟)。

B. 束测与控制线缆架最好分成两格，一格专用于安放细小线缆和室内软光纤以保护这些线缆不被破坏。

C. 中控室管线的敷设要求：

a. 活动地板下由于有横梁需预先穿管。

b. UPS 供电线路走活动地板下。

c. 中央控制室光纤及其他网络与弱电线外墙穿墙经弱电间进入后走活动地板下。

d. 中控室电源走线与弱电线都从活动地板下走，穿金属管或线槽，管路分开且尽量远。

e. 常规电源线路走墙内。

f. 机房网络综合布线走架空线架从机柜顶部进入机柜。

② 电话容量：初步需求 10 门电话容量。

③ 安防门禁、有线电视要求：

A. 安防门禁控制室设在基地主出入口处的门卫间，具有实时图像监视和录像，对出入口实施门禁控制管理，对有可能发生入侵的场所实施报警管理。

B. 有线电视设计按照相应国家标准和规范进行。

C. 辐射安全连锁系统(PPS)：

④ 隧道急停按钮的工艺要求：在增强器电源厅内设置2座PPS本地站，在内技术走廊内设置4座PPS本地站；在直线加速器隧道内设置1座PPS本地站，均带状态显示，本地站与来自主控室位于隧道顶PPS金属线槽间采用2SC40连接。

增强器、储存环、直线加速器隧道内在人行通道一侧墙上分别相隔18 m、22 m、20 m设置一个急停搜索按钮，急停搜索按钮的预留槽17 cm×8.5 cm×5 cm，其槽的下沿离地1.4 m；隧道内人行通道对面一侧墙上两组急停搜索按钮中间对应位置设置一个急停按钮，急停按钮留槽8.5 cm×8.5 cm×5 cm，其槽的下沿离地1.4 m，与隧道顶PPS金属线槽间采用SC20连接。

在急停搜索按钮的正上方，设置声光报警设备一对，下沿离地2.2 m墙上安装；急停搜索按钮与正上方声光报警设备间预埋SC20的钢管，声光报警设备与隧道顶PPS金属线槽间采用SC32连接。

⑤ IC卡门禁系统开孔开槽：直线加速器、增强器、储存环迷宫入口都设有IC卡门禁系统，IC卡系统内外读卡器和紧急出入门按钮位置预埋槽10 cm×10 cm×7 cm，其槽的下沿离地1.4 m。内外读卡器、紧急出入门按钮、迷宫自动门行程开关与安装在迷宫侧墙外面的门禁控制器之间预埋SC25钢管，出口低入口50 mm。自动门电源插座(10 A单相二、三极插座)离地约2.2 m处，该电源取自就近变电站UPS。

门禁控制器位置(侧外墙)须提供220 V电源插座一个(10 A单相二、三极防水插座)，位置在预埋S型电缆管穿孔的正下方，插座离地约1 m处，该电源取自就近配电箱UPS，与中央控制室控制系统电源同等级别。与插座相隔约15 cm、同一高度处安装一个网络端口，其与安装在迷宫侧墙外面的门禁控制器之间预埋SC25钢管。

⑥ 防护门上方状态指示器：直线加速器、增强器、储存环每个迷宫防护门外面正墙上方需要安装220 V电源插座一个(10 A单相二、三极防水插座)，以提供状态指示器所需电源。插座高于防护门上方60 cm。

状态指示器通讯线走线方式与防护门限位开关导线相同。

(五) 照明设计

光源主体将被装置在一个封闭的混凝土锯齿隧道内，而其内涵则充满智慧——60条以上的光束线和上百个实验站，每年的运行时间超过5 000 h。建成后的“神奇之光”用途广泛，故被上海市政府列为上海首批科教兴市重大产业科技攻关项目。

1. 照明标准

各部位按业主提出的照度标准要求及我国现行的建筑照明设计标准进行设计及预留容量(见表23)。

表23 照明标准 (lx)

实验大厅	实验室	隧　道	办公室	设备机房	储藏室	走道、卫生间
300～400	300	300	300	200	100	100

2. 节能照明

建筑照明节能潜力主要包括电光源潜力、灯具潜力以及设计、运行管理等方面的潜力。从理论上讲，照明用电量(L)可用下式表示：

$$L = W \cdot T \cdot E \cdot A/(F \cdot K) = EAT/K\eta$$

式中　W——每一台灯具消耗的电功率，kW/台；

T——开灯时间，h；

E——平均设计照度，lx；

A——地板面积，m^2；

F——每台灯具的灯泡流明，lm；

K——维护系数；

η——灯泡的综合效率，$[F/W]$。

因此，欲降低照明电耗，必须设法使用高效灯泡、提高灯具的综合效率；或者减少开灯时间、保持适当的照度和尽量采用局部照明等。但是，照明节能的原则是在保证足够的照明亮度和质量的前提下节约能源。所以，选择合理照度(E)、高效灯泡流明(F)和提高综合效率(η)、加强运行管理等，对于建筑照明节能具有非常重要的意义。

3. 照明器材的选用

正确、合理选用照明器材是关系到建筑照明系统的使用安全可靠、技术先进、运行经济、高效节能和创造良好的照明环境的重要因素。设计中应按这些原则选取。照明器材主要包括光源、灯具和镇流器、控制器等。我国生产(包括合资、外商独资生产)的光源等器材，具有多种类型、品种，不乏高效产品，可供照明工程应用。下面叙述本工程如何适应场所需要对照明器材的合理选择。

(1) 照明光源的选用原则：

① 发光效率高；

② 显色性好，即显色指数高；

③ 使用寿命长；

④ 启点可靠、方便、快捷；

⑤ 性能价格比高。

(2) 具体选用方法：

① 灯具安装高度较低的场所(如办公室、实验室、隧道、机房、走道等)选用荧光灯。荧光灯包括直管荧光灯和紧凑型荧光灯，都具有光效高、寿命长、显色性较好等优点；但前者比后者光效更高，寿命更长，光通维持率高，性价比更优。此次设计中在光源的选择上做了大量的工作在方案的比较上(直管荧光灯28 W、36 W、45 W 的选择)，并借助照明设计软件对各个方案进行分析比较，最后采用了新型 e-Hf 高效荧光灯(45 W/个)。在照度相同的情况下，使用 e-Hf 高效荧光灯，能节省电力 32%。一年内可收回初期投资差额部分并在今后的使用中体现更大的效益。

② 灯具安装高度较高的场所(如实验大厅)适宜用金属卤化物灯，也可用中显色高压钠灯；对于显色性要求高的场所，可以用陶瓷金卤灯($Ra>80$)；对于没有显色性要求的工业场所，可以用光效更高、寿命更长的高压钠灯($Ra>20$)。此次实验大厅上空采用松下的高天棚灯具配狭角型灯罩(400 W/个)并充分考虑了建筑的造型，灯具近似于螺线型布置。

(3) 灯具选择：根据不同场所选用多种灯具，尽量做到节约能源与舒适环境的完美结合。

(4) 镇流器选择(绿色照明从镇流器开始)：镇流器是一个耗能器件，同时对照明质量和电能质量有很大影响，因此，应给予关注。此次采用 e-Hf 智能型电子整流器与 e-Hf 高效荧光灯的完美组合使得光效高达 104 lm/W。

(5) 照明系统的控制：对实验大厅照明、隧道照明、室外景观照明、道路照明进行监控，使照明系统运行在最佳工作状态。由于光源运行时间长的特殊性使得对隧道照明的监控显得尤其重要。所以对于光源的不同场所，灯具控制有着多种方式，每个功能区为一个子网络，通过网桥与主干网络相连，最后集中到 2 层的中心控制室(即 BAS 中心)主机上，构成一个完整的网络控制系统。同时各个区域也可分散就地进行操作，做到可分可合，十分灵活，极大地方便了今后的管理。

4. 应急照明

(1) 应急照明的分类：

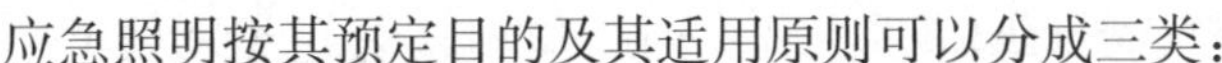

应急照明按其预定目的及其适用原则可以分成三类：

① 疏散照明：疏散照明是用于当正常照明因故障熄灭后，为了使人员在紧急情况下能沿安全出口通道从室内安全撤离至室外或某一安全地区而设置的照明，用以确保安全出口通道能被有效地辨认和应用，并能容易找到沿疏散路线设置的消防报警按钮、消防设备和配电箱等。

② 安全照明：安全照明是用于当正常照明发生故障而中断时，需确保处于潜在危险之中的人员安全的照明。

③ 备用照明(Stand-by lighting)：备用照明是指当正常照明因故障熄灭后，对需确保正常工作或活动继续进行的场合(如某些将会造成爆炸、火灾和人身伤亡等严重事故的场所)所设的供继续和暂时继续工作用的照明，或在火灾时为了保证救火能正常进行而设的照明。

上海光源主体建筑内主要设有同步辐射装置及实验站等，其实验大厅占地近 3 万 m^2，大空间圆环型建筑应工艺和实验使用要求无法分隔，环内室外空间和环外室外空间无法相通，在消防设计上无法直接套用目前现有的相关规范及规定。作为一种较特殊的大空间建筑，既有净高大于 14 m 的实验大厅，又有集中大量电器设备的装置，故应急照明是该建筑物中安全保障体系的一个重要组成部分。一个完善的火灾应急照明设计，应在电源设置、系统组织、灯具控制方式、导线选型及敷设方式、灯具选择及安装位置、诱导指向、安全保护措施等，每个环节都严格执行相关规范，才能保证其在火灾紧急状态下能发挥应有的作用。

(2) 应急照明灯具的选择：

① 应急照明特别是疏散照明的光源必须具备瞬时点启的特性，如白炽灯、快速启动的荧光灯、高频荧光灯、小功率卤钨灯等。

② 应急照明灯和灯光疏散指示标志，应设玻璃或其他不燃烧的材料制作的保护罩。疏散标志灯选用专用灯具，其制造标准已满足要求。但由于光源工程的特殊性及其系统复杂性，部分采用疏散照明灯作为正常照明的一部分，为了达到装修效果，选用与正常照明一样的灯型，如筒灯、吸顶灯、荧光灯、线槽灯等，这些灯具的保护罩材质往往不是不燃材料，所以对厂商及施工做出了要求(见表 24)。

表 24　光源照明主要功能区域的介绍

区域名称	功能及用途	简要说明	灯具类型	安装方式
外环办公、实验区	办公与辅助实验用房	面积约 0.9 万 m^2，共 2 层，外侧设有 2.5 m 宽外技术走廊	荧光灯 FAC42601PH　2×45 W FAC41601PH　1×45 W	链吊
实验大厅	实验设备及实验大厅	面积约 1.5 万 m^2	金属卤化物灯 YBC15774＋YKC34113　400 W	吊装
内环区域	实验设备、机房等	面积约 1.1 万 m^2，包括内技术走廊、直线加速器隧道、增强器隧道、辅助设备用房等。该区域实验期间无人	荧光灯 内技术走廊： FSRA361PH　1×45 W 隧道： FAC41280PH　1×45 W 机房(变电所带应急电池)： FAC41280PH　1×45 W	支架吊装 吸顶 吊装
储存环隧道	内有同步辐射光源设备	该区域实验期间无人	荧光灯(带双边反射支架) FSRA361PH　1×45 W	45°角壁装

(3) 应急照明的供电：为了满足其要求，应急照明的供电主要有两种：一种是分散供电式系统，即每个应急灯上自带备用电源。正常电源切断时，备用电源自动投入。该系统可将应急灯直接接入正常照明供电系统，平时还可利用正常供电对备用电源充电。另一种是集中供电式系统，应急灯本身不带电源，正常照明电源故障时，由专用集中应急电源供电。该系统需设置独立的供

电线路和配电设备。专用集中应急电源供电又分为两种类型，一种为集中或分区设置蓄电池组，另一种为后备交流应急电源，可由电网引来有效的独立电源或柴油发电机组供电。因为受应急照明电源转换时间和供电时间的影响，在设计中采用以上两种或三种电源的组合供电方式，会显得更加合理、可靠。

(4) 应急照明的线路敷设：对于应急照明系统，根据各规范及标准的要求，应急照明配电应采用专用供电系统配线。因要考虑在火灾情况下投入应急照明，所以，其配电线路和控制回路宜按防火分区划分。另外，还应采取以下防火措施：当采用暗敷设时，应敷设在不燃烧体结构内，且保护层厚度不宜小于 3 cm；当采用明敷设时，应采用金属管或金属线槽上涂防火涂料保护；当采用绝缘和护套为不延燃材料的电缆时，可不穿金属管保护，但应敷设在电缆井内。这些措施是一种比较经济、安全可靠的敷设方法，对保证应急照明配电线路可靠、安全供电是必要的。除此以外，针对光源工程的特殊性及其重要性，在次此设计中应急照明配线采用无卤低烟阻燃耐火型电线和电缆，以确保配电线路的可靠性。

(5) 应急照明灯具的控制：有了可靠的电源、线路、灯具，如果在火灾时不能及时点亮，一切都是徒然。对于光源的不同场所，灯具控制有多种方式，关键是设计者必须有清晰的设计思路(见表 25)。首先应明确各种场所灯具的常态，其次是控制点，有的由现场开关面板控制，有的在配电箱集中控制，有的由消控中心强制接通(注意一定不能只有消控接通而无就地控制点，以防消控失灵)。在次此设计中基本有两大模式：一是在配电箱与消控中心两地集中控制，另一种是由就地面板开关与消防中心强制接通。但应值得注意的是两种不同控制方式的灯具不应混接在同一回路。

表 25　几种应急照明供电电源的特点

供电电源种类	容　量	转换时间	持续时间	优　缺　点
独立馈电线路	大	快	长	重大灾害时，容易受到损坏
专用发电机组	比较大	慢	比较长	需要经常维护
蓄电池组	小	快	短	可靠性高，灵活方便，运行管理及维护要求高
组合电源	大	快	长	可靠性高，但费用高

五、暖 通 设 计

(一) 设计要求

上海光源工程暖通专业的建安部分设计包括综合办公楼、综合实验楼、用户招待所及餐厅、门卫四栋单体建筑的空调设计。设计内容主要为各建筑物的舒适性空调设计、通风和防排烟设计等。

(二) 设计参数

(1) 室外空气计算参数(见表 26)：

表 26　室外空气计算参数

	空调计算 干球温度	空调计算湿球温度(夏季)/ 空调计算相对湿度(冬季)	通风计算 干球温度	平均风速	主导风向	大气压力
夏季	34.0℃	28.2℃	32.0℃	3.2 m/s		100.53 kPa
冬季	−4.0℃	75%	3℃	3.1 m/s	NW	102.51 kPa

(2) 室内空气设计参数(见表 27):

表 27 室内空气计算参数

房间名称	夏季		冬季		人均使用面积 (m²/人)	新风量 [m³/(h·人)]	噪声标准 dB(A)
	温度 (℃)	相对湿度 (%)	温度 (℃)	相对湿度 (%)			
综合实验	28	—	18	—	10	30	≤45
综合办公	26	—	20	—	5	30	≤45
用户招待	28	—	18	—	—	自然渗透	≤45
餐　厅	26	—	18	—	3	20	≤55

注:舒适性空调要求的房间的温度、湿度允许在一定的范围内波动。

(3) 通风换气次数(见表 28):

表 28 通风换气次数

房间名称	排风		送风		备注
	方式	换气次数(次/h)	方式	换气次数(次/h)	
变配电房	机械	*	自然	—	
水泵房	机械	6	自然	—	
热水炉房	机械	10	自然	—	同时满足 *
厨　房	机械	30～60	机械	* *	预留用电量等
厕　所	机械	10～15	自然	—	
煤表间	机械	8	自然	—	设防爆风机

* 根据设备的发热量计算通风量。
* * 补风为排风的 80%。

(三) 空调与通风系统设计

(1) 综合实验楼:采用为独立分体空调形式,设计预留电量,并由建筑统一设置室外机平台和冷凝水立管。工艺冷却水机房及变配电房设有独立的通风措施,以排除设备放出的热量,采用机械排风、自然补风。所有厕所均设有机械排风措施,排出其室内异味。信息中心设有一套事故排风系统,以配合气体灭火用。

(2) 用户招待所及餐厅:餐厅的 1 层大堂采用一体化风管式屋顶空调机的形式,顶送顶回。餐厅 2 层包房采用多联式分体空调系统加送新风的形式,其室内机均采用天花板暗藏导管机型,顶送顶回。餐厅 2 层包房的空调区域设置新排风全热交换器。大堂内咖啡厅及服务台另设独立分体空调。厨房区域设有 VRV 空调系统,备餐区、恒温室及库房设有 VRV 空调内机。招待所采用独立分体空调形式,设计预留电量,并由建筑统一设置室外机平台和冷凝水立管。餐厅 2 层包房走道采用机械排烟方式。大餐厅采用电动排烟窗的自然排烟方式。用户招待所的走道及所有封闭楼梯间采用自然通风的排烟形式,开窗面积满足规范要求。厨房间设有机械送排风系统,油烟气经净化后排至室外高空。

变配电房设有独立的通风措施,以排出设备放出的热量,采用机械排风、自然补风。所有厕所均设有机械排风措施,排出其室内异味。所有集中空调区域均设有机械排风措施,以保证新风的送入。

(3) 综合办公楼:采用多联式分体空调系统加送新风的形式,办公区域及报告厅内机采用天花板暗藏导管机型,顶送顶回。新排风设置全热交换器。

内走道以及建筑面积大于 100 m^2的空间均设有机械排烟设施。所有封闭楼梯间采用自然通风的防烟形式,开窗面积满足规范要求。

所有集中空调区域均设有机械排风措施,以保证新风的送入。所有厕所均设有机械排风措施,排出其室内异味。

(4) 门卫：采用独立分体空调形式。

东 方 艺 术 中 心

建设单位：浦东新区文化广播电视管理局

设计单位：法国巴黎机场公司（ADPi）

华东建筑设计研究院有限公司

施工单位：上海建工集团第四建筑有限公司

撰 稿 人：徐 浩 胡 寅

一、建筑设计

(一)场地概述

东方艺术中心(见图1)的基地位于浦东世纪大道尽头,与世纪广场相毗邻,与浦东新区政府大楼上海科技馆相望。东方艺术中心基地面积23 616 m²,总建筑面积39 964 m²。地下2层、地上5层(包括一个夹层)。

图1　东方艺术中心夜景

(二)总体布局

东方艺术中心是市级公共文化观演建筑,主要有三个观演场所:具有容纳4个管乐队和120人合唱团同时演出能力的2 000座交响乐厅;供西方歌剧、中国戏曲和现代话剧演出的1 060座剧场;可进行歌曲,室内乐和实验音乐表演的330座小演奏厅。其他配套公共设施包括:展厅、音乐书店、餐厅和艺术交流部分(艺术阅览室、多媒体中心和培训中心等)。

平面布置犹如五片“叶瓣”组成,每处观众厅都形如有一定角度的扇形,并根据各自的尺度成为基地内一片独特的“叶瓣”,同时,主入口门厅和展开也形成两片“叶瓣”(见图2)。

东方艺术中心建筑的独特之处在于功能和造型结合的程度,因此,在设计中充分地重视每个区域的完整性和相互之间的协调,使每个区域在一个浑然一体的空间和基调上,都散发出各自的亮点(见图3~图6)。

(三)设计难点

基于对本工程建筑特点的把握和理解,在设计中着重解决几大难点:

(1) 配合消防设计审查与上海消防科学研究所和澳方合作在消防设计中,对人员密集、集中使用的高大空间和房中房的消防防火分区,消防手段以及CFO数值分析及防排烟设计优化等方面作探索性研究。

(2) 结合音质设计研究,对建筑空间对建筑声学的影响程度及配合作深入的研究,声学运用先进计算机网络控制,对各种音质调控设备智能化控制,突破多种模式的精确控制功能,除此之外,在设计构造和新材料运用上,有针对性地进行尝试。

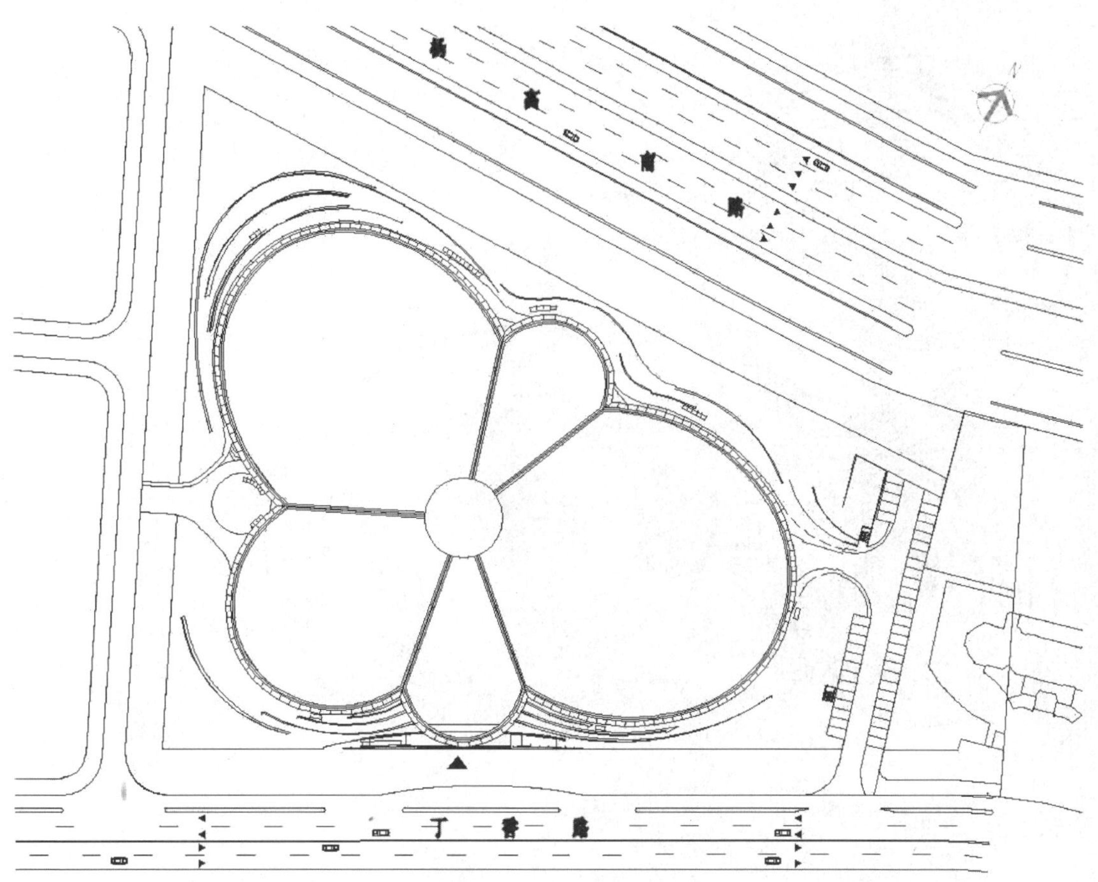

图2　总平面图

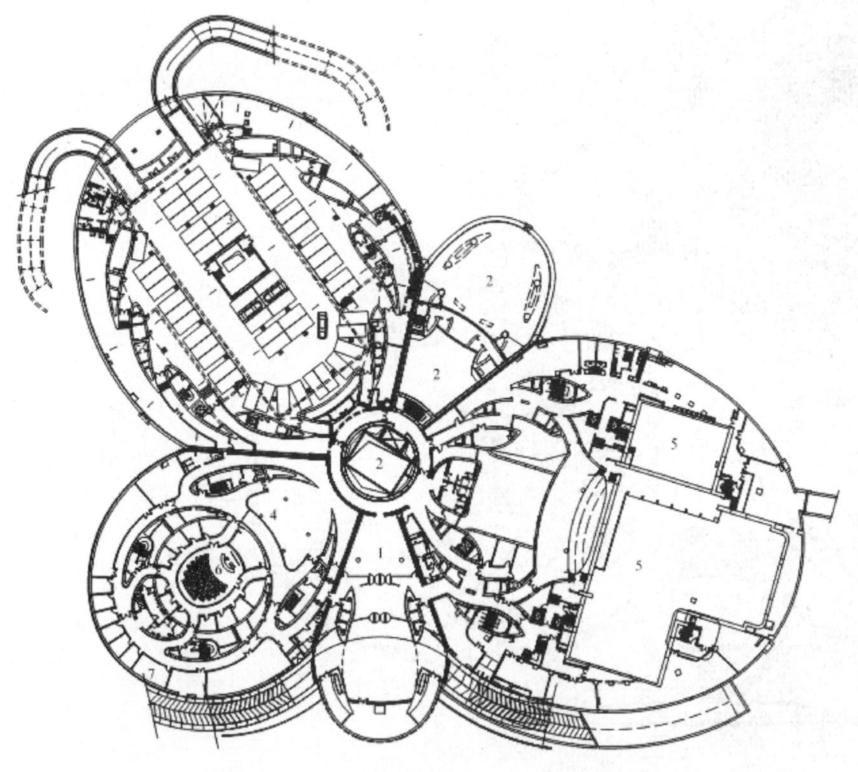

图3　地下1层平面图

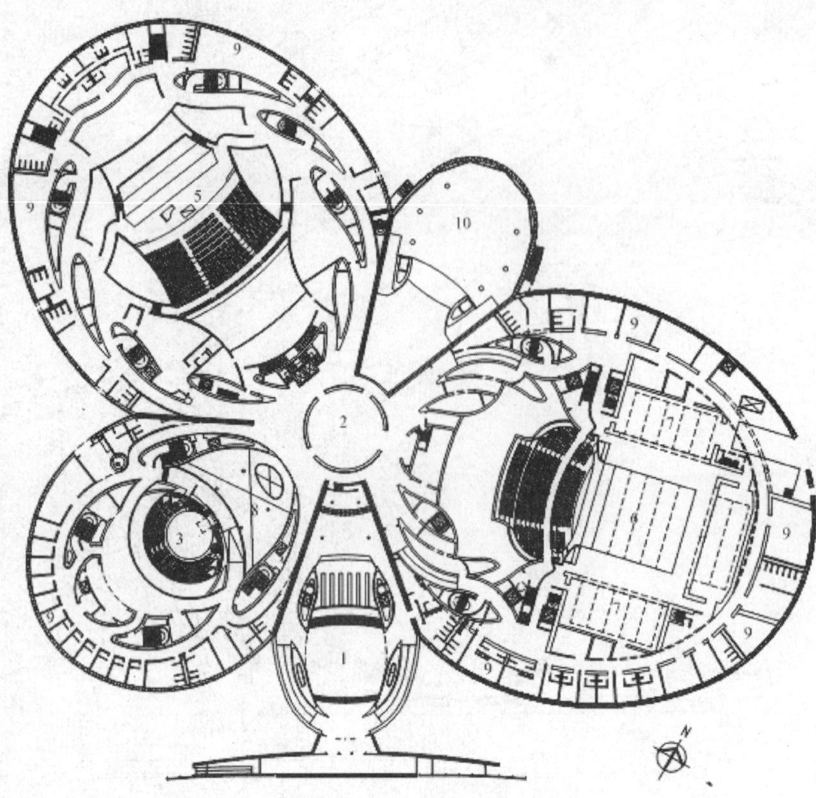

1. 门厅
2. 演员休息厅
3. 小剧场
4. 剧场
5. 交响乐厅
6. 剧场舞台
7. 侧台
8. 多媒体中心上空
9. 化妆间
10. 餐厅

图4　1层平面图

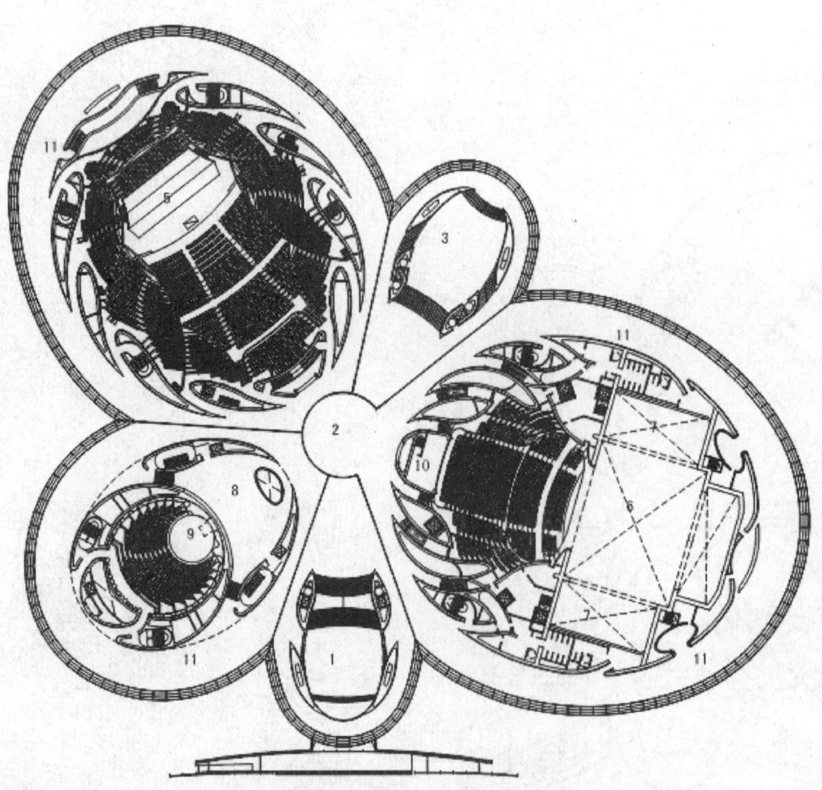

1. 门厅上空
2. 中央大厅
3. 展厅
4. 剧场
5. 交响乐厅
6. 剧场舞台上空
7. 侧台上空
8. 交流中心上空
9. 小剧场
10. 控制室
11. 休息廊

图5　2层平面图

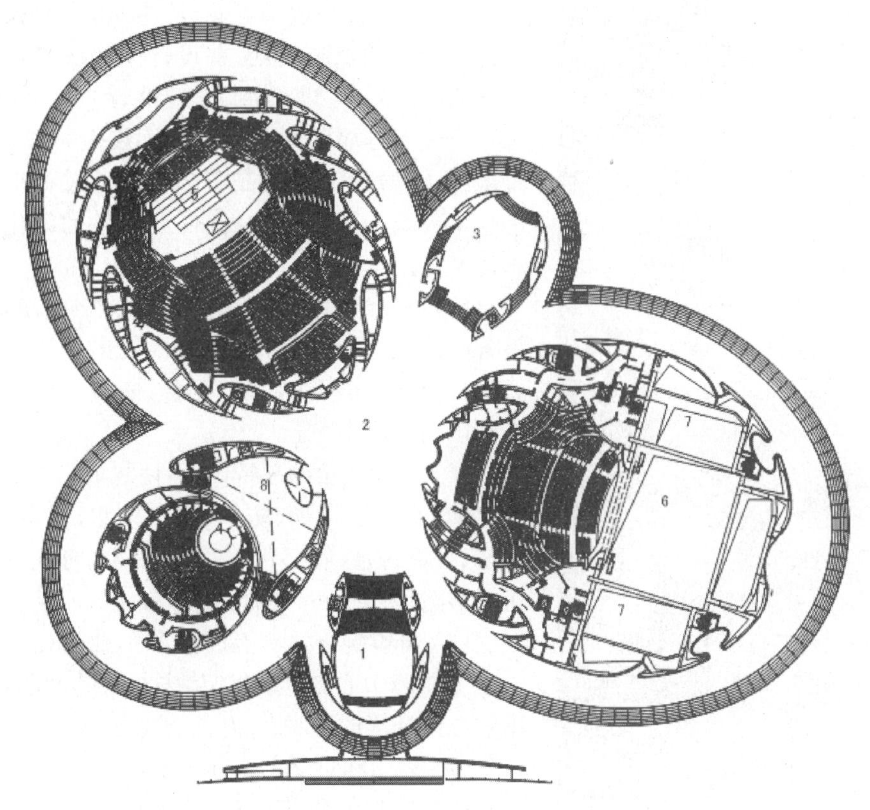

1. 门厅上空
2. 中央大厅上空
3. 展厅
4. 剧场
5. 交响乐厅
6. 剧场舞台上空
7. 侧台上空
8. 交流中心上空

图6　3层平面图

图7　屋面设计

图8　陶瓷材料应用

(3) 双曲面玻璃幕墙，既是外围护结构又是东方艺术中心的点睛之处，在设计中解决结构受力和美学的统一，以达到方案设计中的预想效果——玻璃幕墙随时间和光线而变化，时而如纱幕般朦胧，时而又透亮晶莹。在设计过程中着重解决了玻璃的研制开发、构件和配件的浑化调整和协调等技术难题。

(4) 配合业主对舞台机械等专业的要求，在设计各阶段，建设性地对舞台机械提出了原则性的意见，并在此过程中，密切配合，使整个舞台机械达到国内一流水平。

(5) 屋面系统的独特设计，使之成为具有完备的多功能系统(排烟、防水、雨水排水、避雷、外墙清洗、隔声、检修等)又具有完美形象(灯光变化和花瓣形造型)的第五立面(见图7)。

(6) 将影响声学功能的振源单独设在一个室外地下能源中心内，既解决诸多复杂的问题，又不影响总体环境的美观。

(7) 运用和尝试新技术、新工艺，以实现东方艺术中心的独特建筑风格，比如运用传统陶瓷材料并在制作工艺、表面处理、安装方式等方面进行改进(见图8)。

(四) 技术经济指标

技术经济指标见表1。

表1　技术经济指标

项目		指标
基地总面积		2 316 m²
总建筑面积		39 964 m²
建筑占地面积		10 139 m²
绿地面积		7 465 m²
广场面积		888 m²
停车场面积		552 m²
道路面积		2 500 m²
容积率		0.93
建筑密度		39.58%
绿地率		30%
汽车停车位		145 辆
其　中	地　上	77 辆
	地　下	68 辆

二、结构设计

(一) 工程概况

东方艺术中心为1座由5个近似椭圆形单体而成的多弧形建筑，长约160 m、宽约120 m。整个建筑由交响乐大厅、小演奏厅、剧场、入口大厅、展厅等5个主要部分组成。

部分单体下有1或2层地下室，基础工程采用桩基加筏板，桩基持力层选择分布较为稳定的⑦$_{2\text{-}1}$层(砂质粉土)，桩型采用ϕ500PHC桩。主舞台区域挖深超过20 m，采用地下连续墙“两墙合一”。

主体结构采用框架—剪力墙体系，在剪力墙顶设置环梁(宽度基本覆盖剪力墙)，以协调各肢剪力墙的顶点水平位移，并直接支承刚屋盖。这种布置方式更能适应建筑平面布置要求，并能控制结构变形满足规范要求。5个椭圆单体间设置100 mm宽的抗震缝脱开，以满足抗震及声学要求。建筑物楼面为钢筋混凝土现浇梁板式楼盖体系。

建筑的屋盖采用双向钢桁架体系。外围的玻璃幕墙挂在悬挑的钢屋架下并与基座相连。

(二) 基础设计

特殊的体型和多种功能的要求决定了结构工程师在设计过程中将面临诸多困难：

(1) 地下活动舞台及埋入式能源中心对深基坑的要求。

(2) 不同楼层建筑功能的要求形成了多种形式的转换结构。

(3) 配合舞台机械、声学及灯光的要求设计不同种类的钢结构平台及栅顶。

(4) 结合建筑外形设计的大跨度屋架钢结构。

(5) 形式新颖幕墙支承钢结构体系。

针对以上问题，结构工程师们采用了先进的设计软件、运用科学的设计方法把问题逐步加以解决。

1. 深基坑

舞台采用升降机械舞台，平面尺寸15 m×15 m，主舞台下设备房深达－26 m，深坑底板厚1.6 m，局部1.2 m，另外，在底板下舞台机械需20根ϕ1 000的钢管桩，深入土中17 m，用作舞台降至－11.5 m台仓时的升降杆存储空间。

(1) 外墙挡土设计：剧场大底板标高在－12.0 m处，升降台基坑仅在－21.5 m处有1层楼板，即外墙的支点在－12 m及－21.5 m，计算高度为9.5 m。为了降低工程成本，将外墙与基坑围护结构的地下连续墙结合，按两墙合一设计，地下连续墙厚1 000，主体结构另设400厚内衬墙与地下连续墙拼合成1 400厚的外墙，充分地利用了地下连续墙刚度大、强度高、抗渗性能好的特点，而且由于设置了内衬墙，使得－21.5 m的楼板下框架梁与外墙连接节点构造简单。在地下连续墙内表面布置200 mm见方@600×600的预埋件，在内衬墙中设水平分分布筋与埋件焊接，并设置一定量的剪力槽，使内衬墙与地下连续墙很好地结合成为一个整体。

(2) 抗浮设计：计算结果表明：台口处墙底自重荷载能基本平衡水浮力，其余部位需布置大量的抗拔桩。首先，利用地下连续墙的自重及20根钢管桩的抗拔力，其余浮力由18根ϕ800的钻孔灌注桩承担。由1.2 m厚的底板来协调台仓下各种抗拔构件的差异变形。底板及桩顶位移采用有限元分析程序PMWI－ECADI1.0计算，并用ANSYS程序校核。

2. 转换构件的计算

在该工程中，为了完美地体现建筑师的设计理念及满足建筑使用功能上的要求，每个单体都设计了一些转换构件，综合起来，可以分为三类：短跨转换梁、大跨度转换梁和转换厚板。

考虑到转换构件较多而工程进度较紧，针对不同类别的构件，采取了以下几种计算分析方法：

(1) 对于短跨转换梁，首先控制跨高比在 1/6 以内，以梁上竖向构件的轴力最大组合值作为梁上荷载，通过简单的静力计算，并包络整体 SATWE 计算的结果来进行配筋，且控制纵筋配筋率＞0.6%，配箍率＞0.035f_c/f_{yv}。

(2) 对于一些跨度在 18 m 以上的转换梁，考虑到转换梁承托的墙体高度均小于 20 m，且结构布置时基本保证墙上的洞口位于 1/3 跨的位置。即梁的支座及跨中区域上部均有墙体，因此，转换梁的高跨比限制在 $L/8$ 左右，对于上部平面呈弧形的墙体，其下的转换梁仍以直线布置，承托起大部分墙体，局部不能直接落至梁上的以二级次梁转换。所有大跨度梁均用 ANSYS 程序进行有限元分析计算，其中托梁用杆单元建模，墙体一单元建模，对于弧形的墙体，用折线型在模型中反映，从而可以真实地计算出上部弧形的墙体对转换梁的扭矩，大跨转换梁同样控制纵筋配筋率＞0.6%，配箍率＞0.035 f_c/f_{yv}。箍筋均采用 ϕ12 以上的直径，同时，根据 ANSYS 分析结果，对于上部墙体及连梁中局部应力集中的部位加强配筋(见图 9)。

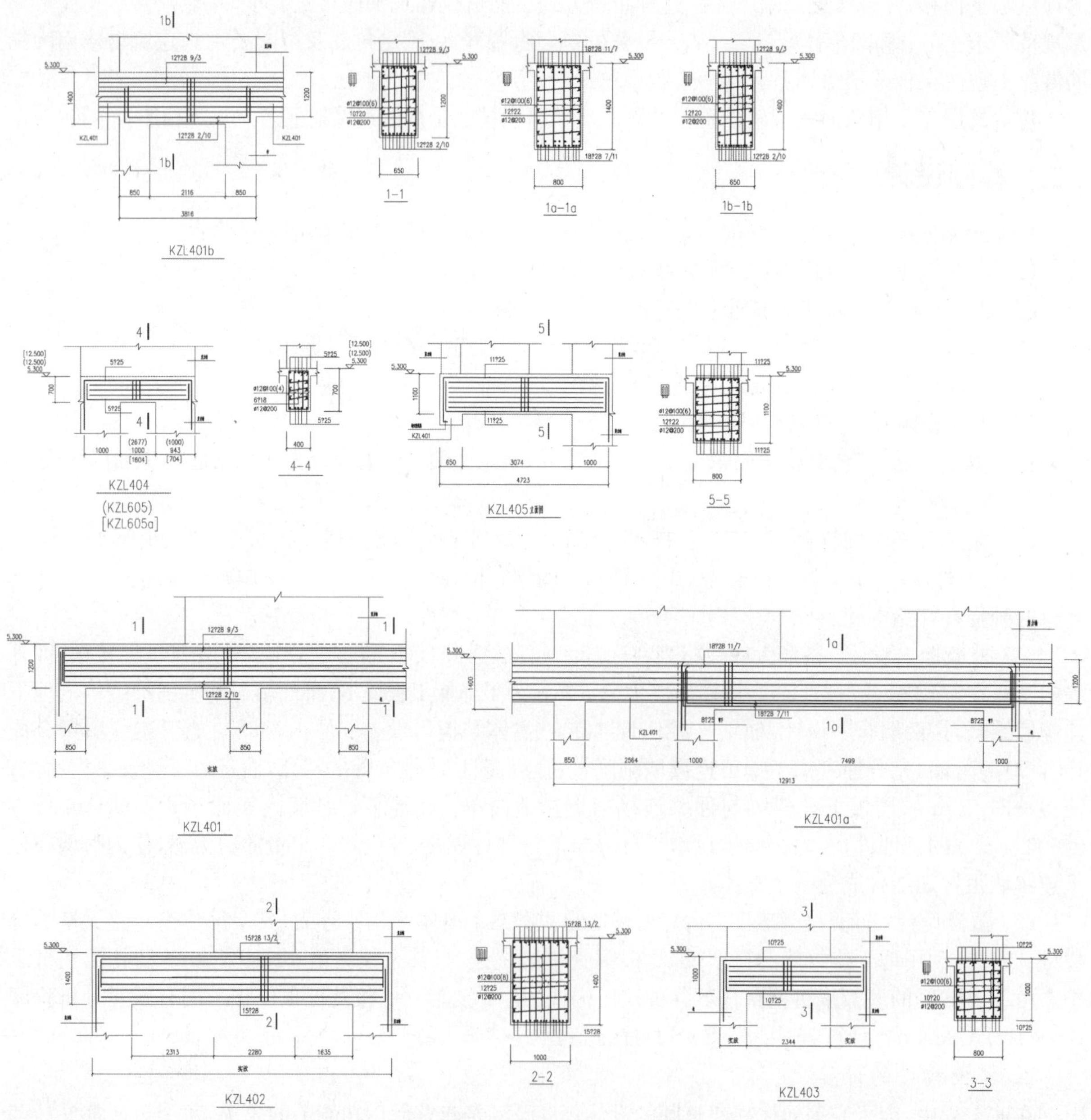

图 9　转换梁的配筋图

3. 栅顶设计

栅顶是舞台上空机械设备层，共有两层，两层结构均通过吊杆从屋面钢梁上吊挂下来(见图 10)。

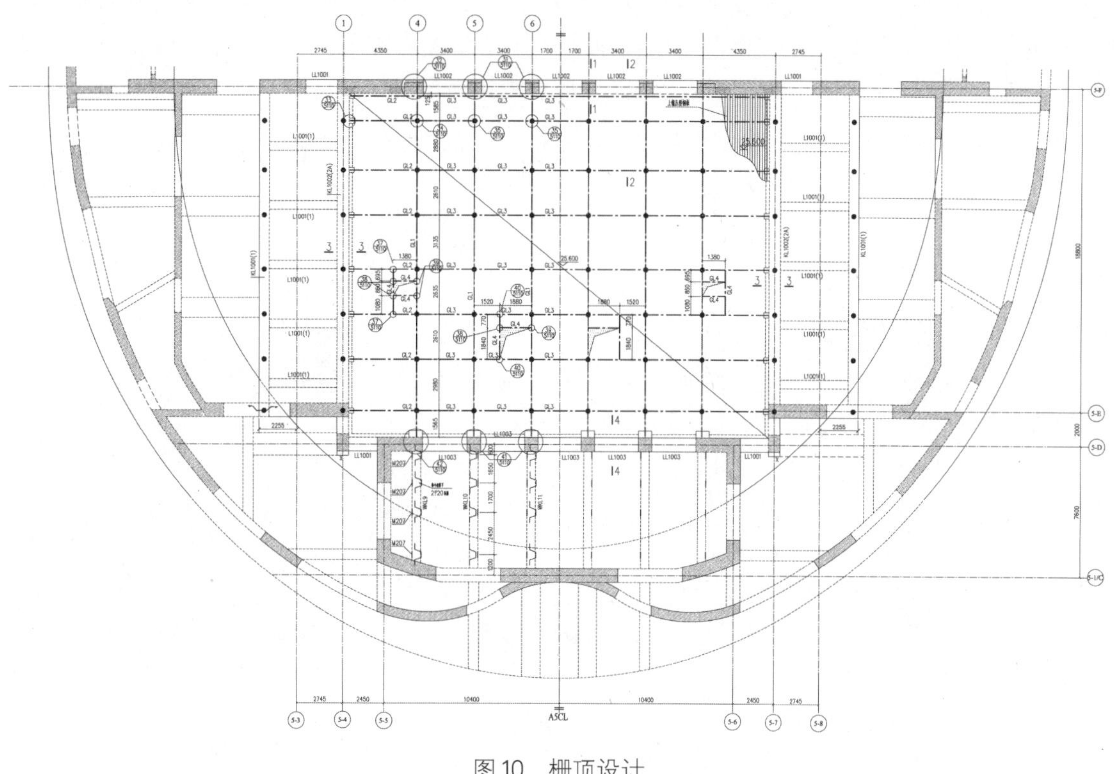

图 10　栅顶设计

下层采用工字钢檩条体系，地面采用钢格栅板，具有质量小、强度高的特点。下层设计时应注意钢梁之间的净空尺寸，以保证钢丝绳可以自由滑动。

上层主要用于悬挂卷扬机的定滑轮，此层施工时必须注意：

(1) 直接固定定滑轮的钢梁应尽量选用窄翼缘工字钢，减小固定滑轮的夹具在下翼缘根部产生的局部弯矩。

(2) 钢梁轴线之间的定位尺寸是保证滑轮定位准确的基础。

(3) 钢梁计算中应考虑滑轮工作荷载的疲劳影响。

4. 屋面钢结构设计

整个建筑屋盖的承重结构采用由正交钢结构桁架组成的空间结构体系，桁架上、下弦杆轴线间距为 3.1 m，外包高度 3.5 m，悬臂端局部上、下弦杆轴线间距为 1.2 m。同下部结构一样，屋盖分成 5 个主要部分，各分块间设置 200 宽的变形缝，以满足声学、温度变形及抗震要求。各部分桁架最大长度分别为 49.1 m、62.2 m、81.0 m、49.1 m、80.0 m，最大悬挑跨度分别为 10 m、13 m、13 m、10 m、13 m。钢桁架布置间隔一般为 6 m。中间部分钢结构由剧场延伸并通过可滑动支座与其他四部分连接。

音乐厅、剧场是大空间建筑。屋架跨度大，而且建筑隔声及其他舞台机械、灯光功能要求很高，屋架承受较大荷重，杆件计算内力较大。在选取杆件形式方面采用具有高强和较大回转半径的宽翼缘 H 型钢。同时，较宽的翼缘板为在上、下弦杆上设计与其他结构的连接节点提供了方便。综合施工进度与受力要求，杆件以热轧型钢为主。根据不同的受力情况并且兼顾一定的统一性，上、下弦设计采用 HW400×400 至 HW200×200 型钢，腹杆采用 HW250×250 至 HW150×150 型钢，几处内力较大的杆件采用焊接 H 型钢。为了方便施工，双向桁架相交处直腹杆采用焊接方管 250×250 和 200×200。而外围与幕墙连接的上弦杆也采用焊接方管，以增加水平受力方向的刚度。

为了提高整个屋架的侧向刚度，从而更加有效地传递水平荷载，根据结构的实际体型及跨度，在体系的中间部分设置了正交的支撑系统。由于交响音乐厅处体量较大，经过计算，沿长跨设置了 3 道支撑。对于屋架不连续的剧场则设置了兜通的支撑系统。屋架的高度在边缘收小，而为了明确杆件在弱轴方向上的计算长度，在桁架变高度处的下弦间增加了系杆。

整个屋架通过多种类型的支座支承在混凝土宽环梁上。单向滑动支座及多向滑动支座采用抗振型球形钢支座。每部分除四处固定支座及单向滑动支座用于传递斜屋架的水平分力、地震力及风荷载产生的水平力外，其余采用多向滑动支座以消除温度应力的影响(见图 11)。

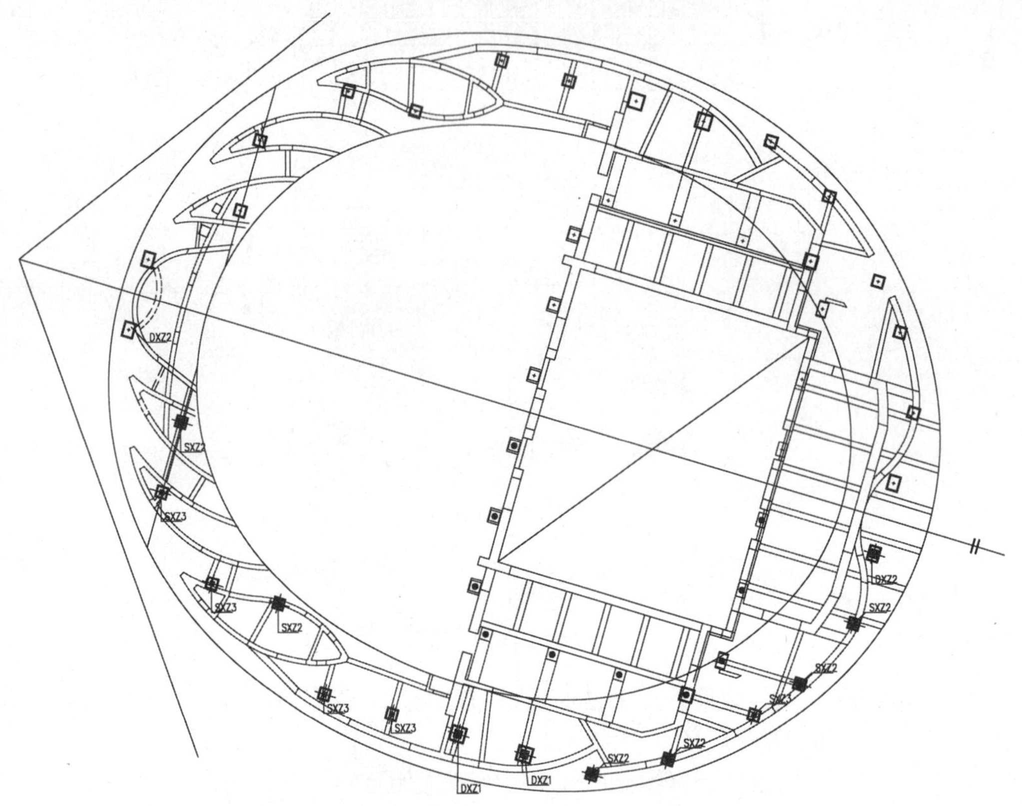

图 11　钢屋架支座平面布置图

在结构计算方面，为了真实地反映结构的实际情况，首先利用 AutoCAD 建立三维结构模型(其中包括支承屋架的下部主体结构及环梁)，然后自编程序生成接口数据文件，最后利用 ANSYS 软件进行三维空间结构计算分析。由于带下部主体结构的计算模型对计算水平的要求很高，因此在普通的设计中很少采用，只是在抗振设计时凭经验考虑一些放大系数。

5. 幕墙支承钢结构设计介绍

大多数点式玻璃幕墙支承结构采用桁架体系，构件则采用受压性能良好的圆管及抗拉能力强、外观细巧的拉索。此类结构的优点：刚度大，杆件断面小，通透感好。但是，由于其杆件数量多，从不同的视角，建筑效果不统一，在一定程度上影响了点玻的效果。因此，东方艺术中心的建筑师要求一种更为简洁的体系——单杆体系，使点玻的效果发挥到极致。

单杆方案的实现是一个十分困难的过程。方案中的立柱是整个体系的竖向支承构件，最大高度约为三十几米。若采用悬挂方式吊在屋架上，虽然能减小立柱断面尺寸，但是大跨悬挑屋架的变形将对立柱的安全性产生极大的危害，所以，选用立柱支承在下端混凝土基座上的方案，并且在与屋架连接的节点上设计为竖向可动，以消除屋架变形的影响。下支承方案带来的唯一缺陷是使立柱成为了受压构件，从而需要较大的断面来满足稳定的要求。为了最大限度地满足建筑师对支承构件的尺度的要求，考虑采用设置一系列的水平撑杆以增加立柱的横向支承点，从而减少其长轴方向的计算长度，并且还能提供一定的径向刚度，以达到控制立柱断面的作用。当然，支撑设置的位置与数量应为建筑美学与结构安全的结合。因为最高处的支撑间距达 9 m 以上，跨中挠度不能满足规范要求。因此，在单杆体系的顶端增设了环向的钢桁架以加强顶部的约束(见图 12)。

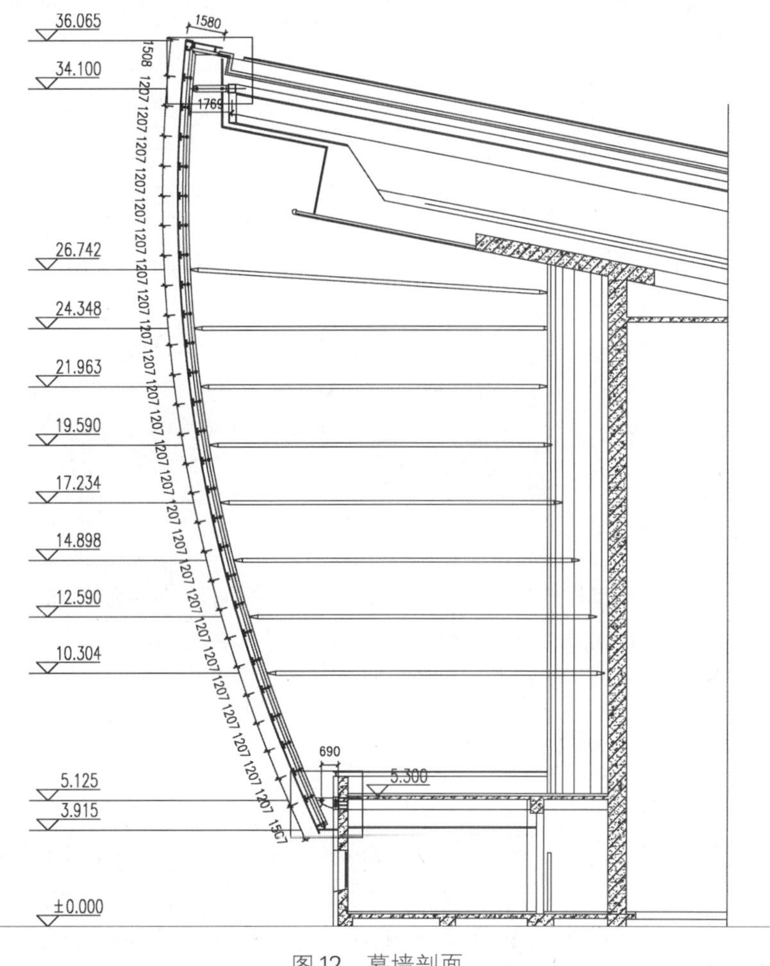

图12 幕墙剖面

为了有效抵抗地震力及不对称风载的作用,在体量较大、地震荷载较大的二、三、五区的中部增设了若干层水平抗振桁架。

在杆件的形状选用方面,通过计算比较,最后选用受力更为合理、制作更为方便的椭圆形钢管。

为了能尽量消除温度的影响,在上、下支座增设了具有规定刚度系数的碟形弹簧垫圈,并且它在构造上还起到了一定的隔振效果。

对于这种体系的环向稳定问题,有两种不同的观点。第一种观点认为,在理论上,若体系的几何及材料非线性稳定分析后,结构的安全度能满足要求,其整体稳定就无问题。但是,另一种意见则更侧重于概念设计,他们认为在网壳平面内必须拥有交叉支撑体系,从构造上形成更为稳定的结构。最后,在建筑师的协助下,一方面加了支撑,在立柱的外围增设了 1 层拉索,以加强体系在网壳平面内的稳定,另一方面,为了提高对整体稳定的认识,还将此内容列入业务建设范围,对东方艺术中心项目中的剧场幕墙钢结构部分用 ANSYS 程序进行了整体稳定的验算,计算结果符合规范要求。

三、给排水设计

(一) 给水系统

水源由城市自来水管道分别引入 2 根给水管,供生活和消防用水需求。给水供应采用变频式供水。

绿化浇灌及道路冲洗等用水由室外给水管网直接供水。

热水供应范围为化妆间、餐厅等用水。热水制备采用储热式电热器，热水供应设回水系统加电伴热。

(二) 排水系统

1. 室内排水系统

室内采用污、废水分流系统，并设置专用通气立管和器具通气管。厨房排水经隔油池处理后排入总体污水管。经格栅井后排入市政污水管网。雨水经收集后排入市政雨水管网。

2. 屋面雨水排水系统

东方艺术中心整个大屋面为金属结构，雨水排水采用虹吸式系统，在屋面上设两道环形天沟，沟内设虹吸式雨水斗，雨水斗布置时考虑一定的堵塞率，屋面雨水排水考虑一定的宣泄系数。由于屋面呈内凹形状，难以设置溢流排水口，增加布置一套溢流系统，保证屋面排水的安全可靠性，防止暴雨对建筑屋架造成破坏。

(三) 消防用水

大楼设置室内消火栓和自动喷水灭火及雨淋、水幕系统，消防用水从市政给水管网引入，设消防水池及消火栓水泵和自动喷淋、雨淋水泵，系统设水泵接合器。

大楼各层设置灭火器。室外设地上式消火栓。

(四) 难点及特殊给排水设计

1. 剧场高大空间消防手段

剧场舞台及高大空间消防历来是一个比较棘手的难题，消防手段也较缺乏。为了有效地保护剧场高大空间，在进行一些专门的研究、探讨以及参考国外流行的建筑性能化评价设计之后，采用了多种有效的消防手段(如针对剧场舞台的雨淋系统、水幕系统、针对观众厅的快速响应喷头等)，并辅以消防监控方法(如火灾探测、报警阀间的合理布置等)，以保证剧场防火安全。

2. 地下室冷却塔的设置设计

根据东方艺术中心外方设计单位法国 ADPi 设计公司的整体及外形设计要求，冷却塔须设在能源中心地下部分，不露出地面，这样一来，其进出风的回流影响势必很大，通过提出对冷却塔的性能技术要求及对进出风口的合理布置，与土建专业和产品厂商密切配合，力求达到既满足空调和舞台工艺冷却水系统的冷负荷需求，又达到总体设计要求，并尽量降低设备造价及用电量。

3. 利用峰谷电价差进行电加热供水

据了解，目前上海市峰谷电价差达 3 倍左右，东方艺术中心的用水特点为一天大部分时间用水量很少，而在演出前后的几个小时内用水量很大，设计考虑利用夜间谷电进行电加热并蓄热，白天保温并供水，达到降低运行成本、满足用水需要的目的。

4. 热水支管电伴热技术

东方艺术中心的热水供应采用机械循环，而化妆间、卫生间热水回水存在热水支管无法循环的问题，为解决该问题，局部采用自调控电伴热保温技术，伴热线直接铺设在热水支管上，根据水温变化，自动调控电量，使热水水温保持恒定，用水达到舒适。

四、电气设计

(一) 强电

东方艺术中心由能源中心和主体建筑两大部分组成。整个项目变压器装机容量为6 500 kVA,选用2台2 000 kVA和2台1 250 kVA的变压器。另外设1 000 kW自备应急柴油发电机1台,以保证消防设备及其他重要设备的供电可靠性。在五区地下2层还设置主体配电间1座,由总体变配电间引至主体配电间的电源线路采用紧密式绝缘母线经管道共同沟引入。主体建筑除照明、空调、电力配电外,还根据剧院建筑的特点,分别单独设置舞台照明、舞台音响、舞台机械的配电系统。

该工程在电气设计方面较有特点之处:

(1) 采暖采用了削峰填谷、节约能源的电蓄热锅炉(2台1 728 kW)。利用它在夜间用电低谷低价工作的特点,设置了一个时段控制装置,以充分保证电热锅炉在白天规定峰电时段不能启动。使锅炉容量不计入原有2台2 000 kVA变压器的容量内,提高了变压器的利用率,使设备在满负荷下恒定运行,不仅节约能源,也减少了甲方的投资。

(2) 该项目所有建筑设备机房均集中设置在能源中心,变配电所直接靠近冷冻机房、电热锅炉房、柴油机机房、水泵房等大容量用电设备,位置合理,深入负荷中心,既减少了大量线路输送损耗,又极大地方便操作管理。

(3) 该工程主要工艺用电负荷有舞台灯光、舞台机械等。由于其设备特点,会引起电压波形畸变。为抑制谐波和减少谐波产生的影响,采用了以下措施:

① 变压器分开设置,减少互相干扰。即2台2 000 kVA变压器供舞台照明、舞台机械、空调等,另2台1 250 kVA变压器供一般照明、舞台音响及其他用电负荷。

② 选用D/yn11接线的三相配电变压器,为三次谐波电流提供环流通路。

③ 至各工艺设备控制室(如舞台机械控制室、舞台灯光控制室等)电源,分别直接从变电所低压配电柜直接引出专用回路,减少了控制设备因控制信号紊乱而受到干扰。

(4) 要求各工艺设备在机房内分别设置谐波滤波器。

(5) 由于该项目体形既大又较为特殊,主体线路水平敷设量多面广,且均为不同弧度连接,线路水平走向难度较大,经与各工种密切配合,较好地解决了线路敷设水平通道问题。

(6) 针对剧院建筑人员密集程度高,火灾危险性大的特点,该项目电线、电缆均采用无卤低烟型,其耐火及阻燃电缆、电线阻燃等级分别采用A级标准和D级以上标准,以保证消防供电的可靠性及人身安全。

(7) 消防报警系统针对不同场所采用不同的探测手段,除了设置常用的烟感、温感探测器外,在舞台侧还设置了红外线探测器,对于观众厅和其他高大空间场所则选用及早烟雾VESDA主动抽气式探测系统。

(二) 弱电

1. 主要系统

东方艺术中心主要设计了以下系统:

(1) 通信系统;

(2) 计算机网络系统;

(3) 综合布线系统;

(4) 卫星接收及有线电视系统;

(5) 广播系统;

(6) 安保系统；

(7) 一卡通系统；

(8) 多功能会议系统；

(9) 大楼电脑咨询服务及大屏幕显示系统；

(10) 系统集成；

(11) 防雷接地系统。

2. 设计要点

(1) 系统集成智能、高效、联动并集成剧院系统、高效管理：

该系统集成在完成一般集成的功能外，还集成剧院的排片系统及剧院可调混响系统。根据不同时段的演出情况，自动进行灯光调节、混响调节、空调 BA 调节等。

(2) 安全防范是重点，一卡通方便管理：

由于东方艺术中心人员流动性大，观看人员多，安全防范比较重要，故设计了完善的监控系统、报告系统、门禁系统、巡更系统等来保障安全，一卡通更能起到身份管理、考勤管理、门禁管理、车库管理、餐饮管理等功能，方便管理。

有线、无线通信、网络系统满足内外部交流，更方便订票、售票服务。

东方艺术中心设有电话票务系统及网络票务系统。

网络票务系统设有东方艺术中心网站，可进行本地国内、国际售票。

电话票务系统设有排队系统，在交换机上设置两个区域，其中一个区域设为订票热线。当打入热线相当多时，自动转入另一区域的相关电话中。

(3) 会议系统——艺术研讨及信息的窗口：

研讨室、会议室集扩音、视频、多功能电子会议、同声翻译于一身，集灯光、音效、集中控制于一体，方便各地及各国的艺术家进行艺术研讨及信息交流。

五、暖通设计

(一) 负荷计算和空调冷源

在方案及初步设计阶段，综合比较普通电制冷、冰蓄冷、直燃溴化锂吸收式制冷多种方案的初投资及运行费用的优缺点，选择较合适的空调冷源。

在空调负荷计算时，对不同场所选取不同的运行时间表，使主机选择时考虑同时使用率，减少总装机容量。

(二) 空调系统

考虑高大空间的垂直温度梯度分布，对观众厅楼座和池座分别选择不同送风温度。同时在 CFD 计算模拟后，增加对不利点的空调送风，使整个观众厅的温度场分布更均匀。

配合舞台工艺布置，在侧台设置置换式空调风口，解决舞台冬季侧台较冷的问题。同时主舞台两侧各设带电动风阀的侧送和下送风口，配合舞台机械设置并防止布景吹动。

培训教室需同时考虑各房间负荷调节和噪声控制要求，选用单风道 VAV 系统。

各化妆间、办公室等选择风机盘管系统，并在过滤季节增加新风，节能运行。

(三) 空调水系统

采用四管制系统，满足部分内区房间常年供冷要求。采用动态平衡阀，调节各用户水力平衡。

（四）消声系统

对每个噪声控制要求高的场所，分别计算送风、回风、排风的消声量，并合理布置消声器位置。对低频消声采用增加消声器抗性的方法，并进行模拟测试和调整。

（五）防排烟系统

参考《东方艺术中心——火灾风险评估》，对原根据防排烟规程和中国消防规范设计的防排烟系统进行修改。加大观众厅、舞台等排烟量，对小剧场排烟量根据实情再调整。公众大厅根据 CFD 模拟设置自然排烟口。

（六）自动控制

设楼宇自控系统 BA；部分空调风机变频调节；变频二次空调水泵。自动调节观众厅、舞台等新、排风风量平衡。

六、动力设计

东方艺术中心是位于上海浦东的又一颗艺术明珠，由于工程的特点在选用何种锅炉作为供热设备时，经过了详细的经济分析和实地考察，最后采用了 2 台电蓄热热水锅炉。利用夜间廉价的低谷电蓄热，日间将锅炉蓄存的热量通过热水经热水管道系统接至各用热设备。电蓄热锅炉蓄热容积为 130 m^3，电蓄热热水锅炉最高供水温度为 145℃，最低供水温度为 65℃，末端采暖装置供/回水温度为 60℃/50℃。

电蓄热锅炉对环境绝对无污染，无三废排放，无噪声，自动化程度高而且易实现操作简单，维修方便，特别是在白天高峰用电量不断增加的情况下，削峰填谷，对电网的安全经济运行都有了更高的保证。

电蓄热锅炉作为供热设备的方案曾经过由上海市科技委组织的专家组论证，与会专家一致通过。此方案也得到了业主的认可。

南汇文化中心

建设单位：上海南汇县文化广播影视管理局

设计单位：同济大学建筑设计研究院

夏邦杰建筑设计师事务所

施工单位：上海繁兴建筑装潢工程公司

撰 稿 人：任力之　王玉妹　郑毅敏

盛荣辉　沈伟宇　程雄涛

杨模荻　冯金林　陈蓉英

田盛松

一、建筑设计

(一) 总体简述

南汇文化中心位于惠南新城东城区 C1－D、C1－E 地块，东至靖海路，西至街坊道路，南至街坊道路，北至街坊道路，基地中间偏南有整体规划绿化带。

图1 南汇文化中心

(二) 平面设计

该设计将建筑分置于绿化带南北两侧，并在东面临靖海路设计较大面积广场，结合绿化带，既便于影剧院大量人流集散，又利于组织各种室外文化活动。文化馆、影剧院具有大众性和频繁参与性，功能相近，故两者共同设置于基地北侧；博物馆与前两者动静分明，故独立设置于基地南侧。而三者共同组成的规整结实的几何形体被绿化带斜向分切，同时在矩形体量中引入了数道不同圆形的弧线形，从而塑造出强烈的视觉效果，整个空间关系自然、流畅，造型新颖独特而又有现代感，形成了一个标志性极强的建筑形体。

文化中心地上 3 层，其主要功能要满足影剧院、文化馆和博物馆三方面要求。1 层影剧院布置影剧场、舞台、化妆间、贵宾休息室、演员休息厅、衣帽间、售票处、电影小厅一、放映间。文化馆布置图书销售厅、阅览室。博物馆设文物商店及库房、休息厅、接待室、陈列厅、办公室。2 层设置多功能厅、资料展示厅、陈列厅、办公室。3 层影剧院集中了主要的设备用房包括放映间、灯光控制、音响控制等；文化馆设演播厅、办公室、摄影厅、排练厅；博物馆布置文物陈列仓库、陈列制作室、行政仓库。

(三) 立面设计

(四) 消防设计

南汇文化中心共分四个防火分区，每个防火分区面积均小于 5 000 m^2，在每个防火分区都有不少于 2 个以上安全疏散出口，疏散距离小于 80 m。影剧院池座共有 494 人，按 0.75 m/百人计算，设有 4 个安

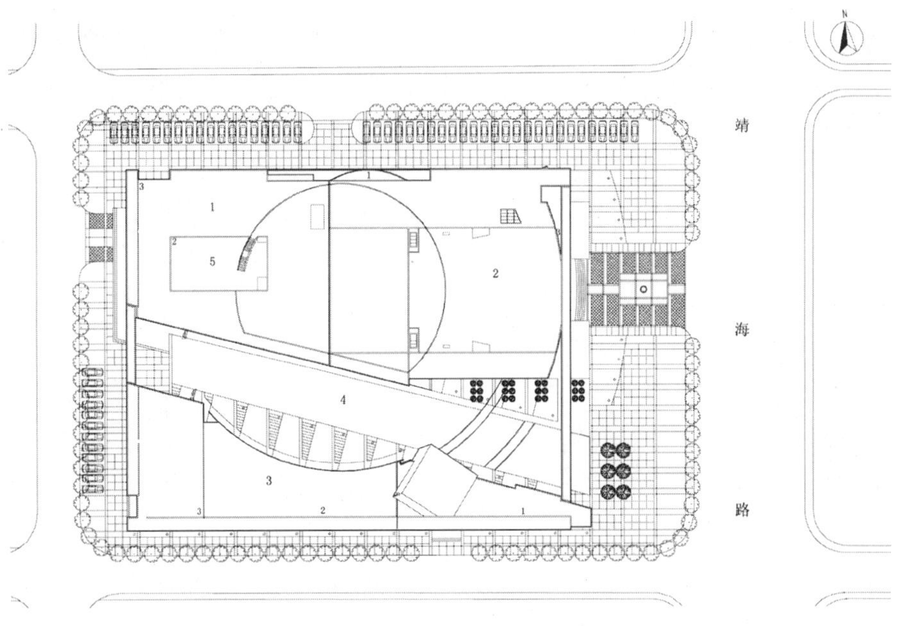

图2　总平面图

1. 文化馆　2. 影剧院　3. 博物馆　4. 绿化　5. 内院

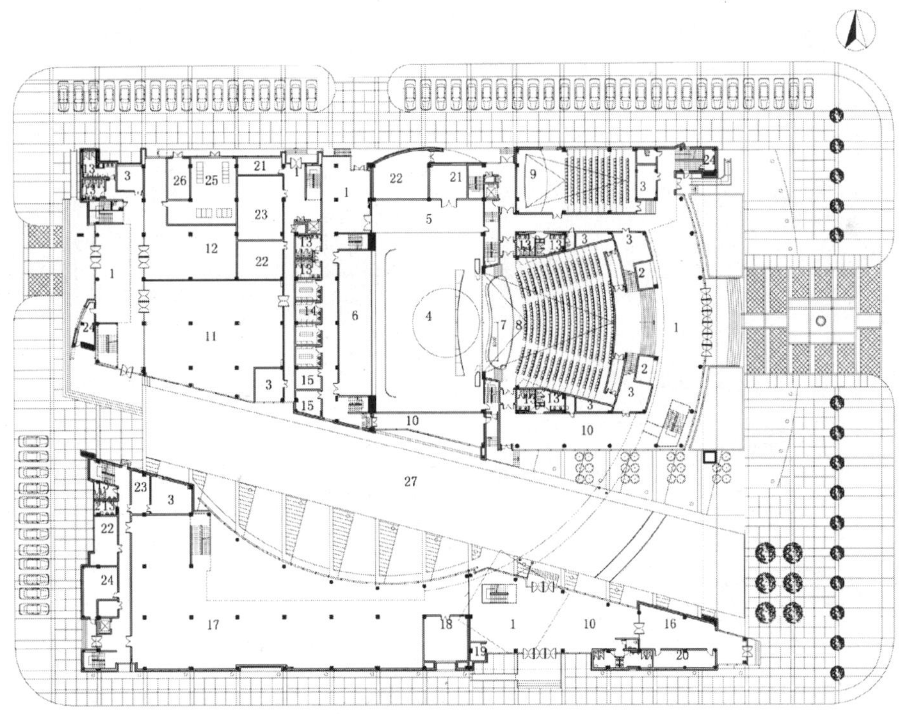

图3　1层平面图

1. 门厅　2. 售票衣帽　3. 空调机房　4. 主台　5. 侧台　6. 后台　7. 乐池　8. 池座　9. 电影小厅　10. 休息厅　11. 阅览室　12. 图书销售厅　13. 厕所　14. 化妆室　15. 服装室　16. 文物商店　17. 陈列厅　18. 接待室　19. 值班室　20. 库房　21. 储藏　22. 配电间　23. 水泵房　24. 消防控制室　25. 变电所　26. 环网室　27. 绿化

全疏散门，门总宽 7.2 m；楼座共有 300 人，按 0.65 m/百人计算，设有 2 个安全疏散门，门总宽 3.6 m。2 层疏散走道总宽度 5.3 m，疏散楼梯总宽度 6.9 m。150 人电影小厅设有 2 个疏散门，门总宽 3 m。南汇文化中心建筑周围有四面环通的消防车道，道路宽度大于 6 m。

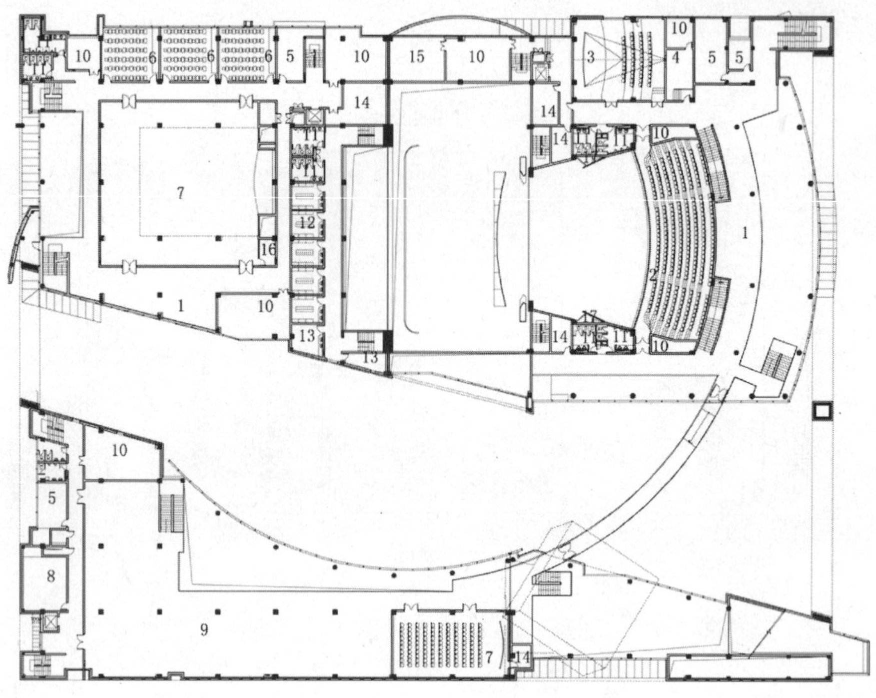

图4　2层平面图

1. 休息廊　2. 楼座　3. 电影小厅　4. 放映间　5. 办公室　6. 教室　7. 多功能厅　8. 资料展示厅　9. 陈列厅　10. 空调机房　11. 厕所　12. 化妆室　13. 服装室　14. 库房　15. 配电间　16. 控制室　17. 耳光室

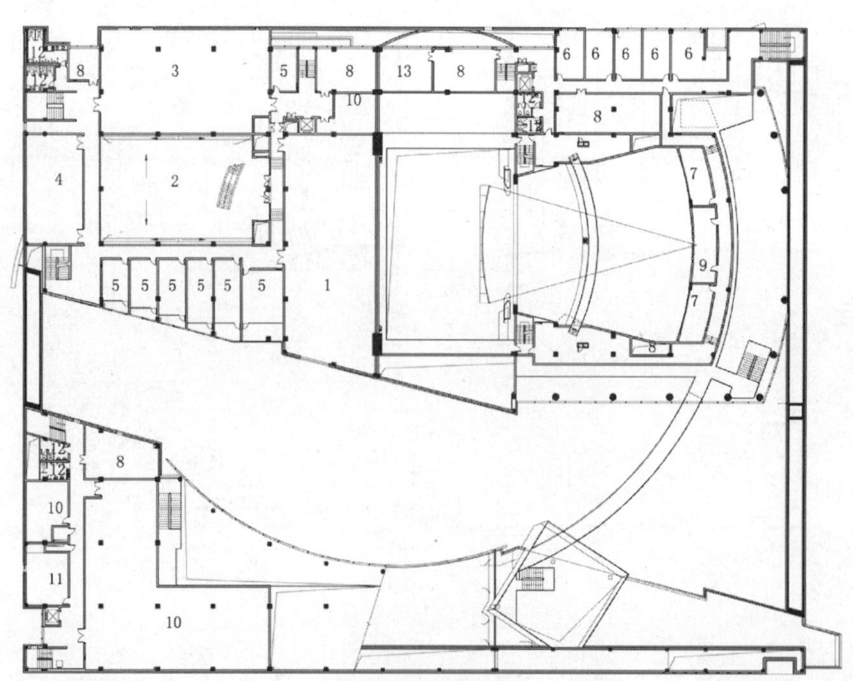

图5　3层平面图

1. 演播厅　2. 内院　3. 排练厅(兼舞厅)　4. 摄影室　5. 办公室　6. 演员宿舍　7. 控制室　8. 空调机房　9. 放映间　10. 储藏室　11. 陈列制作室　12. 厕所　13. 硅箱配电间

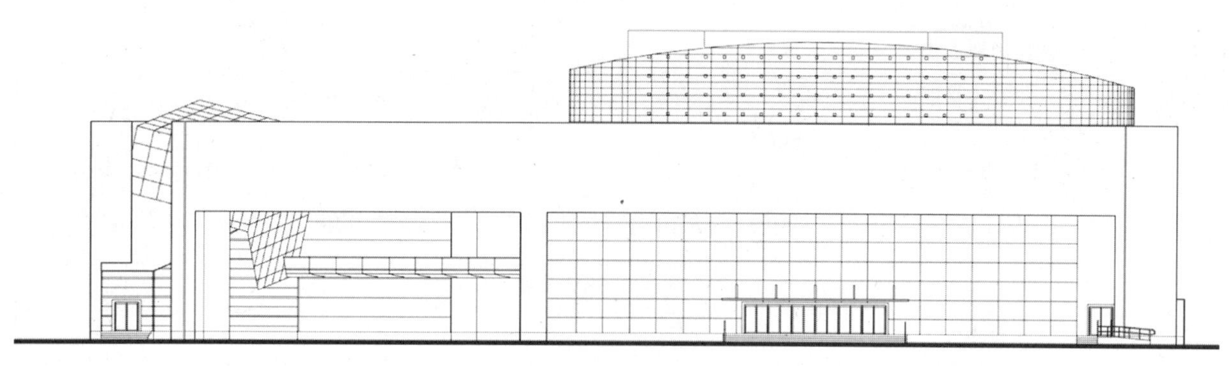

图6　东立面

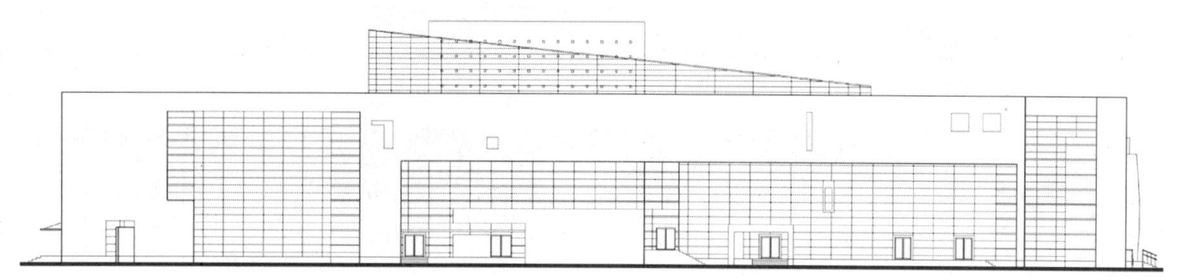

图7　北立面

(五) 节能设计

南汇文化中心体型规整，外墙为玻璃幕墙和石材幕墙，墙体设计满足最小传热阻要求。玻璃幕墙的玻璃为低辐射镀膜玻璃，骨架为热惰性好的钢框及铝合金型材，用以阻断热桥，玻璃幕墙上设有可开启的外窗，有利于非制冷季节组织自然通风和排风。屋面采用挤塑型聚苯乙烯保温板。

(六) 环保设计

南汇文化中心无废气排放；废水主要为生活废水，来自厕所、盥洗废水，室内污、废水合流排放，室外雨、污水分流。生活污水经化粪池预处理后排入市政污水管网，雨水排至市政雨水系统；固体废弃物主要是生活垃圾及道具加工垃圾，垃圾采用袋装化，每天由专人负责统一收集到楼外，再由环卫部门集中处理；噪声污染因素主要有集中空调噪声，风机、泵等动力设备噪声及施工噪声，空调机组、风机除设有消声隔振措施外，空调机房内壁及顶部都做吸声处理。水泵采用低噪声节能型产品，所有水泵均设隔振装置，确保观众不受干扰。南汇文化中心绿化率达到39%，建成后的该地区无论从区位价值、土地利用、环境质量、人文景观、市政建设、绿化等都得到明显改善。

(七) 总体评价

南汇文化中心于2003年12月5日竣工完成，2004年3月5日交付使用。自交付使用以来备受各方好评，被公认为突出体现新颖现代设计理念的受众人瞩目的艺术殿堂，其优秀而富有想象力的设计构思，良好的硬件配备，使其成为南汇区及周边地区文化、文艺工作组织策划、活动示范创作辅导、理论研究的艺术阵地，并荣获2005年上海市优秀工程勘察设计二等奖。

(八) 技术经济指标规划

技术经济指标规划见表1。

表1 技术经济指标规划

项目		指标
建设用地面积		13 612 m²
总建筑面积		12 675 m²
其 中	文化馆建筑面积	3 915 m²
	影剧院建筑面积	5 250 m²
	博物馆建筑面积	3 510 m²
容积率		0.93
建筑密度		43%
绿化率		39%
机动车停车数量		56 辆
非机动车存放数量		450 辆

二、结构设计

(一) 基础设计

该工程基础由边长 300 mm 钢筋混凝土预制方桩(长 26 m)加 1.3 m 厚桩承台组成。

1. 地基土层剖面图及地基土层物理力学综合指标

地基土层剖面图及物理力学综合指标见表 2。在深度 43 m 范围内的土层共分为 10 个工程地质(亚)层。第①至④层位于场地 20 m 深度范围内,无成层连续分布的饱和砂性土和砂质粉土存在,故在地震烈度为 7 度时,地基不考虑地震液化,除第②$_1$层为黄色黏土外,都是软黏土属高压缩性土,是最软弱的土层,另外第②$_2$层土中不均匀夹砂,易产生流砂和涌砂。

表2 地基土层剖面图及物理力学综合指标

土层层号	土层名称	层厚(m)	含水量 W (%)	重度 γ (kN/m³)	空隙比 e	内摩擦角 φ(°)	内聚力(kPa)	压缩系数 $a_{0.1-0.2}$ (MPa^{-1})	压缩模量 $Es_{0.1-0.2}$ (MPa)	标准贯入 $N_{63.5}$ (击)	比贯入阻力 P_s (MPa)
①	耕填土	0.80									
②$_1$	褐黄色粉质黏土	1.34	28.8	19.3	0.79	21.5	20	0.3	6.02		1.07
②$_2$	灰黄色淤泥质黏土	1.02	37.7	18.5	0.98	22.5	13	0.44	4.57		0.60
③	灰色淤泥质粉质黏土	9.81	43.0	17.7	1.19	16.0	13	0.85	2.82		0.58
④	灰色淤泥质黏土	5.33	52.1	17.0	1.41	10.0	14	1.10	2.22		0.71
⑤	灰色黏土	5.67	44.3	17.8	1.18	10.5	18	0.74	3.13		0.79
⑥$_1$	暗绿色粉质黏土	1.69	25.6	20.1	0.67	19.0	40	0.29	6.01		1.54
⑥$_2$	草黄色黏土	3.39	26.8	19.9	0.71	18.5	40	0.21	8.32		2.68
⑦$_1$	草黄色砂质粉土	3.31	29.2	19.2	0.78	33.0	8	0.18	10.37	11	6.88
⑦$_2$	草黄色粉砂	未钻穿	27.7	19.2	0.77	37.0	3	0.15	14.55	36.5	17.63

第⑤层是软—可塑性土，土质均匀属高压缩性土。第⑥$_1$、⑥$_2$层是暗绿色粉质黏土和草黄色黏土(硬土层)稍湿—可硬塑，土层均匀属中压缩性土。第⑦$_1$层是可塑的草黄色砂质粉土，土性相对较差，属中压缩土。第⑦$_2$层是草黄色粉砂，饱和，中—密实，土质尚均，属中低压缩性土层。

2. 持力层的确定

由以上地质资料知，桩的持力层可以从⑥$_1$、⑥$_2$、⑦$_1$中选择，但由于第⑥$_1$层暗绿色粉质黏土较薄，此层不宜作为桩的持力层，第⑥$_2$、⑦$_1$层两层土层面较平，土质均匀，选择作为持力层较适合。根据地质勘查报告，并对地基进行了各种资料分析及计算，选定⑥$_2$层草黄色黏土作为该工程桩基持力层。

3. 桩型的确定

近年来桩基设计中最常用的桩型有：钢筋混凝土预制桩(简称预制桩)、钢筋混凝土灌注桩、钢管桩和预应力钢筋混凝土管桩。设计桩型时，应考虑其质量、进度、经济及影响周围环境等因素。钢管桩和预应力钢筋混凝土管桩，具有承载力较大，桩身结构强度高，排土量小，管状断面的惯性矩任意向均等的优点，适宜打至比较深的土层，不适合用于荷重较轻的文化艺术中心，钢筋混凝土灌注桩对周围环境挤土影响小，且比钢管桩工程费用较低，但是由于种种因素，桩身质量离散性较大，施工质量不易全面控制，同时排出的大量污泥如处理不当，也会对周围环境产生一定的污染，而且由于特定的施工工艺，沉桩的周期相对较长。钢筋混凝土预制桩是一种较为成熟的桩型，其最大优点是比较经济，桩身质量及沉桩周期容易得到保证，当然预制桩施工时挤土效应将会对周围构筑物、地下管道产生影响，但该工程场地开阔，周围均为规划场地，沉桩对周围环境影响较小。如何减少及适量控制挤土效应，应该可以通过合理的沉桩流程、合适的沉桩速率和其他有效的施工措施予以解决。经反复分析研究，桩基设计采用预制钢筋混凝土锤击桩是较经济合理的桩基方案(见图 8)。

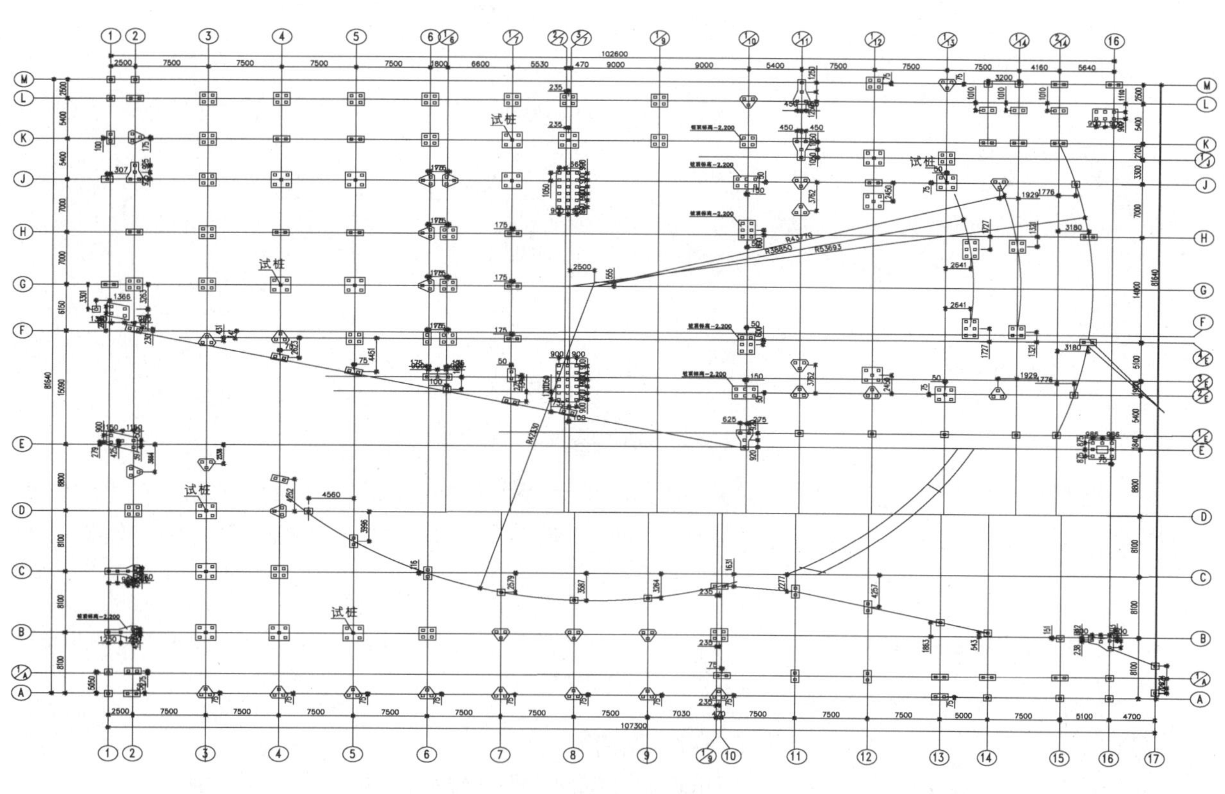

图 8　桩位平面布置图

按建筑物的荷重情况，文化中心采用 300 mm×300 mm 的预制混凝土方桩，桩有效长度 26 m，桩端进入⑥$_2$层土 0.9 m，单桩抗压承载力设计值 650 kN。在桩基的设计时，考虑了静载、活载基本组合，且进行了风荷载、地震荷载下的验算。

4. 桩的检验

为了验证桩的承载力能否达到设计所采用的承载力，分别在文化中心的不同部位(见图 2)选取了 5 根工程桩进行单桩竖向静载荷试验，设计极限荷载为 1 050 kN，试桩主要成果见表 3。86 号桩的 $Q-s$ 曲线图和 $s-\lg t$ 曲线图分别见图 9。

表 3　试桩主要成果表

试桩号	试验日	桩　径 (mm)	桩　长 (m)	最大试验荷载 (kN)	最大沉降量 (mm)	最大回弹量 (mm)	回弹率 (%)	判定极限承载力 (kN)
86 号	2002/1/27	300×300	27	1 050	8.98	4.46	49.67	≥1 050
171 号	2002/1/26	300×300	27	1 050	8.82	3.74	42.40	≥1 050
127 号	2002/1/28	300×300	27	1 050	10.24	4.57	44.63	≥1 050
230 号	2002/1/28	300×300	27	1 050	11.02	4.38	39.75	≥1 050
433 号	2002/1/29	300×300	27	1 050	11.59	5.38	46.42	≥1 050

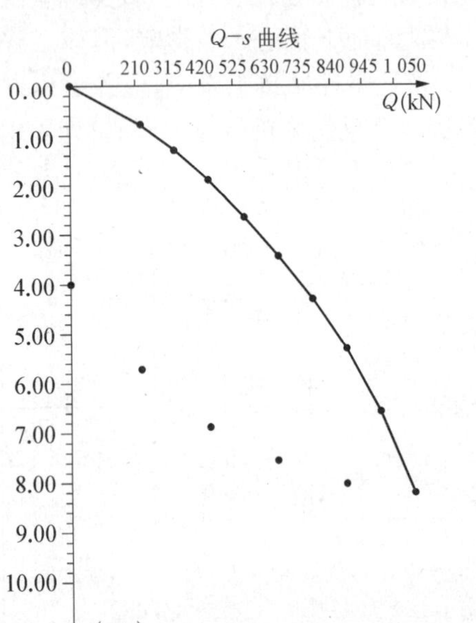

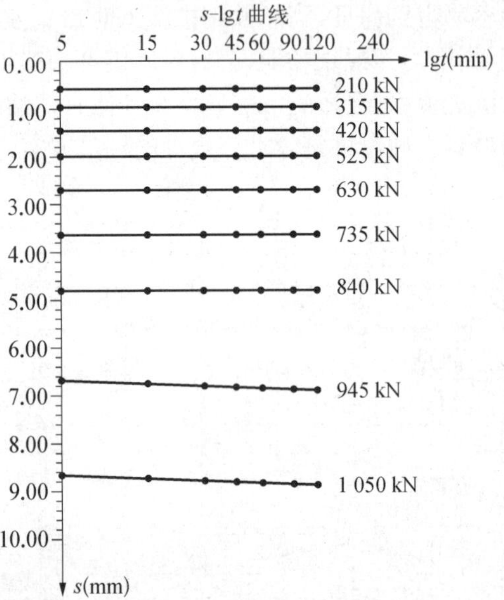

图 9　86#桩 $Q-s$ 曲线图和 $s-\lg t$ 曲线图

为了检查桩身结构的完整性及确定缺陷的性质、部位和程度，随意抽取 20%的工程桩(共 106 根)做了小应变测试。最终判定结果如下：Ⅰ类桩 96 根，占抽检桩数的 91%；Ⅱ类桩 10 根，占抽检桩数的 9%。

(二) 上部结构设计与计算

1. 结构体系的选择及其依据

南汇文化中心在结构的选型上考虑了三种不同的方案：

第一种方案是采用钢结构方案，即采用钢框架及钢网架作为结构体系。

第二种方案是采用钢筋混凝土结构方案，即采用纯钢筋混凝土框架作为结构体系。

第三种方案是采用钢—钢筋混凝土结构方案，即最后采用的方案，此方案由钢筋混凝土框架与大跨度屋顶的钢网架组成而以钢筋混凝土框架抵抗竖向和水平荷载，钢网架则仅承受屋面荷载。

三种方案各有其优缺点，钢结构方案质量小、建造速度快、节省基础费用，但造价大、进口钢材量大、施工技术要求高、防火处理复杂；钢筋混凝土结构方案造价低、能大量利用上海材料，但质量大、基础难以处理、平面布置不灵活、大跨度屋面难以处理。钢—钢筋混凝土组合结构方案与钢结构方案相比具有节省大量大型钢材、简化计算分析、节省节点用钢和工作量、减少防火处理、减少施工难度及降低造价等优点；钢—钢筋混凝土组合结构方案与钢筋混凝土方案相比具有减轻自重、节约基础造价、平面布置灵活、加快建造速度及增加使用空间等优点，因此最后选用了钢—钢筋混凝土组合结构体系。

由于该工程集多种功能于一身，平面及立面极复杂，超长超宽，在不影响建筑物使用功能的前提下，在适当部位设置了变形缝(兼抗震缝)，将复杂的平面化为若干个相对规则的独立结构，改善了结构的抗震性能，降低了结构的造价。除了常规的框架结构作为主要结构受力体系外，在部分大跨度构件(如剧院楼座的台口梁)中采用了后张预应力技术，以减小构件的挠度和裂缝。在剧院的大跨度屋顶部分采用了钢网架，充分利用不同结构的优点，达到降低成本，优化设计的目的。结构布置见图 10 和图 11。

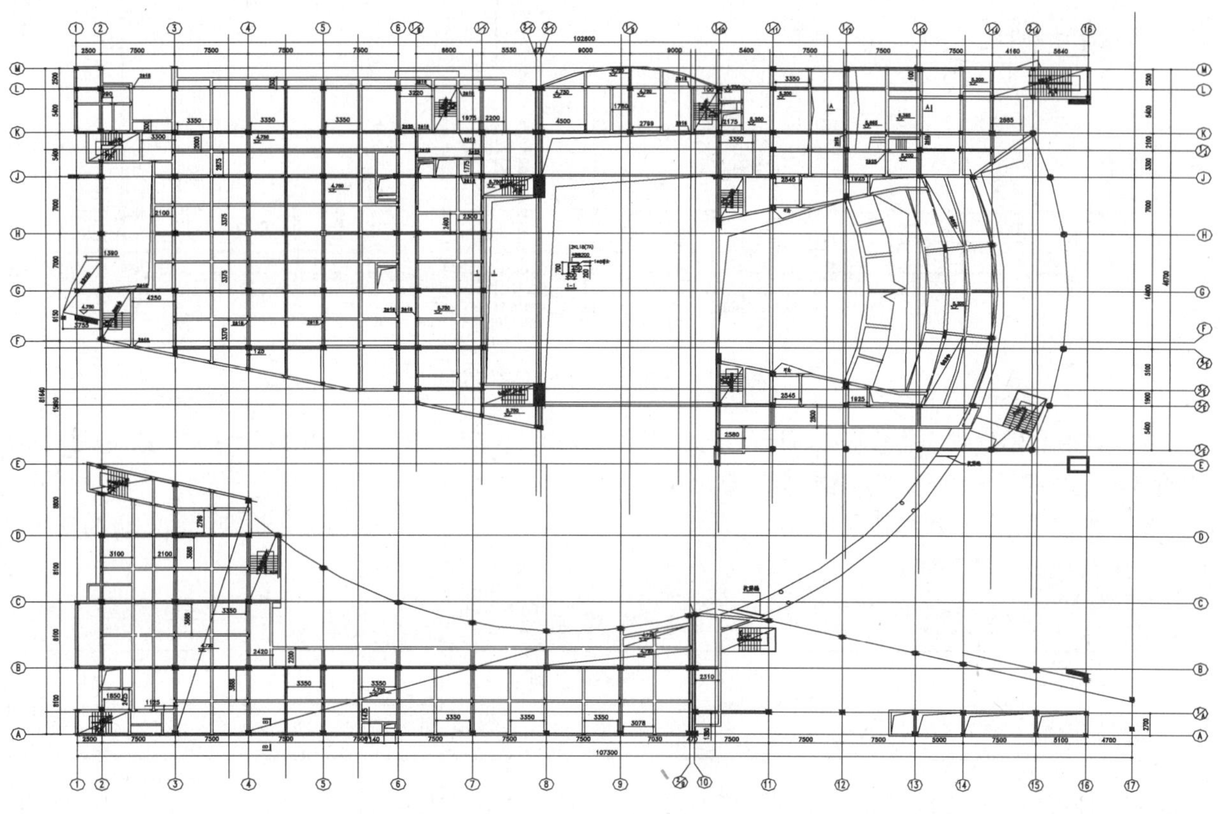

图10　二层结构平面布置图

2. 主要截面尺寸及材料

框架柱截面为：500 mm×1 200 mm、500 mm×800 mm、550 mm×550 mm 及直径为 600 mm 的圆柱。主要框架梁截面为：300 mm×700 mm、250 mm×600 mm、300 mm×1 000 mm，板厚均为 120 mm。混凝土强度等级：柱、梁、板均为 C30，预应力梁 C40。钢筋为：HPB235、HRB335。

3. 设计荷载

(1) 恒载和活载(见表 4)：

表 4　恒载和活载的取值

恒　载(kN/m^2)				活　载(kN/m^2)								
楼　面	屋　面	隔　墙		教室、办公室	陈列厅	多功能厅	机房、仓库	卫生间	楼梯间	看台	上人屋面	不上人屋面
		200 墙	100 墙									
5	7	3	2	2	3.5	3.5	5	2.5	3.5	3	1.5	0.7

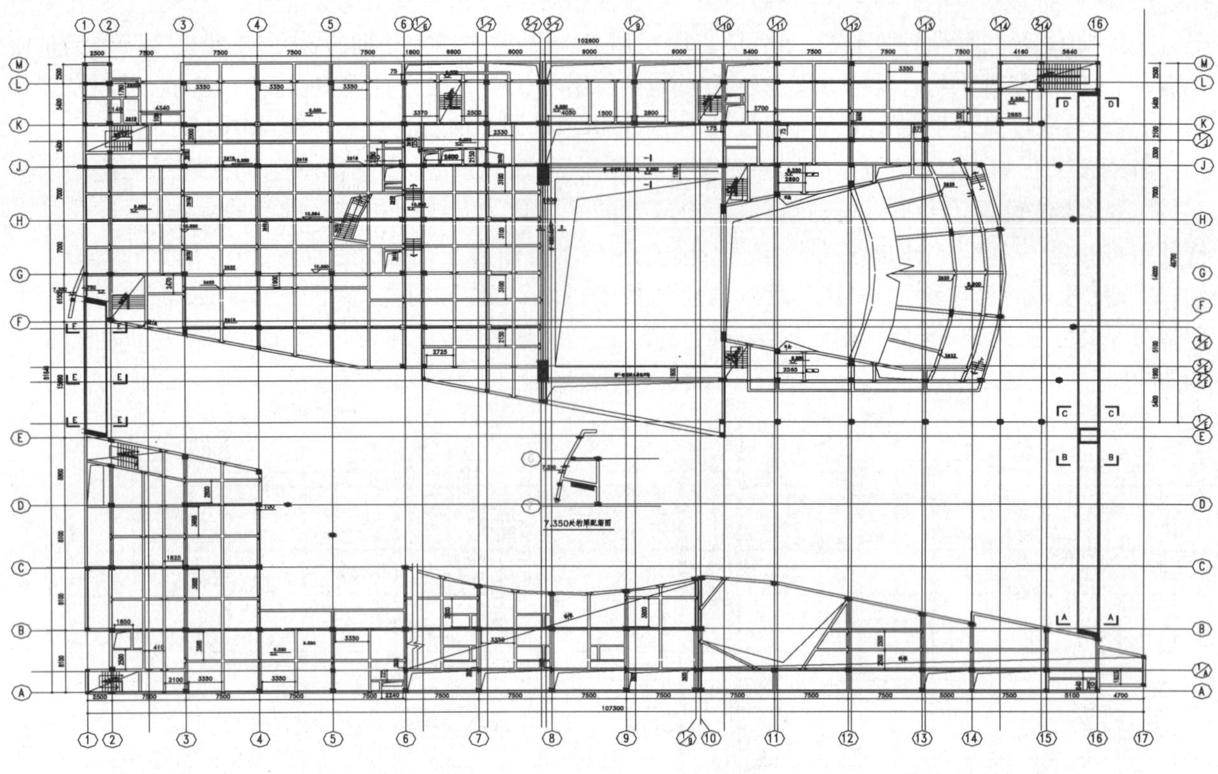

图11　三层结构平面布置图

(2) 风载：风荷载按上海基本风压值取为 0.55 kN/m^2(50 年一遇)，体型系数和风振系数按《建筑结构荷载规范》(GB50009—2001)的相关条款取用。

(3) 地震作用：按我国地震基本烈度 7 度设防，Ⅳ类场地土，建筑类别丙类。框架抗震等级为三级。

(4) 荷载组合(见表 5)：

表5　荷 载 组 合

恒+活	恒+活+风	恒+活+地	恒+活+地+风
1.2 恒+1.4 活	1.2 恒+1.4 活+1.4 风	1.25 恒+1.25 活+1.3 地	1.25 恒+1.25 活+1.3 地+1.4×0.2 风

考虑地震影响计算时采用振型分解反应谱法，结构构件地震作用效应(弯矩、剪力、轴向变形)用 SRSS 方法确定。

计算地震作用时，建筑重力荷载代表值为 1.0 恒载、0.5 活载。

4. 上部结构的计算分析

由于该工程集多种功能于一身，平面及立面极复杂，超长超宽，在不影响建筑物使用功能的前提下，在适当部位设置了变形缝(兼抗震缝)，将复杂的平面化为 4 个相对规则的独立结构(A、B、C、D 区，具体见图 7)。工程计算采用中国建筑科学研究院编制的高层建筑结构空间分析程序 TAT 进行振型分析计算。振型分析计算中考虑 3 个振型组合，具体结构计算结果汇总见表 6～表 9。

表6　A 区计算结果汇总表

		T1	T2	T3
基本周期(s)	X 向	0.838 5	0.278 9	0.174 5
	Y 向	0.705 2	0.234 6	0.135 8
建筑物质量(kN)		78 887		

续　表

基底剪力及质剪比		振型分解法		风荷载作用	
		基底剪力(kN)	质剪比	基底剪力(kN)	质剪比
	X 向	5 540.666	7.02%	502.56	0.64%
	Y 向	5 484.475	6.95%	531.85	0.67%
倾覆力矩(kN·m)	X 向	59 938.926		4 735.5	
	Y 向	59 609.762		4 999.6	
顶点位移(mm)	X 向	18.06	1/797	1.56	1/9 258
	Y 向	17.11	1/841	1.64	1/8 758
最大层间位移(mm)	X 向	7.46	1/643	0.64	1/7 511
	Y 向	7.11	1/674	0.68	1/7 022

表 7　B 区计算结果汇总表

基本周期(s)		T1	T2	T3	
	X 向	0.992 1	0.496 9	0.241 1	
	Y 向	0.787 7	0.407 1	0.200 7	
建筑物质量(kN)		83 289			
基底剪力及质剪比		振型分解法		风荷载作用	
		基底剪力(kN)	质剪比	基底剪力(kN)	质剪比
	X 向	6 043.363	7.26%	737.91	0.89%
	Y 向	5 484.475	6.95%	748.59	0.90%
倾覆力矩(kN·m)	X 向	81 074.859		8 992.6	
	Y 向	73 423.383		8 531.7	
顶点位移(mm)	X 向	37.93	1/558	4.24	1/5 005
	Y 向	19.90	1/1 065	2.23	1/9 513
最大层间位移(mm)	X 向	14.39	1/639	1.45	1/4 674
	Y 向	7.42	1/646	0.76	1/6 277

表 8　C 区计算结果汇总表

基本周期(s)		T1	T2	T3	
	X 向	0.816	0.280 8	0.174 2	
	Y 向	0.872	0.301 5	0.181 8	
建筑物质量(kN)		48 358			
基底剪力及质剪比		振型分解法		风荷载作用	
		基底剪力(kN)	质剪比	基底剪力(kN)	质剪比
	X 向	3 458.103	7.15%	382.71	0.79%
	Y 向	3 437.103	7.11%	722.64	1.49%
倾覆力矩(kN·m)	X 向	36 882.250		3 665.7	
	Y 向	36 785.730		6 921.7	

续 表

顶点位移(mm)	*X* 向	18.24	1/800	2.13	1/6 842
	Y 向	22.52	1/648	5.47	1/2 670
最大层间位移(mm)	*X* 向	7.00	1/685	0.90	1/5 546
	Y 向	8.98	1/556	2.07	1/2 411

表 9 D 区计算结果汇总表

基本周期(s)		T1	T2	T3	
	X 向	0.689	0.269 9	0.108 9	
	Y 向	0.791 7	0.297 6	0.111 9	
建筑物质量(kN)		11 929			
基底剪力及质剪比		振型分解法		风荷载作用	
		基底剪力(kN)	质剪比	基底剪力(kN)	质剪比
	X 向	894.82	7.50%	94.03	0.64%
	Y 向	890.495	7.46%	455.87	0.67%
倾覆力矩(kN·m)	*X* 向	8 518.820		680.8	
	Y 向	8 495.287		4 086.1	
顶点位移(mm)	*X* 向	12.74	1/1 082	0.93	1/9 999
	Y 向	20.55	1/671	10.27	1/1 344
最大层间位移(mm)	*X* 向	5.46	1/915	0.52	1/9 549
	Y 向	10.46	1/550	5.29	1/944

计算结果表明,该结构体系满足现行的设计规范要求。

(三) 主要技术经济指标

工程竣工后,经过工程决算,主要技术经济指标见表 10:

表 10 主要技术经济指标

混凝土总用量(m^3)	混凝土折算厚度(cm/m^2)		钢材总用量(t)		钢筋总用量(kg/m^2)	
	地 上	地 下	钢 筋	型 钢	钢 筋	型 钢
6 415	35	13.7	856	90	65	7.1

该工程于 2003 年 12 月正式开始打桩施工,由上海繁兴建筑装潢工程公司总包,经各方努力配合,至 2004 年 3 月全面建成投入使用。

(四) 工程特点及技术处理

1. 预应力大梁

由于该工程大空间的需要设置了许多大跨度梁,因此采取了预应力技术以减小构件的挠度和裂缝。预应力大梁设计采用后张有黏结部分预应力,考虑施工因素及结合以往工程经验,确定合适的预应力度。即由预应力筋承担 70%的弯矩承载力,另 30%由非预应力筋承担。预应力筋采用按 ASTMA416-90a 标准生产的 270 级 7ϕ5 低松弛钢绞线。标准强度 $f_{py}=1\,860\ N/mm^2$。张拉端采用柳州 OVM 锚,固定端采用挤压锚头,每束预应力筋采用 6 股 7ϕ5 mm 钢绞线,预应力套管采用外径 ϕ67 mm×2 mm 焊接薄钢管。预应力布线为抛物线型。

其中最有特色的1根看台台口梁根据建筑要求设计为弧形型预应力梁。弧形型预应力梁与一般的预应力梁不同：它的抛物线变成了空间抛物线，预应力损失大难以按常规的计算方法整体计算。因此采取分段计算，把每段简化为平面抛物线计算来解决这个问题。

2. 箱形大梁

由于建筑外立面风格的需要，需要设计1根跨度达45 m的非承重大梁。在大梁的做法上考虑了三种做法：① 后张法有黏结预应力技术；② 钢结构；③ 箱型截面。

箱型截面和钢结构比较具有节省节点处用钢和工作量、减少施工难度及降低造价等优点，箱型截面和预应力做法相比具有降低造价、节省节点处理费用和减少施工难度。在综合比较三种做法后，选择了采用箱型截面梁(见图12)。

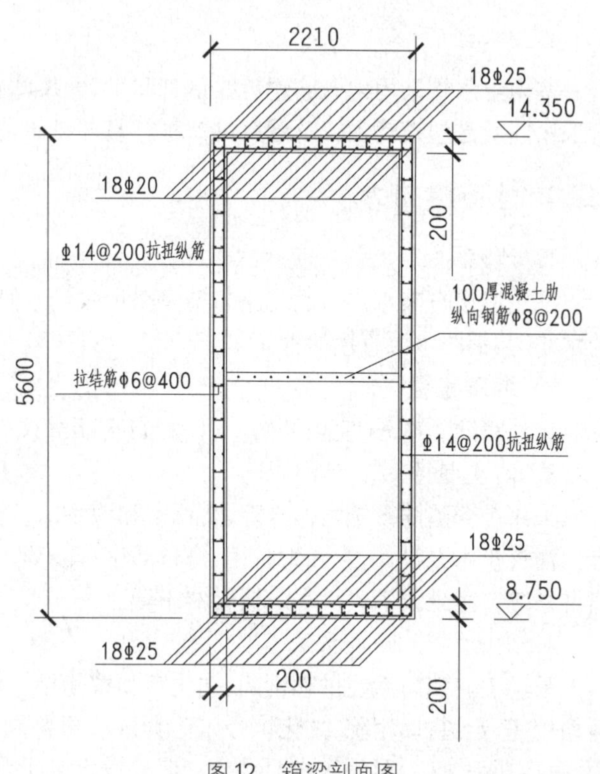

图12　箱梁剖面图

三、给排水设计

(一) 生活给排水

1. 给水系统

(1) 水源：由城市自来水管进水，从拱北路与靖海路引入，每根引入管径DN200的水管都能满足生活与室内、外消防用水量。

(2) 生活用水量(见表11)：

表11　生活用水量

用　户	工作人员	观　众	绿地喷洒	其　余	总　计
用量(m^3/d)	6	45	25.2	7.62	83.82

(3) 水质：采用城市自来水。

(4) 室内给水系统：采用1套给水系统供影剧院、文化宫和博物馆。储水池—变频恒压调速水泵—各楼各层用户点供水方式，最大水压控制在400 kPa。博物馆、文化馆、影剧院各设水表单独计量。

(5) 水泵房：水泵房设于文化馆，泵房内设生活用水贮水池1个，容积25 m^3，不锈钢成品水箱。并设生活变频调速水泵3台，二用一备，每台泵功率7.5 kW。

2. 热水系统

影剧院的每个化妆间内配置电热水器3 kW 1台，供化妆热水。

3. 排水系统

室内污、废水合流，室外雨、污水分流，并分别排入靖海路市政雨污管网。生活污水先经34.8 m^3的化粪池再入市污水管。

4. 管材

室内给水管采用内壁涂塑镀锌钢管和 PP－R 塑料管。室内排水管采用 UPVC 排水管。室外给水管采用内壁涂塑镀锌钢管及球墨铸铁管。室外排水管采用 UPVC 排水管。

(二) 消防给排水

1. 消防水源

采用城市自来水。从拱北路与靖海路市政给水管引入消防水，在基地内成环，并送入设于文化馆内的水泵房，消防水泵直接抽水。

2. 消防水量

室外消防 20 L/s，室内消防 15 L/s，自动喷淋灭火系统 27 L/s。

3. 消火栓系统

采用 1 套消防系统供影剧院、文化宫和博物馆。消火栓系统设计流量为 15 L/s，系统作用时间按2 h 计。消火栓水泵设 2 台，互为备用，每台功率 11 kW。屋顶消防水箱储消防用水 18 m^3，供消火栓系统和喷淋系统。室外设消火栓水泵接合器 1 套。

4. 自动喷淋灭火系统

采用 1 套消防系统供影剧院、文化宫和博物馆。消防水量 27 L/s，系统作用时间 1 h。各楼的公共活动用房、走道、影剧院、文化馆合用 1 套湿式报警阀，博物馆设 1 套报警阀。喷淋水泵设 2 台，互为备用，每台功率 37 kW，设于水泵房中。室外设水泵接合器 2 套。

5. 增压系统

由于屋顶消防水箱高度不能满足水压要求，对喷淋设增压系统，增压设施设在水泵房，采用组合式增压设备。

6. 灭火器配置

各层配置磷酸铵盐干粉灭火器，设置在消防箱内。

7. 管材

室内消火栓管、喷淋管采用热镀锌钢管及无缝镀锌钢管。当配件大于 DN100 时采用沟漕接头，其余采用丝扣连接。

(三) 环保用水

生活排水量最高日 50 m^3。生活排水与雨水分流排放，分别排入市政污雨水管中。所有的水泵及管道均采用隔振措施，水泵采用低噪声水泵。生活排水经化粪池(34.8 m^3)后排入市政污水管。

(四) 节能用水

采用塑料排水管。冲洗水箱为 6 L 的卫生洁具。陶瓷阀芯的水箱。

四、电气设计

(一) 强电

1. 用电情况

文化中心属二级用电负荷，有两路 10 kV 电源同时供电，高压采用单母线分段，不设母联。低压系统采用单母线分段，母线设分段开关，手动切换，当一路电源失电时，另一路可满足所有二级负荷用电。三个部分(影剧院、博物馆、文化馆)均由变电所提供两路电源至各自的总配电室，各自引成配电系统(见

表 12 和表 13)。

表 12　用电负荷统计　　(kW)

荷载＼场所	影剧院	博物馆	文化中心	总装机容量
一般照明	165	145	100	1 688
应急照明	65	50	40	
消防中心	10	10	10	
动力		273	295	
其他	消防泵房 33 空调 252		演播厅照明 240	

表 13　单位负荷统计

总建筑面积(m^2)	12 675
设备容量(kW)	1 688
计算容量(kW)	1 266
变压器容量(kVA)	2 台 10 kV/0.4 kV—1 000 kVA
单位面积平均负荷(W/m^2)	133

2. 变配电室及电气设备

(1) 配电室面积 116 m^2,变压器采用 SCB－1 000 kVA 2 台 IP20,带低噪声幅流型风机。

(2) 高压开关柜采用 ZS1 型共 6 台,其主断路器采用 ABB VD4;低压开关柜采用 GCK 型 10 台。

(3) 继电保护采用过电流、速断、另序保护及温度保护。

3. 防雷、接地

该工程按三类建筑采用屋面设置避雷带保护措施。为防止雷电波浸入,对重要电用设备线路前端,屋面设备(热泵机组、风机等)设置过电压保护装置。接地保护系统采用 TN－S 制。采用建筑物基础作为共用接地体(包括弱电等位)接地电阻值小于 1 Ω。

4. 照明系统

供电系统采用三相五线制,PE 线专设。影剧院舞台照明(包括调光柜、灯控照明、舞台灯光设备、舞台灯光选择及平台灯光配线方式),调光回路为 120 回路,直放回路 22 回路。

5. 调光回路分配(见表 14)

表 14　调光回路分配

灯光名称	调光回路	直放回路
面光 1	30	3
面光 2	—	—
耳光(左)	10	2
耳光(右)	10	2
标光(左)	6	1
标光(右)	6	1
侧光(左)	6	2
侧光(右)	6	2

续 表

灯 光 名 称	调 光 回 路	直 放 回 路
流光(左)	4	2
流光(右)	4	2
顶光 1	15	2
顶光 2	4	1
顶光 3	4	1
顶光 4	3	1
脚 光	4	—
天排光	8	—
特 技	—	—
合 计	120	22

6. 其他

影剧院部分屋面设有自动排烟天窗，与火灾自动报警系统联动，当有火灾时，有消防中心控制排烟窗即自动打开。

(二) 弱电

1. 通信系统(CAS)

南汇文化中心由影剧院、文化馆和博物馆三部分组成，分别设 50 对电话程控交换机。

电话进户管线分别采用 2×ϕ89 管埋地引入。电话主要设在展览室、办公室、放映室、化妆室等处。

2. 结构化综合布线系统(PDS)

为满足现代化办公对通信与计算机网络的需要，根据先进性、开放性、可靠性、可扩充性的原则，该工程将设计 1 套千兆位到用户的标准、灵活、开放的结构化布线系统。信息端口为单、双孔型，安装位置为墙面出线，端口采用 RJ45 型。信息端口主要设在办公室、化妆间、教室等处。

3. 电视监控系统(CCTV)

该工程在博物馆设置电视监控系统，系统由高性能的摄像机构成，出入口、电梯厅、室内重要区域走道均设摄像机。考虑到建筑物的整体美观和隐蔽性，摄像机的防护罩分别配置半球形、楔形等。控制室设在 1 层消防安保室。电视监控系统采用低损耗同轴视频电缆传输信号，摄像机采取控制室集中供电方式。记录方式采用长时间录像机。

4. 有线电视系统(CATV)

该工程电视电缆由市有线电视埋地分别引入影剧院、文化馆和博物馆，信号传输网络由同轴射频电缆和分支分配、放大组成，并留有与有线台联网接口。系统的各项电气性能指标须满足市有线电视台联网接口的要求。系统采用 860 MHz 邻频双向传输。电视终端电平控制在 68 dB±3 dB 范围，图像质量主观评价不低于四级。电视终端主要设置在多功能厅、教室、陈列室、贵宾休息室、会议室等处。

5. 背景音乐及消防广播系统(PAS)

该工程在影剧院、文化馆和博物馆设置 3 套公共广播系统。系统平时播放背景音乐，当发生紧急情况时，自动切换到消防广播，以达到疏散人员的目的。公共广播共有音源 3 套，同时配 1 个紧急广播话筒，主机采用微机控制，每层为 1 个回路。带微电脑的控制设备可以预置火灾报警及报警解除广播的语音合成，显示操作提示，当接收到消防联动信号，可以按消防广播规范启动相应区域广播，其他区域可正常广播。系统采用定电压输出方式，传输电压采用 100 V。广播前端设备设在 1 层消防控制室内。背景音响的输出电平由前端调试时控制。系统信噪比≥50 dB，频率特性为80～8 000 Hz±3 Hz。

6. 火灾自动报警及消防联动控制系统(FAS)

该工程在影剧院、文化馆和博物馆分别设置火灾自动报警及消防联动系统。该工程为多层建筑，按一级火灾自动报警系统保护对象设防。系统形式采用集中报警方式。火灾报警系统由感烟、感温智能型光电探测器、手动报警按钮、水流指示器和水流闸阀组成。各层消火栓动作信号，水流指示器及水流闸阀动作信号均送至火灾报警系统。消防泵房、变电所等场所设固定消防电话，各层手动报警按钮均带消防电话插孔，消防控制室设在一层。

联动控制分以下几类：

(1) 非消防类风机联动控制要求。

非消防类风机包括：空调机、新风处理机、送风机、排风机。在火灾报警后，消防控制室能通过就地控制模块自动关闭这类风机及接收这类风机的停机信号。

(2) 消防类风机联动控制要求。

消防类风机包括：排风兼排烟风机、排烟风机。在火灾报警后，消防控制室能手自动控制这类风机开、停及接收其停机信号和280℃熔断式排烟阀动作信号。

(3) 消防给水联动要求。

室内消防给水分消火栓系统和喷淋系统，消防泵及喷淋泵由消防控制中心手动或自动控制，并接收水泵动作信号，喷淋泵的启动受喷淋总管湿式压力阀开关控制，在消防控制室可接收各层消火栓按钮动作信号。

(4) 电梯联动控制。

在火灾确认后，电梯立即实施迫降至底层停止运行。

五、暖通设计

(一) 设计标准

1. 室内参数(见表15)

表15 室内参数

场所 / 指标	剧院、展厅、多功能厅		阅览室、办公室、教室、演播厅		陈列厅		门厅、大堂		化妆间	
	夏季	冬季	夏季	冬季	夏季	冬季	夏季	冬季	夏季	冬季
干球温度(℃)	26	20	25	20	26	20	27	18	27	20
相对湿度(%)	55		55		55		55		55	
新鲜空气量[m^3/(h·人)]	20		30		30					

2. 通风换气次数(见表16)

表16 通风换气次数

场所	水泵房	变配电室	浴厕
换气次数(次/h)	4	20	10

(二) 空调冷热源

因文化馆、影剧院和博物馆日常的运行管理都是相对独立的，业主对空调冷热源也要求各自独立。

考虑到机房面积、系统运行管理以及冬季热源等因素，整个建筑的空调冷热源全部采用日立螺杆式风冷热泵机组，共7台，每台制冷量为352 kW，夏季供回水温度为7℃/12℃，冬季供回水温度为45℃/40℃。每台风冷热泵机组的循环水量为60 m³/h，具体机组配置见表17。

表17　文化馆、影剧院和博物馆的机组配置

场所 项目	博物馆	文化馆	影剧院
制冷量(kW)	352	352	352
台　数	2	2	3

影剧院演职员宿舍因使用时间较随意，用大系统空调不经济，该设计用了1套7.35 kW(10匹)带变频控制的VRV多联空调系统，所有空调冷热源都布置在屋顶。

(三) 空调供回水系统

该工程中央空调水系统为双管一次泵异程式系统，空调水在主机侧为定流量，而在末端为变水量。因业主使用及管理需要，中央空调分3个独立系统，各系统定压均采用压力罐低位膨胀水箱。空调冷热水通过循环泵送至组合式空调器、新风机组和风机盘管等末端，以满足各不同区域的空调负荷需求。各功能用房的空调室内温度均由温度传感器和电动二通平衡阀来控制。当部分功能用房空调不开时，二通阀关闭，空调供回水管压差随即增大，当压差大到一定值时，连接空调水系统供回水总管上的压差旁通阀开启度将自动调整，改变旁通水量，使供回水管压差始终保持在1个设定的范围内。当系统总空调负荷下降，空调自控系统可实行机组台数控制及部分负荷状况的节能运行，热泵机组冬夏季供回水温差均为5℃，冷热水循环泵共用1套。

(四) 空气处理系统

该工程除办公、教室、化妆等小空间采用风机盘管加新风的空调形式外，其余均采用全空气定风量低速管道系统。800人剧场有楼座和舞台，其全空气定风量空调系统较复杂。舞台单独采用了1台36 000 m³/h的空调器，可根据需要独立启停。为避开舞台幕布，送风采用上侧送与下送相结合，回风为侧下方集中布置。观众厅采用2台30 000 m³/h的组合式空调器。楼座上下为顶部散流气送风，无楼座的前部观众席上空高大，采用旋流风口下送，观众厅回风在两侧集中布置。组合式空调器的新回风量可随不同季节调节其比例，直至实行全新风运行。排风机共设3台，根据不同的新回风比来开启不同台数的排风机。剧场的门厅、休息厅、150人及50人的小放映厅均采用全空气定风量空调系统。博物馆的展厅，文化馆的阅览室、多功能厅、排练厅、演播厅以及门厅也都采用全空气定风量空调系统，并设独立的排风系统。从节能考虑，对有条件的系统还设置了全热交换器，使排风与新风进行热交换，回收排风能量，以达到节能之目的。

(五) 通风及防排烟系统

水泵房、变配电室、厕所均采用机械排风自然进风。观众厅、舞台、展厅等新风量较大的场所也设机械排风，并采用多台风机分档开启的方式。该工程防排烟均采用自然方式，排烟窗分带电动控制的自然排烟窗与手动开启的两种。排烟窗面积按需排烟场所面积的2%或5%设计，除电动排烟窗有选型外，手动开启的排烟窗由建筑统一考虑。

(六) 空调自动控制

1. 风冷热泵机组的群控及卸载

利用风冷热泵机组自带PC电脑的热量计算机与程序控制器以及安装在空调系统总供水管上的流

量、温度传感器、回水总管上的温度传感器即可实现热泵机组与相应循环水泵的台数控制。通过空调水系统设置的压差控制器和旁通阀，再根据系统负荷变化引起的供水与回水之压差变化来调节旁通阀的开启度，当空调负荷减小，部分的空调供水将经旁通阀流回回水总管，以保持供回水总管间预先设定的压差值。当系统空调负荷下降，回水总管上的温度传感器信号将被反映到热泵机组PC电脑的热量计算机，热泵机组即可实现自动卸载控制。

2. 风机盘管自动控制

风机盘管为双管制，在回水管上设1只电动二通平衡阀，风机还有三档调速，供任意选择。在空调房间的墙上装有恒温控制器，根据房间温度的设定值，可控制电动二通平衡阀的开启与关闭，以达到室内所要求的温度，风机和水路电动二通阀门连锁。

3. 空气处理机组

空气处理机组为单风机，回风与新风混合后被吸入空气处理机组进行处理，新风与回风管路均设电动调节阀门，在控制最小新风量的基础上，按室外焓值控制阀门的大小。当室外空调负荷降低时，会自动增加新风量，减少回风量，直至采用全新风，以获取免费空调。系统另设有排风系统，并设多台排风机，根据新风进入的多少来控制排风机的开启台数。在空气处理机组回水管上设电动二通平衡调节阀1只，由全空气空调系统回风管内(新风系统在出风管出)的温度传感器信号来控制电动二通平衡调节阀的开启度大小。

上海
汽 车 会 展 中 心

建设单位：上海国际汽车城东浩会展中心有限公司

设计单位：同济大学建筑设计研究院

IFB DR.BRASCHEL AG（德国）

施工单位：上海第七建筑有限公司

撰 稿 人：陈剑秋　顾　屹　肖小凌

孙艳萍　周争考　范舍金

潘　涛　钱大勋　严志峰

一、建筑设计

(一) 场地概述

上海汽车会展中心位于上海国际汽车城核心贸易区汽车博览公园内，西、北、南三面为公园展示路，东面为拟建的上海国际汽车博物馆。建筑总体布局基于汽车博览公园的总体规划，与汽车博物馆在总体上相呼应，空间形体上的连续充分体现了汽车主题的运动与力量感。会展中心与博物馆之间形成汽车主题广场，成为建筑的主要公共活动空间。基地北侧为停车场，南侧为预留地区总部办公用地。整个工程处于公园绿化环境环抱之中，有极佳的地理优势(见图1)。

图1 上海汽车会展中心

(二) 设计要求和目标

1. 建设规模

该工程基地面积 39 890 m²。总建筑面积 60 095 m²，其中地上建筑面积 55 456.1 m²，地下建筑面积 4 638.9 m²。地上6层，地下1层，建筑高度 30 m。

2. 建筑耐久年限

高层建筑，建筑耐久年限为一级，为100年以上。

3. 建筑防火分类和耐火等级

建筑防火分类为一类建筑，建筑耐火等级为一级。

4. 抗震设防等级

建筑抗震基本设防烈度为7度。

5. 设计目标

(1) 人与自然的交融：吴淞江畔的汽车博览公园作为汽车城的自然焦点，其特色在于集广泛的娱乐、教育、餐饮、休闲、运动于一体，并且与汽车城的其他部分有便捷的交通联系。

该方案的设计立足点是妥善地处理建筑与自然之间的关系，与优美的环境结合体现"人—建筑—环境"的对话与交流，实现人与自然的互动，满足动态的可持续发展要求，表达生态化的设计新概念。汽车博览公园的山山水水、一草一木都将成为汽车展示最好的场景。

(2) 汽车与建筑的结合：力量——汽车的动力；运动——汽车的生命。

从总体布局、建筑形态到内部空间，无一不渗透着来自汽车的灵感。

灵动、流畅的总体令人联想到汽车的速度与动感；简洁而充满动势的建筑造型直接来源于汽车流线型的外观，给人以强烈的视觉冲击，线形的室内空间展现了汽车的力量与运动；开放与封闭的对比，加强了力量与自由的融合；建筑体系与道路系统的共存，揭示了汽车与建筑的主题，从建筑内部延伸出来的"路"，拓展了展示的空间，指明了机车永恒的性格——运动不息。

(3) 商业与技术的互利：在该方案的设计中，建筑师将业主的经济效益作为重要设计前提，充分考虑方案的可行性与经济性的结合。会展中心灵活开敞，可分可合，充分考虑布展的多种可能性。方案充分利用先进技术使业主的商业机会最大化。

(三) 设计理念

汽车会展中心通过与汽车相关的展览和会议达到推广汽车文化的目的，实现汽车城整体规划中的汽车博览、科教及文化功能，提高汽车城核心贸易区的整体形象。上海汽车会展中心同时具备一般性展览功能。因此，一共设想了两种不同形式的运动：

(1) 运动着的自然环境——河流永不停息，绵延不断。

(2) 自然环境中的运动——200 km/h，快速而带有方向性的运动。

广场环境的设计吸收和强调了建筑主体的动态特征，然后将其引伸到整个公园的自然环境。灯柱阵列和光带提供了导向性和识别性，它们是汽车动感和速度的象征，引导游客进入会展中心。广场由棕榈树和喷泉点缀，吸引参观者到达。

开敞的广场提供了举办不同展示和文化活动的可能性，在这里可以看到船只、水面和展示岛上的新车展示。同时加强了会展中心与博物馆的联系，突出了汽车城的有机完整性。

(四) 内容分析

建筑整体是由南北2个单层展览楼及中部6层会议综合楼3部分构成(见图2)。

(五) 交通组织

实用便捷的交通组织是会展建筑所应具备的重要内涵，大量的参观人流、日常的物流以及紧急的疏散、求援，都要求交通便捷、通畅。结合汽车博览公园原有规划及汽车博物馆设计，本工程进一步优化了交通设计，将水平交流、垂直交通相结合，创造出多重立体的交通层次。展览观众及会议办公楼人员主要出入口置于基地东北侧博园路，与博物馆合用一个入口广场空间；基地北侧博园路则设有停车场及货物出入口，同时在基地西侧设内部人员出入口。整个道路系统呈环状，在满足了消防疏散的规范要求的同时，做到人车分流，参观人流、会议办公人流、后勤人流互不干扰(见图3)。

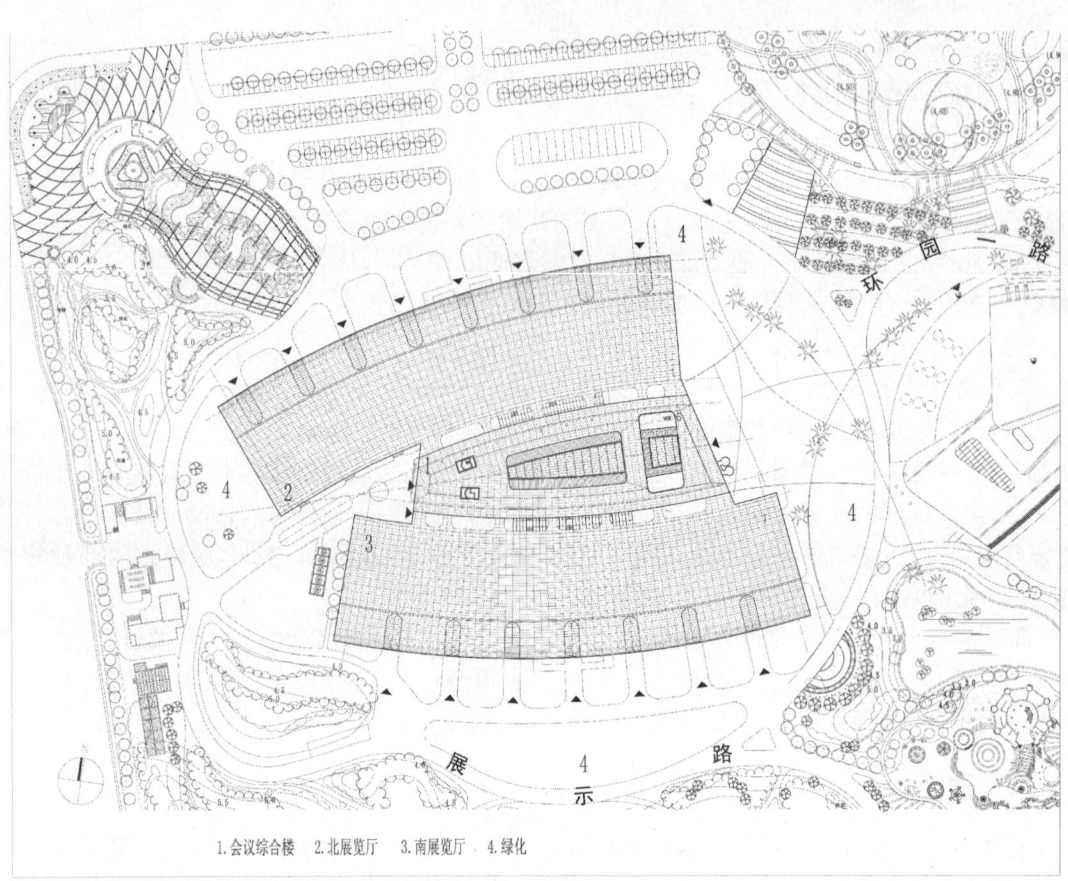

图2　总平面图

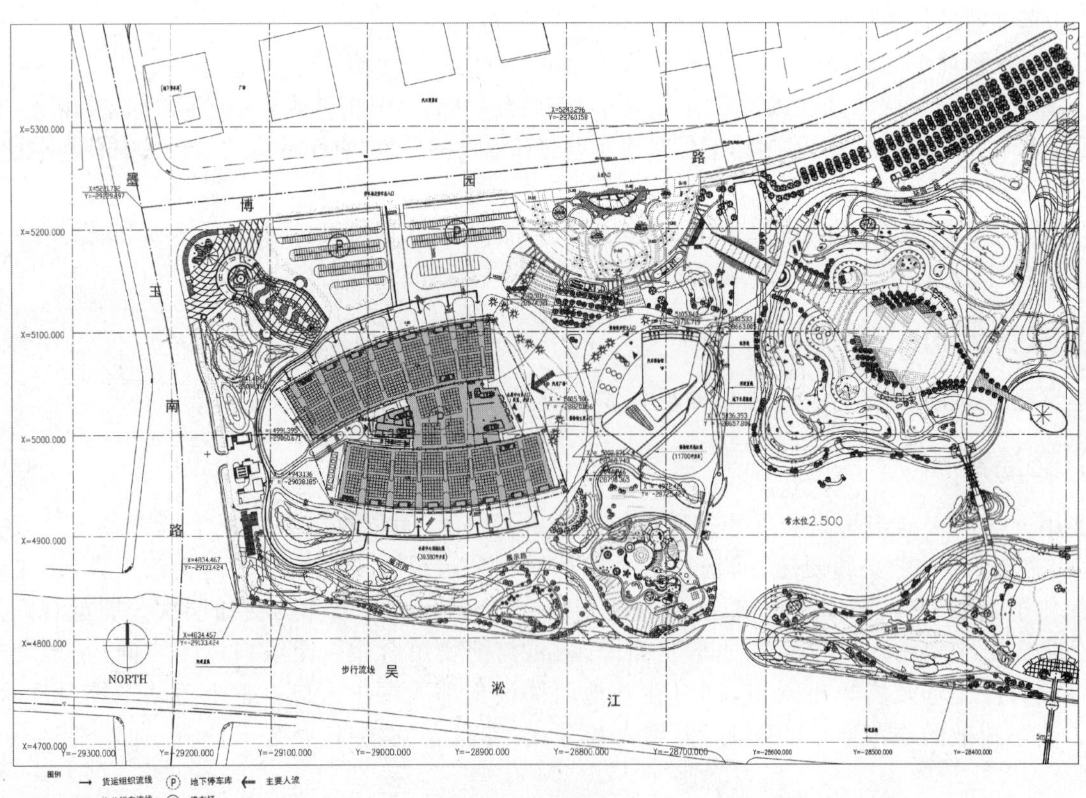

图3　交通分析图

(六) 建筑设计

1. 平面设计

地下层平面东南区为停车库，可泊车 58 辆，若局部采用机械停车，则停车位可增加至 72 辆；西北区为设备用房，变压器室和高低压配电室集中安放于北侧，与地下车库毗邻，便于设备的日常进出维修保养；锅炉房布置考虑了泄爆面的布置及消防要求，它与消防水泵房放置于西侧，均有直通室外的出入口。

南北展览厅及常年展厅均按 3 m×3 m 国际标准展位成组布置，组与组之间设平均 6 m 宽主通道，3 m 宽次通道，共设有 1 628 个标准展位，其中北展厅 732 个，南展厅 716 个，常年展厅 180 个。总展览面积为 27 686 m^2，其中北展厅 12 012 m^2，南展厅 12 012 m^2，常年展厅 3 662 m^2。

南北展览厅在长边两侧均布置有若干小型配电间及变电所，空调机则直接设于其上部，从而有利于提高使用效率，形成室内空间的韵律感。大展厅地面设主次设备管线沟，次沟间径为 6 m，保证了每个展位均能方便地使用各设备接口。由于常年展厅下面为地下室，故其地面设设备管线井，以方便展位使用(见图 4)。

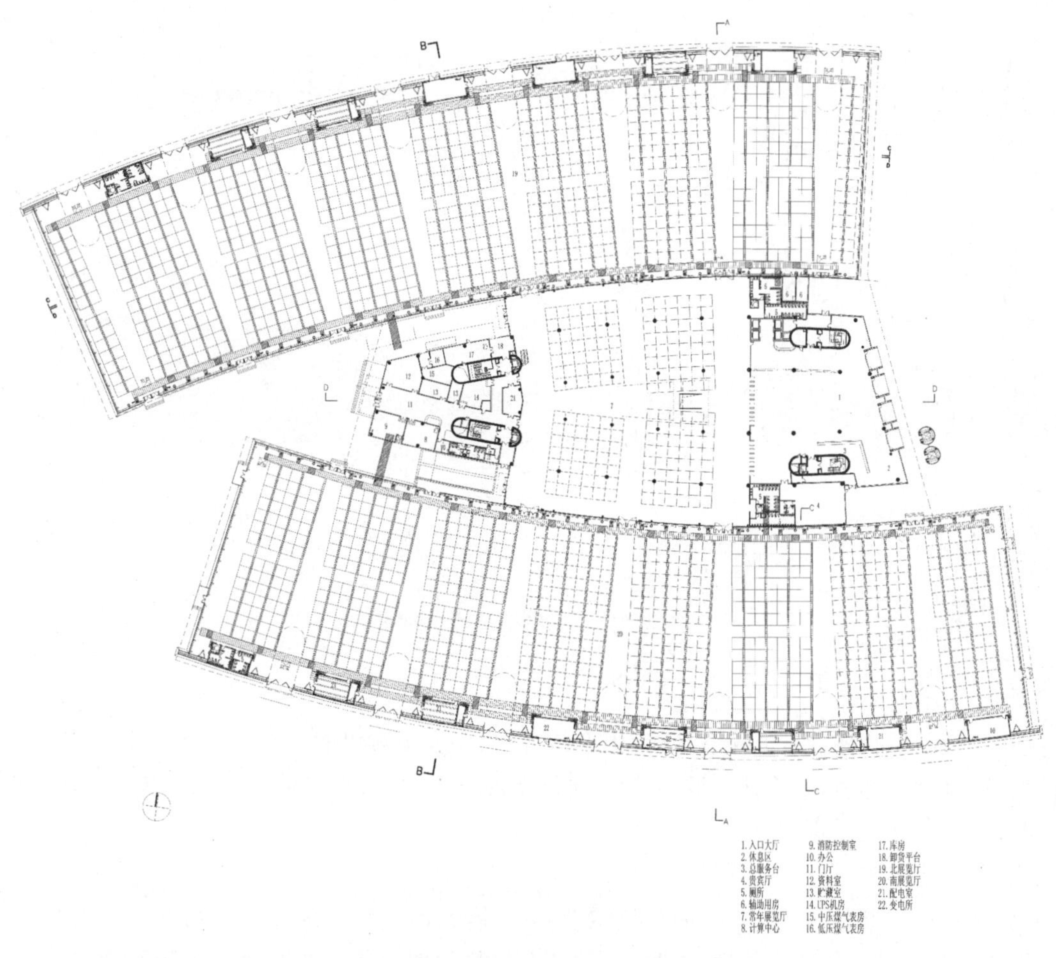

图 4　会议综合楼一层平面图(1∶150)

2～5 层会议办公区考虑了大空间使用及小办公室使用两种方式，每种布置均充分考虑了交通流线、消防疏散、卫生间和茶水间等辅助设施的使用，以利于该区域的多种布置选址，增加了建筑使用的灵活性(见表 1、图 5 和图 6)。

表1　面积分配表

楼　层	主　要　功　能	层　高(m)	建筑面积(m^2)
地下1层	车库、设备用房	4.50/5.50	4 638.9
1　层	入口大厅、员工门厅、贵宾室、常年展厅、办公室、库房、大展厅、卫生间、设备用房	8.00	30 590.8+408.3(夹层)
2　层	大空间办公室、卫生间、茶水间、设备用房	4.00	5 216.9
3　层	会议室、办公室、卫生间、茶水间、设备用房	4.00	4 682.9
4　层	会议室、办公室、卫生间、茶水间、设备用房	4.00	4 614.6
5　层	会议室、办公室、卫生间、茶水间、设备用房	4.25	4 929.5
6　层	餐厅、休闲吧、厨房、卫生间	5.45	5 013.1
合　计			60 095.0

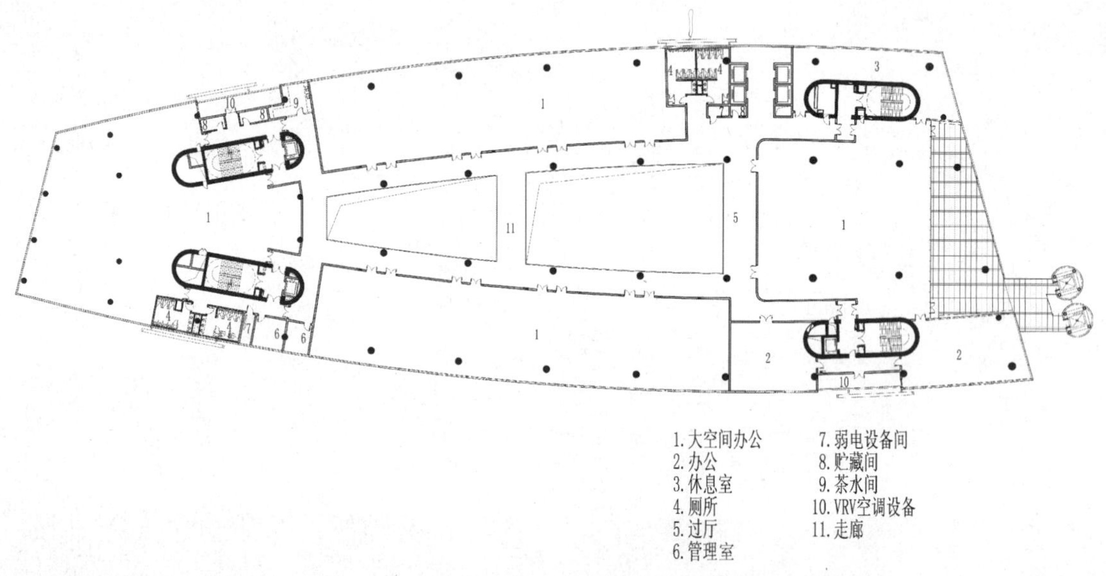

图5　会议综合楼3层平面图

2. 竖向设计

会展中心会议综合楼设有电梯9台,其中客梯4台、观光电梯2台、消防电梯3台;疏散楼梯4部。其中除观光电梯及两部客梯外,其余楼、电梯均可下至地下1层。3台消防电梯为客货两用梯,其中西北角1台电梯专供厨房运输货物。

3. 立面设计

该建筑造型由三部分构成。中部的会议综合楼较高大,南北两侧的展览楼略低。它们被覆盖于同一片屋顶之下,保持了形体的完整性;同时,这种左右对称形似山体的造型赋予了建筑稳定、坚实、不失力度的感觉(见图7)。

随高度变化而起伏的屋顶采用金属材质,所有转折处都采用流畅的弧线形式,使建筑在充分表现力度的同时亦不失灵动、时尚的现代感,体现出汽车城的动感和速度感。

墙面均采用由内向外倾斜的形式,并采用玻璃幕墙及金属幕墙,它们与金属屋顶相互呼应,在阳光下熠熠生辉,成为主题公园不可或缺的风景。这种设计形式的采用,同时也将外面景观最大限度地融入

1. 大宴会厅
2. 咖啡厅
3. 休息室
4. VIP包房
5. 厕所
6. 新风机房
7. 弱电设备间
8. 排风机房
9. 贮藏室
10. VRV空调设备
11. 水泵房
12. 女更衣室
13. 粗加工间
14. 细加工间
15. 主食库
16. 主食加工间
17. 鲜菜库
18. 冷冻库
19. 调料库
20. 烹调间
21. 西点制作间
22. 冷菜加工间
23. 备餐间
24. 洗涤间
25. 休息厅

图6　会议综合楼6层平面图

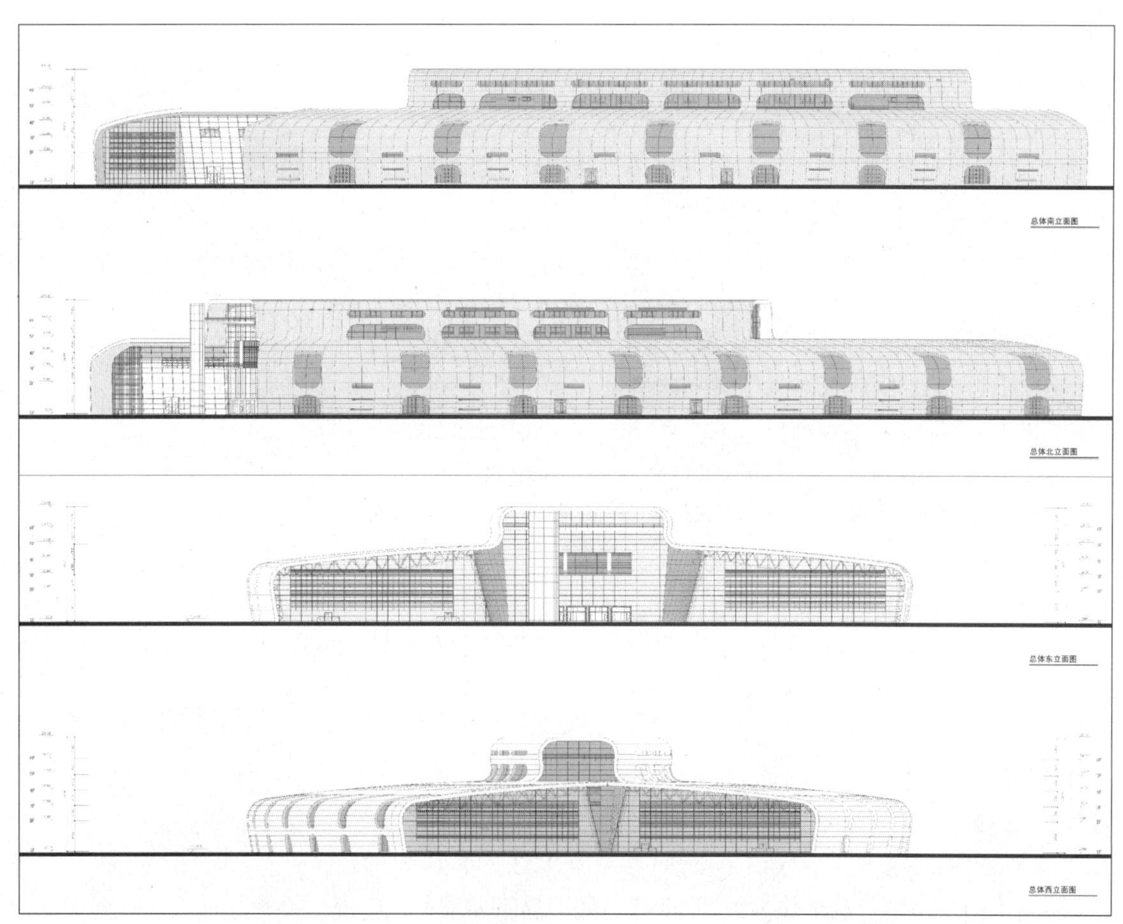

图7　总体立面图

了内部空间，令观者与办公者仿佛置身于大自然，令人流连忘返。

4. 消防设计

该建筑四周均可通行消防车辆。该建筑东西总长为 268 m，南北总长为 180 m，消防车均可由货物入口直接开入南北大展厅进行灭火。

中部会议综合楼的东西立面及凹入部分为消防登高面。

南北展厅每个防火分区面积均为 12 012 m^2，超过规范规定要求。考虑到此处为无柱大空间展厅，无法按常规做法采用防火卷帘等防火措施进行防火分隔。针对此处防火分区超面积，由公安部上海消防研究所进行消防性能化模拟设计，模拟结果现行设计可以达到在规定时间内安全疏散。

5. 环境保护设计

(1) 废气影响防治：

① 车库废气通过排风机经土建风道至 6 层屋顶排放。

② 污水泵房废气高空排放。

③ 浴厕和开水间设机械排风系统，将废气排至室外。

④ 厨房油烟经洗涤式(运水)烟罩净化后排至室外。

⑤ 热水锅炉排烟通过烟囱在 6 层屋顶高空排放。

⑥ 餐厅、会议等设置机械排风。

(2) 废水防治：

所有污水经管道收集后排入市政污水管道，由城市综合污水处理厂统一处理，厨房含油废水经隔油池处理后纳入污水系统。

热水锅炉排污经排污扩容器降至水温低于 40℃后排入下水道。

(3) 固体废弃物影响防治：

该工程建成后每天排放的生活垃圾处理采用袋装化，设计考虑在每 1 层设一垃圾临时存放处，每天由专人收集后负责清运，并注意清运时密闭。

(4) 噪声污染影响防治：

① 冷冻机房、热水锅炉房、水泵房、空调机房、通风机房内贴吸声材料。

② 组合式空调箱设消声段或送回风主管上设管道式消声器。

③ 制冷机组、热水锅炉及水泵下设隔振垫。

④ 风机进、出口设非燃性软接头。

⑤ 制冷机组、热水锅炉及水泵进、出口装可曲挠橡胶接头。

⑥ 吊装的空调器、风机均设减振吊架。

⑦ 空调通风设备选用低噪声产品。

(5) 光污染问题：

该工程设计外墙采用幕墙体系，材料采用低反射玻璃、铝板，对外环境影响不大。

(6) 该工程冷媒为 134a 或 123，对大气无公害、不破坏臭氧层。

6. 节能设计

(1) 建筑布置与体型：

会议综合楼建筑体型略呈梭形，南北展览厅呈扇形，总体较为方正，有利于节能。

(2) 构造处理：

① 屋面采用挤塑聚苯乙烯保温板，厚度满足最小热阻要求。

② 玻璃幕墙选用断热铝型材，中空玻璃(LOW－E)。

③ 铝板幕墙选用断热铝型材，复合铝板内衬挤塑聚苯乙烯保温板。

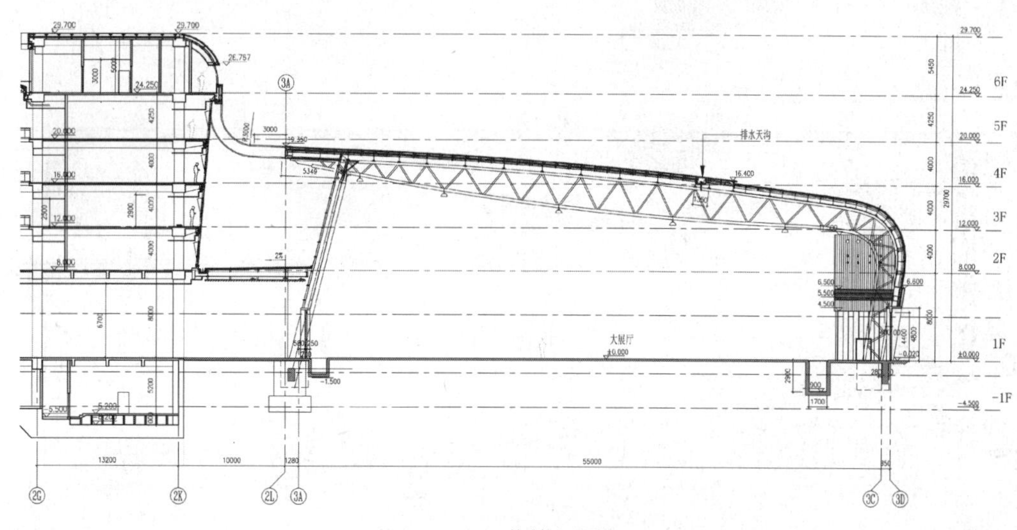

图 8　幕墙剖面

7. 经济指标(见表 2)

表 2　经济指标

项目		指标
用地面积		39 890 m²
总建筑面积		60 095 m²
其中	地上建筑面积	55 456.1 m²
	地下建筑面积	4 638.9 m²
基底面积		30 590.8 m²
容积率		1.39
建筑密度		76.69%
建筑高度		30 m
建筑层数		地上 6 层,地下 1 层
绿地面积		4 248 m²(不包括入口广场)
绿地率		10.65%
机动车停车数		365 辆(地上 307 辆,地下 58 辆)
总人数		9 750 人
其中	展厅参观人数	7 800 人
	南北大展厅	7 000 人
	中部常年展厅	800 人
	会议办公部分人数	1 200 人
	餐饮部分人数	750 人
展位数		1 628 个
北展厅		732 个
南展厅		716 个
常年展厅		180 个
建筑高度		32.45 m
建筑层数		地上 6 层,地下 1 层

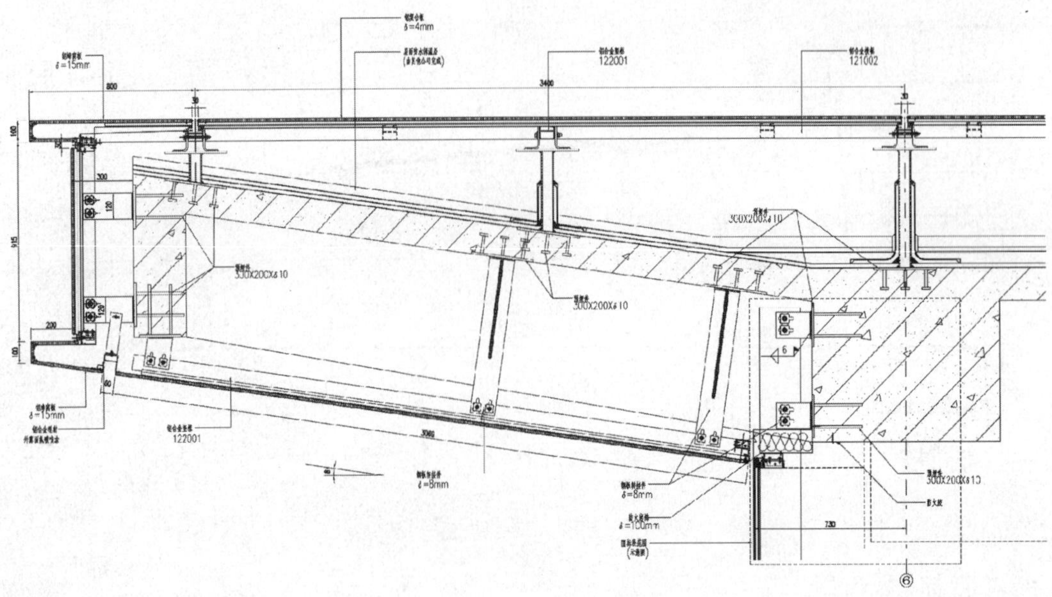

(a) 幕墙节点一

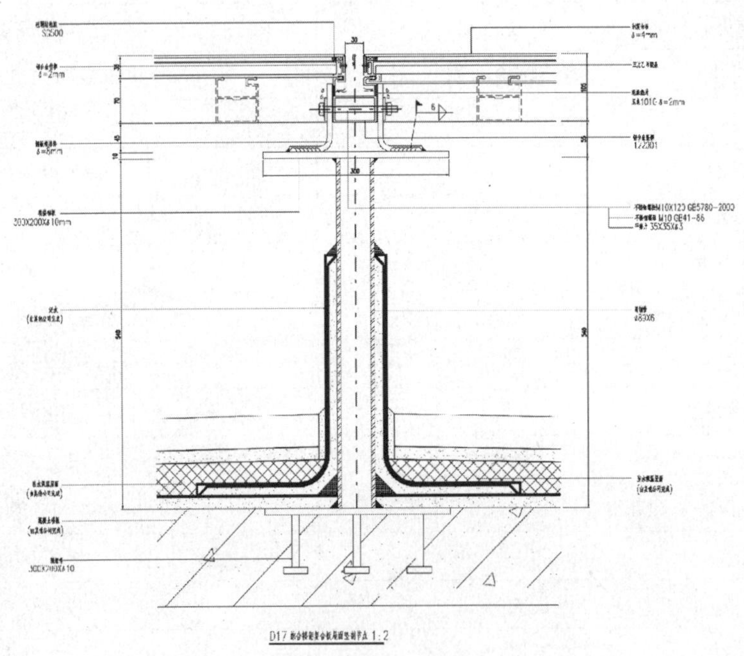

(b) 幕墙节点二

图9　幕墙节点

二、结构设计

(一) 基础设计

1. 地基土层剖面图及地基土层物理力学综合指标

根据地质报告反映，工程场地地貌属滨海平原，场地地势较平坦，场地地面标高一般为 3.41～3.93 m。

在所揭露深度 70.45 m 范围内的地基土均属第四系沉积物，主要由饱和黏性土、粉性土及砂土组成，根据土的成因、结构及物理力学性质可划分为 9 个主要层次，详见表 3。图 10 为土层柱状图及静力触探曲线。

表 3　土层物理力学性质参数

土层编号	土层名称	含水量 W(%)	重度 γ (kN/m³)	孔隙比 e_o	黏聚力 C(kPa)	内摩擦角 φ(°)	压缩系数 $a_{0.1-0.2}$ (MPa⁻¹)	压缩模量 $Es_{0.1-0.2}$ (MPa)	标准贯入 $N_{63.5}$ (击)	比贯入阻力 P_s (MPa)
①	填土									
②₁	黏质粉土	32.2	18.3	0.92	7	30.0	0.28	7.17		1.52
②₂	粉质黏土									1.12
②₃	砂质粉土夹粉质黏土	33.9	18.1	0.96	5	31.5	0.21	10.36	6.4	2.92
③	淤泥质粉质黏土	42.7	17.3	1.21	11	22.0	0.73	3.25	5.0	0.87
⑤1-1	淤泥质粉质黏土	41.5	17.4	1.18	13	18.0	0.72	3.08		0.86
⑤1-2	粉质黏土	38.8	17.7	1.11	15	18.5	0.64	3.39		1.23
⑤₂	砂质粉土	30.5	18.3	0.89	6	29.0	0.24	8.85	24.0	6.00
⑧2-1	粉质黏土夹黏质粉土	33.2	18.1	0.96	16	23.0	0.43	4.64	8.7	2.66
⑧2-2	粉质黏土夹粉砂	29.7	18.6	0.86	17	24.5	0.31	6.13	17.0	4.88
⑨	粉细砂	24.5	19.2	0.71	0	33.5	0.12	14.61	16.0	17.81

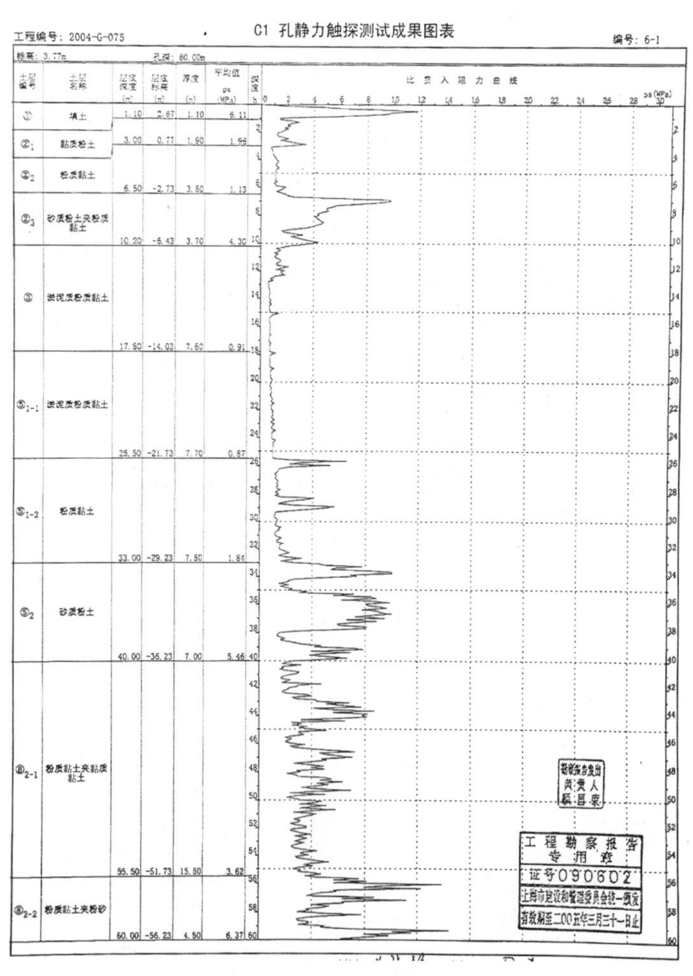

图 10　土层柱状图及静力触探曲线

工程场地浅部地下水属潜水类型，补给来源主要为大气降水与地表径流，高水位埋深在 0.5～0.7 m，低水位埋深值为 1.5 m。地基土经判别可以不考虑地震液化影响。

2. 基础形式确定及地下室底板设计

该工程虽然高度不大，但由于结构柱距较大，使得柱下荷载较大且不均匀，在上海地区的软土地基上，不宜采用天然地基，宜采用桩基础。从地基土构成与特征可以看出，第⑤$_{1-1}$层及以上各土层以饱和黏性土为主，含水量高，孔隙比大，呈流塑—软塑状态，强度较低，压缩性高，不宜作为该工程的桩基持力层。第⑤$_{1-2}$层灰色粉质黏土，在场地内分布较稳定，一般厚度为 7.5～11.0 m，静力触探 P_s平均值 1.23 MPa，属中等压缩性，工程性质较好，可以作为承载力要求不是很高的桩基持力层。该场地缺失上海地区统编的第⑥层暗绿色粉质黏土和第⑦层砂质粉土。第⑧$_{2-1}$层粉质黏土夹黏质粉土，一般厚度为 12.2～23.7 m，孔隙比平均值为 0.96，静力触探 P_s平均值为 2.66 MPa，呈可塑状态，属中等压缩性，工程性质较好，可作为桩基持力层。第⑧$_{2-2}$层灰色粉质黏土夹粉砂，静力触探 P_s平均值为 4.88 MPa，工程性质很好，可作为良好的下卧层。未钻穿的第⑨层也是良好的下卧层。

(1) 会议综合楼：会议综合楼 1 层地下室，框架柱下最大竖向荷载标准值为 16 920 kN，一般为 12 200 kN，最小约为6 250 kN，柱距为 12～15 m，由于荷载不均匀且柱距较大，采用天然地基既不经济且难以满足均匀沉降要求，决定采用柱下桩承台基础。

在方案设计阶段考虑了两种桩型，钻孔灌注桩和高强预应力混凝土管桩（PHC 桩）。在经济对比分析中发现，上海地区，在同样工程及地质条件下，采用 PHC 桩的造价约为采用钻孔灌注桩造价的一半。PHC 桩施工方便，速度快，质量容易控制，环境影响小，其优势越来越得到认同。近年来上海成立了多家 PHC 桩生产厂，货源非常丰富，施工机械也很多，使得其造价进一步降低，另外施工专业队伍有很多且工艺很成熟。PHC 桩的主要问题在于沉桩的可行性和群桩挤土效应的解决。该工程⑤$_{1-2}$以上土层以黏性土为主，沉桩不会有问题，局部存在⑤$_2$层为砂质粉土，静探 P_s值最大为 9.91 MPa，根据经验，只要选择好沉桩设备配重，也没有问题。布桩一般以柱下独立承台进行，承台间距较大，群桩效应不明显，适当安排打桩顺序，也可消除挤土效应的影响。

经计算采用第⑧$_{2-1}$层为桩基持力层，桩端进入该层约 15.0 m，有效桩长 43.0 m，选用 PHC 桩 A500 型，三节桩，单桩承载力特征值为 1 920 kN。按地下水浮力抵消地下室底板质量进行布桩，柱下最多桩数为 9 根，一般为 7 根，最少为 4 根，是比较适合按独立承台布设的。沉桩采用 ZYZ－500T 型静力压桩机，实际最大压桩力为 1 523 kN，很顺利。静载试桩的最大加载值为 3 840 kN，为非破坏性试验，试验最大沉降量为 12.48 mm，最大残余沉降量为 6.67 mm，满足设计要求。该楼有一个汽车坡道甩在主体结构以外，与主体结构间设缝隔开，底板下局部设抗拔桩，采用 350×350 预制混凝土方桩，有效桩长 24 m，桩端持力层为⑤$_2$层，单桩抗拔承载力特征值为 330 kN。桩位布置见图 11。

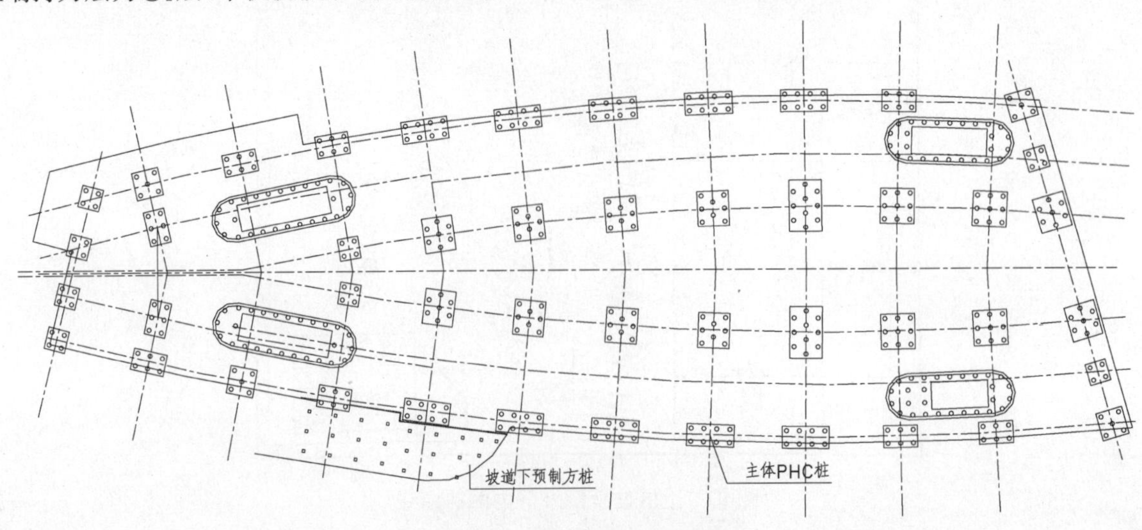

图11　会议综合楼桩位布置图

地下室底板采用整体式筏板，主要承担水浮力，跨度区格为 12.0 m×13.0 m，板厚及配筋受裂缝宽度控制，板厚取 700 厚，局部落深处采用 800 厚。因地下室超长，施工中须留设后浇带，以释放混凝土收缩应力，同时必须制定合理的施工方案。

沉降计算采用 JCCAD，按上海规范计算，整体进行分析以考虑承台间的相互影响，最大计算沉降量为 49 mm，最大局部倾斜率为 0.001 3。该工程在施工期间每层观测 1 次沉降，结构封顶后每 2 个月观测 1 次沉降。在结构封顶后两个月观测的沉降结果中，最大沉降为 29 mm，均匀性较好。

(2) 展览楼：展览楼无地下室，鱼腹式钢桁架各榀相同，跨度 55 m，间距约 13 m。各荷载组合计算显示，斜柱下最大竖向荷载设计值为 1 170 kN，最大水平推力为 300 kN（向外），柱下最大弯矩为 880 kN · m；管桁架柱下最大竖向荷载设计值外侧两管各为 630 kN，内侧一管最大上拔力为 780 kN，最大水平推力为300 kN（向外）。因荷载情况较为复杂，也不宜采用天然地基，决定采用柱下桩承台基础。

该基础的荷载特点是：竖向荷载并不大，桩基不需要很大的竖向承载力，由此排除钻孔灌注桩方案；存在水平推力；同一个承台中由于柱下弯矩值较大，存在承担上拔力的桩。由于高强预应力混凝土管桩作为抗拔时构造较为复杂，且承受水平推力时承载力难以确定，考虑采用预制混凝土方桩。为避免出现过多桩型，经对比分析，统一选用 350×350 预制混凝土方桩，有效桩长 24 m，两节桩，桩端进入⑤$_{1-2}$层不少于 50 cm。单桩竖向抗压承载力设计值为 750 kN，抗拔承载力设计值为 420 kN。为提高承台下桩群抗弯矩能力，将桩间距尽量放大，使桩群具有较大的面积矩。桩基水平承载力的确定与承台允许位移有关，经上部结构验算，允许两侧柱基各有 10 mm 向外的位移，在此条件下，确定单桩水平承载力设计值为 46 kN。按以上原则确定的桩位图（局部）见图 12。经静载试桩，以上几项承载力值均能达到设计要求。抗压桩达到最大荷载 1 200 kN 时的最大沉降量为 14.29 mm，最大残余沉降量为 6.41 mm；抗拔桩达到最大上拔荷载 670 kN 时的最大向上变形量为 13.72 mm，最大残余变形量为 7.79 mm；水平承载试验达到最大水平荷载 74 kN 时的最大水平变形量为 37.08 mm，残余水平变形量为 16.02 mm，与水平位移 10 mm 相对应的水平推力为 52 kN。

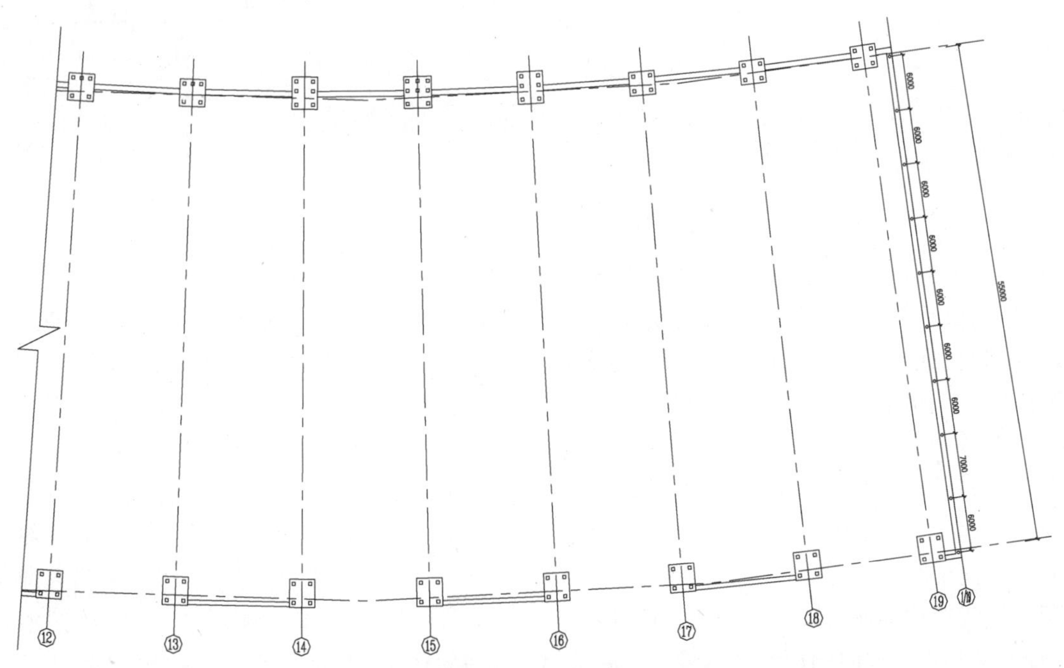

图 12　南展览楼桩位布置图局部

柱下抵抗水平推力所需要的桩数大于抵抗竖向荷载所需要的桩数，布桩时按照竖向荷载的需求进行布置，以达到节约桩数的目的，水平承载力不足的部分通过另外的途径解决。一方面将承台高度做大，达到 2 500 mm，增加侧面积，利用承台外侧面的被动土压力承担一部分水平推力，同时用水泥土搅拌桩局部加固承台外侧土体，提高土体被动强度。另一方面，将 200 厚钢筋混凝土地坪直接与承台顶面相连，配筋时考虑若干传力带将两边柱基联系起来，利用地坪的抗拉强度抵抗柱下水平推力。通过这些措施，可以使基础抗推能力有足够的保证。

管桁架柱与承台的连接采用3个钢管分别通过地脚螺栓铰接的方法，作为整体可以达到抗弯连接的效果。斜钢管柱采用插入式柱脚，插入深度为2.5倍柱直径，确保柱底的抗弯连接。

（二）上部结构设计

1. 会议综合楼

（1）结构布置：会议综合楼平面呈梭形，3层至屋面楼板中间开大洞，洞口宽度沿梭形短向为一跨，沿长向为五跨，柱网开间及进深均较大。初步计算采用框架结构，无法满足地震作用下的位移限制要求，且梁柱内力很大，故改为采用钢筋混凝土框架剪力墙结构。在平面的东西南北基本均匀对称地布置着4个长圆形区域，作为楼梯间、电梯间及设备用房，利用该部分墙体布置钢筋混凝土剪力墙，形成4个独立筒体，其余部分采用框架，提供通透的大空间。剪力墙及连梁抗振等级为二级，框架为三级。标准层结构布置见图13。

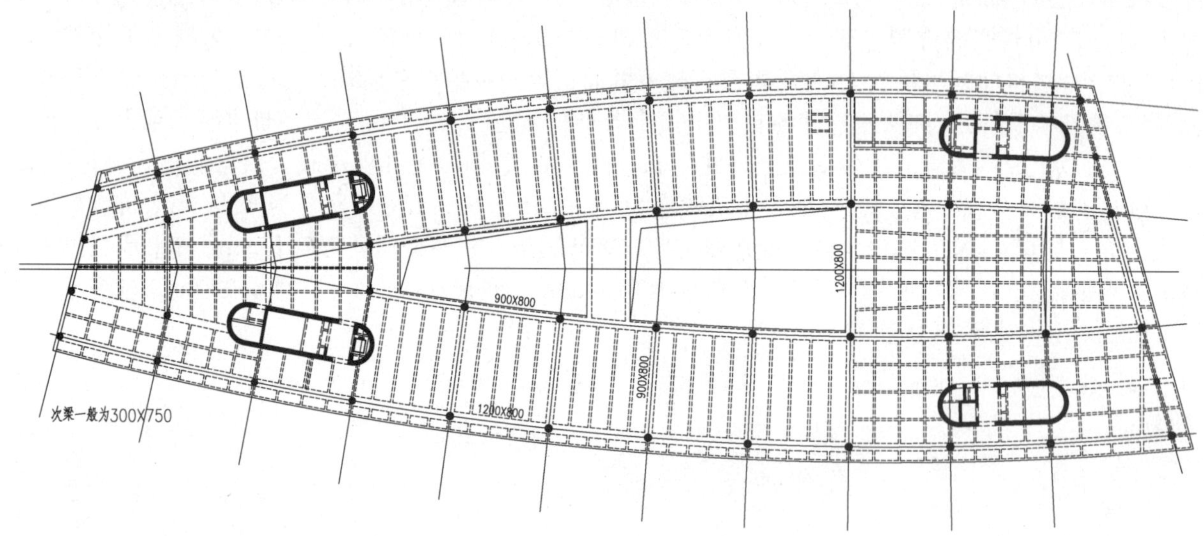

图13　会议综合楼标准层结构布置图部

混凝土墙体的布置及厚度根据抗振计算确定，使结构的刚度中心与质量中心尽量重合，减少在地震作用下的结构扭转效应。结构底层层高8 m，以上各层层高为4 m，将底层混凝土墙体加厚，使层等效剪切刚度比控制在规范的范围内，避免底层成为薄弱层。另外由于2层楼面没有大开洞，对底层侧向刚度有所帮助。各个小筒体的外围墙厚底层为500 mm，以上各层减为400 mm；筒体内部墙厚底层为300 mm，以上各层减为250 mm。

框架柱采用圆柱，底层一般为ϕ900，向上沿层数逐渐缩小。根据建筑净高要求，框架梁高限制在800 mm，采用宽扁梁，根据跨度和荷载不同，梁宽分别采用900 mm和1 200 mm。3层以上中部开大洞后，南北形成两个跨度13.2 m的单跨，若以该单跨框架梁承受楼面主要竖向荷载，将产生较大的梁端弯矩，使得柱端弯矩很大而难以实现配筋。因此在该处布置单向次梁，方向与单跨方向平行，把楼面主要竖向荷载传递到垂直方向的连续框架梁上。由于垂直方向为连续梁，不会在框架柱上产生很大的不平衡弯矩。单向次梁采用较小的间距布置，一方面可以使主梁上的集中荷载分布较为均匀，同时还可尽量减少单跨框架梁上的荷载。对于楼层外围框架梁和大开洞周边框架梁均进行加强，以提高整体抗扭刚度。

地下室顶板厚度为180 mm，标准层楼板厚度一般为120 mm，楼面中央开大洞，洞两边长条形楼板厚度加厚为140 mm并加强配筋，以加强楼面刚度，确保中部的地震作用能有效地传递到两边的混凝土筒核。洞边长条形楼板长宽比为55 m/15 m=3.67，不大于4，尚在规范范围内。楼面长度达130 mm，为避免因混凝土收缩及温差造成楼面开裂，采取以下措施：于中部设置两条后浇膨胀带，在楼面混凝土中添加适量减水膨胀剂，膨胀带中增加添加量；合理安排混凝土浇筑计划，控制施工温度并加强养护；楼板通长配置温度应力钢筋；做好屋面保温，减小混凝土楼面的温差。

（2）结构整体计算：结构分析采用 PKPM 系列软件 SATWE，该程序以空间杆单元模拟梁、柱及支撑构件，用在壳元基础上凝聚而成的墙元模拟剪力墙，用振型分解反应谱法进行地震分析。计算中以地下室顶板作为嵌固端，对上部结构进行抗振分析。楼板按弹性楼板，以模拟实际的结构情况，考虑平扭耦联，考虑双向地震作用和偶然偏心地震作用。由于结构存在抗振超限，采用 PMSAP 程序进行验算复核。主要计算结果对比见表 4：

表 4　SATWE 和 PMSAP 软件计算结果对比

计　算　程　序		SATWE	PMSAP
自振周期（仅列出 9 个周期）（括号内为相应的扭转系数）	1	0.691 6(0.01)	0.689 5(0.03)
	2	0.602 9(0.99)	0.606 8(0.94)
自振周期（仅列出 9 个周期）（括号内为相应的扭转系数）	3	0.534 8(0.00)	0.553 4(0.00)
	4	0.208 6(0.01)	0.194 0(0.00)
	5	0.184 8(0.98)	0.177 7(0.61)
	6	0.168 4(0.01)	0.174 0(0.38)
	7	0.102 2(0.09)	0.100 5(0.05)
	8	0.098 9(0.00)	0.095 0(0.05)
	9	0.091 4(0.90)	0.088 3(0.96)
以扭转为主的第一周期与平动为主第一周期的比值		0.871 7<0.9	0.879 7<0.9
有效质量系数	X 方向	97.2%	97.8%
	Y 方向	98.8%	98.1%
剪重比	G_{ox}/G_e	6.06%	6.18%
	G_{oy}/G_e	6.44%	6.24%
地震作用下层间位移（考虑偶然偏心作用后的最大值）	Ux_{max}/h	1/2 178	1/2 036
	Uy_{max}/h	1/1 175	1/1 073
	Ux/H	1/3 217	1/2 973
	Uy/H	1/1 422	1/1 344
风荷载作用下层间位移	Ux_{max}/h	1/9 999	1/9 999
	Uy_{max}/h	1/8 241	1/9 999
	Ux/H	1/9 999	1/9 999
	Uy/H	1/9 768	1/9 999

经过剪力墙厚度调整，X、Y 方向本层等效层剪切刚度与上 1 层等效层剪切刚度 70% 的比值或上 3 层平均等效层剪切刚度 80% 的比值均不小于 1.0。最大平面扭转位移比，即：最大位移与层平均位移的比值的最大值为 1.39，出现在 Y 向偶然偏心地震时的第五层。

2. 展览楼

（1）结构布置：展览楼为 55 m 跨度单层无柱大空间展览中心，柱距约 13 m，最大高度约 18 m。为配合建筑的动感车体造型，使展览楼成为不对称单跨结构，另外主体结构在室内部分外露，要求结构形式简洁美观。经比较采用三角形钢管桁架结构，K 形节点相贯焊缝，桁架梁一侧弯曲落地形成三角形钢管格构柱，另一侧采用外斜的单钢管柱，柱底与基础刚接，柱顶与桁架铰接。三角形钢管桁架的平面外刚度较好，适合于大跨度结构。为节约用钢量及美观，该设计采用鱼腹式的桁架，跨中最大桁架轴线高度约 3 000 mm，上弦平面宽度也采用梭形变化，中间宽两边窄。结构布置见图 14 和图 15。

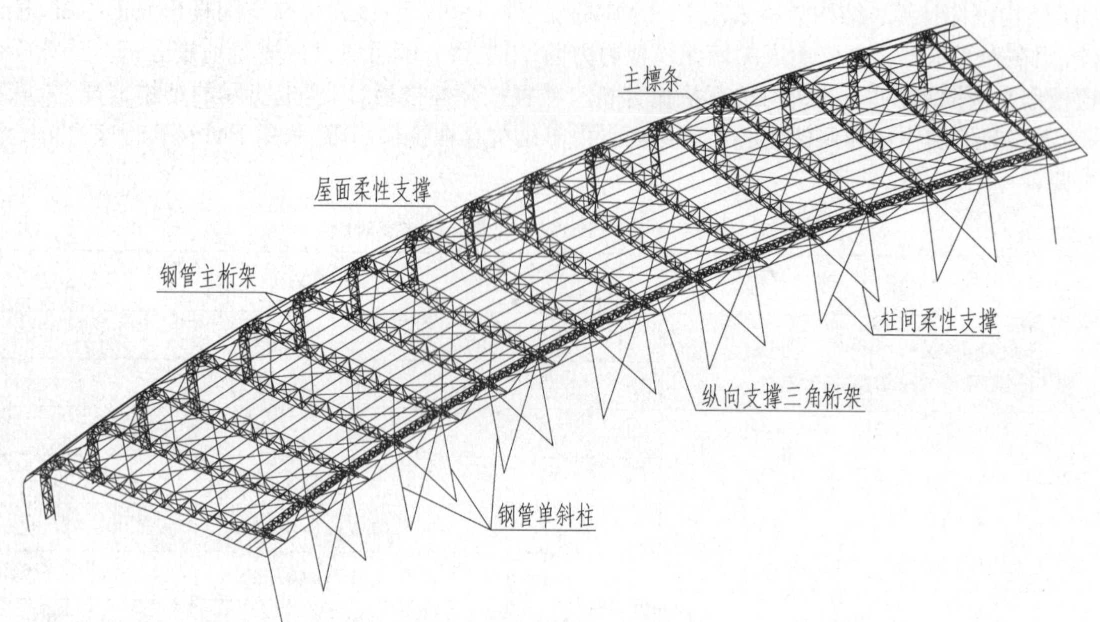

图 14　展览楼结构布置示意图

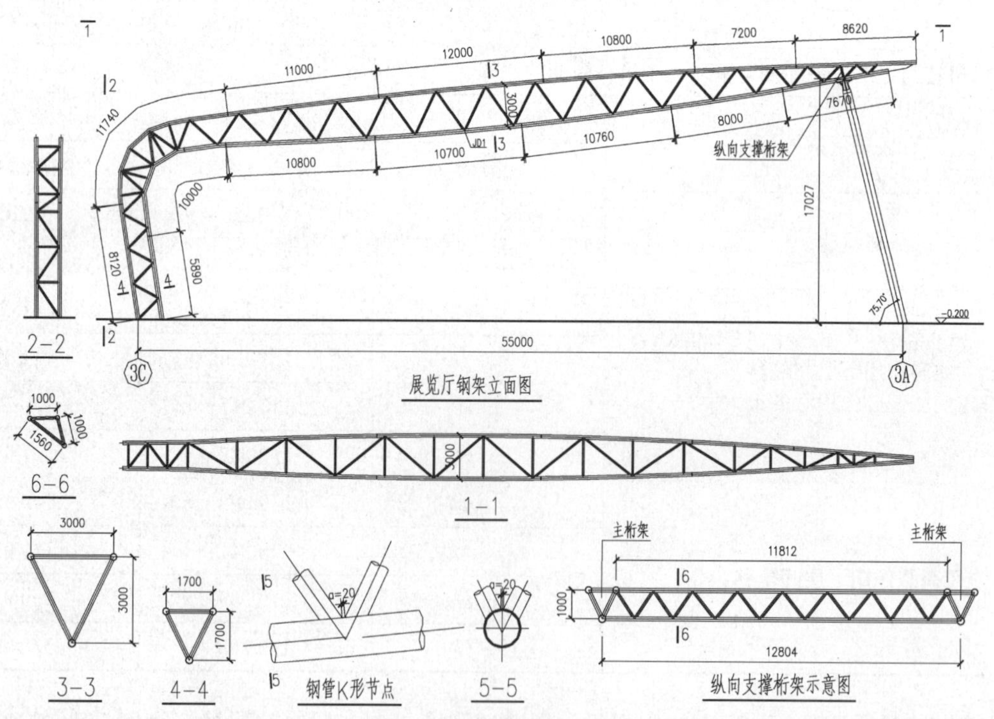

图 15　展览楼主桁架结构图

三角形桁架柱的侧向刚度较好，斜钢柱的侧向刚度相对较弱，为提高斜柱列侧向刚度，使两边刚度相当，在斜钢管内灌注 C30 混凝土，并在斜柱顶沿斜柱平面内设置一榀纵向贯通的三角形桁架。另外，斜柱间采用钢绞线交叉柔性支撑，施加预应力张紧，每隔一跨设置 1 道；桁架柱一侧仅在柱顶设 1 道箱形钢截面的纵向刚性系杆。调整钢绞线支撑的截面面积和预张力，使两侧柱列的纵向刚度相协调。两侧柱列刚度协调的判断通过计算进行，施加均匀的山墙面侧向风荷载，调整钢绞线预张力值使两侧柱列的水平位移相当。

屋面次梁采用窄翼缘工字型钢，沿纵向搁置于桁架梁上，同时成为桁架的纵向刚性系杆。次梁作为受压系杆时，其长细比大于150，利用屋面次檩条作为次梁的侧向支撑，可以减小其长细比。屋面水平支撑采用圆钢交叉柔性支撑，以索具螺旋扣张紧。沿长向两边各设置1道纵向水平支撑，沿短向与柱间支撑相对应的位置设置横向水平支撑，形成屋面封闭支撑系统，提高屋面平面刚度。展览楼与会议综合楼屋面形式上连为一体，结构上分开，于会议综合楼边梁上设置水平滑动铰支座，作为展览楼外伸钢梁的端支座。

(2) 结构整体计算：结构分析采用通用结构计算软件SAP2000，并用同济大学编制的钢结构计算程序3D3S进行校核。取北展厅进行计算。

① 荷载及作用取值(见表5)：

表5　荷载作用和取值

荷载类型	结构部位	取值	备注
恒荷载 g	结构自重		由程序自动计入
	屋面板及次檩条	0.5 kN/m²	
	屋面均布设备吊挂荷载	0.3 kN/m²	
活荷载 q	屋面	0.5 kN/m²	
	主桁架下弦吊挂活荷载	0.5 kN/m	
风荷载 W_x，W_y	基本风压	0.6 kN/m²	
	风振系数	2.0	
	风压高度变化系数		按规范计算
	体型系数	0.8(迎风)，−0.5(背风)	屋面风吸体型系数参照规范带天窗厂房的体型系数(−0.6)，由于未做风洞试验，本计算偏于安全，取−0.8；屋檐悬挑处体型系数取−2.0
	不利风向		对北展厅，南风为不利风向，对于Y向风，取南风进行计算，对于X向风，东、西风效应相同，取西风计算
地震作用 E_h，E_v			按规范计算，考虑水平及竖向地震
支座位移 δ		10 mm	两柱脚各考虑向外的位移
温度作用 T		±25℃	

② 荷载组合情况(见表6)：

表6　荷载组合

组合	序号	恒荷载	屋面活荷载	雪荷载	风荷载	地震作用
基本组合	1	1.35	1.4	—	—	—
	2	1.35	1.4×0.7	—	1.4×0.6	—
	3	1.0	1.4×0.7	—	1.4×0.6	—
	4	1.2	1.4	—	1.4×0.6	—
	5	1.0	1.4	—	1.4×0.6	—
	6	1.2	1.4×0.7	—	1.4	—
	7	1.0	1.4×0.7	—	1.4	—
	8	1.2	—	1.2×0.5	—	1.3
	9	1.0	—	1.0×0.5	—	1.3
	10	1.2	—	1.2×0.5	1.4×0.2	1.3
	11	1.0	—	1.0×0.5	1.4×0.2	1.3
标准组合	12	1.0	1.0	—	0.6	—
	13	1.0	0.7	—	1.0	—

③ 主要计算结果(见表7和表8):

表7 自振周期和振型

自振周期序号	自振周期(s)	振　　型
第一自振周期	0.861 95	沿东西向振动
第二自振周期	0.849 46	沿南北向整体振动
第三自振周期	0.807 53	沿南北向振动,屋面呈两个半波形式南北错动
第四自振周期	0.739 79	沿南北向振动,屋面呈三个半波形式南北错动
第五自振周期	0.677 05	沿南北向振动,屋面呈四个半波形式南北错动

结构地震作用可按底部剪力法计算,横向风荷载总值约为地震作用的5倍。该结构为单层大跨柔性结构,地震作用并不成为控制工况(见表8)。

表8 荷载总值和组合

荷　　载	取值或荷载组合
结构地震作用	17 740 kN
地震影响系数	0.071
横向地震作用	1 260 kN
横向风荷载	5 994 kN
屋面结构应力控制最不利荷载组合	1.35恒载+1.4活载
柱结构应力控制最不利荷载组合	1.2恒载+1.4×0.7活载+1.4南风荷载

由于结构跨度较大,对主要结构杆件的应力,按钢材强度设计值的75%控制,主要杆件的材料规格见表9。弦杆在相同外径的情况下采用不同的壁厚,达到节约钢材和各构件应力均匀的目的。单个展厅结构总用钢量为830 t,包括了主体钢桁架、支撑体系、屋面次钢梁,不包括屋面次檩条和立面幕墙钢柱,按建筑面积计算的单位用钢量为69 kg/m^2。

表9 主要杆件的材料规格

主桁架上弦	ϕ245/10(12)无缝钢管 Q345B
主桁架下弦	ϕ273/12(16)钢管 Q345B
主桁架斜腹杆	ϕ133/8、ϕ159/12 钢管 Q235B
主桁架平腹杆	ϕ127/8 钢管 Q235B
单钢管斜柱	ϕ600/18 直缝焊管 Q345B

在所选取的截面条件下,各工况计算的位移情况详见表10:

表10 各工况计算位移

荷 载 条 件	跨中最大竖向位移(mm)	斜钢柱顶水平位移(mm)
恒载工况	−82(可以通过预起拱消除)	−8.0(Y向)
活载工况	−48.7	−4.6(Y向)
W_y工况	77.4	19.0(Y向)
W_x工况	63(跨中侧向位移17.5 mm,X向)	13.0(X向)

(3) 特殊处理：

在桁架梁下弯为桁架柱处下弦曲率较大，而该处同时有较大的轴向压力，由于曲率的存在而形成较大的偏心弯矩。采用与整体下弦同等的管径情况下，其强度达不到要求。因此该处增设腹杆，使下弦杆分成较小的节段而减小偏心值 e，弯曲内力减小一半。另外，相应位置采用较大的管壁厚，并在内部灌注 C30 混凝土，增强抗弯能力和局部稳定性(见图 16)。经采用以上措施，使构件应力比控制在 0.75 以下。施工中还应保证该处的加工精度，避免由于加工偏差产生的附加弯矩。

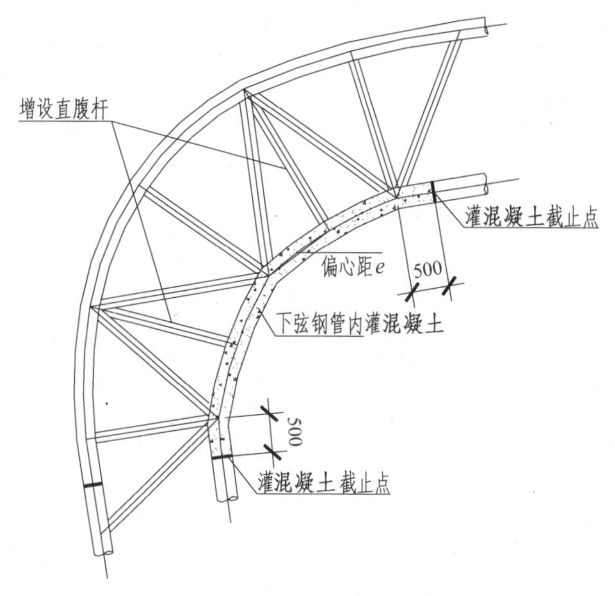

图 16　展览楼主桁架弯管处做法

展厅为全钢结构，防火是需要重点考虑的问题。该建筑防火等级为一级，根据规范，其柱子的耐火极限应达到 3.0 h，桁架梁的耐火极限为 2.0 h，次梁的耐火极限为 1.5 h。3.0 h耐火极限需要采用厚涂型防火涂料保护，会使表观难看，失去钢结构杆件轻巧美观的效果，大量桁架杆件涂刷 2.0 h 耐火极限的超薄型防火涂料也存在施工上的麻烦和经济上的问题。同济大学钢结构抗火研究室就此进行了计算机模拟分析，该分析以 CSIRO 与公安部上海消防研究所提供的 *Design fire for Car Accessory Exhibition Booths* 为依据。报告为火灾分析条件，采用结构通用分析软件 ANSYS 进行计算。进行了最不利火灾场景分析；最不利火灾场景下钢管桁架结构构件升温过程分析；钢管桁架结构在最不利火灾场景下的结构反应全过程分析及关键构件的抗火承载力验算；钢管桁架结构在火灾下的安全性能评估。结果显示，该建筑在特定条件可能发生的火灾的情况下，不进行特殊防火保护的钢结构整体的耐火极限可以达到 3.0 h 以上，从而避免了大量的防火涂料投入。

钢结构吊装采用履带吊逐榀进行的方式，主桁架逐榀吊装，并利用柱间支撑和纵向桁架及时形成稳定体系，屋面次梁也及时跟进，大大减少了临时支撑用量。桁架在靠近下弯为柱处断开，先完成斜钢柱和管桁架柱的安装固定，桁架梁用 1 台吊机整体提升，一端搁置在斜钢柱上连接，另一端与管桁架柱对焊连接。南北展厅主桁架各采用 1 台 100 t 履带吊，纵向桁架及次梁等各采用 2 台 30 t 履带吊同时进行。该方法施工效率很高，全部主体结构在两个月内吊装固定完毕。

三、给排水设计

(一) 生活给水

1. 水源

城市自来水。基地西侧的墨玉南路市政给水管为 DN500，预留接口为 DN300；基地北侧博园路的市政给水管为 DN200，预留接口为 DN200。该设计从博园路的 DN200 预留接口上分出一根 DN150 引入管，作为该工程的生活水源。市政管网压力为 0.15 MPa。

2. 水质

直接使用城市自来水。生活水箱设置“水箱水处理仪”，以保持水质稳定。

3. 生活用水量(见表 11)

表11 生活用水量

用　途	用水量定额	用水单位数	$Q_{a\max}$(m³/d)	使用时数	K	$Q_{h\max}$(m³/h)	备　注
参展工作人员	30 L/(人·次)	3 320 人/d	100	8	1.5	19	直　供
参观人员	6 L/(人·次)	20 000 人/d	120	8	1.2	18	直　供
展览工艺			80	8	2	20	直　供
办公、会议	50 L/(人·d)	1 200 人	60	8	1.2	9	水泵供
餐　饮	50 L/(人·次)	1 500(人·次)/d	75	12	1.5	9	水泵供
车库冲洗	2 L/(m²·d)	1 800 m²	4	4	1	1	直　供
绿化浇洒	2 L/(m²·d)	8 000 m²	16	4	1	4	直　供
冷却补水	1%	1 700 m³/h	170	10	1	17	直　供
小　计			625			97	
不可预计	15%		94			15	
合　计			719			112	

4. 供水方式(见图 17)

地下室和 1 层生活用水及布展工艺用水由城市管网压力直接供水，2～6 层由变频调速泵恒压变量供水。展厅工艺用水将在管沟中预留接口。

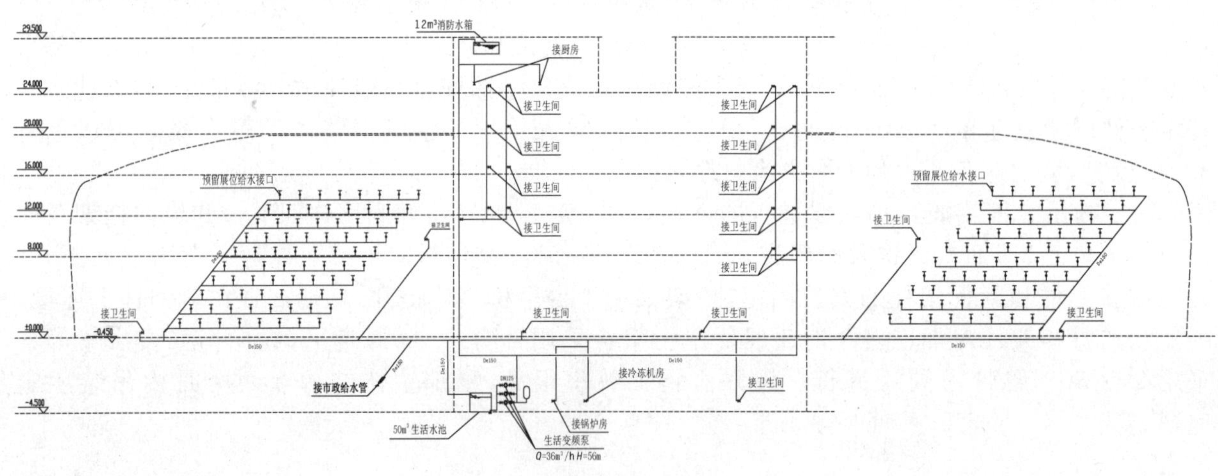

图17　供水系统示意图

5. 泵房及增压设施

泵房在地下 1 层设置，生活泵房和消防泵房合建。需由变频调速泵供水的部位最高日用水量为 135 m³，最大小时用水量为 18 m³，秒流量约为 20 L/s。泵房内设置 50 m³ 生活水池 1 座，变频调速泵 3 台，两用一备，单台水泵流量为 10 L/s，扬程为 56 m。系统将配置小型气压罐。

(二) 排水

排水系统设计见图 18。

1. 市政排水条件

墨玉南路和博园路有市政污水管道，可承接生活污水；基地南侧吴淞江可承接雨水，其常年水位为 2.00 m。

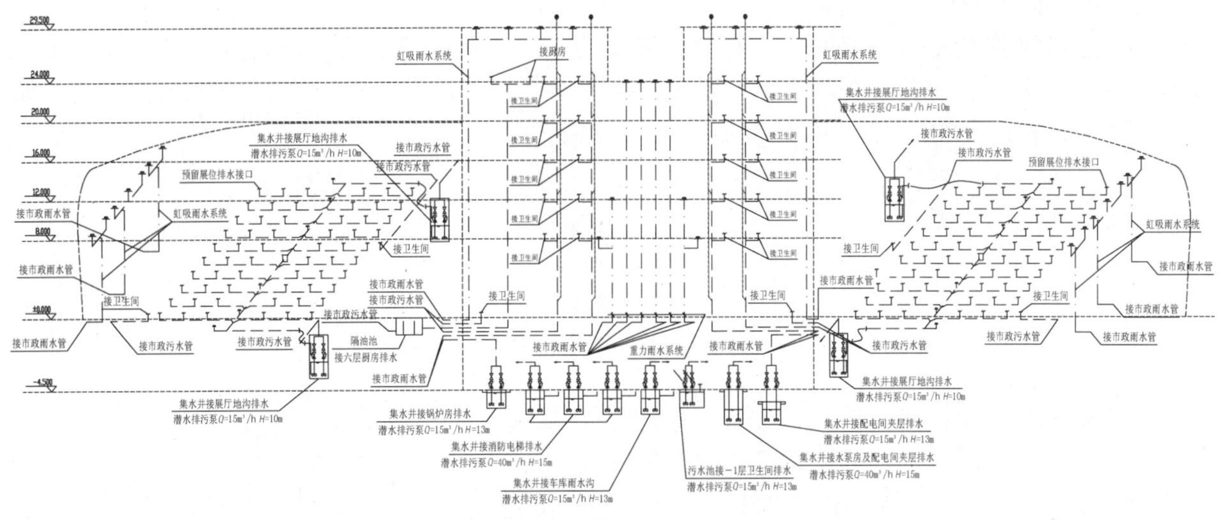

图18　排水系统示意图

2. 排水体制

雨、污分流。生活污水排入城市污水管网，由城市综合污水处理厂统一处理。厨房含油废水经隔油池处理后，纳入污水系统。雨水经管道收集后，排入吴淞江。

3. 污水量

污水量为 395 m^3/d。

4. 屋面雨水排放

展厅和会议综合楼的大面积屋面采用虹吸排水，部分小屋面采用重力排水。

5. 雨水系统设计参数

(1) $i=33.2(P^{0.3}-0.42)/(t+10+7\lg p)^{0.82+0.07\lg p}$。

(2) 设计重现期：展厅屋面虹吸排水系统设计重理期取 $P=10$ 年，综合楼取 $P=100$ 年，均考虑不设溢流装置；重力排水屋面取 $P=5$ 年，室外取 $P=3$ 年。

(3) 综合径流系统：$\psi=0.6$。

(三) 管材

(1) 室外给水管采用内壁喷塑的球墨铸铁给水管；室内给水管为薄壁铜管。

(2) 消防管、喷淋管为热镀锌钢管，管径≥DN100 为卡箍沟槽式接口，管径≤DN75 者为丝扣连接。

(3) 室内排水管采用芯层发泡 UPVC 塑料排水管；室外排水管为 FRPP 排水管。

(4) 虹吸排水管为 HDPE 管。

(四) 消防给水系统

1. 水源

城市自来水。基地西侧的墨玉南路市政给水管为 DN500，预留接口为 DN300；基地周边的公园埋地给水管为 DN200，为该工程预留了 2 个 DN150 接口。该设计从 DN300 的接口上接出 DN250 引入管 1 根和公园给水管上留出的 2 个 DN150 接口，在基地四周形成环状管网，作为该工程的消防专用水源。

2. 消防设施

(1) 室外消防设施：室外管网呈环状布置，环网直径为 DN300，其室外水表采用水平螺翼式。沿建筑四周均匀布置 7 只地上式室外消火栓和 7 组地上式消防泵接合器，其中 2 组供室内消火栓系统，5 组供自动喷淋系统。室外消火栓间距不大于 120 m，其保护半径不超过 150 m。

(2) 室内消火栓(见图 19)：根据上海市《水灭火系统设计规程》的要求设置室内消火栓，保证室内任何部位有两支水枪的充实水柱同时到达。展厅横跨58 m，净空高度17 m，消防箱沿纵向两侧布置，间距23 m。为达到两股水柱保护的要求，经计算，展厅消火栓充实水柱应为18 m，栓口压力为不小于0.46 MPa。消防箱内将配置DN65消火栓、L25 m衬胶水带、ϕ19水枪、ϕ25消防卷盘和消防泵启动按钮各1套及3 kg装磷酸铵盐干粉灭火器3组。

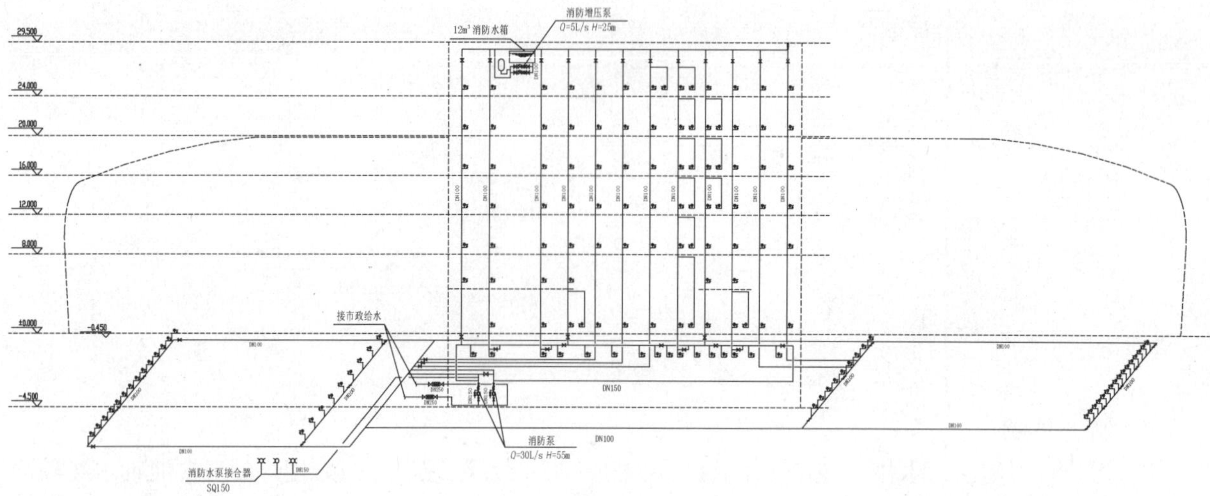

图19　消火栓系统示意图

(3) 自动喷水灭火(闭式)系统(见图20)：本建筑除不宜用水扑救的电气设备用房以外，均设置湿式自动喷水灭火系统。其中车库按中危Ⅱ级设计，展厅属高大空间，经消防性能化设计专家评审会议确定，喷头流量系数选用K=115，喷水强度按12 L/(min·m^2)，保护面积按260 m^{2}设计，系统流量为52 L/s；其余部位按中危Ⅰ级设计。整个系统于泵房内设置五组湿式报警阀，每个楼层、每个防火分区设置水流指示器及相应的信号阀。

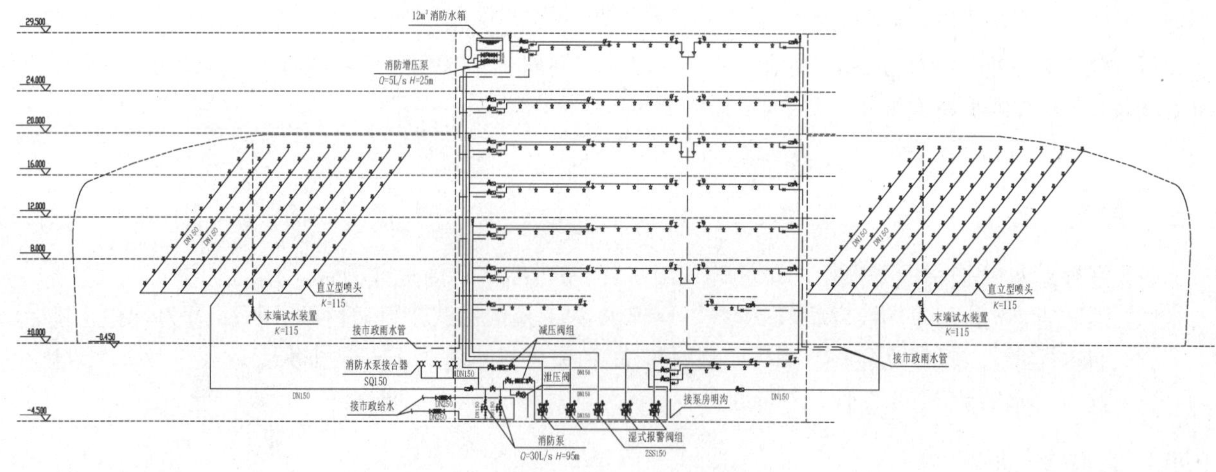

图20　喷淋系统示意图

3. 消防水量(见表12)

表12　消防水量

系统名称	设计秒流量(L/s)	火灾延续时间(h)	一次灭火用水量(m^3)	备　注
室外消防	30	3	324	
室内消火栓	30	3	324	
自动喷淋	52	1	187	
合　计	112		835	

4. 系统设计

该工程水灭火系统采用临时高压制。消防泵房和生活泵房合建,设于地下1层。泵房内设置消火栓泵2台(Q=30 L/s,H=0.55 MPa,一用一备)、喷淋泵2台(Q=52 L/s,H=0.95 MPa,一用一备)。消防泵和喷淋泵均从室外管网直接抽水。屋顶设置18 m^3消防水箱和各系统的稳压泵,供火灾初期扑救之用。

各系统均为一个压力分区。

5. 建筑灭火配置

按中危险级配置磷酸铵盐干粉灭火器,一般场所为A类火灾,汽车库为B类火灾。

四、电气设计

(一) 强电

1. 负荷等级与供电电源

该会展中心上海世博局在上海嘉定投资的项目,以汽车展为主。供电负荷属一级负荷供电。采用两路10 kV电源同时供电,10 kV采用单母线分段,不设母联开关,两路电源供电容量均为3 400 kVA。其中2×1 600 kVA向会议综合楼照明、空调、动力及消防供电,800 kVA+1 000 kVA向南展厅照明、空调、动力及消防供电,800 kVA+1 000 kVA向北展厅照明、空调、动力及消防供电。会议综合楼、南展厅、北展厅各设置一处10 kV变电所。

2. 电气设备

(1) 10 kV配电柜:采用国产KYN柜,继电保护器采用ABB型号为素帕机40C。断路器采用VD4,分段能力为25KA/3S。

(2) 干式变压器:采用国产,型号为SCB9。

(3) 低压配电柜:采用国产,型号为MNS。ABC采用F开关,MCCB采用S开关。

(4) 变电所设备运行监控和能量管理系统:采用国产。

3. 防雷和SPD

(1) 采用屋面金属板作为接闪器,钢柱作为引下线,基础钢筋作为接地极。

(2) 电子信息系统防雷等级为A级,SPD设三极保护。

4. 展馆照明和布展电源

(1) 展位供电:在展馆内一侧设置6座低压配电间,地面设置电缆沟主沟和支沟,主沟与低压配电间连通,支沟与主沟连通。主沟为设备共同沟,2 000深×1 700宽,支沟间距为6 m,700深×500宽,支沟盖板荷载为10 t,每块支沟盖板配有6个布展出线口,展位电源按150 W/m^2预留。

(2) 展馆照明:展馆一般照度为300 lx,应急照明为30 lx。一般照明选用光效高、寿命长、显色指数高的金属卤化物灯具。各展馆均设有灯光控制室,设置由计算机控制的智能灯光控制照明。

5. 负荷统计(见表13和表14)

表13 负荷统计一

负荷 \ 地点	南展厅	北展厅
布展电力(kW)	900	900
照明(kW)	66	66
空调末端(kW)	360	360

续 表

负荷 \ 地点	南展厅	北展厅
动力(kW)	100	100
室外照明(kW)	50	50
公园照明(kW)	100	100
公园水景动力(kW)	100	100
设备总装机容量(kW)	1 676	1 676
变压器装机容量(kVA)	1 800	1 800
建筑面积(m^2)	12 000	12 000
变压器装机密度(VA/m^2)	150	150

表14 负荷统计二

负荷 \ 地点	会议综合楼
厨房动力(kW)	470
照明和插座(kW)	1 300
空调末端(kW)	430
动力(kW)	1 000
一层布展电力(kW)	162
设备总装机容量(kW)	3 362
变压器装机容量(kVA)	3 200
建筑面积(m^2)	58 000
变压器装机密度(VA/m^2)	55

(二)弱电

1. 结构化综合布线系统

楼内的语音及数据通信布线网络采用光缆加铜缆一体化的布线系统,语音主干线缆为3类大对数铜缆;数据及图像为多芯多模光纤,水平线缆均为6类4对双绞非屏蔽线缆铜缆。实现主干为千兆位的标准、灵活、开放的结构化布线系统。布线系统的拓扑结构为星型方式,具体见图21。

该工程信息端口办公区设计按每个办公工作区至少设置1个双孔信息点,其他部位按功能要求设置信息点。展示区按每个展示组块预留2对以上光纤以满足各展位数据信息点配置要求,每一个展示组块预留2根6类4对非屏蔽铜缆用于展位的语音、数据应急备用。整个工程信息点为2 273。

2. 通信系统

语音通讯包含固定有线通信及无线移动通信两部分。

(1) 固定有线通信:

固定有线通信分直线电话通信及分机电话通信。会展中心的主楼上部为出售办公、餐饮用房,考虑到最终用户使用上的不确定性,均采用直线电话,每层预留200对通信电缆,会展中心的主楼展示部分、南北展厅部分由投资方管理,采用以分机电话通信为主直线电话通信为辅的方案,分机电话采用西门子150门数字程控交换机,该机型采用堆栈式模块化概念,具有良好的扩展性,在主板之外,具有多个扩展槽位,可以灵活配置所需容量,适用于会展中心的各种服务。系统配置如下:

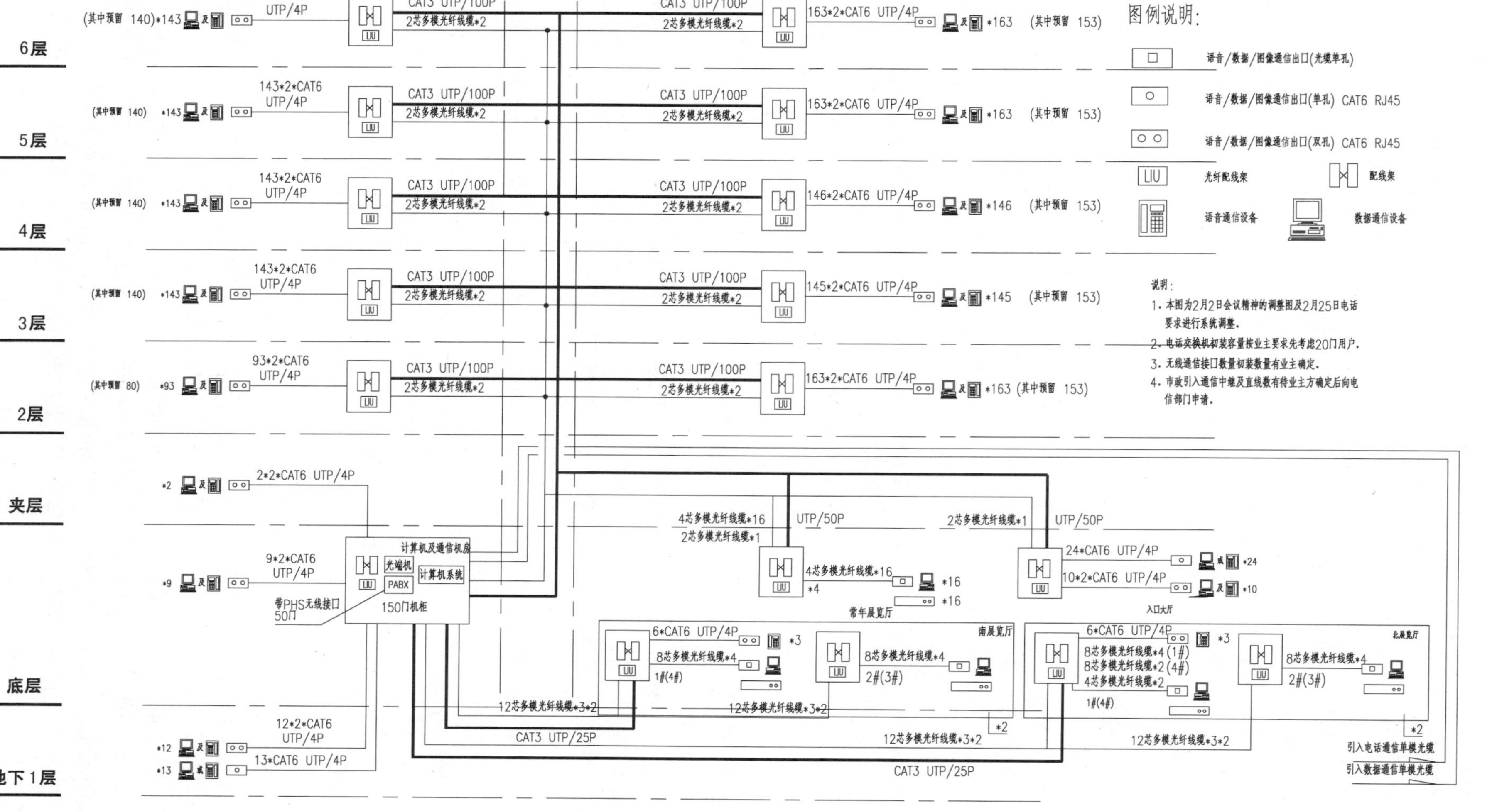

图 21　结构化综合布线系统

① 数字程控交换机分机总容量为150门，数字中继为15门左右，带PHS无线端口50门。

② 电脑话务台1台。

③ 语音信箱1套。

④ 计费软件1套。

固定通信采用光纤引入，楼内总的电话端口为1 260个。

(2) 无线移动通信：

无线移动通信采用光纤接入，计中国移动、中国联通及小灵通三种接收设备及室内网络。在楼内地下层设无线移动通信中继接收设备，微型室内发射天线分布楼内各层。

3. 安保系统

会展中心的安保系统由3部分组成：电视监控系统、防盗入侵报警系统及无线电子巡更系统。各子系统采用组合式联动管理及控制。

(1) 电视监控系统：

摄像机分布在主要出入口、楼层主要通道、展览大厅、电梯厅、电梯轿厢地下车库及室外广场等处。在有些监控范围大的场地，采用变焦距、变焦点、自控光圈、左右上下摇动的一体化摄像机，安保人员可从安保控制室的监视器获悉各区、层范围内情况，可自动转换，时间可调。

系统采用黑白及彩色8.5 mm(1/3 in)CCD摄像机，摄像机水平清晰度黑白不低于400电视线，彩色不低于330电视线。整个系统以彩色为主，除地下层、电梯桥厢内采用黑白摄像机外，其余均为彩色摄像机。室外安装的摄像机均为全方位彩色/黑白昼夜切换型，展示区摄像机具有视频图像报警功能，以加强夜间的安全管理，整个系统共由56台高性能的摄像机构成。

前端系统采用满足64路输入，16路输出微机矩阵主机，主机切换输出的视频信号在10台355.6 mm(14 in)和1台508 mm(20 in)彩色监视器上显示，同时将输出视频信号送至4台16路数字硬盘录像机进行录像，并在4台508 mm(20 in)彩色监视器上显示。

(2) 防盗入侵报警系统：

防盗入侵报警探测器设在所有出入口、地下层楼梯前室、展示区及楼内重要房间，展示区配合展位布置报警探测器。

防盗入侵报警探测器采用被动型红外/微波双鉴探测器。

(3) 电子巡更系统：

系统采用无线网络，巡更信息收集点设置在各层的楼梯间处，安保人员在指定时间到达指定地点输入信号，安保控制室可动态的监控巡更路线的安全。

4. 有线电视系统

电视信号由市有线电视台引来，楼内信号传输网络由同轴视频电缆、分支器、分配器和放大组成。系统的各项电气性能指标满足上海市广电部门的要求，系统采用5～860 MHz邻频双向传输，电视终端电平控制在69 dB±3 dB范围，图像质量主观评价不低于4级。

有线电视电视终端主要设在会议室、贵宾室及部分办公室内。

5. 公共广播兼紧急广播系统

公共广播系统兼消防紧急广播功能，各项性能指标满足语音广播兼播放一般音乐。系统采用定电压输出方式，传输电压采用100 V节目信号通过有线广播线路分路传送至楼内各公共区域。整个中心内共分有9个公共广播区域(底层至六层各一个回路，南北展示大厅各一个回路，室外一个回路)，9个消防紧急广播区域(地下层至六层每层一个回路，楼梯前室共用一个回路，南北展示大厅各一个回路)。

公共广播系统配置AM/FM接受调谐器、激光唱机、循环录放音机、前置放大器及功率放大器等音响播放设备。扬声器采用嵌顶及明挂两种，除有吊顶处为嵌顶，其余为明挂，一般场所为3 W，大空间展厅在屋顶钢结构支架下明挂音箱功能为10 W。

一旦发生火灾等异常情况，按防火规范要求通过切换控制器把指定区域的广播切换至紧急广播信号，自动放送预先录制的紧急疏散广播或通过话筒广播疏散指令。

6. 火灾自动报警及消防联动控制系统

该工程为一类高层建筑，火灾自动报警系统按一级保护对象设防，采用集中报警系统的形式。楼内设置一套高可靠性、智能化的火灾自动报警系统。

(1) 火灾报警部分：

火灾报警自动探测器由普通及智能型光电感烟探测器、普通及智能型感温探测器、红外对射火灾探测器及抽气式火灾探测装置组成。高于 8 m 以上的一般空间设红外对射火灾探测器，经消防性能化试验的南北大空间展厅设抽气式火灾探测装置。除自动报警探测器外，手动报警按钮、消火栓动作信号、喷淋水流指示器及水流闸阀动作信号、消防水箱液位低水位信号及燃气报警探测器均接入本消防报警系统。各层均设火灾报警复示屏。

火灾自动报警系统线路在每个报警回路上均设短路隔离器。报警系统共采用 7 个回路。

(2) 消防联动控制部分(见图 22)：

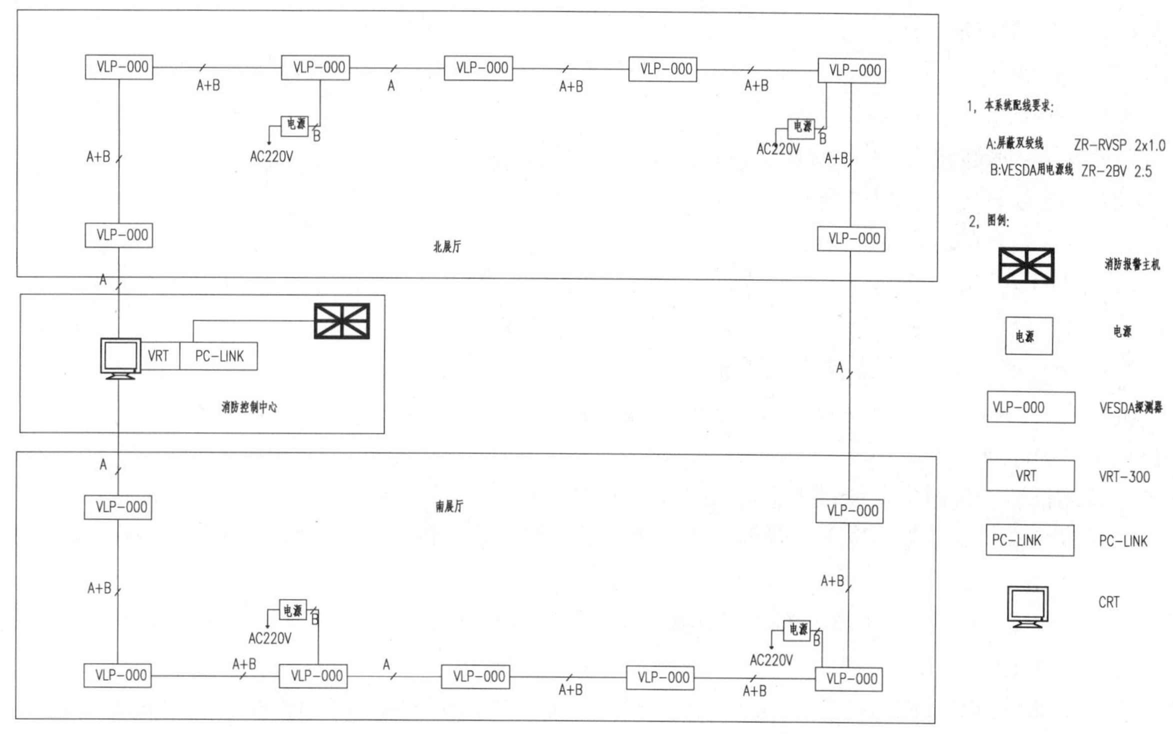

图 22 消防联动控制系统

该工程内的消防联动控制均按火灾自动报警系统设计规范要求进行。

① 火灾报警后，按设置的控制程序联动下列与消防有关的设备：空调风机、新风处理机、排风机、正压风阀、排烟风阀、防火阀、正压风机、排烟风机及消防补风机。

② 火灾报警确认后，按设置的控制程序联动下列与消防有关的设备：声光报警装置、消防紧急广播、电梯、防火卷帘、非消防电源、应急照明、疏散指示灯、消火栓系统、自动喷水系统。

7. 楼宇设备控制管理系统

该系统为集散控制、具有开放性、可扩展性。系统由中央工作站，网络服务器、直接数字控制器、各类传感器及电动阀等组成，其控制程序可根据不同要求、不同季节进行调整；所有报警点在报警时均有记录；所取的模拟信号、数字信号可根据用户要求进行定时、定日、定月记录。

系统需监控的楼内机电设备为：

(1) 公共部位的照明设备。

(2) 空调风机、新风处理机及排风机。

(3) 给排水系统的生活泵及排水泵。

(4) 水箱、水池。

(5) 变配电所的高、低压及变电装置。

(6) 制冷系统的冷冻机组、冷冻水泵、冷却水泵、冷却塔。

(7) 制热系统的锅炉、循环水泵。

(8) VRV 空调系统采用网络接口设备接入本系统。

8. 停车库车辆进出控制管理系统

地下停车库设车辆进出控制管理系统，在车库入口处设门匝管理控制设备，内部停车进出设非接触读卡设备，考虑到参观者的停车要求，车库内设出票设备、计时收费设备。

9. 电子会议系统

楼内部分会议室设多媒体电子会议系统。系统包括：

(1) 大屏幕投影显示系统。

(2) AV 系统。

大屏幕投影显示系统技术要求：

(1) 既能接收标准视频信号，又能接收计算机产生的信号。

(2) 高亮度转出 3 000 lx(全白)。

(3) 具有较高的清晰度。

(4) RGB 输入时达到 500×1 200 或 2 200×1 600 像素，视频达 700 线。

(5) 屏幕尺寸：1 778～7 620 mm(70～300 in)连续可调。

10. 电子显示屏及多媒体查询系统

会展入口 LED 全彩大屏幕显示屏，显示屏的尺寸为长 3 m×高 2 m(6 m^2)，管径 ϕ3.7，室内展示处设等离子电子显示屏。

多媒体信息查询服务系统设于会展入口。系统构成要求：

(1) 多媒体查询服务终端应以奔腾Ⅳ PC 微机为主体，内存 128 M，硬盘 20 G 以上，至少配有声霸卡、触摸屏、大屏幕显示器(21 英寸)有源音箱、终端台组成。

(2) 多媒体制作系统：系统至少由工作站、声卡、图像卡、CDROM 读写机和相应的制作软件构成。

11. 电子检票系统

会展出票与检票采用电子售检票系统，用于电子售票与电子检票，电子检票机设于参观者进入的各通道处。

12. 计算机局域网系统

该工程的内部计算机局域网利用中心内的综合布线系统进行组网，网络系统采用以太网 TCP/IP 协议。内设计算机主机系统、数据储存器、服务器、网络交换机及 INTERNET 接入设备。系统的硬件配置及软件功能由计算机网络及软件系统工程公司按业主的需求进行设备安装及软机二次开发。

该工程总的许多弱电系统的应用是在局域网的基础上组网，建成后可实现如下等功能：

(1) 电子邮件服务。

(2) 办公自动化管理系统。

(3) 电子售票检票系统。

(4) 接入 INTERNET 网络等。

13. 智能化集成系统

该工程的智能化集成系统，以物业管理位主线，对整个中心内的所有设备资源、各种公共服务设施进行管理，并且对建筑物内的楼宇自控系统、消防报警系统、安保系统、电视系统、广播音响系统进行综合管理。集成的重点为机电设备功能集成，统一操作平台，方便物业管理。

14. 其他

(1) 所有弱电进出电缆均考虑设弱电防雷保护。

(2) 展厅内信息点仅在共同地沟内预留，待布展时临时配线到位。

五、暖 通 设 计

(一) 设计标准

1. 室内设计参数(见表 15)

表 15 室内设计参数

指标 \ 场所	南、北展览厅、常年展厅、门厅		餐厅、大宴会厅、办公、管理用房、会议室	
	夏 季	冬 季	夏 季	冬 季
干球温度(℃)	25～27	16～18	24～26	18～20
相对湿度(%)	≤65		≤65	

2. 新鲜空气量(见表 16)

表 16 新鲜空气量

指标 \ 场所	南、北展览厅、常年展厅、门厅、餐厅、大宴会厅	会议室	办公、管理用房
新鲜空气量[m^3/(h·人)]	20	30	35

3. 通风类型和换气次数(见表 17)

表 17 通风类型和换气次数

指标 \ 场所	卫生间	给排水水泵房	污水泵房	地下汽车库	厨 房	空调水泵房	直燃机房
换气次数(次/h)	10	4	20	6	40	4	20

其中卫生间、给排水水泵房、污水泵房、地下汽车库和厨房的通风系统采用自然进风、机械排风方式，空调水泵房和直燃机房的通风系统为机械送风、机械排风方式。

(二) 空调冷热源

会展中心的空调总冷负荷为 11 800 kW，总热负荷为 8 000 kW，冷负荷指标为 190 W/m^2，热负荷指标为 130 W/m^2。选择 3 台直燃型溴化锂吸收式冷热水机组作为会展中心中央空调系统的冷热源，安置于地下 1 层的专用机房内。其中 2 台的制冷量为 4 652 kW，供热量为 4 413 kW，天然气耗量 480 Nm^3/h，另外 1 台的制冷量为 1 977 kW，供热量为 1 911 kW，天然气耗量 210 Nm^3/h。机组冷冻水供水温度 6℃，回水温度 12℃，热水供水温度 60℃，回水温度 55℃。

冷却塔设置于室外绿地内，共 5 台(4 大 1 小)，为直燃型溴化锂吸收式冷热水机组，提供的供/回水温度分别为 32/38℃的冷却水，其中 4 台的冷却水流量为 700 m^3/h，另外 1 台的冷却水流量为 600 m^3/h。冷却水泵的设置情况与直燃机相对应，并设备用泵。其中 3 台(2 用 1 备)的流量为 1 400 m^3/h，扬程 31 m，与大容量直燃机配合运行。另外 2 台(1 用 1 备)的流量为 600 m^3/h，扬程 26 m，与小容量直燃机配合运行。5 台冷却塔的集水盘相互连通，以利于各塔之间的并联运行。

(三) 空调供回水系统

中央空调的水系统采用两管制、一次泵形式(见图 23、图 24)。冷、热水经过空调水泵房内的分水器后分别送至南、北展览厅、会议综合楼中的组合式空调机组、新风空调机组以及风机盘管机组等末端空气处理设备,以满足各功能区的空调需要。各区域的空调回水经过空调水泵房内的集水器后被引至空调系统循环水泵,再泵送至直燃型溴化锂吸收式冷热水机组。

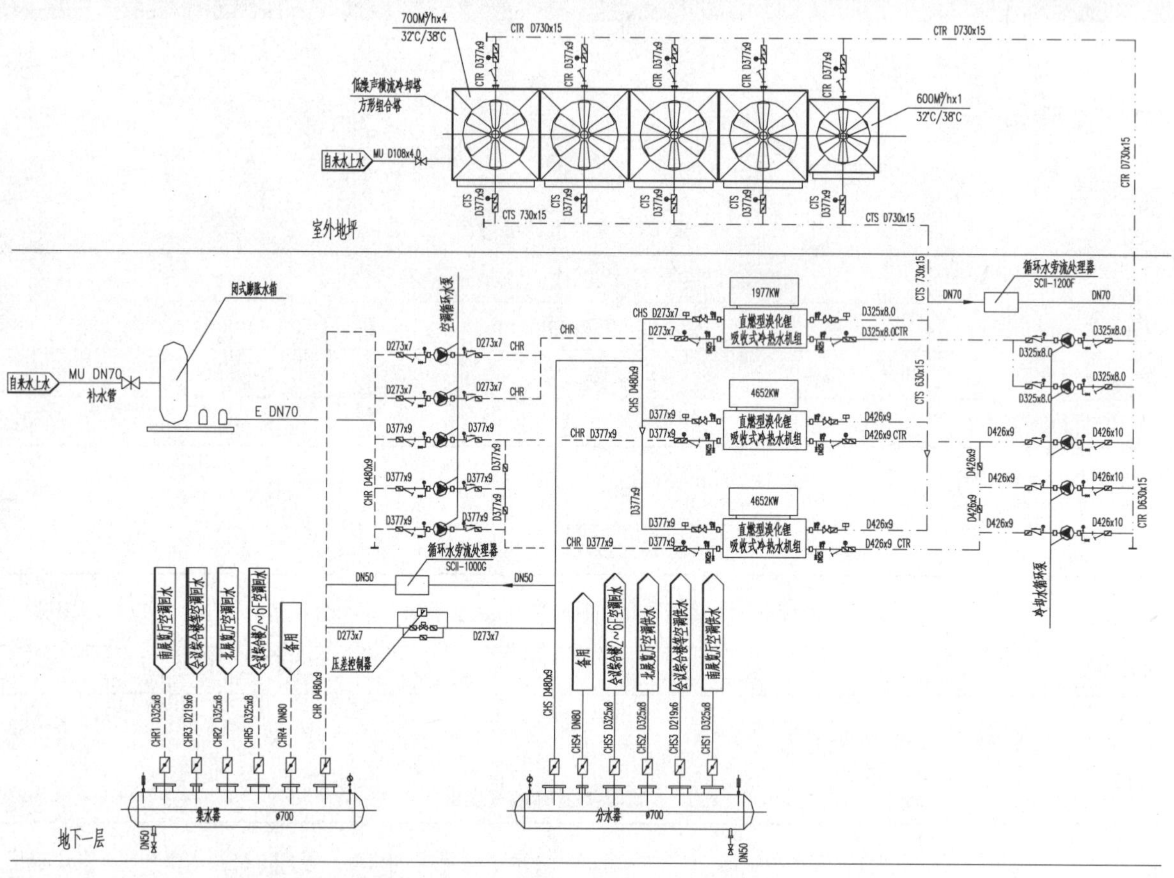

图 23　空调冷热源部分水系统原

空调系统循环水泵同样与直燃机对应设置,并设备用泵。其中 3 台(2 用 1 备)的流量为730 m^3/h,扬程 39 m,与大容量直燃机配合运行。另外 2 台(1 用 1 备)的流量为 310 m^3/h,扬程 37 m,与小容量直燃机配合运行。

空调循环水系统和冷却水系统均采用循环水旁流处理器进行水处理,这种水处理装置通过微电解水产生活性氧,活性氧的氧化性极强,可杀灭水中的军团菌及其他细菌,有效抑制水藻的生长,并能实时清除水中水垢,防止设备管道腐蚀。

空调循环水系统采用闭式膨胀水箱完成水体膨胀、系统补水及系统定压三大功能,闭式膨胀水箱设置于地下一层空调水泵房内。

(四) 空气处理系统

根据建筑物内各空间的不同使用功能,采用了不同的空调通风系统形式及气流组织形式。

1. 南、北展览厅

南、北展览厅采用低速单风道全空气空调系统。为南、北展览厅服务的末端组合式空调机组设在展厅外墙内侧的空调机房内,沿展览厅长边,在北展览厅内设置了 7 台组合式空调机组,在南展览厅内设置了 8 台组合式空调机组,空调机房离地 5 m。机房布置如图 25 及图 26 所示。

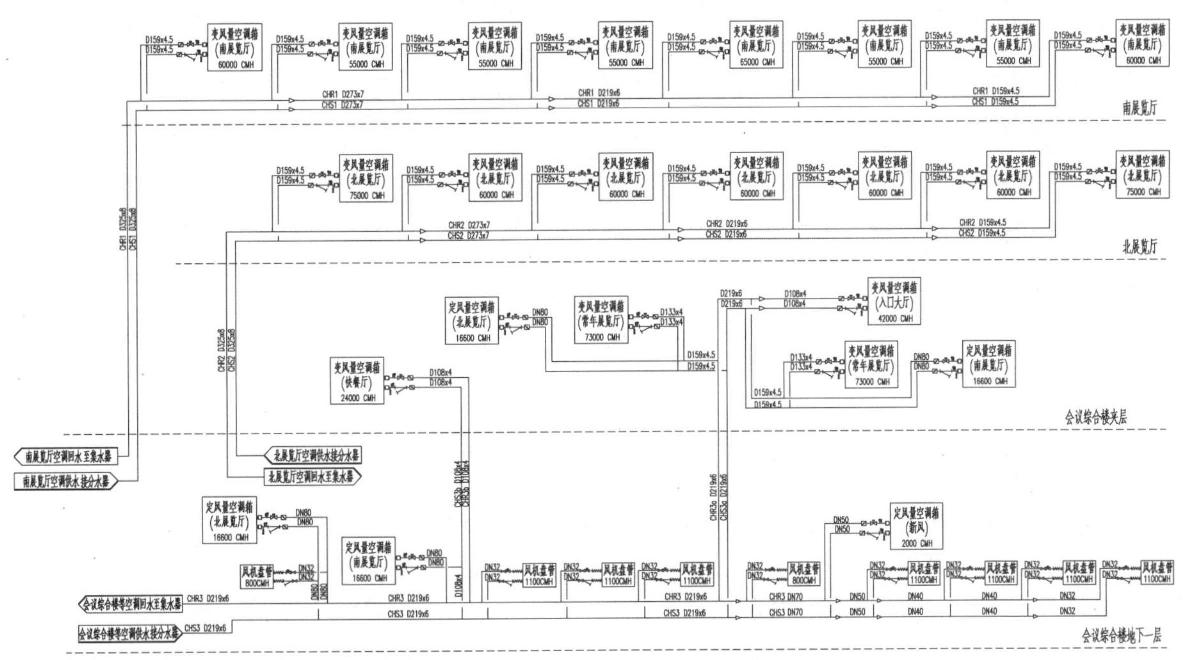

图 24　空调末端水系统原

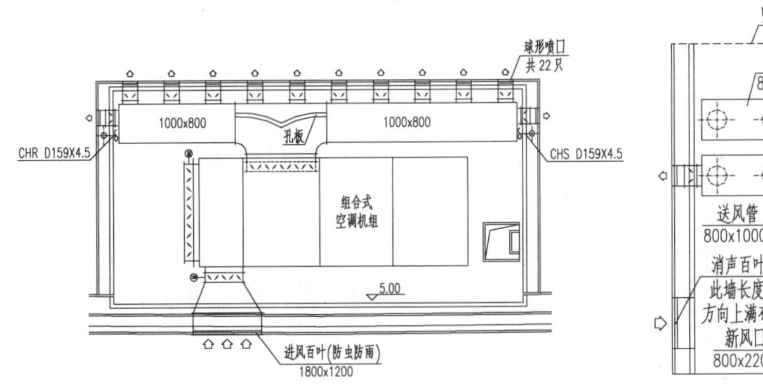

图 25　南、北展览厅空调机房平面图

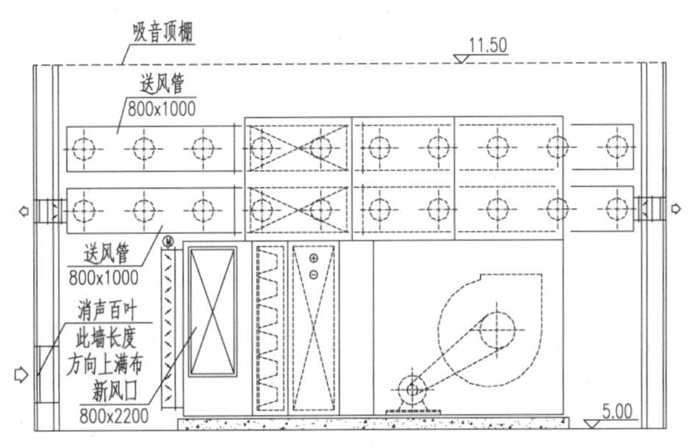

图 26　南、北展览厅空调机房剖面图

每台组合式空调机组通过球形喷口向展览厅内送风，球形喷口安装于空调机房与展览厅之间的隔墙上，分上下两层布置。上层喷口用来满足离空调机房较远区域的空调要求，下层喷口则可控制较近区域的温湿度。同时，喷口还可根据季节变化进行手动调节。冬季采暖时，热空气可向下直接吹向地面；夏季供冷时，冷空气的吹出方向接近水平，避免冷空气直接吹向人体，降低舒适性。空调系统的回风通过空调机房侧墙上的消声百叶回流至机房内。

在南、北展览厅靠近会议综合楼一侧设置了 4 个低速单风道全空气空调系统，这 4 个系统分别负担南、北展览厅的小部分空调负荷，同时也使展览厅内的温度场分布更加均匀。这 4 个空调系统的组合式空调机组分别安装于地下 1 层和会议综合楼夹层的空调机房，送风管位于展览厅地沟内，送风方式为地板送风，回风口设在展览厅靠近会议综合楼一侧 6.35 m 标高处，回风通过回风管引入相应的空调机房。

南、北展览厅的排风形式为自然排风，在热压和风压的共同作用下，展览厅内的部分空气通过展厅外墙上的高侧窗排至室外。

2. 常年展览厅、门厅及快餐厅

常年展览厅、门厅及快餐厅同样采用低速单风道全空气空调系统，空调机房位于会议综合楼夹层。经组合式空调机组处理后的空气通过安装于常年展览厅和门厅吊顶上的旋流风口自上而下送入空调区域，回风口直接开在空调机房的侧墙上，并与机房内的防火调节阀和片式消声器相连接。快餐厅设于夹层内，空间高度不及常年展览厅和门厅高大，故送风采用方形散流器即可，回风同样利用机房侧墙开设的百叶风口实现。

常年展览厅、门厅及快餐厅内均设机械排风系统。

3. 办公、会议及餐饮区域

在地下1层的少数管理用房、1层的辅助办公入口门厅及其附属用房、贵宾厅、2～5层的办公、会议用房以及6层的餐饮区域均采用风机盘管＋新风的空调系统形式，新风亦同时供给这些区域的走廊。为了保证空调区域内良好的空气品质及风量平衡，必须在这些区域设置集中机械排风系统，使新风顺利地送入空调区域。

（五）空调自动控制

空调系统的自动控制主要包括以下几个部分：

1. 冷热源的控制

采用热量计算机与程序控制器来控制直燃型溴化锂吸收式冷热水机组、空调循环水泵及冷却水泵的开启台数。热量计算机由安装在系统总供水管的流量计及温度计、回水总管的温度计来控制。用户的负荷需求量，反映在热量计算机上，连接到程序控制器，控制空调循环水泵、冷却水泵和主机的开启台数，以及相应的蒸发器和冷凝器的进口阀门。

空调水系统的供、回水总管之间设压差控制器和旁通阀，根据负荷变化引起的供水管与回水管压差变化来控制旁通阀的开启程度。当空调负荷减小，部分的供水经旁通阀直接流回回水总管，保持供回水总管之间一定的压差值。

冷却塔的开启台数与主机的运行台数相对应。值得注意的是，该工程中1台大容量的直燃型溴化锂吸收式冷热水机组对应两台冷却塔。因此，当大容量机组运行在部分负荷时，可以先关其中1台冷却塔，当机组完全停止运行时，再关掉另外1台冷却塔。这种配置方式也有利于系统在运行过程中节能。

2. 风机盘管自动控制

风机盘管的自动控制分别表现在风系统和水系统两方面。风机有三档调速，可供使用者任意选择。在空调房间内装有恒温控制器，根据房间温度的设定值，可控制装在风机盘管回水管上的电动二通阀的开启与关闭，达到室内所要求的温度。风机和电动二通阀连锁。

3. 组合式空调机组的控制

在组合式空调机组的回风口和新风口均设置了电动调节阀门，在控制最小新风量的基础上，按室外焓值控制两个电动调节阀的开度。当室外焓值降低时，可减少回风量，增加新风量，直至系统全新风运行，实现运行节能。

在空调机组的回水管上设置1只电动调节阀，由回风管内的温度控制器来调节该阀门的开度，从而调节冷热源的出力。

（六）制作与安装

1. 风管

地面以上的空调、通风及排烟风管采用镀锌钢板制作，其厚度及加工方法满足《通风与空调工程施工质量验收规范》(GB50243—2002)及《高层民用建筑设计防火规范》(GB50045—95)(2001年版)的规定。当排烟风管设置在走道吊顶内时，保证管道的耐火极限不小于1 h。当吊顶内有可燃物时，吊顶内的排烟管道采用不燃材料进行隔热，并与可燃物保持不小于150 mm的距离。

地下室通风系统选用无机玻璃钢风管，地沟内以及地下室的空调风管形式为无机氯氧镁保温风管(EPS夹芯)，保温层厚度为30 mm。以上两种风管的消防性能均为不燃A级。

穿越沉降缝或变形缝的通风管两侧，以及与空调箱或通风机进出口相连处，设置长度为150～250 mm的不燃性材料制作的软接头，在软接头处禁止变径。排烟系统上设置的软接头除满足上述要求外，还应满足耐火时间大于 30 min 的要求。

空调送、回风及新风管的保温材料采用带铝箔离心玻璃棉板材，密度为 48 kg/m^3，在空调房间吊顶内的风管保温层厚度为 30 mm，在非空调房间内的风管保温层厚度为 40 mm。

2. 水管

管径<DN100 的水管采用热镀锌钢管，管径≥DN100 的水管采用无缝钢管，冷凝水管采用 PVC-U 管。无缝钢管采用法兰连接或焊接，镀锌钢管采用螺纹连接。

在水系统的最低点处，配置 DN25 的泄水管，并配置相同管径的闸阀或蝶阀，在最高点处配置 DN15 的自动排气阀。组合式空调机组及新风空调机组的排水口处设置水封，水封高度为 100 mm，并将冷凝水排至机房地漏。

安装冷凝水管时保证一定的坡度，从空调末端设备接出至冷凝水总管的管段，其坡度为 1.5%～2.0%，冷凝水干管的坡度为 0.8%，坡向排水口。

空调供回水管、冷凝水管、集管、阀门等，均采用难燃 B1 级橡塑保温材料保温，管径<DN50，保温厚度 32 mm，管径为 DN50～DN80，保温厚度 35 mm，管径为 DN100～DN300，保温厚度 40 mm，管径≥DN350，保温厚度 42 mm，冷凝水管的保温厚度为 15 mm。当水管穿越消防前室时，其保温材料采用不燃 A 级材料(外带铝箔离心玻璃棉管壳)，保温厚度 50 mm。

管道穿越墙壁和楼板时，设置钢制套管，套管内径大于管道保温层外径一档或二档，安装在楼板内的套管，其顶部高出地面 100 mm，底部应与楼板底面相平。安装在墙壁内的套管，其两端与饰面相平，套管与管道之间用不燃性保温材料填实。

与水泵、直燃机组、组合式空调机组连接的进出水管上设置减振接头。在与每台水泵、直燃机组、组合式空调机组相连接的进水管上安装闸阀或蝶阀、压力表(0～1.0 MPa)、带护套的角型水银温度计(0～100℃)和 Y 型过滤器，出水管上安装闸阀或蝶阀、压力表(0～1.0 MPa)和带护套的角型水银温度计(0～100℃)。水泵出水管上安装缓闭式止回阀，所有阀门承压要求为 1.0 MPa。

上海
国际汽车博物馆

建设单位:上海国际汽车城

设计单位:同济大学建筑设计研究院

IFB DR.BRASCHEL AG(德国)

施工单位:龙元建设集团有限公司

撰 稿 人:张丽萍　孟　良　顾　勇

杨　民　蔡英琪　王　昌

一、建筑设计

(一) 建设项目的目标和要求

上海国际汽车博物馆(见图1)位于上海市安亭镇上海国际汽车城核心区汽车博览公园内。博览公园北临博园路,西临墨玉南路,南侧为吴淞江。上海国际汽车博物馆用于展示与汽车相关的品牌、技术、艺术、交通历史以及汽车为主题的娱乐。博物馆通过与汽车相关的展示和娱乐达到推广汽车文化的目的,实现汽车城整体规划中的博览、科教及文化功能,提高汽车城核心贸易区的人文氛围。

图1　上海国际汽车博物馆

(二) 坐落及总体安排

上海国际汽车博物馆位于上海安亭镇上海国际汽车城核心区汽车博览公园内,北面为公园内环园一路,东面和南面为湖边绿地,西面与上海汽车会展中心遥相呼应,一起构成国际汽车城标志性建筑群体(见图2)。

汽车博览公园作为上海国际汽车城的自然焦点,其特色在于集广泛的娱乐、教育、餐饮、休闲、运动于一体,并且与汽车城的其他部分有便捷的交通联系。上海国际汽车博物馆作为汽车博览公园内的核心建筑,设计的立足点是妥善处理建筑与自然之间的关系,实现人与自然的互动。汽车博览公园的山山水水、一草一木都将成为汽车展示最好的场景。同时,汽车博物馆的建成也将提升汽车博览公园的品质,表现自然与技术的结合。上海国际汽车博物馆及其西侧的上海汽车会展中心是由同一业主参与开发的两个项目,因此设计风格、立面材料、广场环境得以统一协调。

设计将主要的参观入口置于基地西侧,面向博物馆与汽车会展中心之间的汽车广场。展品入口置于基地北侧,连接环园一路。员工入口置于基地南侧。内部道路系统,在满足消防疏散的规范要求下,

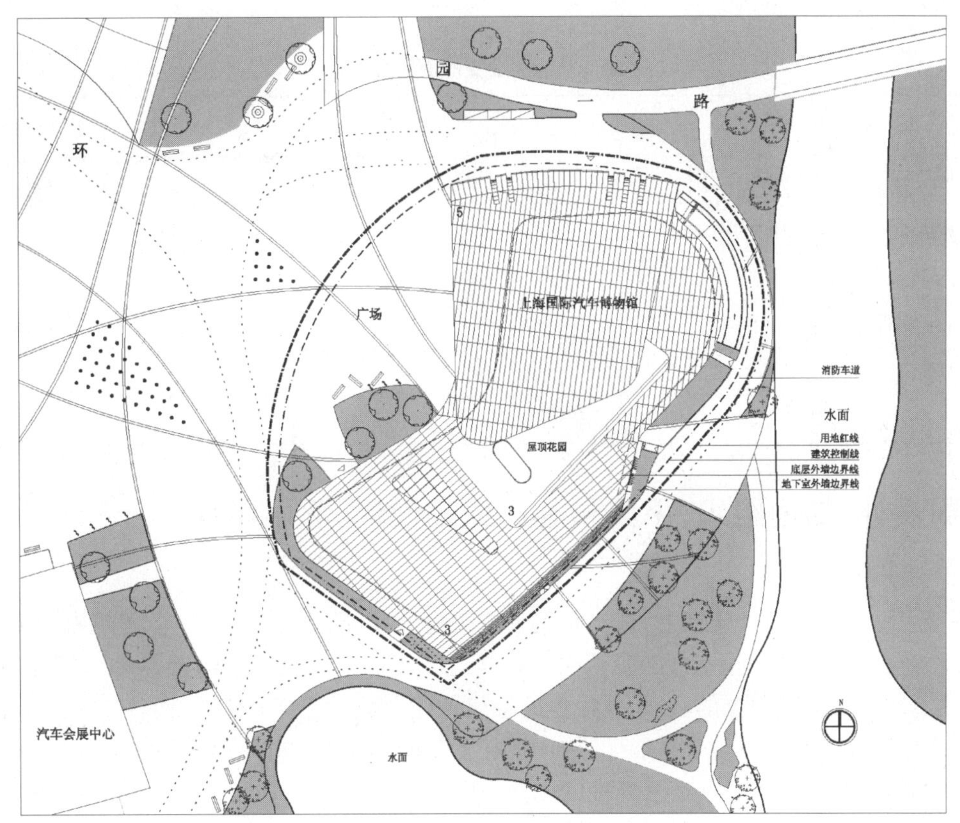

图2　总平面图

做到人车分流，参观人流、办公人流、后勤人流互不干扰。绿化景观以水面、广场为重点，绿化、广场、人行步道穿插其间。博物馆以开阔的水面相伴，展厅、咖啡厅、休闲等区域拥有宽阔的景观面。借公园之景作为展示的背景，建筑与自然环境水乳交融，相得益彰。

(三) 设计指导思想及项目内容分析、面积分配

1. 设计指导思想

(1) 建筑与自然：设计立足点是妥善的处理建筑与自然之间的关系，与优美的环境结合体现“人—建筑—环境”的对话与交流，实现人与自然的互动，满足动态的可持续发展要求，表达生态化设计的新概念。

(2) 建筑与汽车：运动是汽车的生命，动态的建筑形式设计表达了汽车博物馆对速度的渴望，灵动、流畅的总体结构令人联想到汽车的速度与动感；简洁而充满动势的建筑造型直接来源于汽车流线型的外观，给人以强烈的视觉冲击，线形的室内空间展现了汽车的力量与运动；开放与封闭的对比，加强了力量与自由的融合；建筑体系与道路系统的共存，揭示汽车与建筑的主题，从建筑内部延伸出来的“路”，拓展了展示空间，指明了汽车永恒的性格——运动不息。

(3) 技术与创新：建筑设计将业主的经济效益作为重要设计前提，充分考虑可行性与经济性的结合。充分利用先进技术使业主的商业机会最大化，给布展设计提供大跨度的灵活空间。

2. 项目内容分析

上海国际汽车博物馆为汽车行业的专业性博物馆，由陈列展示区域、藏品保管区域、公共服务区域、行政管理区域、机电设备区域等功能组成，建筑面积 27 985 m^2。其中设有历史馆、艺术馆、技术馆、整车展示馆、科普互动馆等展览空间。一方面通过国内外不同历史时期的汽车、汽车用品、汽车艺术品和汽车衍生品来体现不同时代的生活和文化，另一方面通过知识性、参与性、娱乐性的科普娱乐项目来展现汽车科技的无穷魅力和无限乐趣。

3. 面积分配(见表1)

表1　功能区域的面积分配

功能区域	建筑面积	占总面积比例
陈列展示区域	18 208	65.2%
藏品保管区域	1 800	6.4%
公共服务区域	1 688	6%
行政及管理区域	2 700	9.6%
机电设备停车区域	3 589	12.8%
合　　计	27 985	100%

(四) 平面设计、交通组织、平面和竖向流程设计、环境设计

1. 平面设计

各个展览大厅分布在5个楼面上,被折叠起来的银色金属外壳包裹着。整个建筑由以下部件构成:每层楼板提供了参观者展览的平台;混凝土交通内核提供了服务功能;电梯、楼梯和坡道作为垂直空间上的联系;中庭空间作为视觉上的联系,而银色的金属外壳则赋予建筑形体。

前后两个中庭空间贯穿1至3层展厅,构成视觉上的联系,3部透明的玻璃电梯穿插其中,宽大的弧形坡道作为垂直空间上的联系,创造了丰富的内部空间层次,展现了汽车的动感。从室内延伸至室外的坡道,使得室内空间延伸至室外,创造了内外交融的空间氛围。

4个混凝土核体以不同的角度布置,成为空间的强烈构图元素,与贯穿于中庭空间的透明玻璃电梯形成强烈的虚实对比,自然光透过大面积的玻璃幕墙,创造了丰富的光影效果。

混凝土交通核体、透明玻璃电梯、坡道等构图元素均采用了简洁流畅的弧线的设计,以创造出动感十足的室内空间。

各层具体功能和设计见表2和图3～图8。

表2　各层功能分配

层号	功能分配
地下1层	藏品库房、停车库、物业管理、职工餐厅、设备用房,地下停车库及库房部分为平站结合六级人员掩蔽所
1　层	入口大厅、员工门厅、历史馆、纪念品商店、设备用房
1层夹层	艺术馆、设备用房
2　层	技术馆、设备用房
3　层	整车展示馆、设备用房
3层夹层	员工办公、设备用房
4　层	科普互动馆、贵宾休息室、设备用房
5　层	展厅、咖啡、贵宾休息室、多功能厅、备用展示区、设备用房

2. 交通组织

参观入口开向博物馆与汽车会展中心之间的汽车广场,展品入口开向北侧环园一路,地下机动车出入口临近北侧展品出入口设置,做到人车分流。基地内结合汽车广场形成环形消防车道,并在建筑的北侧及西侧设置消防登高场地(见图9)。

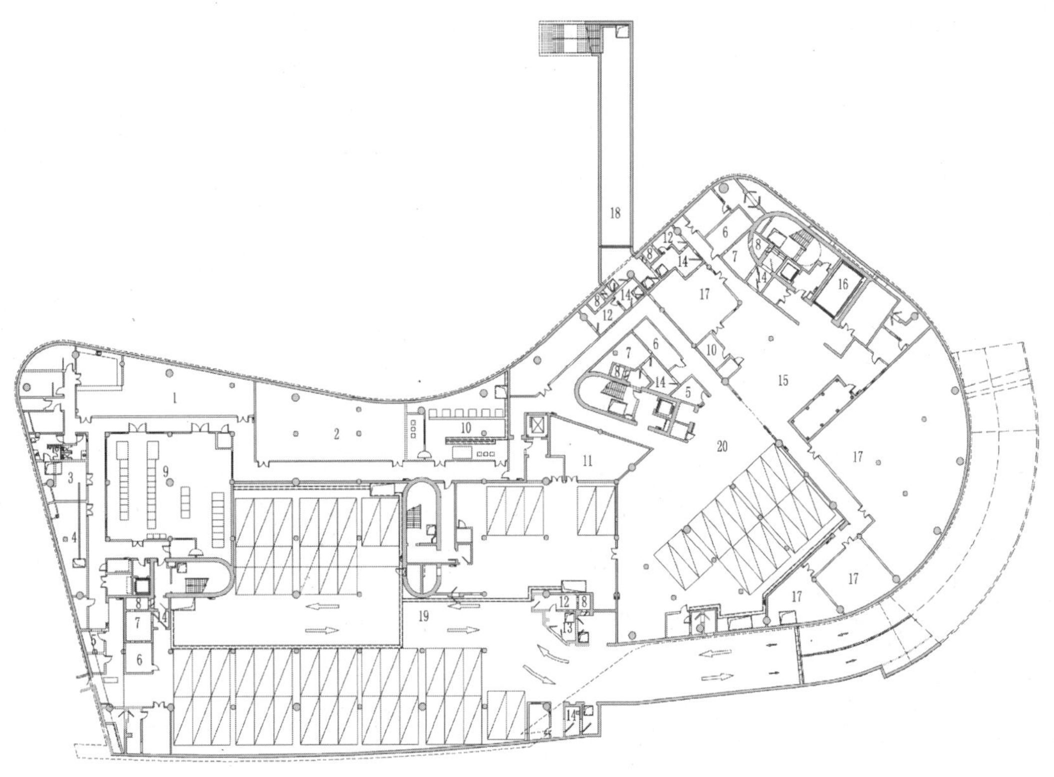

图3　地下室平面图

1. 职工餐厅　2. 物业管理　3. 空调机房　4. 空调水泵房　5. 防化值班室　6. 进风机房　7. 滤毒室　8. 扩散室　9. 变配电所　10. 水泵房　11. 工具间　12. 简易洗消间　13. 防毒通道　14. 密闭通道　15. 卸货场地　16. 汽车电梯　17. 库房　18. 地下人防通道　19. 汽车库　20. 藏品库房

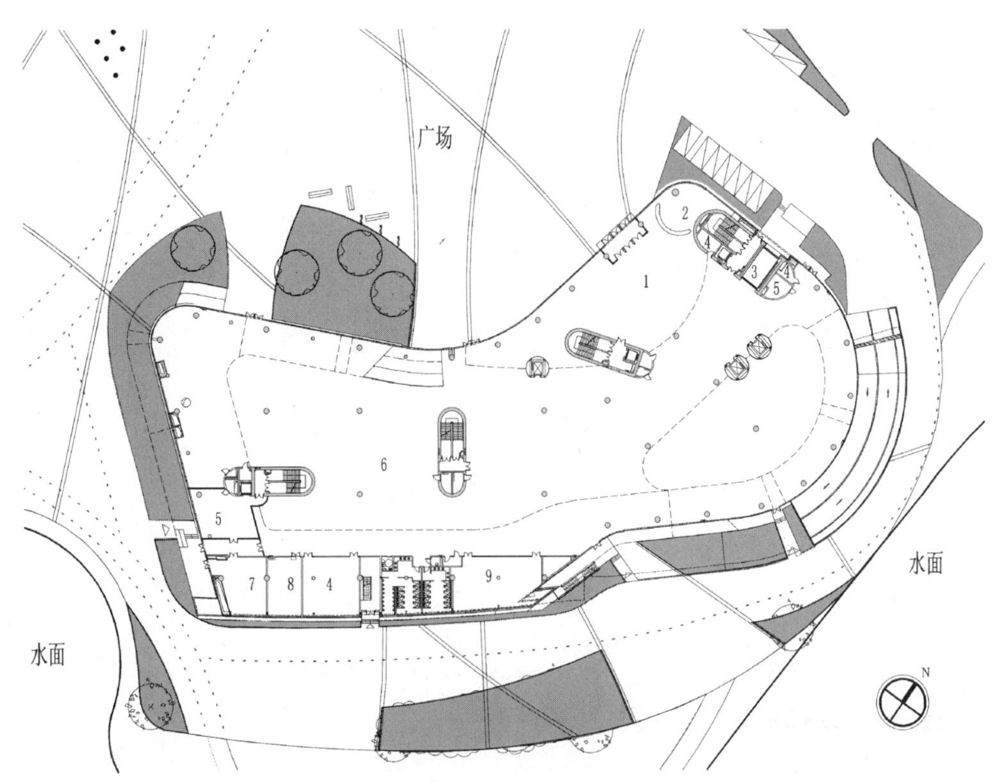

图4　1层平面图

1. 入口大厅　2. 总台　3. 汽车电梯　4. 储藏室　5. 员工门厅　6. 历史馆　7. 消防控制室　8. 计算机房　9. 纪念品商店

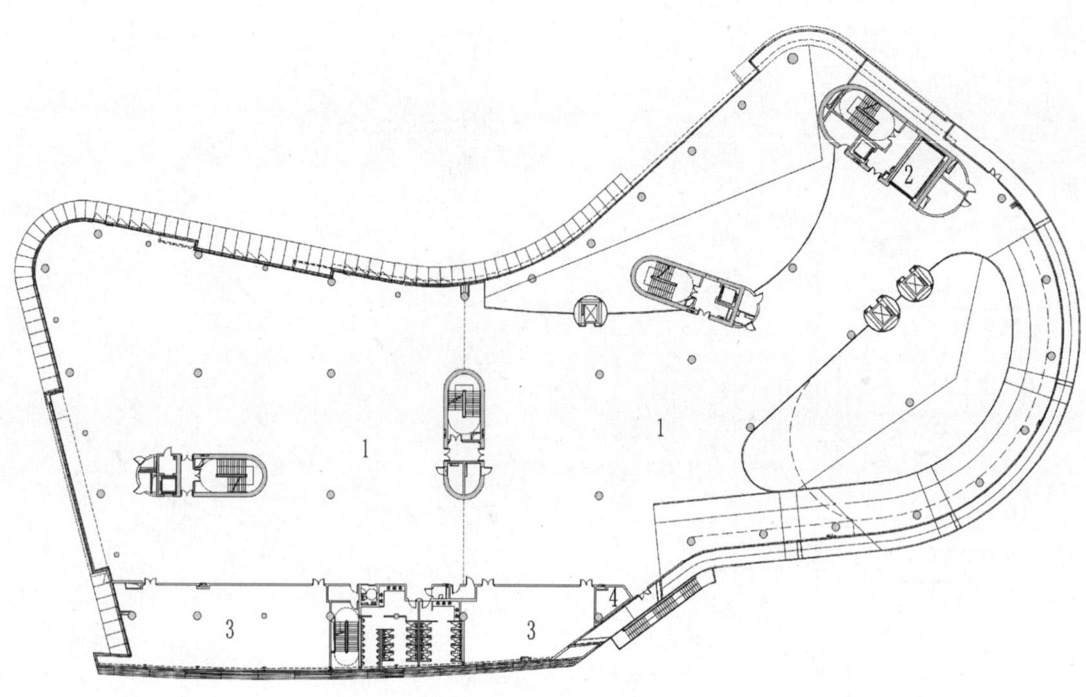

图5　2层平面图

1. 技术馆　2. 汽车电梯　3. 空调机房　4. 回风消声井

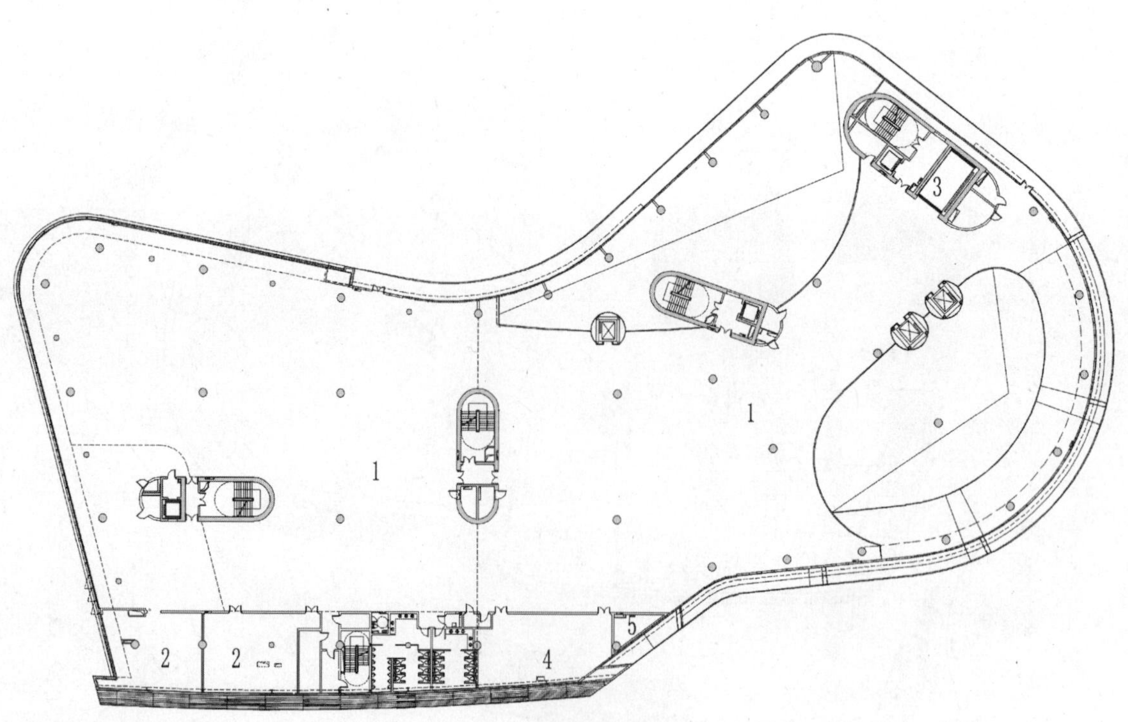

图6　3层平面图

1. 整车展示馆　2. 储藏室　3. 汽车电梯　4. 空调机房　5. 回风消声井

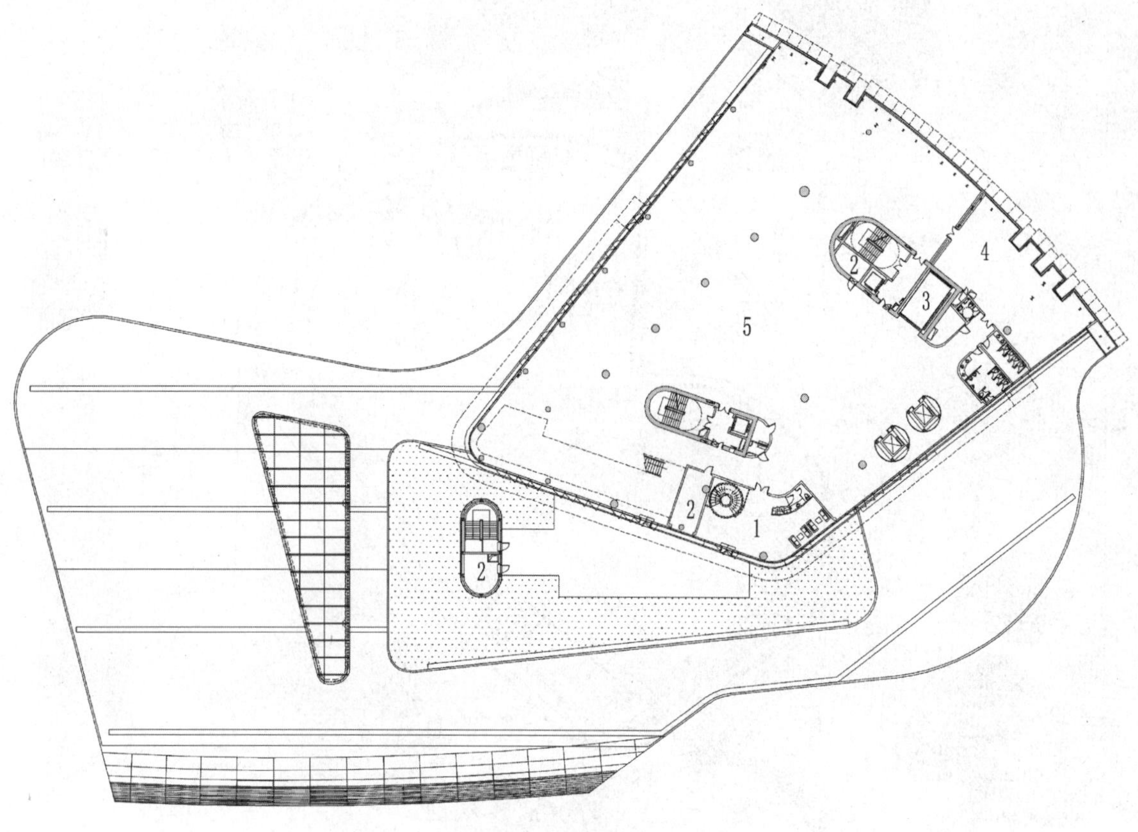

图7 4层平面图

1. 贵宾休息室 2. 正压风机房 3. 汽车电梯 4. 空调机房 5. 科普互动馆

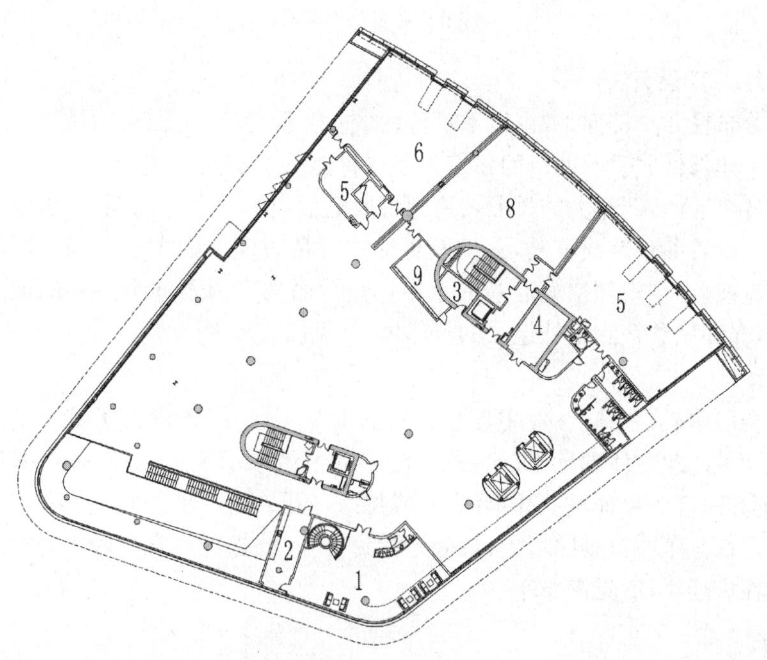

图8 5层平面图

1. 贵宾休息室 2. 服务、消毒间 3. 储藏室 4. 电梯机房 5. 空调机房
6. 多功能厅 7. 控制室 8. 备用展示区域 9. 消防水泵房

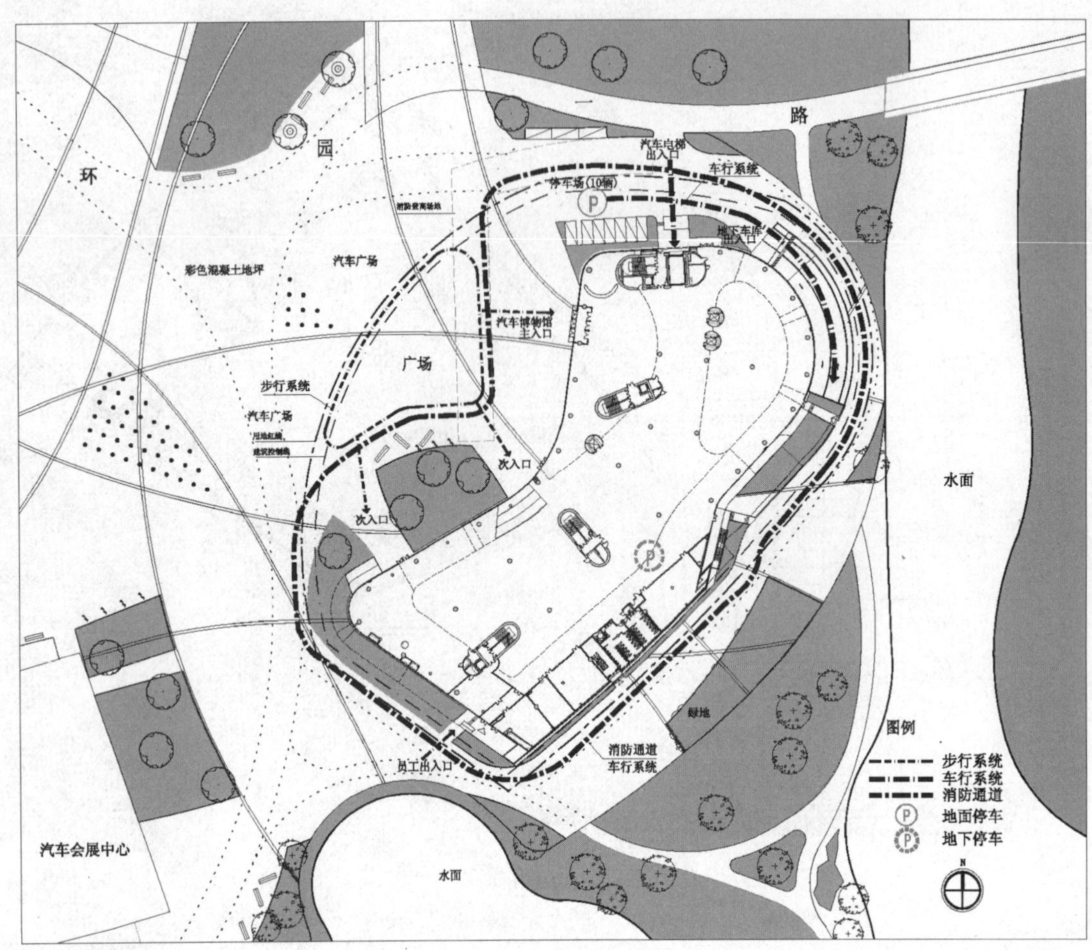

图9　交通流线图

3. 平面和竖向流程设计

各个展览大厅分布在5个楼面上，由以下部件构成：楼板，混凝土交通内核，电梯、楼梯和坡道等垂直交通设施。通过上述部件"装配"而成的建筑为参观者提供了不同方式的参观路线。透明玻璃电梯能使参观者迅速到达各个层面，而宽大的弧形坡道则将展览引向一个个令人激动的展台，并为参观者提供了悠闲的参观方式。沿着参观路线移动，人们既感受到极具表现力的建筑空间。同时又能感受到室内坡道对于引导展览流线、丰富内部空间起着的重要作用。而从室内延伸至室外的坡道不仅拓展了展示的空间，人们还可以在那里欣赏到室外迷人的自然风光(见图10～图12)。

4. 环境设计

该工程与西侧会展中心是由同一业主参与开发的两个项目，因此进行了统一的环境设计。广场环境的设计吸取和强调了建筑主体的动态的特征。动感的色带暗示了运动和速度，提供了导向性和识别性，它们是汽车动感和速度的象征，引导游客进入博物馆。开放的广场空间提供了举办各种不同展览和文化活动的可能性。在汽车博览公园行走，处处感受到平和、放松的气息。晚上，整个广场在运动着，光影合着都市的韵律在广场舞动(见图13)。

(五) 立面设计

几个不同的展览大厅分布于各层，且被折叠的建筑外壳包裹起来，倒成圆角的形体表达了自然的动感和运动及速度的主题。朝向博览公园的建筑东南立面丰富而令人激动，银色的金属建筑外壳和动感的坡道赋予整体表现力。简洁而充满动势的建筑造型直接来源于汽车流线型的外观，给人以强烈的视觉冲击。博览馆主入口上方两层展览大厅悬挑而出，最远处出挑达15 m，建筑形态所演绎出刚劲有力的

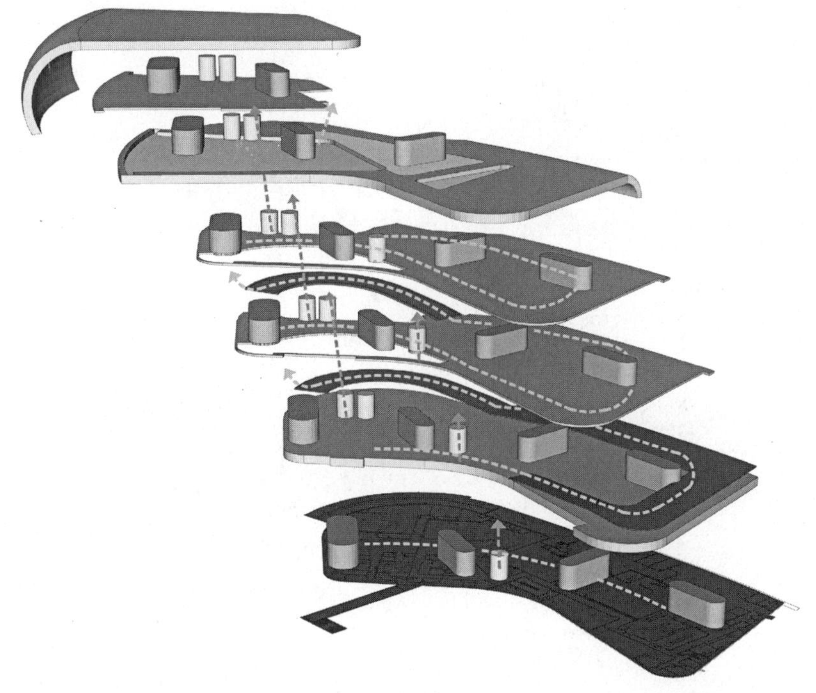

图10 竖向流程设计

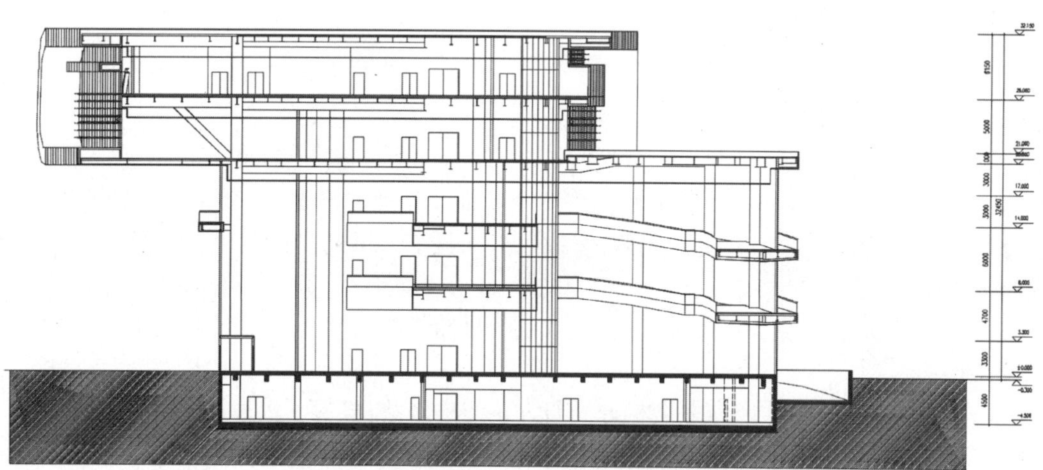

图11 剖面图1

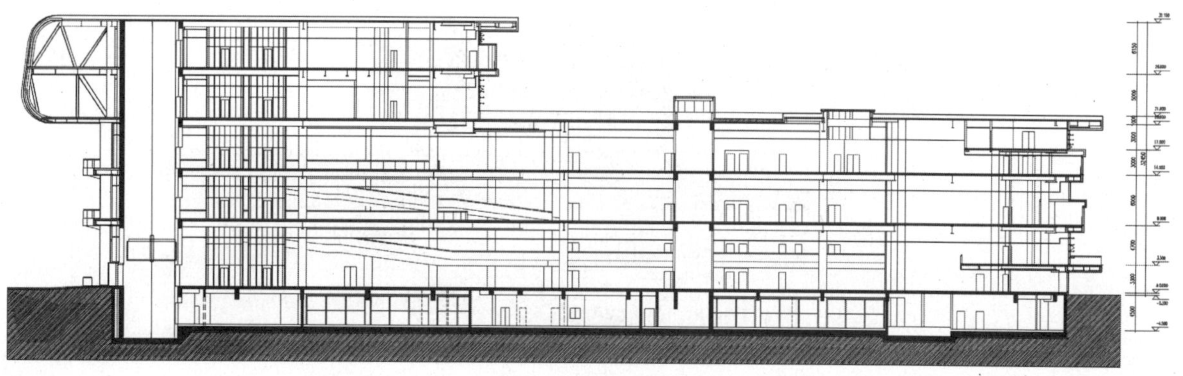

图12 剖面图2

图13　环境设计

风格，生动地反映了力量是汽车的动力。

外立面以现代、简约为设计理念，竭力展现汽车的动感和速度感，建筑所有转折处都采用简洁流畅的弧线形式，使建筑自身如同一辆动感十足的汽车飞驰而过。通过金属、玻璃的巧妙组合，强烈的虚实对比，充分发挥了各自的象征意味，开放与封闭的对比，加强了力量与自由的融合，并且也与其内部功能要求相吻合。

外立面设计将屋面视作立面的重要部分，银灰色的蜂窝铝板幕墙由立面延伸至屋面，赋予了整个建筑流畅的形体。

大面积的玻璃幕墙改变了传统的博物馆建筑给人封闭的印象，显示了汽车博览的特点，创造了开放的形象。在细部处理上，强调舒展的水平线条，结合金属百叶，较好地体现了节能与装饰的双重作用，同时，结合室外坡道的曲线翻折的造型，运用金色玻璃和米黄色蜂窝铝板作点缀，在大面积的透明中空 LOW－E 玻璃幕墙与银灰色蜂窝铝板幕墙的衬托下，使建筑在充分表现力度的同时亦不失灵动、时尚的现代感。

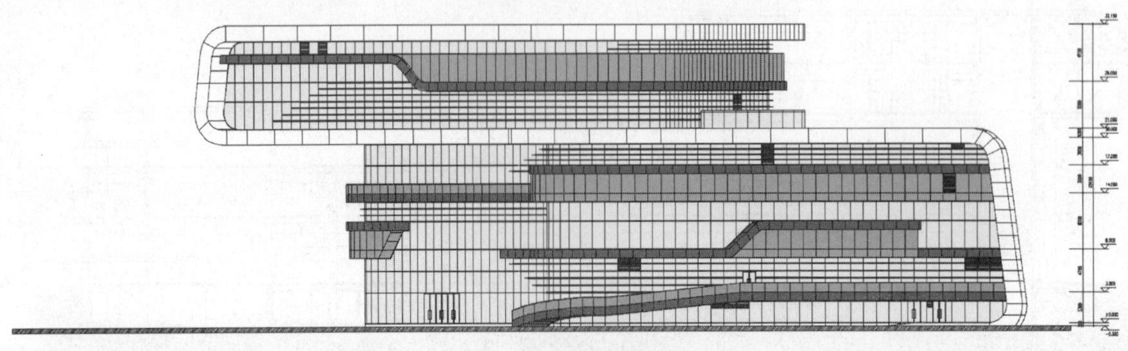

图14　西南立面图

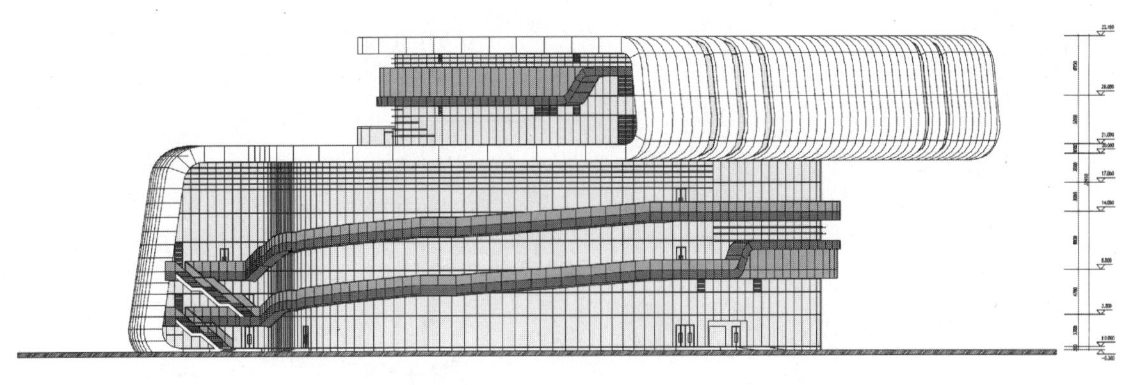

图15　东北立面图

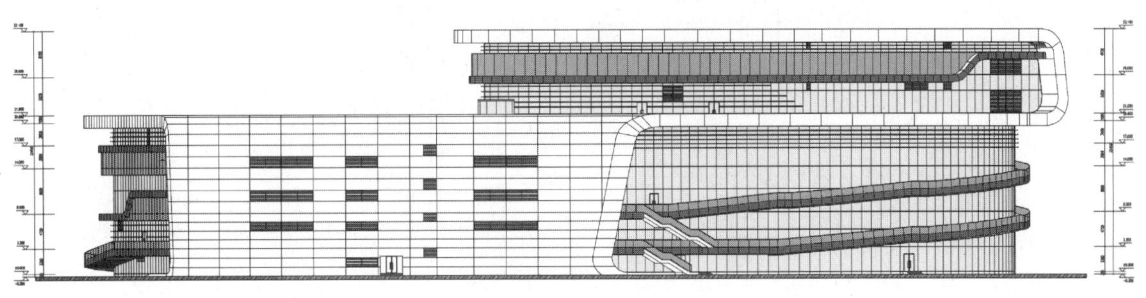

图16　东南立面图

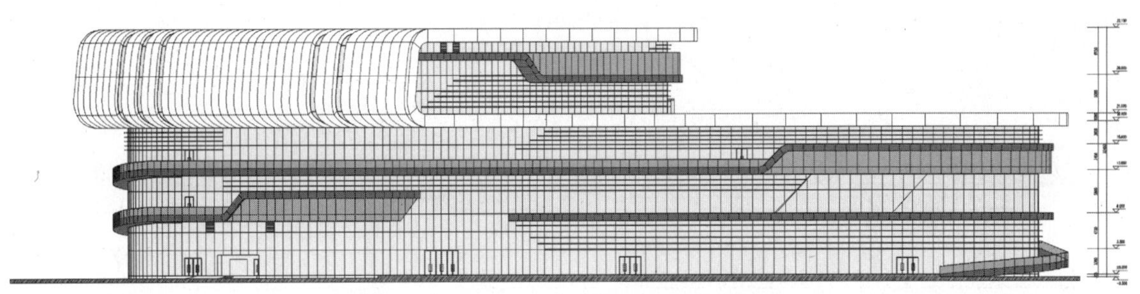

图17　西北立面图

(六) 围护及节能

围护结构主要采用玻璃幕墙及蜂窝铝板。横明竖隐钢框玻璃幕墙采用 8＋12A＋6(LOW－E)双面钢化中空玻璃,隐钢框玻璃幕墙采用 8＋12A＋6(LOW－E)金色双面钢化中空玻璃。玻璃幕墙上结合金属百叶,较好地起到了节能与装饰的双重作用。

立面铝板幕墙采用 25 mm 厚蜂窝铝板。金属板屋面部分采用铝镁锰合金直立锁边系统的开放式屋面,在檩条上铺设镀锌钢丝网并在钢丝网上铺设 80 mm 厚保温棉,面板为 25 mm 厚蜂窝铝板。

混凝土屋面部分为上人保温屋面及种植屋面,保温性能良好。

(七) 消防设计

该工程室内通过弧形坡道贯穿中庭空间连接 1 至 3 层展厅,使得无法按照常规做法采用防火卷帘等防火措施进行防火分隔来满足现行规范规定的防火分区的要求。针对由中庭连通的 3 层达8 000 m^2的空间做一个防火分区来考虑,业主委托澳大利亚 CSIRO 及公安部上海消防研究所属上海泰孚建筑安全咨询有限公司进行了消防性能化设计,对博物馆内的人员在发生潜在火

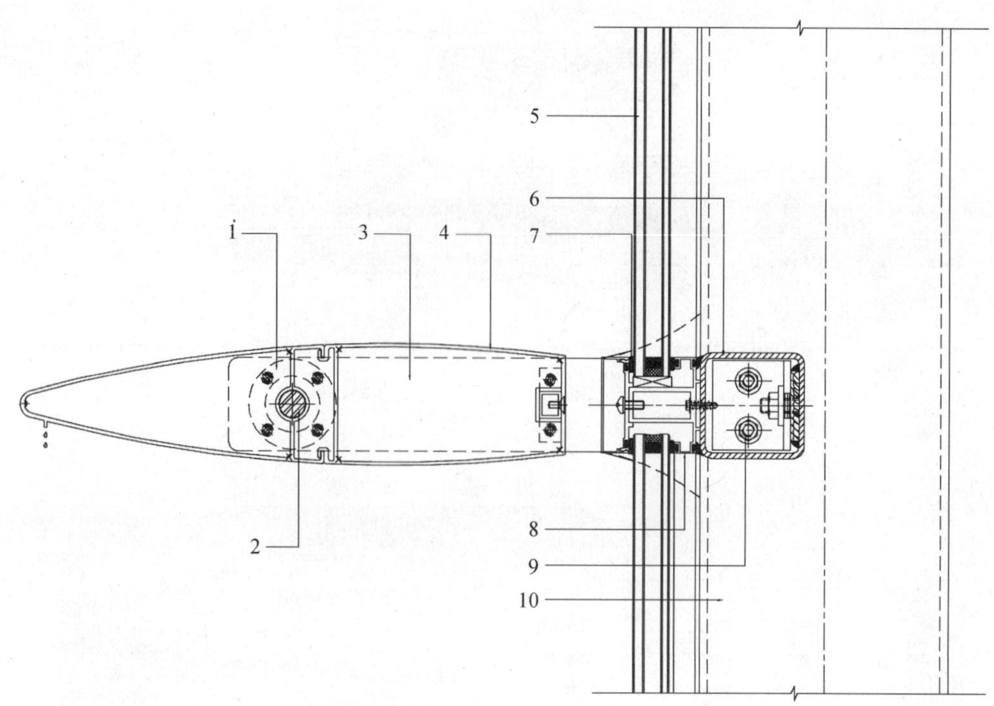

图18　金属百叶节点

1. 3 mm 厚法兰盘　2. φ20 销轴　3. 6 mm 钢板　4. 遮阳百叶
5. 8+12A+6 mm 厚中空钢化 LOW-E 玻璃　6. L90×56×6.0 连接角钢
7. 耐候密封胶条　8. 铝合金压板(SCS-04)　9. M8×110 不锈钢对穿螺栓　10. 180×80×6.0 钢立柱

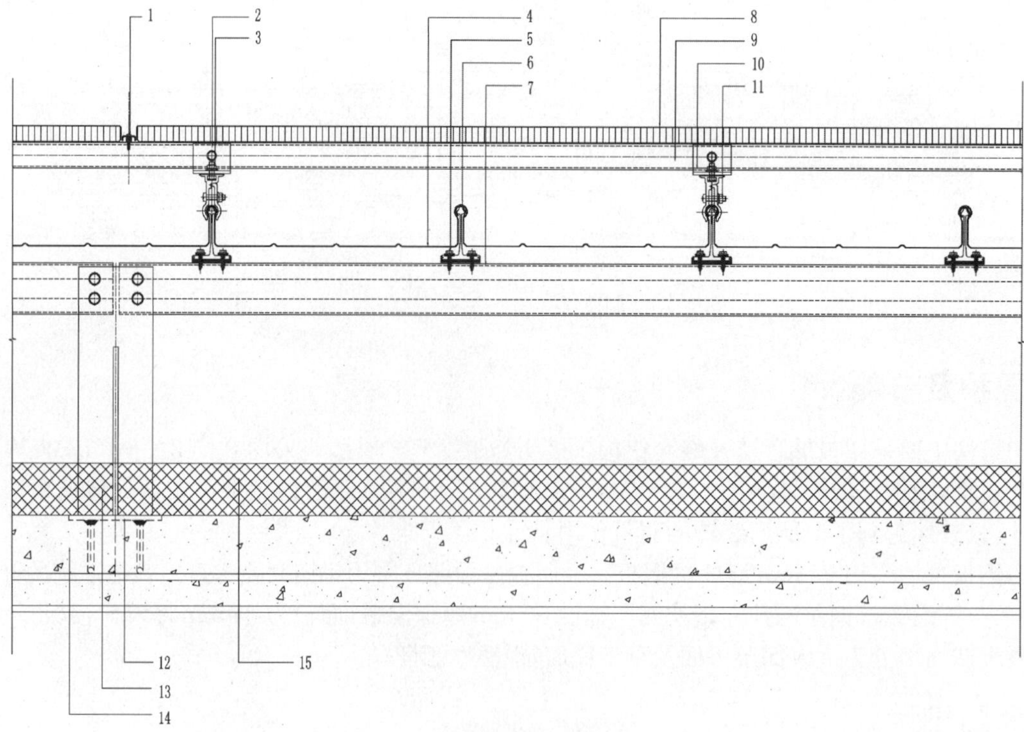

图19　蜂窝铝板屋面节点

1. 铝合金压码 QW01,L=100　2. M8×90 不锈钢六角头螺栓遮阳百叶　3. M8×25 不锈钢六角头螺栓
4. 0.9 mm 厚铝镁锰直立锁边板　5. 2-M6.3×30 不锈钢自攻自钻螺钉　6. L-25 铝合金固定座(带隔热垫)
7. 屋面檩条 C80×50×25×3.0　8. 25 mm 厚蜂窝铝板　9. 60×40×2.5 镀锌钢矩管　10. 5 mm 厚镀锌钢角码
11. M8×30 不锈钢六角头螺栓　12. 预埋件　13. 8 mm 连接板　14. 混凝土楼板　15. 80 mm 厚保温棉

灾时烟气的传播情况下的安全水平进行研究和审核，对烟气和人员疏散设计提出建议，并通过了专家论证。

目前，仍在进行将1、2、3展厅合并为一个防火分区的性能化设计，将更有利于汽车博物馆内部空间的使用。

(八) 环保设计

该工程玻璃幕墙选用中空玻璃，这样基地内外机动车辆出入噪声可减至最小，同时，透明玻璃幕墙采用低反射率的中空LOW－E钢化玻璃，减少光污染。

(九) 技术经济指标

技术经济指标见表3。

表3　技术经济指标

用地面积		11 700 m^2
总建筑面积		27 985 m^2
其　中	地上建筑面积	22 215 m^2
	地下建筑面积	5 770 m^2
基底面积		5 525 m^2
容 积 率		1.90
建筑密度		47.2%
绿地面积		4 801 m^2
绿 地 率		30.73%
建筑高度		32.45 m
建筑层数		地上5层，地下1层

(十) 其他

上海国际汽车博物馆设计中优先考虑节能环保的产品，注重提升博物馆的科技含量及示范效应。本工程曾经考虑在屋顶局部采用太阳能光伏发电技术，但最终由于各种因素未能实施。

二、结 构 设 计

(一) 工程概况

大楼为钢框架-混凝土筒体混合结构体系。柱采用钢管混凝土柱，梁为H型钢梁。楼板采用压型钢板做底模的现浇混凝土楼板。楼、电梯间为现浇混凝土剪力墙筒体，内配型钢暗柱及钢圈梁。地下室为混凝土结构。各楼层均设有局部夹层，夹层通过钢柱吊在上层钢梁下。

(二) 基础设计

1. 地基土层剖面图及地基土层物理力学综合指标

地基土层物理力学综合指标见表4和表5，地基土层剖面图及静力触探曲线见图20。

表 4　地基土层物理力学综合指标

土层层号	土层名称	颗粒组成 0.25～0.074 mm (%)		颗粒组成 0.074～0.005 mm (%)		颗粒组成 <0.005 mm (%)		含水量 W (%)		重度 γ (kN/m^3)		比重 G		孔隙比 e_0		液限 W_L (%)		塑限 W_P (%)		塑性指数 I_P		液性指数 I_L	
①	填土																								
②3-1	灰黄色砂质粉土	2.9	15	90.9	15	6.3	15	30.7	12	18.6	12	2.70	15	0.86	12								
		23.0	5.84	96.0	5.30	12.0	2.67	33.1	1.57	19.0	0.02	2.71	0.00	0.92	0.04								
		0.0	2.11	74.0	0.06	3.0	0.44	28.1	0.05	18.3	0.01	2.70	0.00	0.79	0.05								
③3-2	灰色砂质粉土	8.0	61	86.9	61	5.1	61	30.2	30	18.6	30	2.70	61	0.86	30								
		54.0	9.24	97.0	8.84	13.0	1.99	34.9	2.39	19.3	0.03	2.71	0.00	0.96	0.06								
		0.0	1.17	42.0	0.10	3.0	0.39	24.7	0.08	17.8	0.02	2.69	0.00	0.71	0.07								
③	灰色淤泥质粉质黏土夹砂质粉土	4.8	5	85.8	5	9.4	5	39.7	16	17.6	16	2.73	16	1.13	16	37.0	16	20.7	16	16.3	16	1.17	16
		18.0	7.00	90.0	5.95	12.0	2.15	52.0	5.65	18.3	0.06	2.75	0.01	1.49	0.16	46.0	4.22	24.1	1.46	21.9	2.83	1.50	0.18
		0.0	1.63	74.0	0.08	6.0	0.26	33.6	0.15	16.5	0.03	2.72	0.00	0.95	0.15	32.3	0.12	19.2	0.07	12.4	0.18	0.91	0.16
④	灰色淤泥质黏土							45.1	16	17.1	16	2.74	16	1.28	16	40.0	16	21.4	16	18.6	16	1.26	18
								52.3	3.31	17.7	0.03	2.75	0.01	1.49	0.10	45.3	4.06	24.0	1.57	21.9	2.67	1.88	0.25
								40.2	0.08	16.4	0.02	2.72	0.00	1.11	0.08	33.0	0.10	19.1	0.08	13.9	0.15	0.67	0.21

续 表

土层层号	土层名称	颗粒组成						含水量 W (%)		重度 γ (kN/m^3)		比重 G		孔隙比 e_0		液限 W_L (%)		塑限 W_P (%)		塑性指数 I_P		液性指数 I_L	
		0.25～0.074 mm (%)		0.074～0.005 mm (%)		<0.005 mm (%)																	
⑤$_{1-1}$	灰色黏土							41.0	35	17.4	35	2.74	35	1.18	35	39.9	25	21.3	25	18.7	25	1.00	25
								46.9	3.04	18.0	0.03	2.75	0.00	1.30	0.08	46.5	2.70	24.2	1.16	22.3	1.64	1.18	0.14
								34.8	0.08	17.0	0.02	2.73	0.00	1.03	0.07	34.8	0.07	19.6	0.06	15.2	0.09	0.75	0.14
⑤$_{1-2}$	灰色粉质黏土							37.4	20	17.7	20	2.73	20	1.08	20	37.7	20	20.8	20	16.9	20	1.00	20
								40.5	1.66	18.1	0.02	2.74	0.01	1.17	0.05	42.2	2.52	22.5	1.11	19.7	1.78	1.44	0.20
								34.4	0.05	17.3	0.01	2.72	0.00	1.00	0.04	33.7	0.07	19.0	0.05	13.6	0.11	0.64	0.21
⑧$_1$	灰色粉质黏土							33.7	24	18.2	24	2.73	24	0.96	24	37.0	22	20.5	22	16.4	22	0.82	22
								36.9	1.77	18.7	0.02	2.74	0.01	1.04	0.05	42.9	3.02	23.4	1.14	19.8	2.10	1.01	0.17
								31.3	0.05	17.8	0.01	2.72	0.00	0.88	0.05	31.7	0.08	18.7	0.06	12.6	0.13	0.46	0.21
⑧$_2$	灰色粉质黏土夹砂质粉土	27.0	2	69.0	2	4.0	2	29.7	33	18.8	33	2.72	33	0.84	33	33.6	27	19.6	27	13.9	28	0.73	28
		43.0		83.0		6.0		32.4	1.66	19.3	0.02	2.73	0.01	0.91	0.04	35.8	1.12	20.7	0.47	16.3	0.99	0.98	0.13
		11.0		55.0		2.0		25.6	0.06	18.4	0.01	2.70	0.00	0.73	0.05	30.7	0.03	18.1	0.02	12.6	0.07	0.42	0.18

表 5　地基土层物理力学综合指标

土层层号	土　层　名　称	平均厚度(m)	压缩系数 $a_{0.1\text{-}0.2}$(MPa^{-1})	比贯入阻力 P_s(MPa)
①	填土			
②$_{3\text{-}1}$	灰黄色砂质粉土	1.84	0.18	2.94
②$_{3\text{-}2}$	灰色砂质粉土	7.49	0.17	5.25
③	灰色淤泥质粉质黏土夹砂质粉土	4.89	0.51	0.94
④	灰色淤泥质黏土	4.93	0.84	0.80
⑤$_{1\text{-}1}$	灰色黏土	12.37	0.75	1.19
⑤$_{1\text{-}2}$	灰色粉质黏土	11.21	0.60	1.84
⑧$_1$	灰色粉质黏土	11.37	0.41	3.09
⑧$_2$	灰色粉质黏土夹砂质粉土	未钻透	0.29	5.93

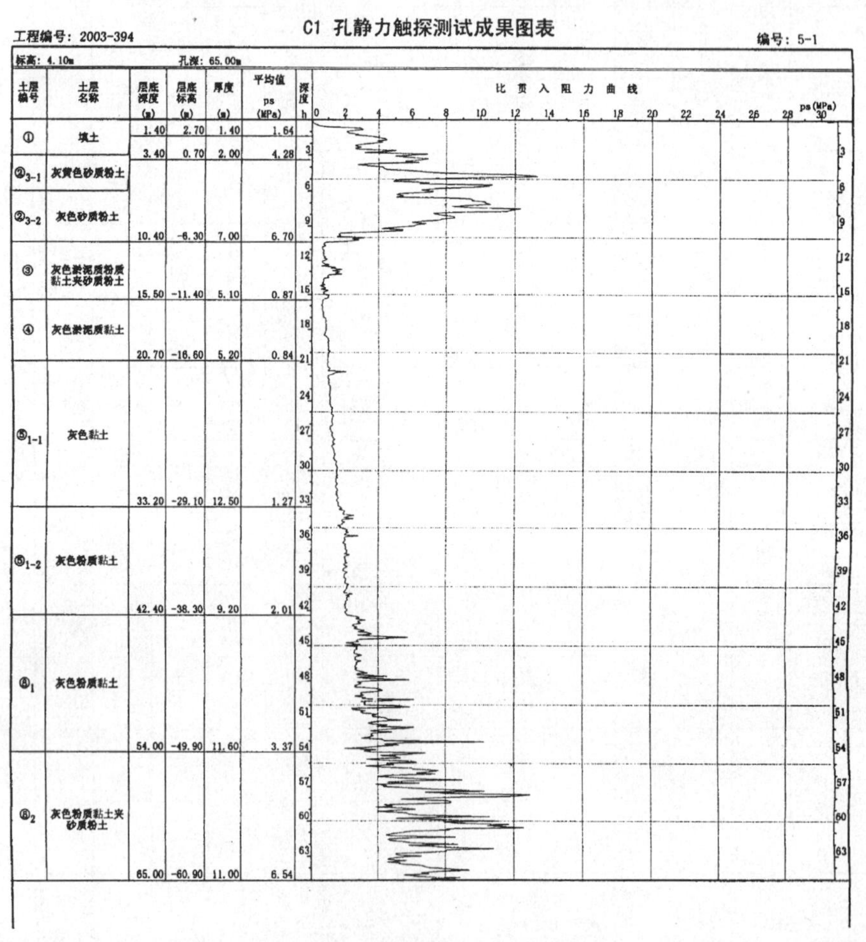

图 20　地基土层剖面图及静力触探曲线

地下水年平均水位埋深为 0.50 m，地下水对混凝土结构无腐蚀性。场地 20 m 深度范围内分布有饱和砂质粉土层，综合判定此场地不液化。

2. 桩持力层的确定及桩型的选择

大楼的总高并不太高，但东、西两半部分的基地荷重差异较大，单柱荷重较大(约 13 200 kN)，且大楼结构体形复杂，对不均匀沉降差异较敏感。这些因素都要求单桩承载力高，沉降小。

由勘察结果表明，第⑤$_{1-2}$层灰色粉质黏土层面标高在－28.14～－29.30 m之间，静探P_s值约为1.84 MPa，软塑桩态，土质一般，若以该层作持力层时，单桩承载力偏低；第⑧$_1$层灰色粉质黏土层面标高－37.85～－42.51 m分布较稳定，厚为8.60～13.00 m，静探P_s值约为3.09 MPa，该层中下部土质较好，是较好的桩基持力层。

该工程桩采用500×500预制钢筋混凝土方桩，有效桩长45 m，以⑧$_1$层作持力层可顺利沉桩，由于场地较为空旷，沉桩时对周围环境影响不大。单桩设计承载力特征值2 200 kN，极限值4 400 kN。该工程选定3根试桩。试验反力采用堆载法。试验加荷方法采用慢速维持荷载法。试验结果如下：试桩当加载至4 480 kN时，沉降达到稳定，最终沉降量为30.22 mm，残余沉降量为13.04 mm。试桩满足设计承载力要求。

3. 底板设计和沉降计算

大楼基础底板厚度为700 mm。采用TBSP及JCCAD软件对其进行有限元分析。图21为基础底板的弯矩分布图示意。TBSP方法计算的最大横向、纵向弯矩分别为1 049(kN·m)/m、940(kN·m)/m，JCCAD方法计算的最大横向、纵向弯矩分别为846(kN·m)/m、940(kN·m)/m，关于沉降的计算结果为：TBSP方法的最大沉降量为66 mm。JCCAD方法的最大沉降量为45 mm。

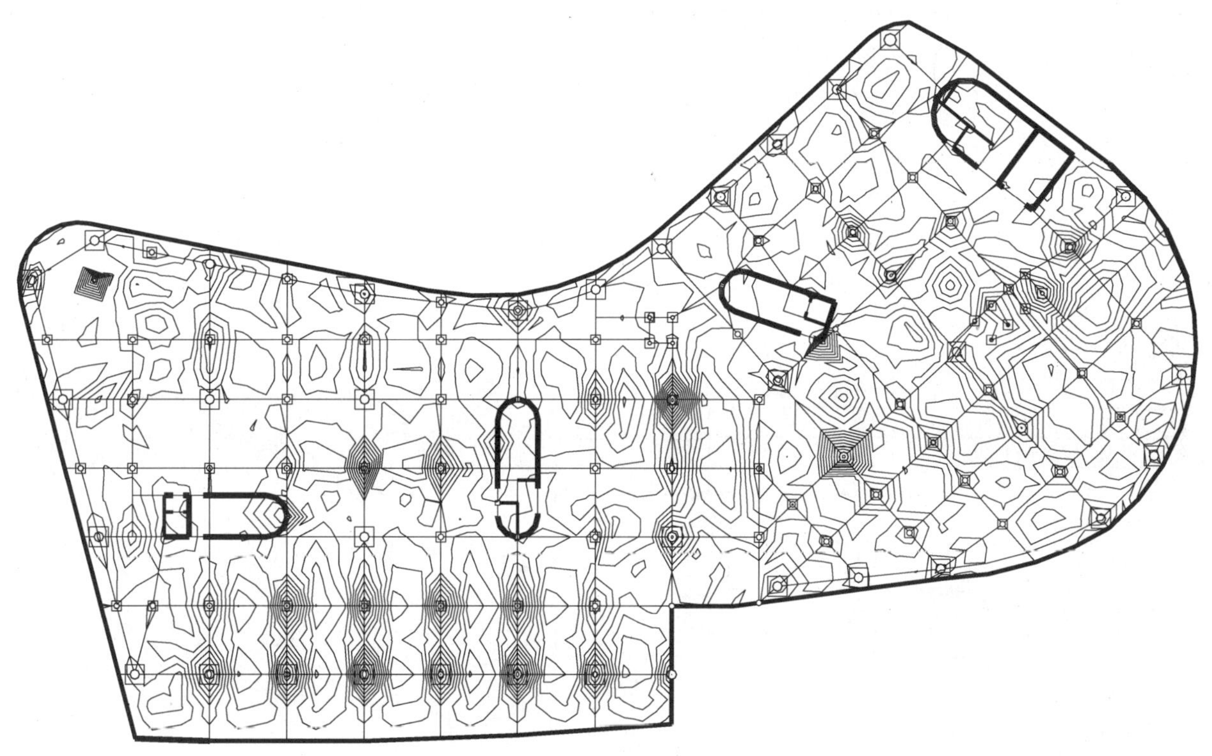

图21　基础底板的弯矩分布示意图

(三) 上部结构设计与计算

1. 结构体系选定

大楼的建筑特点为4层、5层出现大面积悬挑结构区域，悬挑最远端距离角柱17.140 m，且大悬挑结构内部建筑布置为大空间展厅，活载较大(设计取5 kN/m^2)，对净空有很大的要求。建筑外立面要求结构第四层悬挑部分的楼面杆件高度不能超过500 mm，故第四层外挑杆件只能考虑吊挂在上层结构上。大楼沿纵向均匀布置了4个核心筒。同时在各层出现大小不同的夹层。

设计初期，针对大楼的结构体系进行了两种方案比较。方案一：混合结构。上部采用钢结构框架＋混凝土核心筒。地下室为钢骨混凝土框架结构。方案二：现浇混凝土结构。主体结构采用现浇混凝土框架—剪力墙结构。4、5层悬挑区域局部采用钢结构，并在钢—混凝土结构交界处设置劲性混凝土构

件，使两者构造及受力进行有效过渡。初期经济比较见表 6：

表 6　两种方案初期经济比较

结构类型 \ 折算量和工期	混凝土折算厚度 (mm/m²)	型钢折算量 (kg/m²)	钢筋折算量 (kg/m²)	上部结构工期 (d)
钢—混凝土混合	315	172	33	46
钢筋混凝土框架—剪力墙结构	371	77	81	55

从上述对比可看出，钢结构方案无论在经济上还是工期上并无太大优势。原因如下：

(1) 地下室面积占总面积的比例较大。

(2) 由于大楼自身的特殊形状，四个混凝土核心筒的要求不随方案的变化而变化。上述两项的混凝土用量在总体用量中占较大比例，因此混凝土用量在两种方案中差别不是太大。而钢结构方案的型钢用量增加很多。

考虑到该工程有很多的特殊区域必须采用钢结构(如大悬挑区域、悬挂夹层平台等)，同时业主倾向于结构构件采用钢结构的表现形式。因此该工程决定选用方案一——钢结构框架梁、柱＋混凝土核心筒的混合结构方式。其 2 层及 4 层的结构布置分别见图 22、图 23 所示。

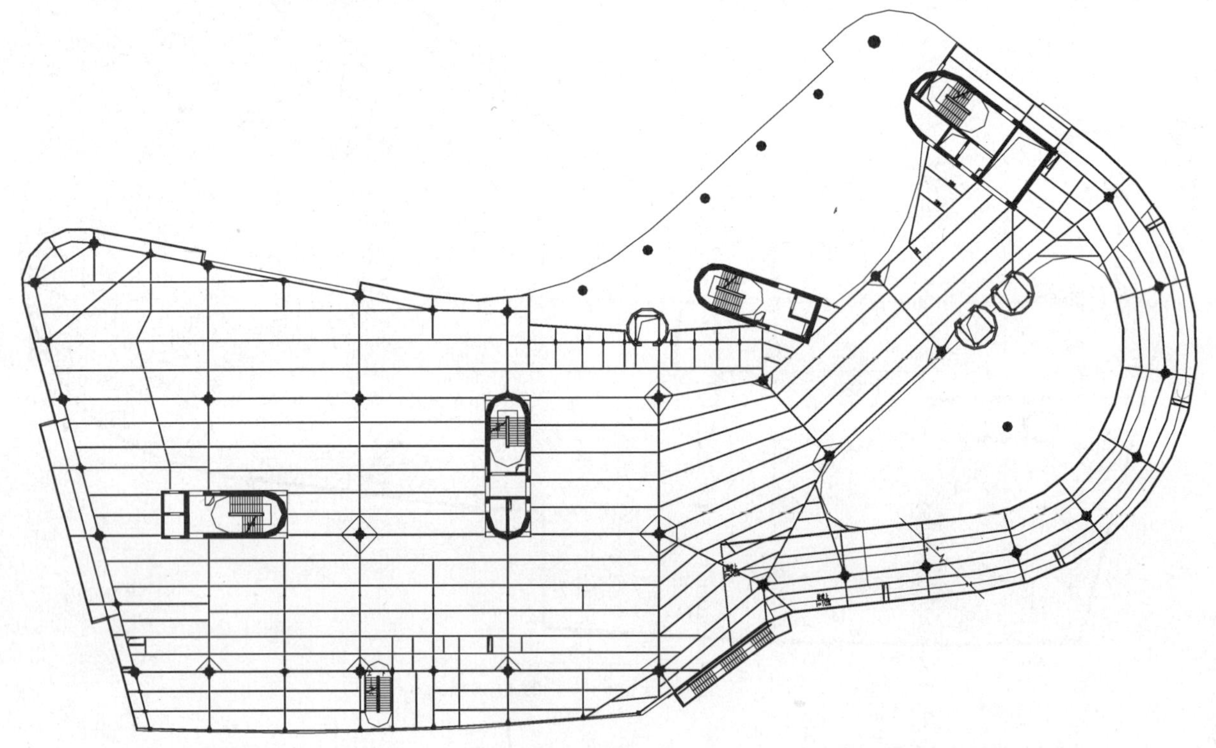

图 22　2 层结构布置图

结构的主要截面尺寸如下：钢柱主要分ϕ1 000×20 及 ϕ600×16 两种，内灌 C40 细石混凝土。钢梁根据跨度、荷载及建筑净高等要求，采用各种不同型号的 H 型钢，主要有：HN900×300×15×23，HN700×300×13×24，HN600×200×11×17 等。钢梁与钢柱采用外加强环板刚性连接。混凝土核心筒的外墙截面为 500 mm 宽，内墙 250 mm 宽。楼板采用压型钢板为底模现浇混凝土楼板，分为 140 mm 及 150 mm 两种厚度。

2. 上部结构的计算分析

(1) 抗震计算及分析：

① 该工程除大体量悬挑空间的结构特点外，尚有多处结构不规则的类型：

A. 2 层楼板由于开洞原因，局部有效板宽小于该层典型宽度的 50%。

B. 4 层楼板局部有错层。高差大于 1 m。

C. 5 层收进的水平向尺寸大于相邻下 1 层的 25%。

② 该工程计算软件采用 SATWE 与 PMSAP。计算结果主要以 SATWE 为依据。

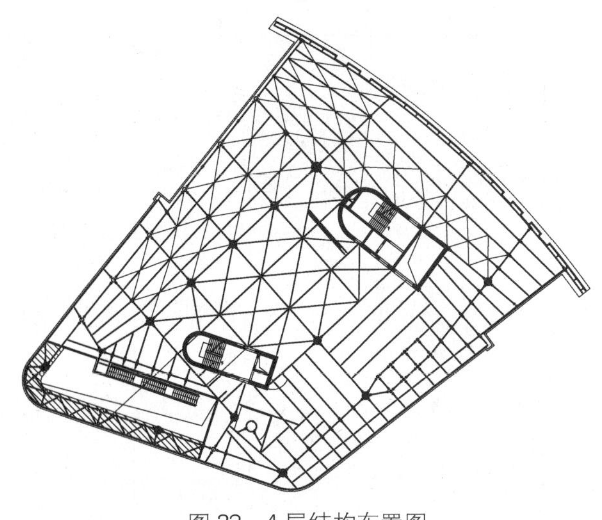

图 23 4 层结构布置图

③ 计算分析的主要输入参数：设防烈度 7 度，设计地震分区为第一组，场地土类别Ⅳ（上海），特征周期 T_g=0.90 s，周期折减系数 0.9，计算振型数 36，结构阻尼比 4%，按照扭转耦联、全楼楼板设为刚性板（2、3 层局部开大洞削弱处的楼板设为弹性膜）的计算模型进行抗震分析。计算斜交抗侧力构件方向的附加地震作用（42°）进行弹性动力时程分析，采用天津宁河波（实际记录波）、Pasdena 波（实际记录波）、上海人工波 1（人工波）。多遇地震下地面最大加速度值 35 cm/s^2。

进行弹塑性动力时程分析（Push Over 法），采用天津宁河波 NS（实际记录波）、天津宁河波 EW（实际记录波）、上海人工波 1（人工波）。罕遇地震下地面最大加速度值 220 cm/s^2。

④ 计算结果（见表 7～表 9）：

表 7 SATWE 与 PMSAP 主要计算结果对比

计算内容			SATWE	PMSAP	备注
自振周期（仅列出前 6 个周期）	T1		0.633 2	0.586 0	Y 向平动周期
	T2		0.534 6	0.487 0	扭转周期
	T3		0.471 1	0.453 0	X 向平动周期
	T4		0.254 6	0.207 0	Y 向平动周期
	T5		0.168 2	0.153 0	X 向平动周期
	T6		0.135 0	0.138 0	扭转周期
	T2/T1		84%	83%	<85%
总质量（t）			33 533	32 870	
剪重比	Q_{ox}/Ge		4.55%	4.71%	
	Q_{oy}/Ge		5.43%	4.86%	
层间最大相对位移	地震作用	D_x/H	1/2 704	1/2 832	高规限值 1/1 000
		D_y/H	1/1 619	1/1 545	
	风荷载	D_x/H	—	1/18 946	
		D_y/H	1/6 240	1/8 830	
最大位移与层平均位移比值	地震作用	X 方向	1.37	1.13	
		Y 方向	1.39	1.21	
	风荷载	X 方向	1.34	1.14	
		Y 方向	1.41	1.20	

续 表

<table>
<tr><th colspan="3">计 算 内 容</th><th>SATWE</th><th>PMSAP</th><th>备 注</th></tr>
<tr><td rowspan="4">最大层间移与层平均层间位移比值</td><td rowspan="2">地震作用</td><td>X 方向</td><td>1.38</td><td>1.42</td><td rowspan="4"></td></tr>
<tr><td>Y 方向</td><td>1.42</td><td>1.43</td></tr>
<tr><td rowspan="2">风荷载</td><td>X 方向</td><td>1.36</td><td>1.38</td></tr>
<tr><td>Y 方向</td><td>1.42</td><td>1.35</td></tr>
<tr><td rowspan="2">刚重比
$EJ_d/(\sum G_iH^2)$</td><td colspan="2">X 方向</td><td>30.77</td><td>38.56</td><td rowspan="2"></td></tr>
<tr><td colspan="2">Y 方向</td><td>21.78</td><td>25.02</td></tr>
<tr><td rowspan="14">该层刚度比上层刚度的 70%和上 3 层刚度平均值的 80%中的大者</td><td rowspan="7">X 方向</td><td>1 夹层</td><td>2.92</td><td>3.16</td><td rowspan="14"></td></tr>
<tr><td>2 层</td><td>1.36</td><td>1.17</td></tr>
<tr><td>3 层</td><td>1.03</td><td>0.91</td></tr>
<tr><td>3 夹层</td><td>1.13</td><td>1.00</td></tr>
<tr><td>4 层</td><td>4.81</td><td>6.88</td></tr>
<tr><td>5 层</td><td>2.07</td><td>2.12</td></tr>
<tr><td>6 层</td><td>1.25</td><td>1.25</td></tr>
<tr><td rowspan="7">Y 方向</td><td>1 夹层</td><td>3.06</td><td>3.08</td></tr>
<tr><td>2 层</td><td>1.30</td><td>1.28</td></tr>
<tr><td>3 层</td><td>1.01</td><td>0.95</td></tr>
<tr><td>3 夹层</td><td>1.17</td><td>1.02</td></tr>
<tr><td>4 层</td><td>5.61</td><td>7.74</td></tr>
<tr><td>5 层</td><td>2.15</td><td>2.14</td></tr>
<tr><td>6 层</td><td>1.25</td><td>1.25</td></tr>
</table>

表 8 弹性动力时程分系结果

		天津宁河波 NS	天津宁河波 EW	上海人工波 1	SATWE(CQC)计算结果
最大层间位移角	X 向	1/2 536	1/3 443	1/2 559	1/2 704
	Y 向	1/1 562	1/1 953	1/1 735	1/1 619
底层剪力(kN)	X 向	13 773	11 105	10 228	9 819
	Y 向	14 568	12 496	13 178	11 717

表 9 弹塑性动力时程分系结果

		天津宁河波 NS	天津宁河波 EW	上海人工波 1	备 注
最大层间位移角	X 向	1/444	1/599	1/433	高规限值 1/100
	Y 向	1/483	1/624	1/456	
底层剪力(kN)	X 向	88 126	75 439	100 745	
	Y 向	45 744	31 352	51 246	

⑤ 计算结果分析：大楼的变形情况是符合高规(JGJ3－2002)的要求的。由于建筑体型的限制，结构的扭转周期出现在第二周期，T2 与 T1 之比均小于 0.85。满足高规(JGJ3－2002)的要求。在地震作用下，最大水平位移和层间位移均小于该楼层平均值的 1.5 倍。但局部楼层大于 1.4 倍。由于大楼总高度不高，且位移较小，可认为其平面扭转变形满足高规(JGJ3－2002)的要求。由表 7 可看出，SATWE 的计算结果认为没有超出抗震规范要求的薄弱层，而 PMSAP 判断出 3 层为薄弱层，该层刚度比上层刚度的 70%和上 3 层刚度平均值的 80%中的大者于 X 方向及 Y 方向分别为 0.91 和 0.95。为此对该楼增加了弹塑性动力时程分析。计算结果表明最大层间弹塑性位移角确实出现在 3 层，均满足高规(JGJ3－2002)的要求。SATWE 与 PMSAP 的计算结果总体较为接近，均满足规范规定的各项抗震要求。

⑥ 提高大楼抗震性能所采取的措施：各层楼板均存在较大面积的开洞(2 层最为严重)。为充分利用混凝土筒体的抗侧性能，提高整体结构的抗震能力。局部削弱的楼板除增加钢承板的栓钉数量外，另加水平钢支撑。由于 5 层以上收进的水平向尺寸大于相邻下 1 层的 25%，结构高振型反应明显。在计算模型中增加振型数量。该层以上的柱、墙的截面尺寸不再进一步降低。3、4、5 层局部区域出挑较大，最远处接近 15 m。悬臂梁内产生较大的轴向拉力。通过水平支撑传至剪力墙核心筒上。核心筒在楼层位置设置钢圈梁以利于楼面水平力的传递。地震作用下大部分的水平剪力由混凝土核心筒承担。为提高混凝土核心筒的延性，内配型钢暗柱及钢圈梁。大楼的 3 层稍为薄弱，但没有超出高规限值(SATWE 计算结果)。在计算分析中该层地震剪力仍乘以 1.15 的增大系数，以提高该层的抗侧能力。

(2) 技术难点：

结构 4 层、5 层为大面积悬挑结构，悬挑最远端距离角柱 17.140 m。该大悬挑结构总体布置为利用第 5 层层高建立悬挑桁架，利用吊杆悬挂第 4 层外挑区域。5 层平面及屋面结构中布置水平交叉斜撑，楼板及水平支撑将大悬挑导致的水平力传递至混凝土筒体，有效利用混凝土筒体的抗侧刚度，以抵抗悬挑区域的倾覆弯矩。楼板在这一空间受力模型中作用较为明显。考虑到楼板传递水平力的有效性可能得不到保证，在结构整体分析时考虑的如下两种情况：

① 考虑楼板参与整体作用，与交叉支撑共同传递水平力。

② 不考虑楼板参与整体作用，水平力完全由交叉支撑来传递。计算结果表明，两种情况下杆件内力差异较大，在具体设计时，采用偏于安全的不考虑楼板参与整体作用的情况来选取杆件。

该设计采用 SAP2000 和 SATWE 分别进行建模计算后，对计算结果进行了比较。计算表明悬挑结构部分的最不利荷载组合为 1.2 恒＋1.4 活，故表中杆件内力为 1.2 恒＋1.4 活荷载下的内力。以下通过空间桁架 HJ－3 为例(见图 24)，列举两种软件的计算结果的对比(见表 10 和表 11)：

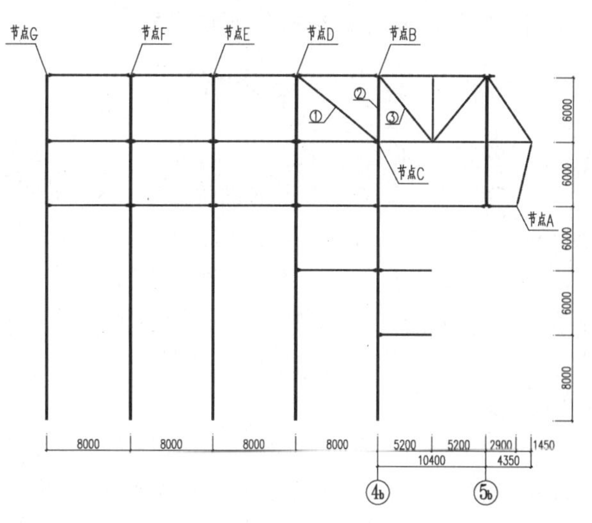

图 24 空间桁架 HJ－3

表 10 桁架 HJ－3 主要杆件内力

杆件编号		SAP2000 计算楼板作用	SATWE 弹性板	SAP2000 未计算楼板作用	备注
(1)	M(kN·m)	—	—	—	
	N(kN)	−1 792	−1 717	−3 705	
	V(kN)	—	—	—	

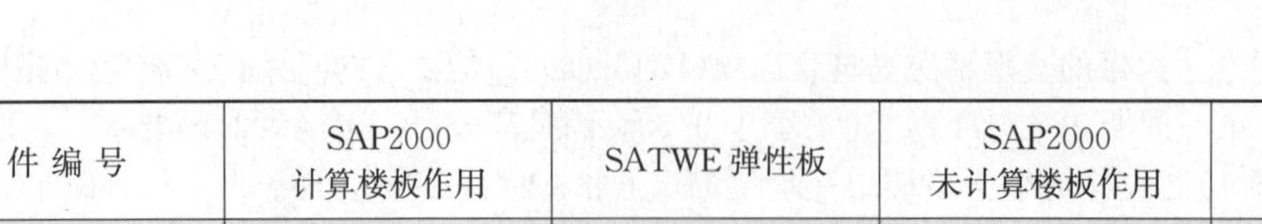

续　表

杆件编号		SAP2000 计算楼板作用	SATWE 弹性板	SAP2000 未计算楼板作用	备　注
(2)	M (kN·m)	3 229	3 220	4 956	
	N(kN)	−10 707	−11 475	−11 626	
	V(kN)	−733	−716	−1 149	
(3)	M (kN·m)	—	—	—	
	N (kN)	6 309	6 853	6 757	
	V(kN)	—	—	—	

表 11　桁架 HJ－3 主要节点位移

节点 A	SAP2000 计算楼板作用(mm)		SAP2000 未计算楼板作用(mm)		备　注
	位移 X,Y,Z	挠跨比	位移 X,Y,Z	挠跨比	外挑 13.3 m
恒　载	0.4,0.4,−23	1/1 156	−1.9,1.3,−28	1/950	
活　载	0.2,0.2,−14	1/1 900	−1.3,0.4,−19	1/1 400	
恒＋活	0.6,0.6,−37	1/719	−3.2,1.7,−47	1/566	

从上述计算结果的对比中可以看出：

① 两种软件的计算结果比较接近。

② 楼板在分析模型中的影响较大。该设计为了进一步提高大悬挑结构的可靠性，对悬挑结构中的主要钢结构杆件应力比控制在 0.7 以下。

(四) 结构实验及结果分析

1. 试验设计

由于结构设计中计算出的钢管混凝土柱、梁节点处的压力及斜向拉压力均较大，且节点处的应力分布极其复杂，所以对该结构中典型的节点进行了压弯静载试验。根据受力状况，分别设计两组试件。两组试件的受力形式为：试件 1 梁柱均为压弯组合；试件 2 梁为拉弯组合。试件 1 和试件 2 分别做两个，区别在于一个试件有内十字板，另一试件不设内十字板。试件钢材均选用 Q235，钢管混凝土柱与 H 型外伸钢梁之间用加强环连接，加强环与钢梁间采用焊缝焊接，内灌 C40 细石混凝土(见图 25 和图 26)。

试验模型是在原结构的基础上选取的，其依据按相似性原理，即模型需与原结构保持相似才能由模型试验的数据和结果推算出原结构的数据和结果。相似性原理在模型与原结构的尺寸、荷载及刚度上的具体体现是：尺寸相似要求结构模型和原型之间所有对应部分的线性尺寸都成比例，如记线性尺寸相似系数 $S_l = l_m/l_p$(足标 m 和 p 分别表示模型和原型)，则其面积比、截面模量比及惯性矩比应分别满足 $A_m/A_p = S_l^2$；$W_m/W_p = S_l^3$；$I_m/I_p = S_l^4$。荷载相似要求结构模型和原型在对应点所受的荷载方向一致，大小成比例。荷载相似系数 $S_P = P_m/P_p$。刚度相似要求结构模型和原型对应点处材料的拉、压弹性模量和剪切弹性模量成比例。拉、压弹性模量相似系数 $S_E = E_m/E_p$，剪切弹性模量相似系数 $S_G = G_m/G_p$。经过计算调整，节点 1 和节点 2 的模型比例分别选为 0.35 和 0.4。

2. 试验实况

试件的支杆分别通过柱面铰或预埋螺栓连接在加载装置上。试验时均通过千斤顶施加横向和纵向的拉压力。图 27、图 28 分别为试件 1、2 的加载装置示意图。

试件 1 加载步骤是，先加载钢管混凝土轴向压力，至 1 900 kN 为止，此过程中试件未发现钢管及钢

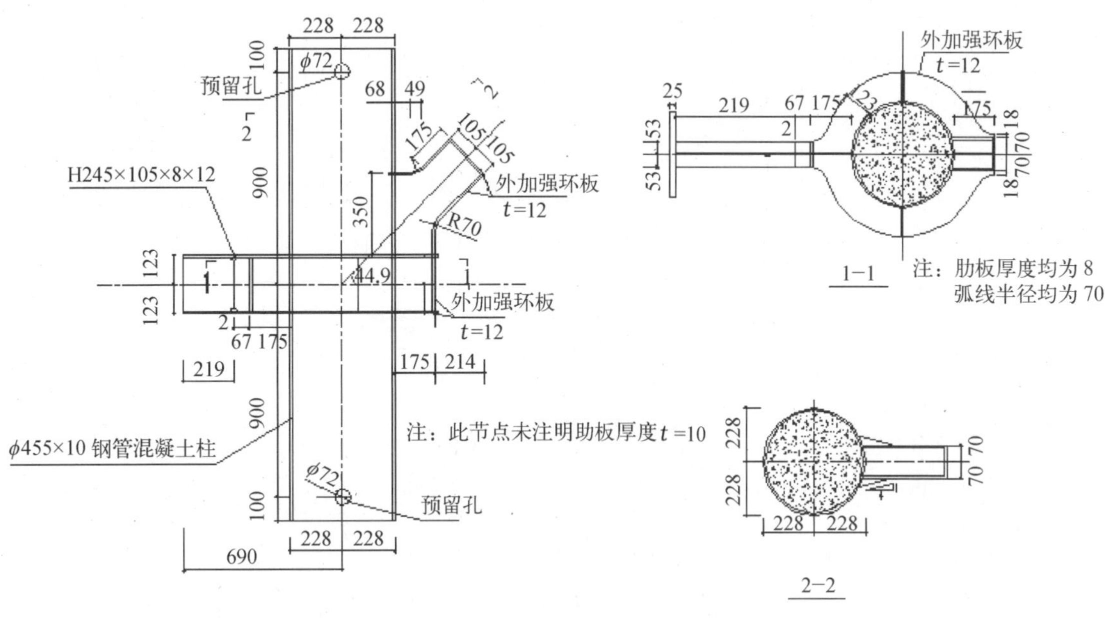

图 25　试件 1

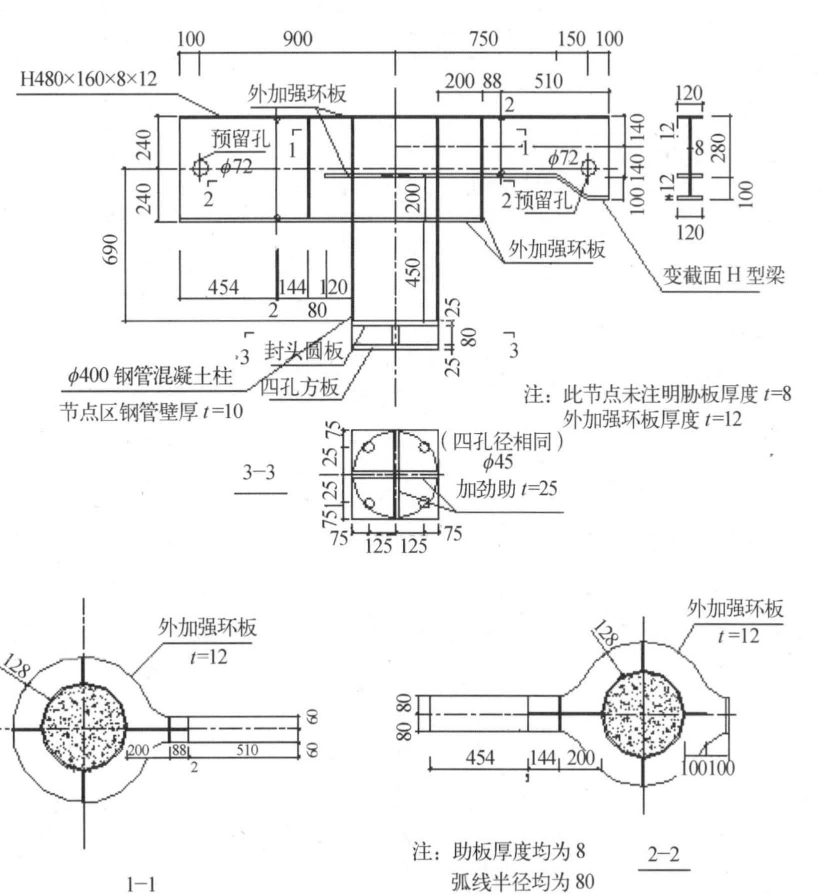

图 26　试件 2

梁部分的开裂变形，采集到的数据显示各控制点处的应变及位移均不大。然后，保持轴向压力在 1 900 kN，施加横向钢梁上的压力。试件上的折算作用力仅为 278.9 kN，而由于在加载过程中试件均无明显的变形，也未观察到试件有开裂等破坏现象，故试验中轴向的力共加至 1 900 kN，是设计荷载的 6.8 倍，此时试件仍未有破坏发生。

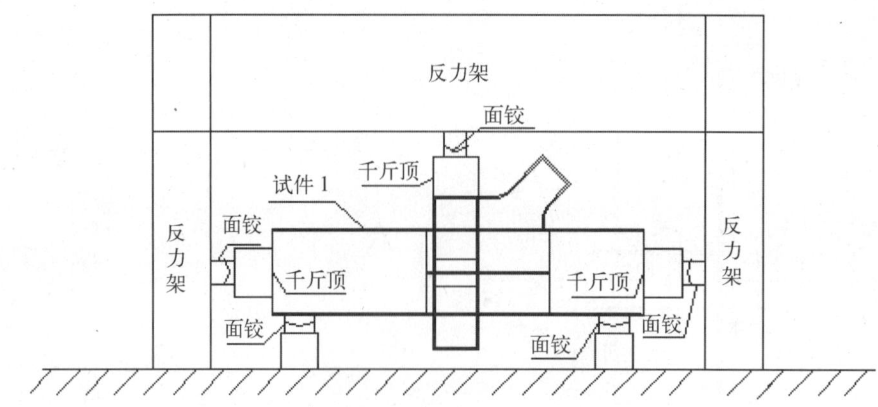

图 27　试件 1 加载装置图

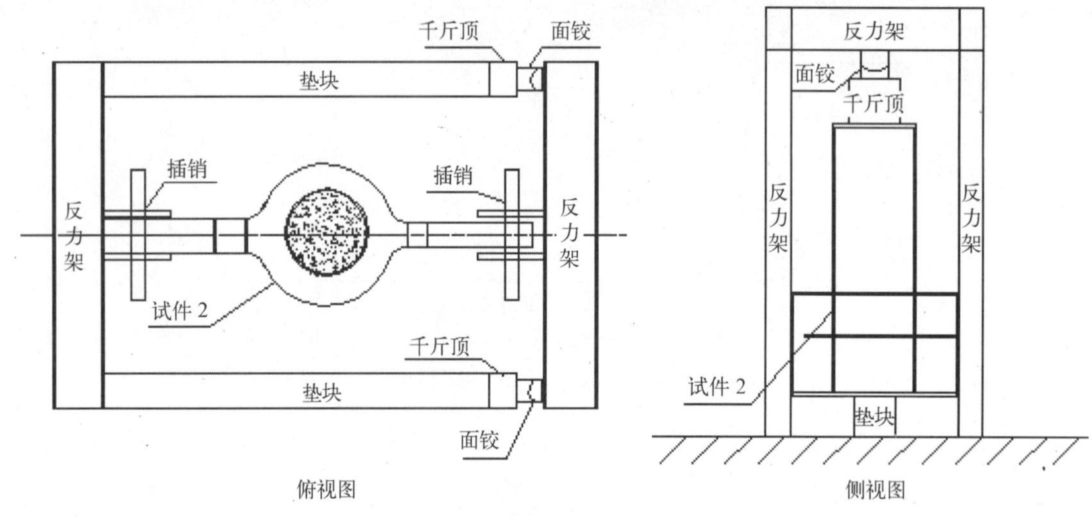

图 28　试件 2 加载装置图

试件 2 加载步骤是，先加载钢架梁横向拉力，至 500 kN 为止，此过程中试件未发现钢管及钢梁部分的开裂变形，采集到的数据同样显示各控制点处的应变及位移均不大。然后，保持梁横向拉力在 500 kN，施加钢管轴向的压力。试件上的设计荷载为 518 kN，在加至 518 kN 的过程中试件变形较小，也未观察到试件有开裂等破坏现象；试验继续加载，共加至 1 000 kN，在此过程中钢管混凝土部分无明显的开裂等破坏，仅横向钢架梁上的翼缘由于发生翘曲而产生裂痕，但裂痕不大。此时横向拉力是设计荷载的 1.9 倍。

3. 试验模型的有限元分析

利用有限元分析软件 Ansys 对试件进行静力分析。在建立钢管混凝土模型时，混凝土采用 SOLID65 实体单元，钢采用 SOLID45 单元。模型见图 29 和图 30。Ansys 要求混凝土和钢输入的材料属性数据有弹性模量 E_c 和 E_s，抗压强度 f_c 和 f_s，泊松比 μ_c 和 μ_s，以及两者的应力—应变本构关系。模拟施加荷载时，加载步骤和试验加载步骤相同。

表 12 列举了设计荷载、试验荷载及 Ansys 分析极限荷载和它们相应的弯矩值。如表中所示：试验弯矩最大值远大于设计弯矩最大值，而 Ansys 计算出的极限弯矩值保证了设计弯矩值有足够的安全储备。试件 1－1、2－1 和试件 1－2、2－2 除结构上有无内十字板外，其他的结构部分和外载部分没有区别，但是二者的极限弯矩相差甚远。这表明，加做内十字板可以有效提高钢管混凝土的抗弯承载能力。

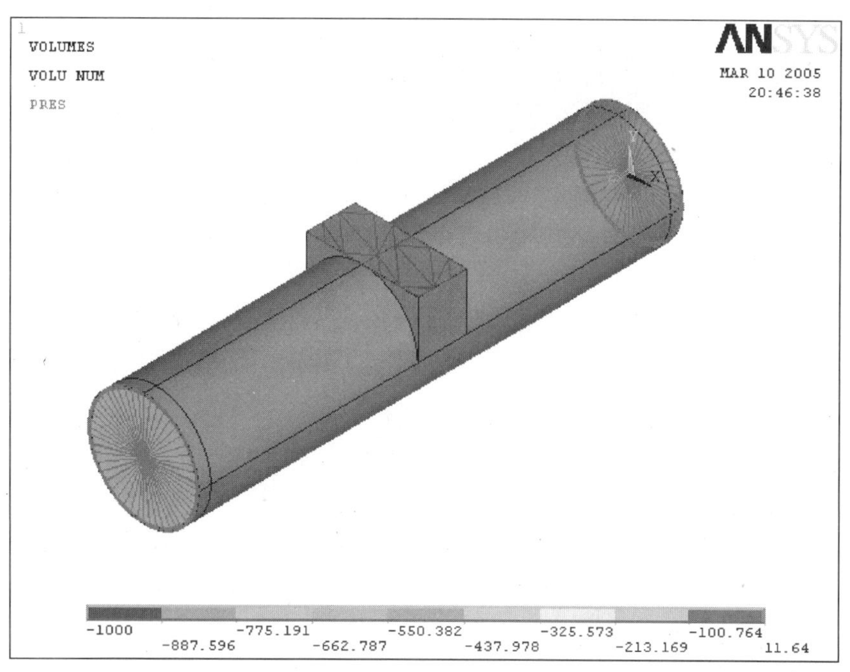

图 29　试件一的计算模型

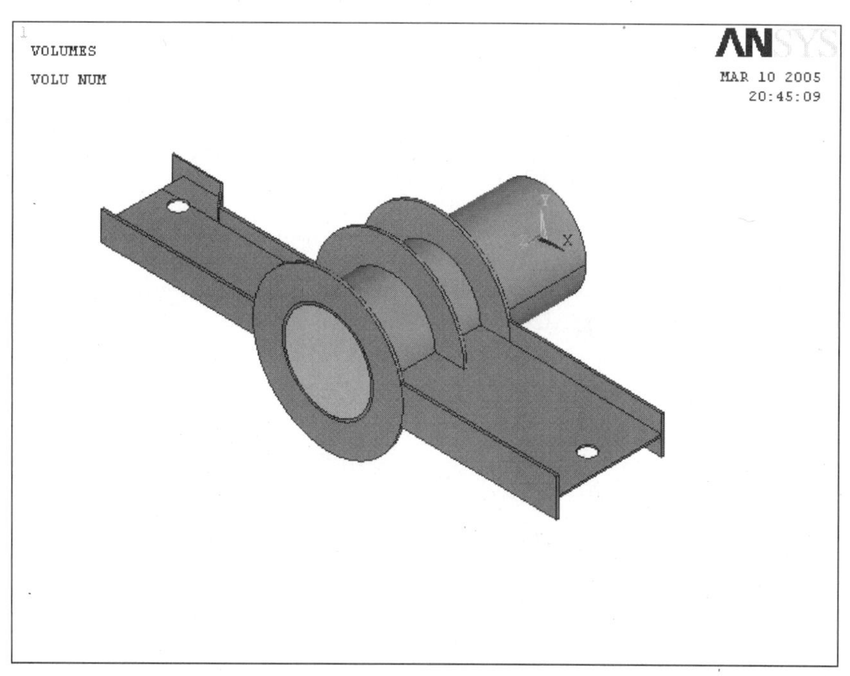

图 30　试件二的计算模型

表 12　设计荷载、试验荷载及 Ansys 分析极限荷载及相应弯矩值　(kN)

试件名称		设计荷载值	试验荷载值（是设计值的倍数）	Ansys 分析极限荷载（是设计值的倍数）
试件 1	试件 1－1	278.9	1 900(6.8)	2 704(9.7)
	试件 1－2	278.9	1 900(6.8)	5 334(19.1)
试件 2	试件 2－1	518	1 000(1.9)	868(1.7)
	试件 2－2	518	1 000(1.9)	1 150(2.2)

三、暖通设计

(一) 设计标准

1. 室内设计参数(见表13)

表13　室内设计参数

指标 \ 场所	展厅、大厅和门厅		餐厅、多功能厅		办公、管理用房	
	夏　季	冬　季	夏　季	冬　季	夏　季	冬　季
干球温度(℃)	25～27	18～20	24～26	20～22	24～26	20～22
相对湿度(%)	≤65		≤60		≤60	
新鲜空气量[m^3/(h·人)]	20		20		30	

2. 通风类型和换气次数

卫生间10次/h,给排水水泵房4次/h,污水泵房20次/h,地下汽车库6次/h,空调水泵房4次/h。其中卫生间、给排水水泵房、污水泵房和地下汽车库的通风系统采用自然进风,机械排风方式,空调水泵房、变配电间和藏品库房的通风系统为机械送风,机械排风方式。

(二) 空调冷热源

上海国际汽车博物馆的空调总冷负荷为4 000 kW,总热负荷为3 058 kW,冷负荷指标为211 W/m^2,热负荷指标为161 W/m^2。选择4台风冷热泵机组作为上海国际汽车博物馆中央空调系统的冷热源,安置于地面1层基地南面绿地内。每台的制冷量为1 000 kW,供热量为1 100 kW,输入功率为333 kW。配置5台(四用一备)冷热水循环水泵,每台流量为180 m^3/h,扬程为33.5 m,输入功率为30 kW。机组冷冻水供水温度7℃,回水温度12℃,热水供水温度45℃,回水温度40℃。

(三) 空调供回水系统

中央空调的水系统采用两管制、一次泵形式。冷、热水经过地面的风冷热泵送至各组合式空调机组、新风空调机组以及风机盘管机组等末端空气处理设备,以满足各功能区的空调需要。各区域的空调回水经地下一层空调循环水泵再送至风冷热泵机组。

空调循环水系统采用循环水旁流处理器进行水处理,这种水处理装置通过微电解水产生活性氧,活性氧的氧化性极强,可杀灭水中的细菌,并能实时清除水中水垢,防止设备管道腐蚀。

空调循环水系统采用闭式膨胀水箱完成水体膨胀、系统补水及系统定压三大功能,闭式膨胀水箱设置于地下1层空调水泵房内。

(四) 空气处理系统

根据建筑物内各空间的不同使用功能,采用了不同的空调通风系统形式及气流组织形式。

1. 整车展示馆、多功能厅和技术科普互动馆

整车展示馆、多功能厅和技术科普互动馆等大空间采用低速单风道全空气空调系统。末端组合式空调机组设在1～3层东南面和4、5层东面的空调机房内。

每台组合式空调机组通过球形喷口、旋流风口和方形散流器向展厅内送风。其中喷口角度可根据季节变化进行自动调节,冬季采暖时,热空气可向下直接吹向地面;夏季供冷时,冷空气的吹出方向接近

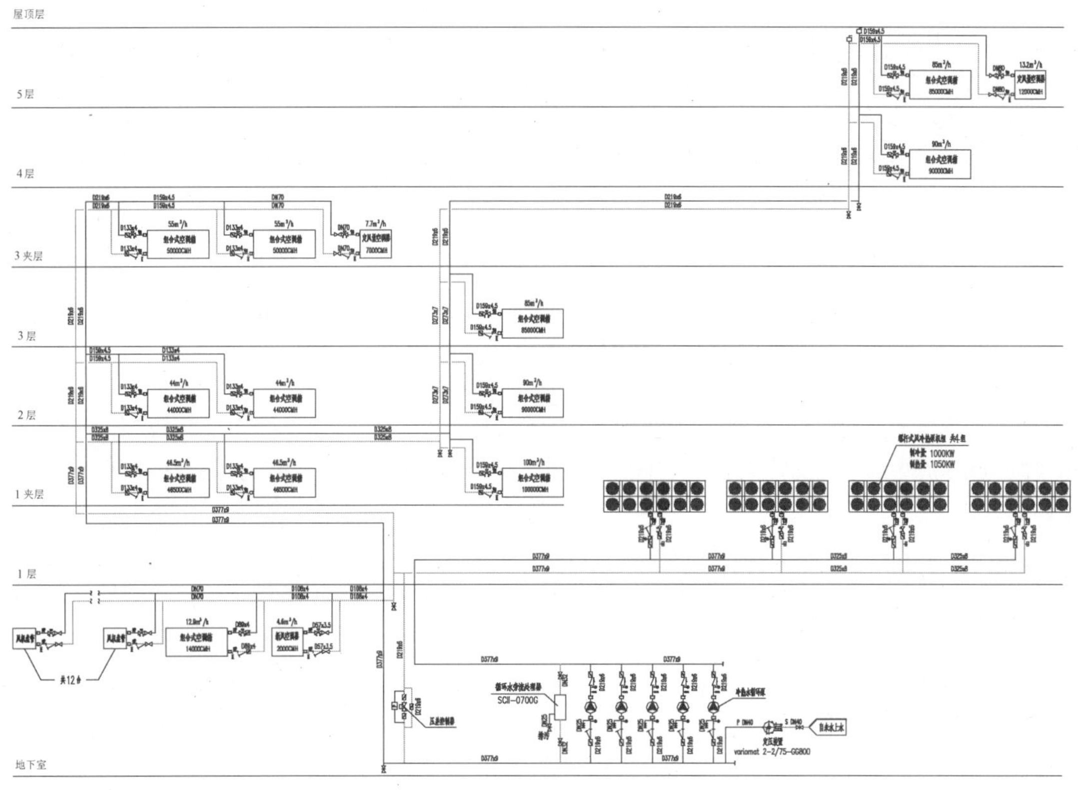

图 31　空调水系统流程示意图

水平，避免冷空气直接吹向人体，降低舒适性。空调系统的回风通过空调机房侧墙上的消声百叶回流至机房内。

整车展示馆、多功能厅和技术科普互动馆等大空间的排风形式为自然排风，在热压和风压的共同作用下，展厅内的部分空气通过展厅外墙上的高侧自然排烟窗排至室外。

2. 办公

三夹层办公用房采用低速单风道全空气空调系统，空调机房位于三夹层。经定风量空调机组处理后的空气通过吊顶散流器自上而下送入空调区域，回风口通过吊顶单层百叶风口回至机房，并与机房内的防火调节阀和片式消声器相连接。排风通过三夹层卫生间排至室外。

3. 职工餐厅和物业管理

在地下1层的职工餐厅和物业管理采用风机盘管+新风的空调系统形式。为了保证空调区域内良好的空气品质及风量平衡，在这些区域单独设置机械排风系统，使新风顺利地送入空调区域。

4. 消防控制室和纪念品商店

在1层的消防控制室和纪念品商店，设置变频变冷媒流量风冷热泵机组，室内机采用天花板卡式嵌入型，以满足每天 24 h 开启要求。

(五) 空调自动控制

空调系统的自动控制主要包括以下几个部分：

1. 冷热源的控制

采用热量计算机与程序控制器来控制风冷热泵机组和空调循环水泵的开启台数。热量计算机由安装在系统总供水管的流量计、温度计和回水总管的温度计来控制。按用户侧的负荷需求量，反映在热量计算机上，连接到程序控制器，控制风冷热泵机组和空调循环水泵的开启台数，以及相应的蒸发器和冷凝器的进口阀门。

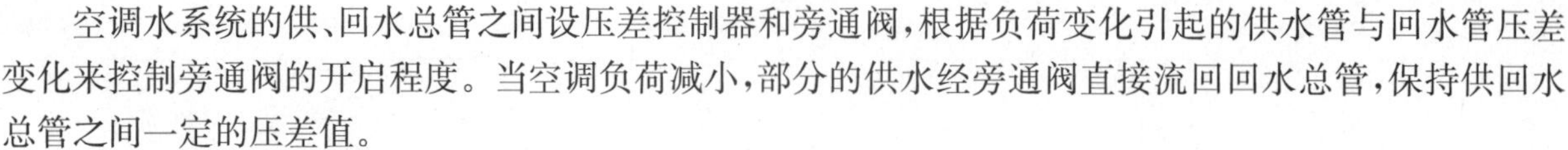

空调水系统的供、回水总管之间设压差控制器和旁通阀，根据负荷变化引起的供水管与回水管压差变化来控制旁通阀的开启程度。当空调负荷减小，部分的供水经旁通阀直接流回回水总管，保持供回水总管之间一定的压差值。

2. 风机盘管自动控制

风机盘管的自动控制分别表现在风系统和水系统两方面。风机有三档调速，可供使用者任意选择。在空调房间内装有恒温控制器，根据房间温度的设定值，可控制装在风机盘管回水管上的电动二通阀的开启与关闭，达到室内所要求的温度。风机和电动二通阀连锁。

3. 组合式和定风量空调机组的控制

在组合式和定风量空调机组的回风口和新风口均设置了电动调节阀门，在控制最小新风量的基础上，按室外焓值控制两个电动调节阀的开度。当室外焓值降低时，可减少回风量，增加新风量，直至系统全新风运行，实现运行节能。

在空调机组的回水管上设置1只电动调节阀，由回风管内的温度控制器来调节该阀门的开度，从而调节冷热源的出力。

（六）制作与安装

1. 风管

地面以上的通风及排烟风管采用镀锌钢板制作，其厚度及加工方法满足《通风与空调工程施工质量验收规范》(GB50243—2002)及《高层民用建筑设计防火规范》(GB50045—95)(2001年版)的规定。当排烟风管设置在走道吊顶内时，保证管道的耐火极限不小于1 h。当吊顶内有可燃物时，吊顶内的排烟管道采用不燃材料进行隔热，并与可燃物保持不小于150 mm的距离。

地下室通风系统选用无机玻璃钢风管，空调风管选用离心玻璃棉直接风管，密度为76 kg/m^3，厚度为25 mm。以上两种风管的消防性能均为不燃A级。

穿越沉降缝或变形缝的通风管两侧，以及与空调箱或通风机进出口相连处，设置长度为150～250 mm的不燃性材料制作的软接头，在软接头处禁止变径。排烟系统上设置的软接头除满足上述要求外，还应满足耐火时间大于30 min的要求。

2. 水管

管径＜DN100的水管采用热镀锌钢管，管径≥DN100的水管采用无缝钢管，冷凝水管采用PVC-U管。无缝钢管采用法兰连接或焊接，镀锌钢管采用螺纹连接。

在水系统的最低点处，配置DN25mm的泄水管，并配置相同管径的闸阀或蝶阀，在最高点处配置DN15 mm的自动排气阀。组合式空调机组及新风空调机组的排水口处设置水封，水封高度为100 mm，并将冷凝水排至机房地漏。

安装冷凝水管时保证一定的坡度，从空调末端设备接出至冷凝水总管的管段，其坡度为1.5%～2.0%，冷凝水干管的坡度为0.8%，坡向排水口。

空调供回水管、冷凝水管、集管、阀门等，均采用难燃B1级橡塑保温材料保温，管径＜DN50，保温厚度32 mm，管径为DN50～DN80，保温厚度35 mm，管径为DN100～DN300，保温厚度40 mm，管径≥DN350，保温厚度42 mm，冷凝水管的保温厚度为15 mm。

管道穿越墙壁和楼板时，设置钢制套管，套管内径大于管道保温层外径一档或二档，安装在楼板内的套管，其顶部高出地面100 mm，底部应与楼板底面相平。安装在墙壁内的套管，其两端与饰面相平，套管与管道之间用不燃性保温材料填实。

与风冷热泵、水泵和组合式空调机组连接的进出水管上设置减振接头。在与每台风冷热泵、水泵和组合式空调机组相连接的进水管上安装闸阀或蝶阀、压力表(0～1.0 MPa)、带护套的角型水银温度计(0～100℃)和Y型过滤器，出水管上安装闸阀或蝶阀、压力表(0～1.0 MPa)和带护套的角型水银温度计(0～100℃)。水泵出水管上安装缓闭式止回阀，所有阀门承压要求为1.0 MPa。

四、给排水设计

(一) 生活给水系统

1. 水源

上海汽车博物馆位于汽车博览公园内，公园内铺设有市政给水管及消防环管。由市政给水管上引一路给水管供本建筑室内生活用水。室外供水管为球墨铸铁给水管。

2. 用水量

博物馆参观人员 36 m^3/d，工作人员 20 m^3/d，未预见水量 8.4 m^3/d，总计 64.4 m^3/d。

3. 供水系统

(1) 地下层用水由市政给水管直接供给。地下层主要有职工备餐厅，生活泵房，地下停车库，设备间等用水点，由一路市政给水管引入地下室，再分别接管至各用水点。

(2) 地上 1 层～5 层用水由生活水池和变频水泵机组供(见图 32)。地下室泵房内设有生活水池 1 座，容积 10 m^3，采用不锈钢装配式水箱，供变频水泵机组抽水。生活变频水泵为 3 台立式水泵，二用一备，恒压变流量供水，总供水量 25 m^3/h，供水压力 50 m。生活水池配置水箱消毒器，防止水质二次污染。生活水泵出水管采用内壁衬塑(PE)热镀锌钢管，卫生间内给水管采用 PP－R 塑料给水管。

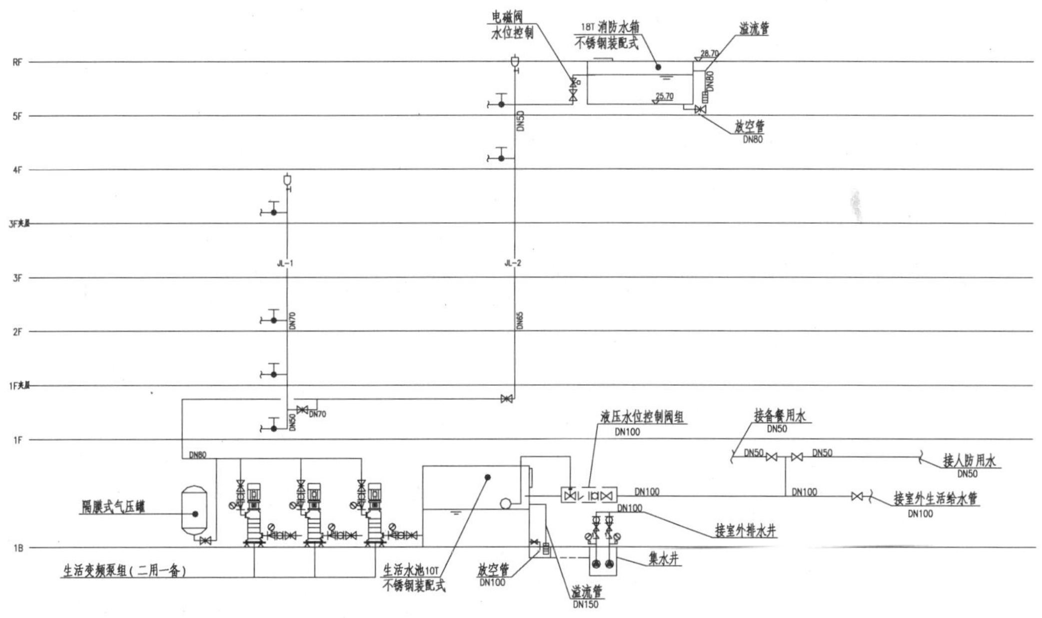

图 32　生活给水系统原理图

(二) 排水系统

1. 生活污水系统

室内排水为污，废水合流系统。室内设有排水立管和通气立管，并伸顶通气，排水管采用芯层发泡 U－PVC 塑料排水管。地下室卫生间生活污水，泵房内废水，消防电梯机坑排水，均设集水坑收集，经潜水排污泵提升至室外污水管网。车库废水经沉砂隔油池处理后，由潜水泵提升至室外污水管网。职工备餐间废水设隔油器处理，由潜水泵提升至室外污水管网。

建筑物内的生活污水由室外污水管汇集，经市政排水监测井排入市政污水管网，室外污水管采用 HDPE 高密度聚乙烯双壁管。生活污水排放量为 59 t/d。

2. 雨水排放系统

博物馆屋顶面积较大，建筑内均为大空间格局，能够布置雨水立管且能满足展馆要求的位置较少，因此考虑屋面雨水采用虹吸式压力排放管路系统排至室外雨水井，以减少建筑物内的雨水立管的数量和水流的噪声。局部外挑的玻璃幕墙处采用重力排放系统接至室外雨水井。屋面雨水根据上海暴雨强度公式计算，重现期为 50 年。

室外建筑物四周设置地面式雨水口，汇集地面雨水，屋面雨水及地面雨水经小区雨水管网分两个出口排至公园内的雨水管网，室外雨水管采用 HDPE 高密度聚乙烯双壁管。基地内的雨水根据上海暴雨强度公式计算，重现期为 1 年，雨水量为 350 L/s。

(三) 消防给水系统

1. 消防水源

以市政给水管网为水源，从公园内的消防给水管网引入 2 路 DN150 供水管，从博园路市政给水管上引入一路 DN300 供水管，在基地内布置成环状管网，室内外消防用水由环网上接入。

2. 消防给水流量

博物馆为一类高层建筑，其室外消防用水量为 30 L/s，室内消防用水量为 30 L/s，自动喷水灭火系统用水量为 30 L/s。

3. 室外消防系统

室外结合基地总体情况，布置 4 套 DN100 室外消火栓，由室外消防给水管供水。

4. 室内消火栓系统

室内消火栓系统为一个压力分区，成环布置，由地下室泵房内消火栓泵和 1 座高位消防水箱统一供水(见图 33)。在消防电梯前室、走道、主要出入口和公共场所等处，均设置消火栓箱，间距 25 m。消火栓出口压力控制在 0.5 MPa 以下，采用减压孔板局部减压。屋面设置试验消火栓，并配有压力表。消火栓系统设置 2 套 DN100 型地上式水泵接合器。

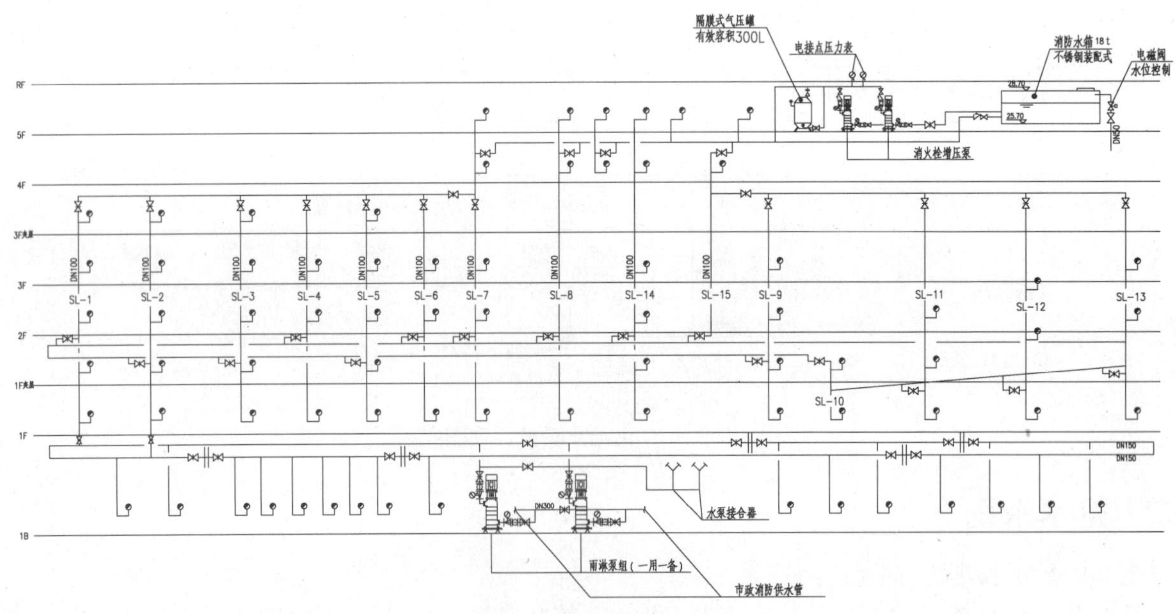

图 33 消火栓系统原理图

消火栓泵采用立式消防泵，2 台，一用一备，直接由室外消防给水管上抽水。五层设有高位消防水箱 18 m^3(消火栓和喷淋系统合用)以及消火栓系统增压设备(立式增压泵 2 台，一用一备，有效容积300 L气压罐 1 个)。室内消防箱均为 DN65 型单出水，配 DN19 直流水枪，软管卷盘和 25 m 衬胶水龙带，消防箱下部配磷酸铵盐干粉灭火器。消防电梯集水坑容积>2 m^3，内设排水泵 2 台，一用一备。

5. 室内自动喷淋系统

喷淋按中危险Ⅱ级设计，喷水强度 8 L/(min·m²)，作用面积 160 m²。室内净空小于 8 m 的部位，均设置闭式喷淋系统，采用普通喷头；高度为 18 m 的进厅部位，设置闭式喷淋系统，采用快速响应喷头；高度为 18 m 的展厅部位，设置开式喷淋系统（见图 34）。室内喷淋供水由地下室水泵房的喷淋泵统一供给。喷淋系统设置 2 套 DN100 型地上式水泵接合器。

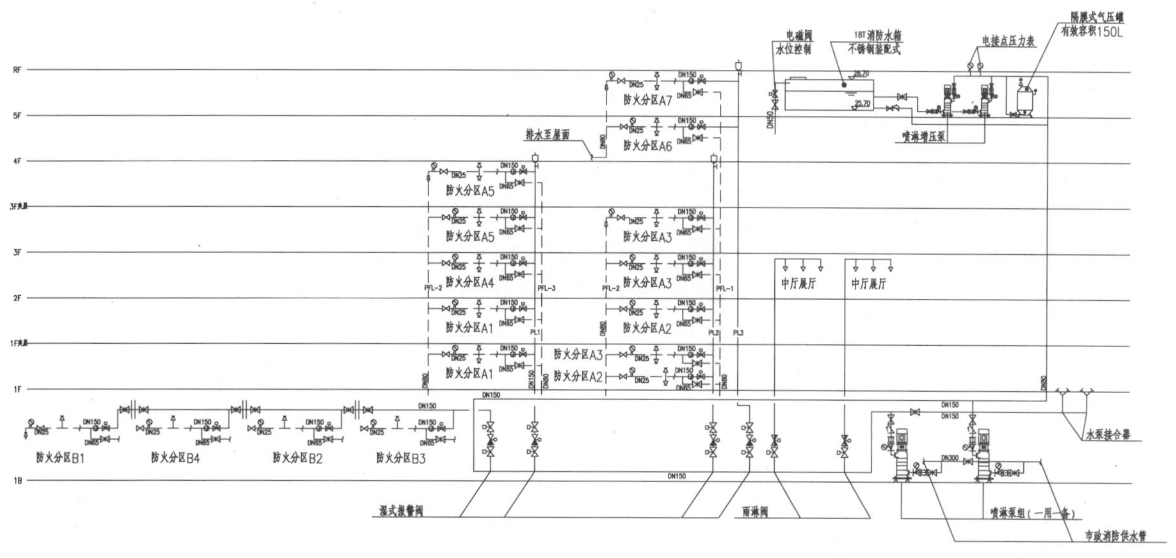

图 34　喷淋系统原理图

喷淋泵采用立式消防泵，2 台，一用一备，直接由室外消防给水管上抽水。湿式报警阀 4 套和雨淋阀 2 套均设在地下泵房内。各防火分区设有水流指示器及信号监控阀，末端设试验放水阀。5 层设有高位消防水箱 18 m³（消火栓和喷淋系统合用），以及喷淋系统增压设备（立式增压泵 2 台，一用一备，有效容积 150 L 气压罐 1 个）。

（四）人防设计

1. 设计标准

地下室平时为停车库，战时为六级二等人员掩蔽，分 3 个防护单元，人防面积 2 971 m²。

2. 人防设计

（1）人防区平时采用基地生活给水管作为供水水源。战时分别设置 3 座不锈钢装配式水箱。

（2）人防口部分别设置集水坑，密闭通道设置防爆波地漏。

（3）人防区域内设置室内消火栓，由室内消防环管供水。

（4）人防区域内设置室内自动喷淋，由喷淋泵供水。

（5）所有进出人防区域的给水管、消防管、排水管，均在人防内侧设置公称压力不小于 1.0 MPa 的防爆波阀门。

（6）人防顶板以上各排水管、雨水管等管线均不穿入人防区域。

（五）环保设计

（1）水泵机组等动力设备均有隔振、降噪的技术处理，采用低转速并设在地下室内。

（2）管道与设备的连接采用柔性接头管道，固定采用弹性支吊架，解决固体传声。

（3）动力设备房采取吸音墙壁和隔声门窗。

（4）生活污水排入市政合流管网。

（5）职工备餐间废水设隔油器处理后，排放至市政污水管。

五、暖 通 设 计

(一) 强电

1. 供配电

该博物馆是上海市政府在上海嘉定投资的项目,以展示汽车发展历史为主。供电负荷属一级负荷供电。采用两路10 kV电源同时供电,10 kV采用单母线分段,不设母联开关,两路电源供电容量均为2 000 kVA。其中2×2 000 kVA向博物馆照明、空调、动力及消防供电。在地下1层设备用房内设置一处10 kV变电所。

2. 电气设备

(1) 10 kV配电柜采用国产KYN柜,继电保护器采用ABB型号为SPAJ－140C。断路器采用VD4,分段能力为25 kA/3S。

(2) 采用国产干式变压器,型号为SCB9。

(3) 采用国产低压配电柜,型号为ArTu。ABC采用F开关,MCCB采用S开关。

(4) 采用国产变电所设备运行监控和能量管理系统。

3. 防雷和SPD

(1) 采用屋面金属板作为接闪器,钢柱作为引下线,基础钢筋作为接地极。

(2) 电子信息系统防雷等级为B级,SPD设三极保护。

4. 展馆照明和布展电源

(1) 展馆布展电源:在博物馆内每层设置2座低压配电间,地面设置布展用地面插座,布展电源按110 W/m^{2}预留。

(2) 展馆照明:博物馆一般照度为300 lx,应急照明为30 lx。一般照明选用光效高、寿命长、显色指数高的金属卤化物灯具。由计算机控制的智能灯光控制照明。

(二) 弱电

1. 系统设置

为满足博物馆的汽车展示及保存功能,适应馆内办公及物业管理自动化、信息化的需求,此项目设计有如下智能化系统:

(1) 结构化综合布线系统。

(2) 有线电视接收系统。

(3) 安保技防系统。

(4) 火灾自动报警及消防联动控制系统。

(5) 公共广播兼紧急广播系统。

(6) 停车库车辆进出控制管理系统。

(7) 楼宇设备控制管理系统。

(8) 多功能厅电子会议系统。

(9) 智能化集成系统。

(10) 库房文物展品管理系统。

(11) 观众现场服务管理系统。

2. 系统组成和功能描述

(1) 综合布线系统:

该工程综合布线系统由以下5个子系统组成：

① 工作区子系统：

A. 铜缆信息口全部采用符合国际标准的六类模块化信息插座，根据信息出口的不同用途，选用不同色标的信息插座，光纤出口采用专用的光纤模块插座及面板。

B. 面板选用标准的86型面板，根据需要采用单孔或双孔形式，面板带有图形、文字标识。

② 水平子系统：

语音点及数据铜缆点的水平线缆均选用六类4对8芯非屏蔽双绞线，根据国际标准，线缆护套应符合UL验证的CMR要求。数据光纤点的水平线缆选用2芯室内多模光纤，线缆护套应满足UL验证的OFNR要求。

③ 干线子系统：

该工程中，用于语音通信的主干线缆采用三类25对大对数UTP线缆；用于数据通信的主干线缆采用6芯室内多模光纤，支持万兆以太网应用。语音主干线缆的路由，从主配线间至竖井，采用金属线槽在吊顶内水平敷设，进入竖井后，在金属线槽中垂直敷设。

④ 管理间子系统：

管理间的设计按照楼层划分，每层设置两个管理间。

配线机柜采用标准19英寸机柜，落地安装式。连接用户UTP水平线缆的配线架采用RJ45端口式配线架，连接用户水平光缆和楼层主干光缆采用SC接口光缆端接箱，并带有跳线管理器。连接主干电缆采用插接式配线架。

⑤ 设备间子系统：

数据、语音主配线间设在一楼。

配线机柜采用标准482.6 mm(19 in)机柜，落地安装式。

水平线缆采用不低于超5类标准的非屏蔽双绞线缆。对陈列后台系统需要光纤通信的信息点，采用室内多模或单模光缆连接。

各个功能区域的综合布线采用防火桥架和金属套管。

⑥ 语音通信系统：

根据业主要求设置虚拟交换机系统，整个工程语音通信量约为80个。

(2) 有线电视接收系统：

博物馆内的电视信号由市有线电视网引来，有线电视前端设备设在1层计算机机房，馆内信号传输网络由同轴视频电缆、分支器、分配器和放大组成。

电视终端电平控制在68 dB±3 dB范围，图像质量主观评价不低于四级。电视终端主要设在会议室及部分办公室内。

(3) 安保技防系统：

系统还辅以视频监控、声音复核等视、听手段，以确保文物安全。

根据博物馆技防系统的特殊性，安保系统由如下系统组成：

① 电视监控系统：

电视监控系统是汽车博物馆的标准设备设施之一，通过视频监控系统对公共活动区域的整体防控，能够有效地防范各类闲杂人员的出入，并提供视频录像，为可能的时间查询和处置提供直接的依据。

在博物馆的出入口、库房、展厅、电梯厅、电梯轿厢地下车库及室外广场等处设置摄像头，监控中心设置在一层安保机房内。

② 防盗入侵报警系统、声音复核技术、无线电子巡更系统：

防盗报警系统主要功能是为了防止外人非法入侵，当有人非法入侵时，产生报警并将该信号传输到消防控制中心，控制器即可发出报警信号，并且显示报警点区域范围，使安保人员能及时准确赶赴现场处理，为博物馆提供安全保障。同时启动现场的声光报警装置发出声光报警。本防盗报警系统设为二

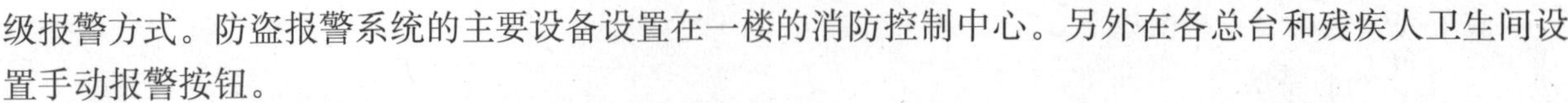

级报警方式。防盗报警系统的主要设备设置在一楼的消防控制中心。另外在各总台和残疾人卫生间设置手动报警按钮。

防盗入侵报警系统由门磁、双鉴报警探头、玻璃破碎探测器、报警按钮、主动红外入侵报警探头、数据采集设备、报警显示电脑及报警软件组成，同时在重要库房等处设置声音复核报警系统。

巡更系统：巡更信息收集点设置在各层的馆梯间处，系统采用无线网络，巡更采集器及巡更读卡器。系统可通过网络与电视监控，防盗设备自控系统及管理系统实行系统间协调。

(4) 火灾自动报警及消防联动控制系统：

该工程火灾自动报警系统按二级保护对象设防，并采用集中报警系统的形式。系统由火灾报警探测系统、消防联动控制系统及消防紧急广播系统组成。火灾探测系统由各类探测器、水流指示计、报警阀等组成，及时探测火灾情况并报知火灾发生的位置区域；火灾确认后联动相关设备同时通过警铃及紧急广播系统进行疏散及告警。

(5) 公共广播兼紧急广播系统：

该广播系统主要为语音广播，各项性能指标满足语音广播兼播放一般音乐即可。

系统采用定电压输出方式，传输电压采用100 V。广播前端设备设在主馆1层消防控制值班室。有吊顶处扬声器嵌顶安装，无吊顶处明挂扬声器箱，嵌顶、明装扬声器均为3 W，消防广播时由火灾报警控制模块按规范要求切换广播线路。

广播线路设计上采用按馆层防火区域设置广播区域。消防广播按层面切换，每一个防火分区对应一个广播区域。

(6) 停车库车辆进出控制管理系统：

在地下停车场设置一进一出停车场管理系统1套，对内部固定车辆和外来临时车辆进行管理，增加图像对比系统，采用图像对比技术对进出车辆进行图像对比，有效保障车辆安全。

(7) 馆宇设备控制管理系统(BAS)：

为提高对大馆内机电设备运行情况的监察、控制及管理水平，达到节能、舒适、控制方便的目的，博物馆内设置了一套高质量馆宇设备控制管理系统。系统采用集散控制、具有开放性、可扩展性。

系统由中央工作站、网络服务器、直接数字控制器、各类传感器及电动阀等组成，控制中心设在1层，对博物馆内的办公室走廊公共照明、空调机、新风处理机、排风机、各类非消防水泵、各类水箱、水池高低水位显示及超水位报警、变配电所的高压进出线开关的电流、电压、频率、功率因数、用电量、热泵机组等根据其控制程序的不同要求进行自动控制与调节。

(8) 电子会议系统：

在博物馆的5层多功能厅设置电子会议系统，系统由音频、视频、集控和可视会议四部分组成，将可以实现以下的功能需求：系统设置大型数字会议系统，主要设备由中央控制器、代表机、主席机、功率放大器、音柱和扬声器等设备组成。

系统在计算机网络的支持下，可将计算机、电话机、录像机、电视机、音响、话筒、大屏幕投影、灯光控制、监视器、电子白板等设备结合在一起，实现研讨、培训、报告等功能。

大屏幕投影系统通过智能会议管理系统，将与报告相关的数据库中的各类文件、数据、图形、图像、表格和动画等信息，以清晰的视觉效果传递给会议出席者。

(9) 智能化集成系统：

智能化集成系统以适用、实用为原则，以物业管理为主线，对整个博物馆内所有设备资源、各种公共服务设施进行管理，并且对建筑物内的楼宇自控系统、消防报警系统、安保系统、电视系统、广播音响系统进行综合管理。集成的重点为机电设备功能集成，方便物业管理。

(10) 库房文物展品管理系统：

由文物展品信息管理系统，感应式电子标签系统及文物库房的安防、消防，温湿度监控系统组成，前者是综合性文物展品保管软件系统，涵盖从征集、入藏、编目、出入库管理到修复保护等整个文物保管范围所有操作流程；中者是使得文物展品具有信息定位功能的芯片定位技术，感应式电子标签中记录文物展品的基本信息和特征图像，使用相应的手持式接收设备扫描获得文物是否在库等信息，方便文物的查找盘点及出入库管理。

(11) 观众现场服务管理系统：

① 大屏幕信息显示系统及多媒体查询系统：博物馆的1层入口及室外场馆入口处设LED大屏幕显示屏和数台计算机多媒体查询系统，电子公告主机设置在1层网络机房内。导引查询系统均利用楼内的结构化布线系统，在若干公共部位是设置多媒体导览电脑，介绍博物馆内的展品分布图、概况、参观路线等。

② 票据管理系统：由门票制作部分、售票部分、通道验票部分及票务综合监控管理部分组成。

③ 自动讲解系统：此系统可以存入各种语种导游讲解信息，导游机将讲解信息按展馆展品布置为单位分段储存，观众自动选择需要讲解的相应编号，导游机自动查找讲解信息并自动播放其对应的语种语音。

④ 音视频点播系统：观众通过设置于展厅内的媒体查询机自由地点播所希望了解的更多相关知识。终端使用触摸式电脑，并配备高保真耳机。

上海
淞沪抗战纪念馆

建设单位：上海市宝山区文化局

设计单位：同济大学建筑设计研究院

施工单位：宝冶建设第三工程公司

撰 稿 人：周建峰　陆培俊　肖小凌

邵建龙　冯金林　周　瑾

一、建筑设计

(一) 场地概述

上海淞沪抗战纪念馆(见图 1)坐落于上海宝山长江入海口临江公园内,基地四面环水,东侧为长江大堤,东南侧有古建筑望江楼,基地内有成材高大香樟树 5 株,以及大雪松 1 株,总建筑面积约 3 249 m^2(见图 1)。

图1 上海淞沪抗战纪念馆

(二) 设计理念

上海淞沪抗战纪念馆是为纪念 1932 年“一・二八战争”和 1937 年“八・一三战争”为主的上海抗日战争而建造的纪念馆。旨在建成一个缅怀抗战英雄史迹的爱国主义教育基地,以及群众性文化活动的场所,以塔馆合一的形式,成为宝山旅游的新景点。

(三) 总体布局

建筑总体布局呈 L 形布置,空间面向东南,对长江和望江楼开放,主要内容包括展馆区、办公区、纪念塔、纪念大草坪和市民文化广场等建筑和空间。展馆区位于建筑东北翼,纪念塔矗立其上,办公区位于建筑西南翼,围合处为纪念大草坪,原树木仍全部保留,市民文化广场位于东侧江堤处(见图 2)。

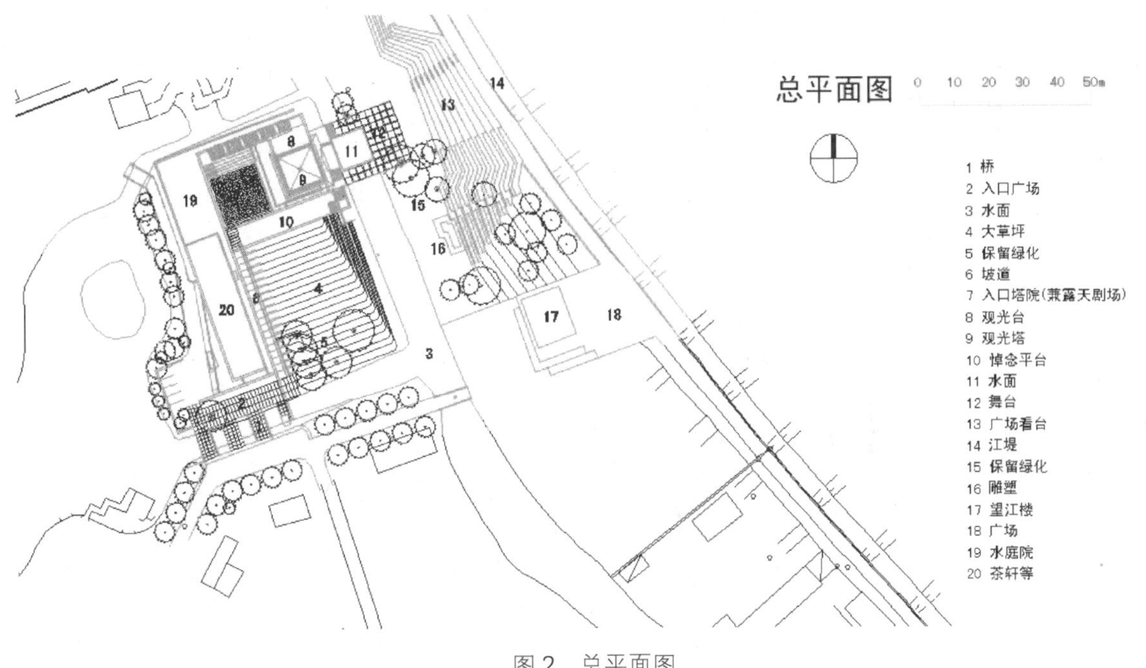

图2 总平面图

设计取意中国传统建筑的环境空间构成意象，将环境、建筑与事件充分融合在一起，以使建筑环境的品味得以升华。在外部空间上运用传统庭院的手法，组成纪念馆建筑的外部空间序列，并以及借景、对景的手法，把望江楼引入建筑外部空间，使纪念塔和望江楼相映成趣(见图3)。纪念馆建筑造型采用塔馆合一的形式，展览区和办公区的建筑被处理成烽火台状的塔基，饰以粗犷的石材，坚实有力，暗点了宝山地名的来由，其上矗立九重檐高 57 m 的纪念塔，借鉴宋代方塔形式，采用现代技术和现代材料，来演绎传统与现代的关系。

纪念塔由公园入口即可远远望见，经公园道路转至入口广场，由大门洞进入大草坪，整个纪念塔便

图3 纪念塔和周边环境的巧妙融合

完整地展现在眼前，树木的阴影投在碧绿的草地上，为刚进入纪念馆的参观者营造了一种宁静的气氛。拾阶而上，散落在草地上的弹壳将这片和平美丽的草坪与当年浴血的战场联系在一起，经纪念大草坪至2层悼念墙，完成了第一个序列。展馆区建筑的入口设于塔院，是第二个空间序列。从门厅向下可进入1层主要展区，是主要的空间序列，其西侧有水庭院映衬，东侧由市民文化广场烘托，而从门厅向上则可登塔观光，逐渐上升的空间在纪念塔处归于终点，形成一个有力向上的序列终结。这样，将传统空间中内外一体、主客互动的精神展现得淋漓尽致，创造了一个积极的情感空间，突出了特定的纪念性氛围，使参观者在此独特的环境中感物思人，睹今思古(见图4～图8)。

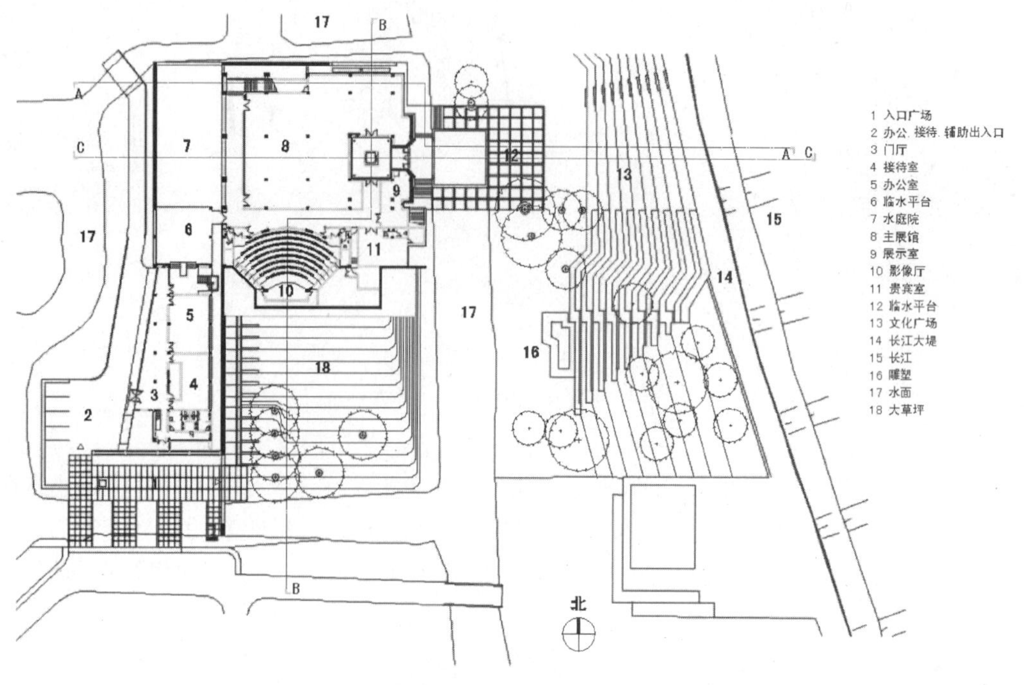

图4　1层平面图

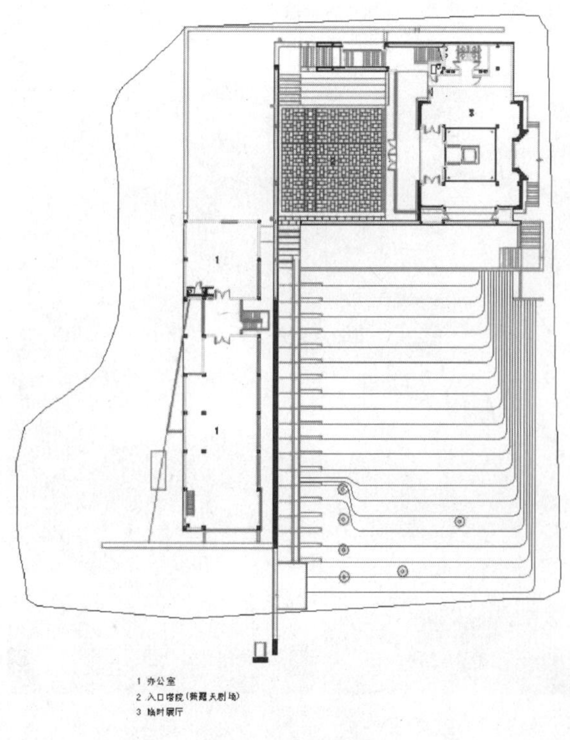

图5　2层平面图

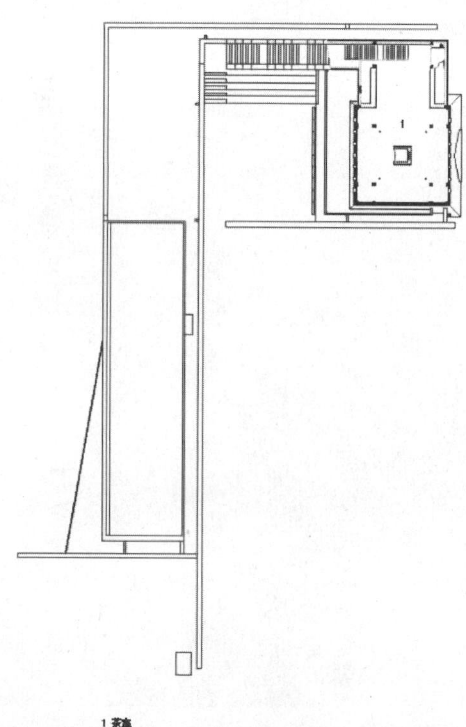

图6　3层平面图

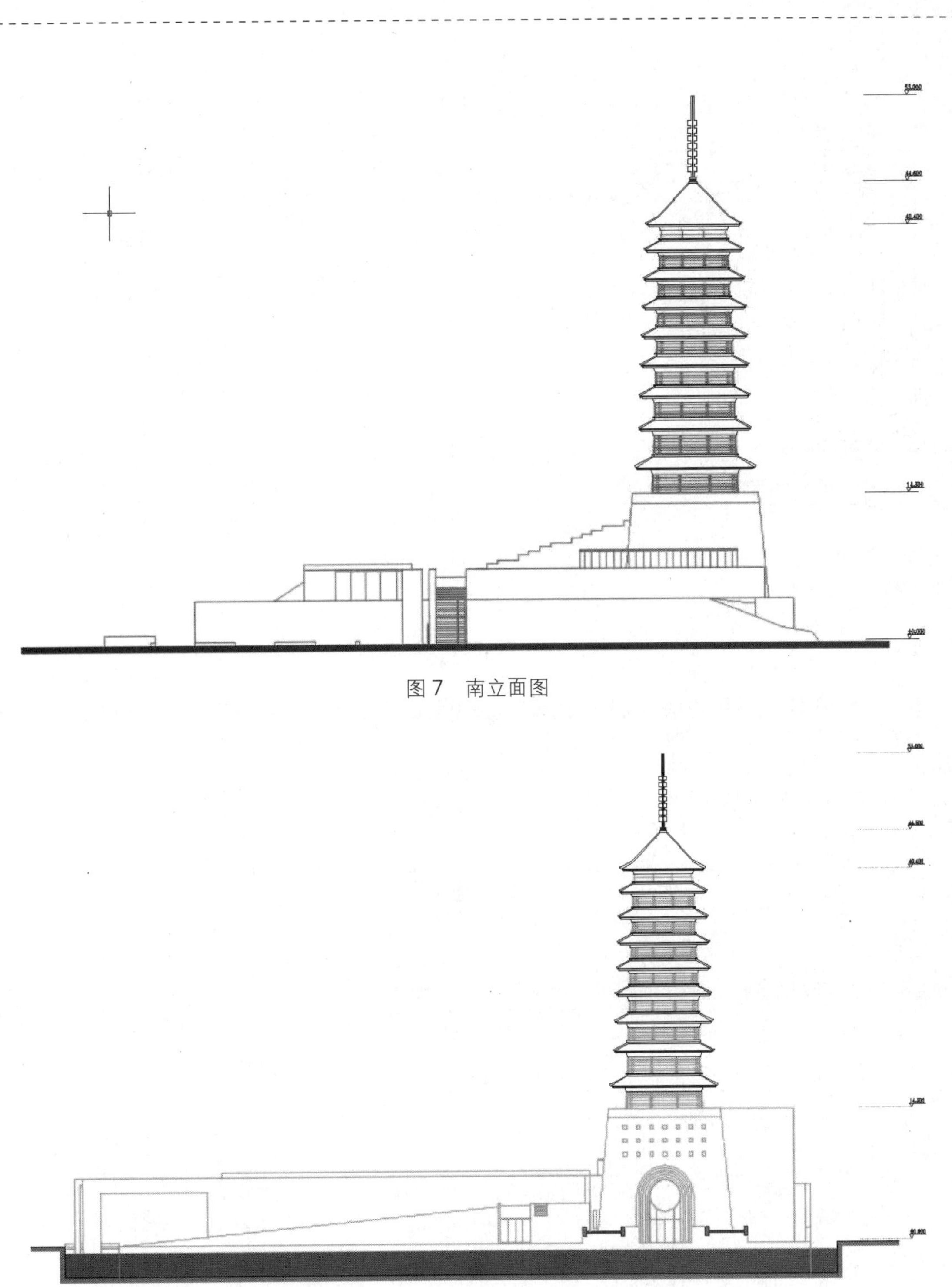

图 7　南立面图

图 8　东立面图

二、结构设计

(一) 主体结构

纪念塔：13 层，高 45 m，采用截面 400 mm×400 mm、长 22.5 m 预制钢筋混凝土整桩（见图 9 和图 11）；承台：厚 1.2 m，上部采用钢筋混凝土核芯筒—钢结构框架，楼板为钢结构，外墙为单元式玻璃幕墙，挑檐为铝合金。

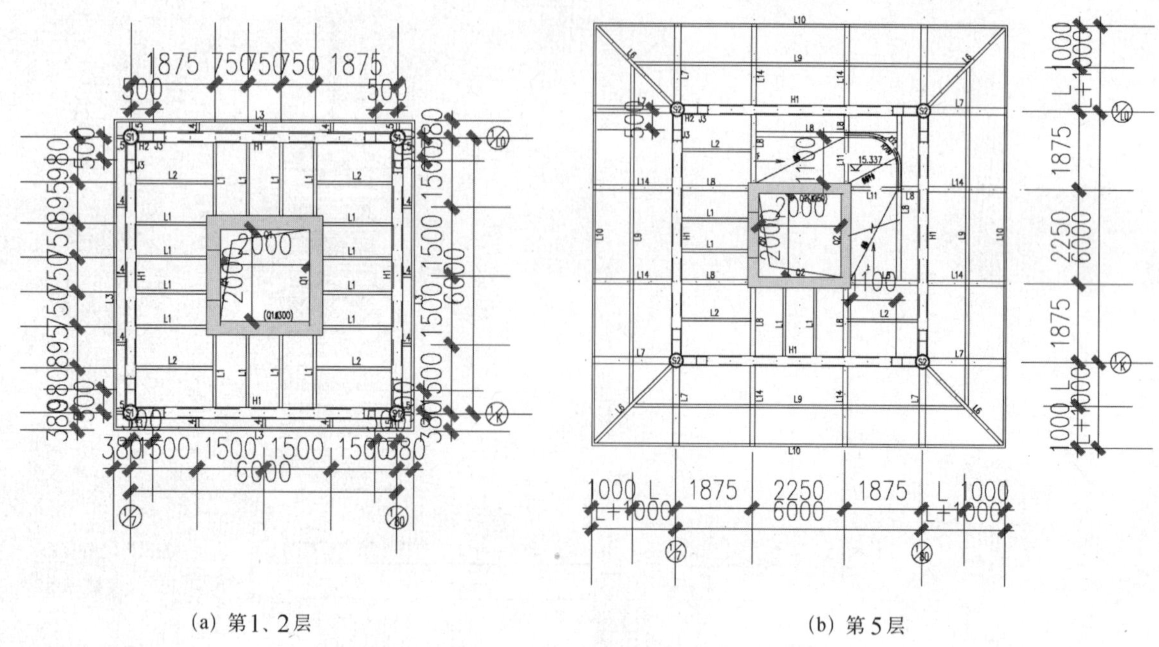

(a) 第1、2层　　(b) 第5层

图9　纪念塔结构平面图

纪念馆：作为裙楼，紧围着塔，3层；天然地基上的条形基础；上部采用钢筋混凝土框架结构(见图10和图11)。

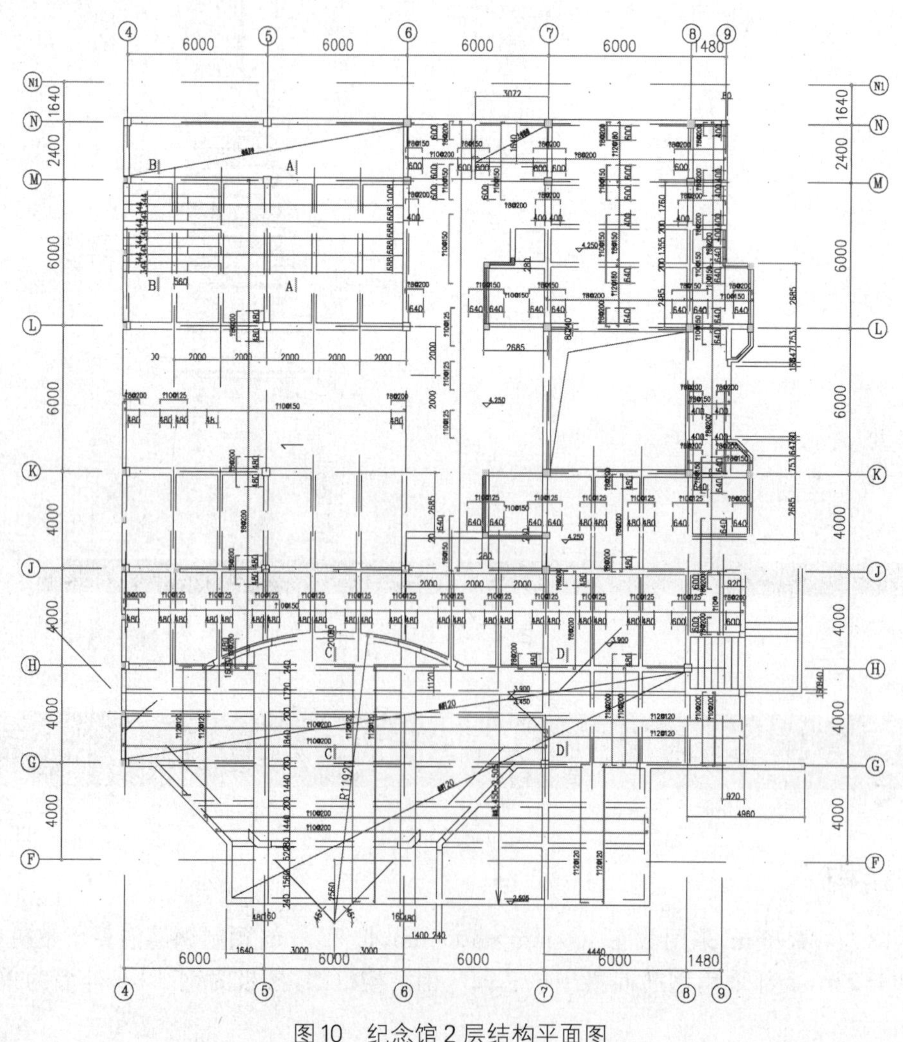

图10　纪念馆2层结构平面图

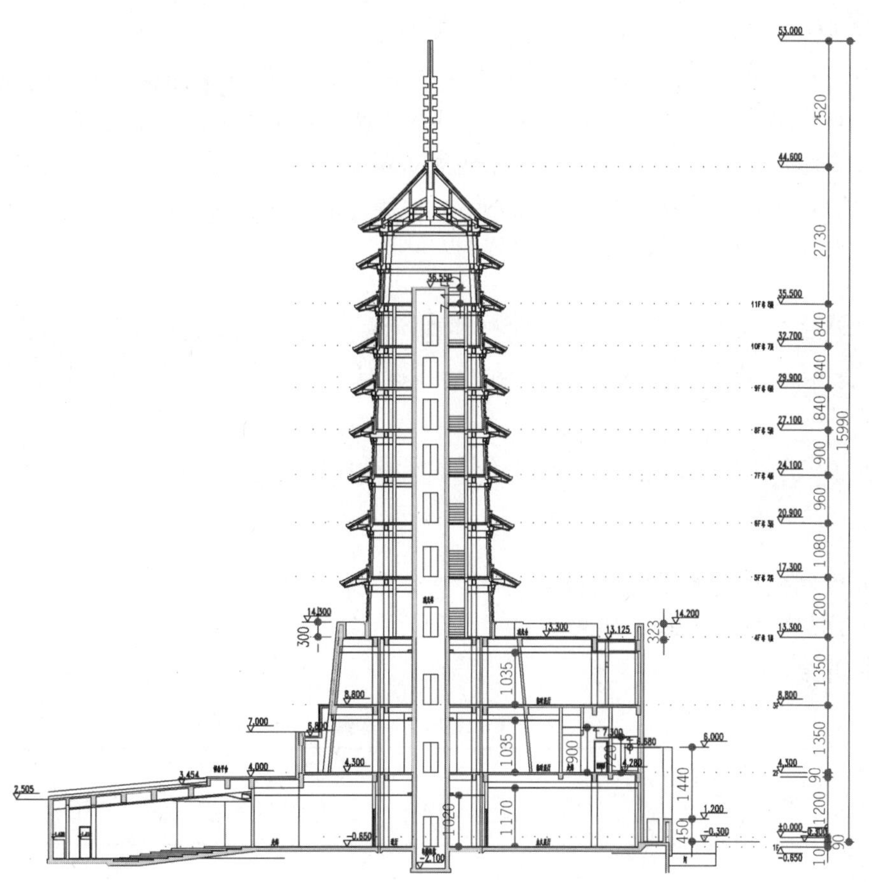

图11　纪念塔和纪念馆的剖面结构

除此之外，还有独立的两层办公楼、变电站、纪念墙、池、桥等室外建筑。

(二) 设计特点

借助周围的水境，建筑师别出心裁地将纪念馆设计成古城堡式，而将纪念塔设计成一座带轻巧的铝合金挑檐、外壳为近乎通透的玻璃塔。

1. 结构体系——位移控制

纪念馆按常规，设计为天然地基上的条形基础，上部为钢筋混凝土框架结构。

纪念塔采用钢筋混凝土核心筒—钢结构框架体系，有效地控制了塔的侧向位移。在最不利的侧向荷载下，保证了塔的构件和玻璃外墙不受损伤，保证了塔内人员的安全。

2. 基础设计——沉降控制

基地处在典型的冲积土区域，表层黄褐色粉质黏土、灰色砂质粉土以下，为厚达 15 m 的淤泥质土。13 层的纪念塔与 3 层的纪念馆上部融为一体，两者由于层数不同导致的荷载差异较大，决定在塔下采用桩基，而纪念馆则采用天然地基。同时，用桩后的塔，其沉降不能太小；采用桩基的纪念塔要有一定的沉降，使之与采用天然地基的纪念馆的最终沉降比较接近。

3. 与建筑协调——装饰控制

玻璃外墙和铝合金塔檐的技术专业性强，其设计和施工都由专业装饰公司承担。

对于超过强度界限，对于不满足挠度要求的，对假设的支承点、对于涉及安全的主要构件，设计人员都一一仔细复合，严格控制；该加厚、放大、增强、不可作支点的材料等，一律撤换，从而确保了塔的安全建造和使用。

(三) 计算软件

对纪念馆、纪念塔分别可采用PKPM系列中SATWE、TAT软件来计算。由于纪念塔是由钢筋混凝土构件和钢构件两种材料组成,当时的TAT已可对两种材料组成的结构体系进行计算。电算时,要解决的首要问题是阻尼比的取值,钢筋混凝土结构为0.05,钢结构为0.02～0.035,再参考了一些文献,取0.038和0.041两个参数分别作了计算。对照《高层建筑钢—混凝土混合结构设计规程》(DG/TJ08-015-2004)标准要求,最终的取值还是比较合理的。

三、给排水设计

(一) 给水系统

1. 水源

由市政给水管网直接供水,即公园内引入一根ϕ100供水干管。

市政给水管网最低供水压力0.15 MPa。

2. 生活水用量(见表1)

表1 生活水用量 (m^3/d)

办公室	音像厅	展厅	绿化及未预见水量	总计
2.5	6.15	10	7.6	26.25

3. 室内给水系统

由于本工程主要用水点为2层的公共建筑,纪念塔部分无生活用水,所以采用直接由市政管网供水。

(二) 排水系统

室内污、废合流,室外雨、污分流。基地内污水经收集后直接排入公园内市政污水管网。

雨水经收集后直接排入附近河流。

消防水泵房设置集水井,由潜水排污泵加压后排水室外河流。

(三) 消防给水系统

1. 消防水量

该工程为多层民用建筑,其室外消防用水量为15 L/s;室内消防用水量为10 L/s。

2. 消防水源

市政给水管网一路供水,消防泵直接从市政管网抽取。

3. 室内消火栓系统

该工程室内消火栓系统分为一个区。由于建筑物最高处不能设置消防水箱,经与当地消防部门协商,采用常高压气压消防系统。

在建筑物内走道、主要出入口处和公共场所等处,均设置消火栓箱,间距在25 m左右,箱内配有ϕ19水枪及ϕ65×25 m水龙带。消火栓出口压力控制在0.5 MPa以下。在消火栓箱内配置手动报警装置,该装置报警同时开启消防泵。消防泵直接从市政管网抽水。

4. 室外消防系统

在基地内沿建筑物,设置室外地上式消火栓及水泵结合器,能满足室外消防和室内消防系统加压供水要求。

四、电气设计

(一) 强电

1. 供电情况

纪念馆电源由供电部门提供两路380/220 kV低压电源,塔内电梯、消防泵及控制室为二级负荷,采用双电源供电,在末端配电箱自动切换。馆内设总配电室,两路低压电源采用电缆埋地引入。

2. 用电容量及设备

(1) 照明90 kW;

(2) 空调、动力108 kW;

(3) 总配电室内设有低压配电柜5台。

3. 防雷、接地保护

(1) 塔楼顶部设主动式提前放电避雷针(法国Provectron®- TS3.40型);

(2) 利用塔身金属钢柱(4个角柱子)作为防雷引下线,塔下基础钢筋贯通作为接地体,接地电阻小于1 Ω;

(3) 塔顶四周安装航空障碍灯。

(二) 弱电

1. 监控电视系统

该馆设有监控电视,摄像机布置在主要进出通道口及资料室、展览室等部位。特殊要求部位采用变焦距带电动云台摄像机,监控机房与消防中心合用。

2. 火灾自动报警联动系统

在各重要房间、机房、过道等部位均设探测器。当有火灾事故时,火警信号送到消防中心,控制器即可联动有关消防设施投入运行,运行设备信号返回至消防中心,监视设备运行情况,各部位消火栓内均设有启动消防泵按钮,按钮动作后,信号同时返回到消防中心。

五、暖通设计

(一) 设计标准

1. 室内设计参数(见表2)

表2 室内设计参数

指标 \ 场所	进厅		展览厅		贵宾休息室		音像厅	
	夏季	冬季	夏季	冬季	夏季	冬季	夏季	冬季
干球温度(℃)	26~28	16~18	25~27	16~20	24~26	18~20	25~28	16~20
相对湿度(%)	60	30	50	30	50	30	50	30
新鲜空气量[m³/(h·人)]			20		50		10	

2. 通风类型和换气次数

(1) 音像厅在过渡季节设有机械送排风系统,换气次数8次/h;

(2) 卫生间均设有机械排风系统，换气次数 15 次/h。

(二) 空调冷热源

采用日本大金公司生产的变频变冷媒热泵型 VRV 空调机组供冷及供热，共选用 2 套 30HP(1HP=735 W)和 1 套 10HP 的空调机组，总制冷量为 207 kW，总制热量为 226 kW，根据总空调面积约 1 445 m^2 核算，系统的冷负荷指标约为 143 W/m^2。

(三) 空调系统设计

1. 展览厅

根据建筑室内空间的不同要求，选用的不同类型的室内机组，对 1 层的永久展厅采用高静压型嵌入风管连接型机组，通过风管和散流器送风至室内。另外设置了全热交换器来提供新鲜空气和排风，以满足业主正常使用的要求。

2. 贵宾休息室和临时展厅

对 1 至 3 层的临时展厅和贵宾休息室采用天花板卡式嵌入四面出风型机组，直接安装在室内天花吊顶内。另外也设置了全热交换器来提供新鲜空气和排风，以满足业主正常使用的要求。

3. 音像厅

由于音像厅的层高和室内装修的限制，也采用了高静压型嵌入风管连接型机组，通过风管和侧向送风口送风至室内。另外设置了全热交换器来提供新鲜空气和排风，以满足通风换气的要求。另外还设置了专用的排风机，在过渡季节通过阀门的切换满足全新风运行的需要，系统示意见图 12。

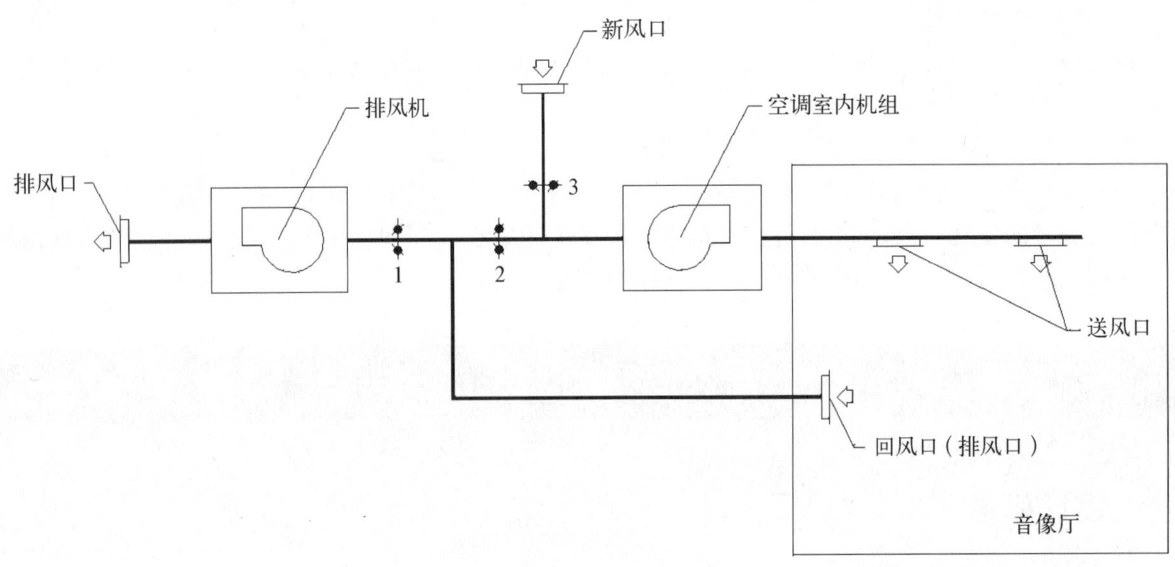

图12　音像厅的空调系统

(四) 空调自动控制

该工程空调通风系统均可以线控和遥控，可以就地控制，也可以集中控制开启、关闭、供冷、供热和通风，所有空调机、通风机均能分别开启、供冷、供热。所有空调机在运行中可根据房间设定的温度自动开启运行，以达到节能的目的。

音像厅在夏季和冬季运行 VRV 空调系统和 HRV 新风系统，关闭排风机和通向排风机的电动阀 1，在过渡季节则关闭 VRV 空调系统，仅开启 HRV 新风系统和 1 台室内机风机，并开启排风系统，同时关闭空调系统中送风管和回风管之间的电动阀 2。这样，送风管道仍用作送风管道，回风管道兼用作排风管道。

空调系统中的室内机也能同时被集中控制，可以设置统一的控制器，并可以按照使用要求设定日程运行程序，运行管理非常方便。

（五）制作与安装

该工程空调风管均采用矩形风管，风管材料为镀锌钢板，法兰连接。保温材料采用离心玻璃棉毡外包铝箔，厚度 $d=30$ mm。

该工程变冷媒空调系统及其管道、附件的安装均由专业安装 VRV 系统的安装公司完成。

编　后　语

多年来，我们始终把社会的需求、读者的要求，视为我们的追求。先后完成了《上海八十年代高层建筑设计与施工丛书》(4卷)、《上海高层超高层建筑设计与施工丛书》(3卷)、《上海大型市政工程设计与施工丛书》(15卷)等技术专著的编辑出版。在完成上述丛书等技术专著的编辑出版后，我们感到还缺点什么？在丛书编委的建议下，经研究，我们决定再编一套《上海大型公共建筑设计丛书》(3卷)。我们欣喜地看到，在数百位专家、学者的努力下，我们又完成了这套新的技术专著。

上海市城乡建设和交通委员会科学技术委员会编辑的这些技术类的专业丛书有一个共同的特点：纪实性、技术性、资料性、实用性。它的意义和价值往往还在于系统性、长远性、继承性。它所形成的成果对上海的城市建设和管理、构筑和谐社会、可持续发展提供了科学技术的基础，对推动相关领域的发展具有积极的作用。

《上海大型公共建筑设计丛书》在编写过程中，上海现代建筑集团公司、华东建筑设计研究院有限公司、上海建筑设计研究院有限公司、同济大学建筑设计研究院、中船第九设计研究院的领导对本丛书的编辑出版给予了热诚的支持和鼎力的帮助；华东建筑设计研究院有限公司沈久忍，上海建筑设计研究院有限公司王平山、潘嘉凝，同济大学建筑设计研究院王健、俞蕴洁，中船第九设计研究院陈云琪等同志一起参与了本丛书的编务工作，并给予了多方匡正，付出了尤多的心血；上海科学技术出版社为本丛书的编辑出版与科技委通力合作、精心策划，在此一并深表感谢！同时感谢每一位喜欢本丛书的读者！

上海市城乡建设和交通委员会科学技术委员会